바다인문학연구총서 008

선원 항만 도시

이 저서는 2018년 대한민국 교육부와 한국연구재단의 지원을 받아 수행된 연구임(NRF-2018S1A6A3A01081098).

선원 항만 도시

초판 1쇄 인쇄 2022년 06월 10일
초판 1쇄 발행 2022년 06월 15일

지은이 최진이 · 최성두 · 전상구
펴낸이 윤관백
펴낸곳 선인

등 록 제5-77호(1998.11.4)
주 소 서울시 양천구 남부순환로 48길 1(신월동 163-1) 1층
전 화 02)718-6252/6257
팩 스 02)718-6253
E-mail sunin72@chol.com

정가 37,000원

ISBN 979-11-6068-718-7 93450

바다인문학연구총서 008

선원 항만 도시

최진이 · 최성두 · 전상구 지음

발간사

한국해양대학교 국제해양문제연구소는 2018년부터 2025년까지 한국연구재단의 지원을 받아 인문한국플러스(HK+)사업을 수행하고 있다. 그 사업의 연구 아젠다가 '바다인문학'이다. 바다인문학은 국제해양문제연구소가 지난 10년간 수행한 인문한국지원사업인 '해항도시 문화교섭연구'를 계승 · 심화시킨 것으로, 그 개요를 간단히 소개하면 다음과 같다.

먼저, 바다인문학은 바다와 인간의 관계를 연구한다. 이때의 '바다'는 인간의 의도와 관계없이 작동하는 자체의 운동과 법칙을 보여주는 물리적 바다이다. 이런 맥락에서 바다인문학은 바다의 물리적 운동인 해문(海文)과 인간의 활동인 인문(人文)의 관계에 주목한다. 포유류인 인간은 주로 육지를 근거지로 살아왔기 때문에 바다가 인간의 삶에 미친 영향에 대해 오랫동안 그다지 관심을 갖지 않고 살아왔다. 그러나 최근의 천문 · 우주학, 지구학, 지질학, 해양학, 기후학, 생물학 등의 연구성과는 '바다의 무늬'(海文)와 '인간의 무늬'(人文)가 서로 영향을 주고받으며 전개되어 왔다는 것을 보여준다. 바다의 물리적 운동이 인류의 사회, 경제, 문화에 지대한 영향력을 행사해 왔던 것은 태곳적부터인 반면, 인류가 바다의 물리적 운동을 과학적으로 이해하고 심지어 바다에 영향을 주기 시작한 것은 비교적 최근의 일이다. 해문과 인문의 관계는 지구상에 존재하는 생명의 근원으로서의 바다, 지구를 둘러싼 바다와 해양지각의 운동, 태평양 진동과 북대서양 진동과 같은 바다의 지구기후에 대한 영향, 바닷길을 이용한 사람 · 상품 · 문화의 교류와 종(種)의 교환, 바다공간을 둘러싼 담론 생산과 경쟁, 국제교역과 글로벌 소싱으로 상징되는 바다를 매개로 한 지구화, 바다와 인간의 관계 역진과 같은 현상을 통해 역동적으로 선개되어 왔다. 이와 같은 바다와 인간의 관계를 배경으로, 국제해양문제연구소는 크게 두 범주의 집단연구 주제를 기획해 왔다. 인문한국플러스사업 1 단계(2018~2021) 기간 중에 '해역 속의 인간과 바다의 관계론적 조우'를, 2단계(2021~2025) 기간 중에 바다와 인간의 관계에서 발생하는 현안해결을 통한 '해역공동체의 형성과 발전 방안'을 연구결과로 생산할 것이다.

다음으로, 바다인문학의 학문방법론은 학문간의 상호소통을 단절시켰던 근대 프로젝트의 폐단을 극복하기 위해 전통적인 학제적 연구전통을 복원한다. 바다인문학에서 '바다'는 물리적 실체로서의 바다라는 의미 이외에 다른 학문, 특히 해문과 관련된 연구성과를 '받아들이다'는 수식어의 의미로, 바다인문학의 연구방법론은 학제적 · 범학적 연구를 지향한다. 우리의 전통 학문방법론은 천지인(天地人) 3재 사상에서 알 수 있듯이, 인문의 원리가 천문과 지문의 원리와 조화된다고 보았다. 천도(天道), 지도(地道), 그리고 인도(人道)의 상호관계성의 강조는 자연세계와 인간세계의 원리와 학문간의 학제적 연구와 고찰을 중시하였다. 그런데 동서양을 막론하고 전통적 학문방법론은 바다의 원리인 해문이나 해도(海道)와 인문과의 관계는 간과해 왔다. 바다인문학은 천지의 원리뿐만 아니라, 바다의 원리를 포함한 천지해인(天地海人)의 원리와 학문적 성과가 상호소통하며 전개되는 것이 해문과 인문의 관계를 연구하는 학문의 방법론이 되어야 한다고 제안한다. 바다인문학은 전통적 학문 방법론에서 주목하지 않았던 바다와 관련된 학문적 성과를 인문과 결합한다는 점에서 단순한 학제적 연구 전통의 복원을 넘어서는 것으로 전적으로 참신하다.

마지막으로, '바다인문학'은 인문학의 상대적 약점으로 지적되어 온 사회와의 유리(遊離)에 대응하여 사회의 요구에 좀 더 빠르게 반응한다. 바다인문학은 기존의 연구성과를 바탕으로 바다와 인간의 관계에서 발생하는 현안에 대한 해법을 제시하는 '문제해결형 인문학'을 지향한다.

이상에서 간략하게 소개하였듯이 '바다인문학 : 문제해결형 인문학'은 바다의 물리적 운동과 관련된 학문들과 인간과 관련된 학문들의 학제적 · 범학적 연구를 지향하면서 바다와 인간의 관계를 둘러싼 현안에 대해 해법을 모색한다. 이런 이유로 바다인문학 연구총서는 크게 두 유형으로 출간될 것이다. 하나는 1단계 및 2단계의 집단연구 성과의 출간이며, 나머지 하나는 바다와 인간의 관계에서 발생하는 현안을 다루는 연구성과의 출간이다. 이 총서들이 상호연관성을 가지면서 '바다인문학 : 문제해결형 인문학' 연구의 완성도를 높여가길 기대하며, 국제해양문제연구소가 해문과 인문관계연구의 학문적 · 사회적 확산을 도모하고 세계적 담론의 생산 · 소통의 산실로 자리매김하는데 일조하기를 희망한다. 연구총서 발간과 그 학문적 수준은 전적으로 이 집단연구에 참여하는 연구자들의 노력과 역량에 달려 있다. 연구자와 집필자들께 감사와 부탁의 말씀을 동시에 드린다.

2022년 6월

국제해양문제연구소장 정문수

머리말

2008년부터 교육부와 한국연구재단의 지원을 받아 바다를 중심에 두고 사람, 해항도시, 해양문화, 그리고 이들 상호간의 혼종과 교섭 등에 관하여 인문사회과학적 관점으로 접근하는 집단연구를 진행해오고 있다. 지난 연구(2008~2018)가 해역을 통해 해항도시의 사회적 특성을 규명하는 데 있었다면, '바다인문학 : 문제해결형 인문학'은 바다와 인간의 조우에서 발생하는 이주, 노동, 환경 등 현안들에 관한 실천적 해법을 학제간 연구(Interdisciplinarity)를 통해 집단연구의 성과로 도출하는데 있다.

이 책은 그 연구성과의 일환으로 선원과 항만, 그리고 해항도시와 관련하여 의미 있는 해양정책 사례들을 발굴하고 이들 이슈들에 대하여 인문사회과학적 관점에서 접근하여 그 해법을 모색하고자 하는 시도이다. 이 책에서는 바다를 최고 유개념(類槪念)으로 하고 바다와 조우하는 태양(態樣)을 『선원 항만 도시』로 범주화한 다음, 이를 〈바다와 사람 : 선원〉, 〈바다와 항만 : 항만자치와 지방분권〉, 〈바다와 도시 : 해항도시 부산〉으로 나누어 구성하였다.

제1편 〈바다와 사람 : 선원〉편은 4개의 장으로 구성되어 있는데, 국가경제발전의 산업역군이자 외화획득의 도구로 소모되었던, 바다를 터전으

로 삶을 영위하는 해상노동자 선원을 중심에 두고 이들의 현안과 해법을 모색하였다.

제1장은 선원복지제도를 다루었다. 현행 선원복지정책 추진체계 및 한계를 대해 살펴보고, 선원복지정책을 총괄하고 전담하는 전문기관의 설립을 제안하고 조직체계를 제안하고 있다.

제2장은 외국인선원을 다루었다. 내국인의 선원기피 현상으로 외국인선원이 이를 대체하고 있는 현실을 고려하여 외국인선원 현황과 이들에 대한 차별적 노동조건(최저임금결정)에 관한 문제점을 검토하고 개선방안을 모색하였다.

제3장은 선원법의 적용범위를 다루었다. 편의치적선의 준거법 지정에 있어 「국제사법」 제8조 제1항의 적용가능성과 그 한계를 검토하고, 「선박법」상 한국선박의 개념에 대한 해석을 통해 편의치적선(flag on convenience vessels)의 「선원법」 적용가능성을 모색하였다.

제4장은 여성 해기사 양성 문제를 다루었다. 해기사 양성을 목적으로 설립 · 운영되고 있는 국립 대학교의 남녀구분모집의 문제점을 헌법적 관점에서 분석 · 규명하고 양성평등실현을 위한 정책적 대안을 모색하였다.

제2편 〈바다와 항만 : 항만자치와 지방분권〉편은 5개의 장으로 구성되어 있는데, 육지와 바다가 만나는 교점(交點)이자, 육상운송과 해상운송의 연결지(連結地, node)인 항만을 중심에 두고 이를 둘러싼 현안과 해법을 모색하였다.

제5장은 해양분야 중앙정부 권한의 지방분권화를 다루었다. 중앙정부 권한의 지방분권화 과정에서 항만, 해운물류, 수산, 해양환경, 해양안전, 해양관광 등 해양분야를 중심으로 중앙정부 권한의 지방분권화 실태, 특

징, 문제점을 종합적 · 체계적으로 검토하고 지방분권화 과제와 발전방향을 모색하였다.

제6장은 항만관리제도로 항만공사(PA)제도를 다루었다. 항만관리에 관한 국내 법체계와 항만공사(PA)의 역할 및 운영상 문제점을 살펴보고, 항만공사의 자율성과 책임성을 강화하기 위한 「항만공사법」의 개정방안을 모색하였다.

제7장은 부산항만공사(BPA)의 현안을 다루었다. 부산경남지역에 있는 항만이용자 등 이해관계자(공무원, 시민단체, 업계)를 대상으로 부산항만공사의 현안과 자율성 보장을 위해 개선이 필요한 법제도에 대한 인식조사를 실시하고 개선방안을 모색하였다.

제8장은 지방자치단체간 해상경계 갈등의 문제를 다루었다. 바다의 경계를 둘러싼 지방자치단체 사이의 갈등과 분쟁에 대한 법적인 판단과정에서 주요쟁점이 되었던 내용들을 중심으로 지방자치단체 사이의 갈등을 최소화할 수 있는 해상경계획정 방안을 모색하였다.

제9장은 공유수면 매립지의 귀속을 둘러싼 지방자치단체간의 갈등을 다루었다. 공유수면 매립지의 귀속과 경계를 둘러싼 지방자치단체 사이의 분쟁에 대한 법적 판단의 과정에서 쟁점이 되었던 내용들을 검토하여 갈등을 최소화하기 위한 방안을 모색하였다.

제3편 〈바다와 도시 : 해항도시 부산〉편은 4개의 장으로 구성되어 있는데, 항만과 도시의 관계, 그리고 항만을 중심으로 발달한 도시(해항도시)와 항만의 불편한 동거를 둘러싼 현안과 해법을 모색하였다.

제10장은 해양의 헌법적 의미를 다루었다. 세계 각국이 해양에서의 지배력을 강화하기 위해 치열한 경쟁을 벌이고 있다는 점에 주목하고, 국가

론적 관점과 기본권적 관점에서 각각 해양의 헌법적 의미를 모색하였다.

제11장은 해양수도를 둘러싼 문제를 다루었다. 해양산업, 해양교육, 해양연구 등 부산이 갖는 해양도시의 국가적 상징성을 바탕으로 부산의 도시발전 목표로서 '해양수도 부산'의 글로벌 위상과 추진방향성을 모색하였다.

제12장은 부산항과 해항도시 부산의 관계를 다루었다. 인문사회적 측면에서 항만과 도시의 관계, 부산항과 부산의 관계, 부산항이 부산에 미치는 영향을 분석하고 항만과 도시의 관계를 재정립함으로써 부산항과 부산의 연계성 강화를 모색하였다.

제13장은 항만과 도시의 관계를 다루었다. 항만의 성장과 도시문제, 그로 인한 항만과 도시의 연계성 약화 문제를 양자의 관계 재정립을 통한 강화방안을 모색하였다.

이 책을 통해 선원, 항만, 해항도시 전부를 다루는 것은 현실적으로 불가능하다. 다만, 여기서 다루고 있는 이슈들은 해양정책분야에서 대단히 중요한 의미를 가지는 것들이다. 독자들이 파편적이나마 이들 선원, 항만, 해항도시에 대한 현안을 인문사회학적 시각으로 접근할 수 있도록 그 가능성을 제공하는 것으로 바다인문학의 저변을 확대하는데 기여할 수 있기를 소망한다.

2022년 6월

竹爐之室에서 대표저자 최진이

차 례

제2편 바다와 항만 : 항만자치와 지방분권

제3편 바다와 도시 : 해항도시 부산

제1장

한국해상근로복지공단의 설립 구상

최진이 · 최성두

Ⅰ. 서론

해운산업은 국가의 경제발전 원동력이자 외화획득 주요수단으로 이용되어 왔으며 그 중심에는 선원이 있었다. 오늘날에도 선원은 수출입 화물의 운송과 바다식량의 확보 등 국가 경제의 중추적인 역할을 수행하고 있다. 그럼에도 불구하고, 선원복지는 과거 수준에서 크게 벗어나지 못하고 있는 실정이다. 선원법상 선원복지 관련 기관으로 선원복지고용센터를 두고 있지만, 현재의 예산규모와 조직으로는 선원임금, 고용 및 재해보상 등 실효성 있는 선원복지정책을 추진하는데 한계가 있다. 따라서 선원의 복지정책을 체계적으로 수립·시행하는데 필요한 전담기구의 설립필요성이 꾸준히 제기되고 있다. 예를 들어, 선원의 재해보상의 경우 선원법에 근거하여 선박소유자에게 선원재해보상에 관한 보험가입을 강제하고 있지만, 이는 공보험이 아닌 사보험이라는 점에서 육상근로자에 적용되는 산업재해보상보험과는 보상체계 등에 있어서 큰 차이가 있다.

오늘날 조선기술의 발달로 항해상 위험은 많이 줄어들었지만, 취급 화물의 대량화·다양화 및 선원 연령의 고령화 등 다양한 해상위험이 여전히 상존한다. 따라서 선원복지 및 선원재해보상에 대한 사회안전망을 보강하는 것이 필요하다.

이 연구는 선원복지 전담기관의 설립 필요성과 조직에 관하여 체계적으로 검토하여 그 방안을 제시하고자 한다. 이를 위하여 선원복지 관리실태 및 문제점 조사와 선원복지고용센터 현장조사, 선원 및 선원복지 관련 분야 학술자료 및 각종 통계 등 문헌자료와 함께 관련 분야의 전문가 자문 등을 병행하는 방법으로 연구를 수행하였다.

선행연구들을 살펴보면, 한국선원복지고용센터(2017)[1]에서 한국선원복지고용센터의 성과와 정책방향을 분석하고 미래 새로운 비전과 추진전략과 추진과제 등 조직의 업무범위 확대 방향과 방안을 제시한 바가 있고, 고려대 노동대학원(2013)[2]에서 선원법상 재해보상제도와 산업재해보상보험법상 보험급여제도를 비교하고 ILO협약 및 각국 선원 재해보상제도를 분석하기도 하였으며, 해양수산부(2014)[3]에서는 어선원 복지와 관련된 우리나라의 관련 제도를 분석하고 그 개선방안을 제시한 바가 있다.

이 논문에서는 현행 선원복지정책 추진체계 및 한계를 대해 살펴보고, 선원복지정책을 총괄하고 전담하는 "한국해상근로복지공단(가칭)"의 필요성을 검토하고 공공기관 사례를 통해 조직을 구상하였다.

Ⅱ. 선원복지정책 추진체계와 한계

1. 선원복지정책 추진체계

1) 선원복지정책 개념

복지정책이란 국가의 구성원인 국민의 삶의 질에 대한 기준을 높이고, 구성원 전체가 행복하게 살아갈 수 있도록 하는데 중점을 두어 노력하는 정책이라 할 수 있다. 국민의 생활 안정 및 교육·직업·의료 등의 보장을 포함하는 복지를 추구하기 위한 사회적 노력, 즉 넓은 의미의 사회적 방책

1 한국선원복지고용센터, 『한국선원복지고용센터 중장기 발전계획수립 연구』, 2017.12.

2 류시전, 「선원재해보상제도의 개선방안에 관한 연구」, 석사학위논문, 고려대학교 노동대학원, 2013.7.

3 해양수산부, 『어선원 복지제도 발전방향 연구』, 2014.1.

의 총칭을 사회복지라 할 수 있을 것이다. 이러한 복지정책 내지 사회복지의 개념에 기초할 때, 선원복지란 선원이라는 직업적 특수성에 대한 이해를 바탕으로 사회보장제도 등의 근저에 공통적으로 작용하는 정책목표로서 또는 이들 정책이나 제도가 실현하려고 지향하는 목적의 개념 및 제도적 개념으로 이해할 수 있다.

좁은 의미에서 선원복지는 선박이라는 특수한 환경에서 근무하는 선원을 대상으로 금전 급부 이외의 이른바 서비스 급부의 방법으로 행하여지는 여러 활동의 총체를 의미하겠으나, 넓은 의미에서 선원복지는 앞서 언급한 선원복지 이외에 선원정책·사회보장·고용정책 등을 포함하는 개념으로 이해할 수 있다.[4]

2) 선원복지정책 체계

우리나라의 선원복지정책에 관한 핵심적인 주체로는 정부, 선박소유자 등의 사업자단체, 선원단체 등으로 구성되어 있다. 즉 선원에 관한 노동행정과 복지에 관한 정책을 담당하는 정부 부처와 그 정책의 집행대상이 되는 선박소유자 등의 사업자단체(사용자단체), 그리고 선박소유자 등에 의해 고용된 선원들로 구성된 선원단체(선원노동조합 등)로 구분할 수 있다.

먼저, 선원복지 관련 정부부처로, 선원복지 관련 사무를 직접 담당하는 핵심 부처는 해양수산부이며, 이외에 보건 및 의료 등에 사무를 담당하는 보건복지부, 고용 및 근로자 복지 등에 관한 사무를 담당하는 고용노동부 등이 있다.

---

4 최성두·최진이, 『한국해상근로복지공단 설립 연구』, 부산발전연구원, 2018.12, 20~24쪽.

둘째, 선원복지 관련 민간단체 조직으로 해상기업의 사업자단체라 할 수 있는 한국해운협회(舊한국선주협회), 한국해운조합, 수산업협동조합중앙회, 한국원양산업협회 등이 있다.

셋째, 선원 관련 노동자단체로는 전국해상선원노동조합연맹이 있다.[5]

〈그림 1〉 선원복지 관련 민간조직

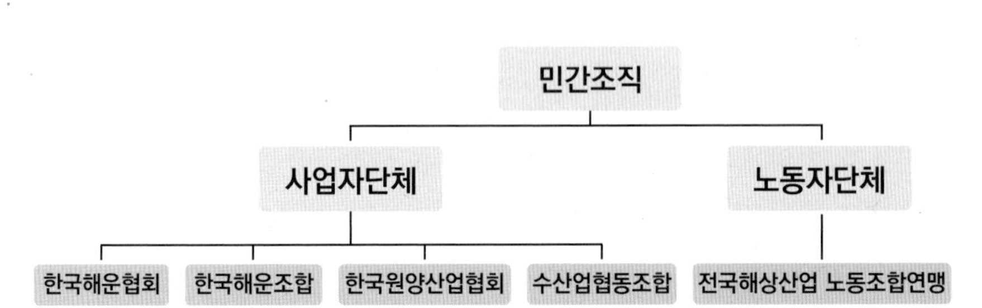

2. 선원복지정책의 한계

선원복지 관련 사무와 직접적인 관련이 있는 핵심 정부부처는 해양수산부이며, 선원복지정책의 가장 핵심은 「선원정책기본계획」이라 할 수 있다.[6] 이 계획은 해양수산부장관이 5년마다 선원정책심의위원회 심의를 거쳐 수립·시행한다(선원법 제107조 제1항). 그동안 선원복지문제는 국가가

5 2014년 전국해상산업노동조합연맹은 내부 갈등으로 '전국해상산업노동조합연맹', '전국상선선원노동조합연맹', '전국수산산업노동조합연맹' 3개로 나뉘었다가 2017년 전국해상산업노동조합연맹과 전국상선선원노동조합연맹'이 전국상선선원노동조합연맹'으로 합쳐지고, 2018년 2월에는 전국상선선원노동조합연맹과 전국상선선원노동조합연맹이 합쳐짐에 따라 '전국해상선원노동조합연맹'으로 완전히 통합되었다.

6 「선원정책기본계획」에 포함되어야 하는 선원복지에 관한 사항에는 ①선원복지 수요의 측정과 전망, ②선원복지시설에 대한 장기·단기 공급대책, ③인력·조직과 재정 등 선원복지자원의 조달, 관리 및 지원, ④선원의 직업안정 및 직업재활, ⑤복지와 관련된 통계의 수집과 정리, ⑥선원복지시설 설치 항구의 선정, ⑦선내 식품영양의 향상, ⑧선원복지와 사회복지서비스 및 보건의료서비스의 연계, ⑨그밖에 해양수산부장관이 선원 복지를 위하여 필요하다고 인정하는 사항 등이다(선원법 제107조 제2항 제1호).

주도하는 선원정책들 중에서 상대적으로 우선순위에 있지 않았고, 복지정책들도 직접당사자인 선원보다는 국가 또는 사업자단체가 주도해 온 측면이 있다.[7]

해상근로자인 선원은 노동의 특수성으로 인해 각종 법률에서 육상근로자와는 다른 특수한 직종으로 분리하고 있다. 근로자의 기본적인 근로조건과 사회보장에 관하여 「근로기준법」, 「산업재해보상보험법」, 「고용보험법」, 「최저임금법」, 「임금채권보장법」 등 관련 법률의 적용범위에서 일부 또는 전부의 적용을 제외하는 등 선원노동을 육상노동과 구분하여 규율하고 있다. 선원의 고용관계 및 근로조건에서 비롯되는 여러 가지 특수성을 고려하여 선원복지를 위한 「선원법」 등 관련 법률을 제정·시행하고 있다. 그러나 임금채권보장, 남녀고용평등, 재해보상체계 등[8] 선원복지의 수준이 육상근로자들의 평균적 복지수준에 미치지 못하는 경우가 다수 발생하고 있다.

Ⅲ. 선원복지고용센터의 성과 및 한계

1. 현황

해양수산부 위탁기관으로서 선원복지고용센터는 선원직의 특수성에 따라 독자적인 선원복지정책실현의 필요성에 의거 선원취업알선 및 복지업무를 상호 연계하여 종합적으로 추진함으로써 선원인력의 수급 및 직업안

7 최성두·최진이, 앞의 연구보고서, 22쪽.

8 선원의 임금채권은 「임금채권보장법」의 적용대상이 아니고(제3조), 재해보상에 있어서도 「산업재해보상보장법」의 적용을 받지 않는 등(제6조) 노동 관련 법률에서는 육상근로자와 해상근로자의 복지체계를 구분하고 있다.

정 도모하기 위해 선원법 제142조 내지 제150조에 근거하여 설립·운영되고 있다.

지금의 한국선원복지고용센터는 1980년 11월에 설립된 선원수급협의회가 그 모태라 할 것이다. 주요 설립경과를 살펴보면, 1980년 11월 선원수급협의회가 설립되고, 1985년 11월 선원수급협의회를 확대 개편하여 한국선원인력관리소를 설립하였다. 그리고, 1990년 12월 한국선원복지협회를 설립하였고, 1994년 7월 한국선원인력관리소와 한국해기연수원이 통합되고, 1998년 1월에는 한국해기연수원과 어업기술훈련소를 통합하여 한국해양수산연수원으로 명칭을 개칭하고, 2000년 3월 한국선원복지협회가 한국선원복지고용촉진센터로 명칭을 개칭하였으며, 2001년 6월 한국해양수산연수원 인력관리부와 한국선원복지고용촉진센터를 통합하여 현재의 한국선원복지고용센터로 설립되었다.

한국선원복지고용센터는 이사장, 1본부(관리본부장), 4개부(고용지원부, 복지사업부, 경영관리부, 지역관리부), 3개팀(선원정책팀, 일 자리창출팀, 기획예산팀)으로 구성되어 있다.

한국선원복지고용센터의 주요사업은 선원법에 근거 사업(선원법 제143조)과 센터 정관에 근거한 사업이 있는데, 부서별 주요 사업은 아래와 같다.

〈표 1〉 한국선원복지고용센터의 부서별 주요업무

부서명	주요업무
고용 지원부	· 선원의 구직·구인등록 업무 · 구직 등록자의 취업확인, 선발자, 취소자 및 미취업자 관리 업무 · 선원의 취업·모집알선 및 상담 업무 · 유관기관(부산시, 교육부, 고용부 등) 일 자리 연계사업 추진 · 선원승무경력증명서 발급 · 고용직업안정 업무개발 및 기타 선원직업안정 업무에 관한 사항 · 국제노동기구 및 국제운수노조연맹의 선원고용에 관한 사항 · 무료직업소개소 확대 및 운영 활성화 추진 · 현장의 목소리 청취를 위한 선사 방문 및 방선 사업 · 선원선박통계책자발간 등
복지 사업부	· 복지사업 안내 및 홍보 · 선원가족의 장학 사업에 관한 사항 · 선원 편의시설(선원회관·휴양시설) 개발 및 개선에 관한 사항 · 선원 교통편의시설 관리 및 운영(셔틀차량 승강장, 표지판 설치·운영) · 순직선원 가족 돌봄 사업 개발·추진 · 선원과 그 가족의 복지업무에 관한 사항 · 산재 및 장해선원의 지원에 관한 사항 · 선원과 그 가족의 법률 자문 지원에 관한 사항 · 해양원격의료지원에 관한 사항 · 새터민 고용 및 결혼 알선 사업 · 선원 애로·건의사항 발굴을 위한 방선, 선사 방문 사업 · 복지사업개발 및 선원복지업무 개선에 관한 사항 · 선원복지시설 설치·기획 · 선원휴양시설 이용관리·운영에 관한 사항 · 원양어선원 가족 해외기지 방문 지원 사업에 관한 사항 · 해외 선원사고자(실종자) 가족 현지방문 지원 사업 추진 · 소액 체당금 제도 운영 · 해외 취업 선원 권익 보호 및 고용·복지 증진
경영 관리부	· 경영혁신에 관한 업무 및 중·장기 경영계획 수립·관리 업무 · 고용·복지증진을 위한 유관기관/단체 행정협의회 구성·운영업무 · 선원 관련 업·단체 선원정책협의회 구성·운영 업무 · 대·내외 주요 행사 지원 업무 · 수익사업·관리·운영 업무 · 정보공개에 관한 업무 · 순직선원위령제 행사 업무 · 전산시설 운영 및 전산 관련 업무 등
기획 예산팀	· 사업계획의 수립 조정 및 심사분석 업무 · 예산편성·배정·조정 및 집행 업무 · 조직 및 정원관리 업무 · 이사회 운영 업무 · 선원 관련 업·단체 정책설명회 및 토론회 등 개최 업무

부서명	주요업무
기획 예산팀	· 제 규정의 제·개정 및 제도개선 업무 · 고객만족도 조사 업무
선원 정책팀	· 선원 관련 법률 연구 및 정책 개발 · 고용 및 복지제도 발전방안 등에 관한 연구 · 선원 관련 연구 참여 또는 타 기관 용역에 대한 전문의견 제시 · 선원 관련 연구단체 등과 네트워크 구성 및 총괄
일 자리 창출팀	· 선원 고용 창출 방안 마스터플랜 수립 · 육·해상 분야 일 자리 창출 사업 발굴 추진 · 선원종합복지회관 건립 기본구상 및 사업 타당성 조사용역 추진 · 선원회관 마스터플랜 수립·시행 · 국제여객터미널 선원휴게소 관리·운영 · 선원 및 선원가족 돌봄사업(해양레포츠, 한마음대회, 가족초정 등)
남항 사무소	· 선원의 구직·구인등록 업무 · 선원의 취업·모집알선 및 상담 업무 · 선원(어선) 직업소개사업에 관한 업무 · 선원(어선) 구인 선사와의 취업 알선 연계 업무 · 선원취업·복지사업안내 및 홍보 업무 · 선원승무경력증명서 발급 업무 · 선원 불법 취업알선행위의 법 조치에 관한 업무 · 무료직업소개소 운영 업무 · 선원(어선) 관련 업무개발 및 기타 선원 관련 민원업무 · 선원회관 관리·운영 업무
포항 지역 사무소 및 제주 지역 사무소	· 선원의 구직·구인등록 업무 · 선원의 취업·모집알선 및 상담 업무 · 현장의 목소리 청취를 위한 선사 방문 및 방선 사업 · 선원 교통편의 시설 관리 및 운영 · 외국인선원 고충상담(콜센터 운영) 및 외국인선원 관리·지원 · 방선 및 선사 방문을 통한 고용·복지증진 추진 · 외국인선원 관련 유관기관·업·단체 체계 구축 · 외국인 근로실태 점검 지원 · 외국인선원 근로여건 개선을 위한 상담 업무 · 기타 외국인선원 복지 관련 업무
외국인 관리 지원단	· 외국인선원 고충상담(콜센터 운영) 및 외국인선원 관리·지원 · 외국인 통역사 방선 및 선사 방문을 통한 고용·복지증진 추진 · 외국인선원 송입·출 업무 취급을 위한 법령 등 제도개선(안) 마련 · 외국인선원 관련 유관기관·업·단체 업무 활성화 추진 · 통역관 역량 강화 방안 마련·시행 · 내국인 선원 가족 외국어 강좌 프로그램 운영 · 지자체 등과 연계한 외국인선원 고용 및 복지향상 프로그램 개발 · 외국인 근로실태 점검 지원 · 외국인선원 근로여건 개선을 위한 상담 업무 · 기타 외국인선원 복지 관련 업무

출처: 한국선원복지고용센터(2018), 2018년 업무계획

2. 성과 및 한계

한국선원복지고용센터에서 그동안 수행해 온 사업 중 선원복지증진사업(편의시설운영부문, 선원복지지원부문), 선원직업안정사업에서 나타난 주요성과는 각각 아래와 같다.[9]

〈표 2〉 편의시설운영사업 실적

구분	사업성과	비고
교통편의시설운영	· 11개 항구(11대 셔틀버스)에서 선원에게 무료 셔틀버스 제공 · 연평균 4만5천 명 내외 이용	–
휴양시설운영	· 연평균 1,038.27명 수혜 · 연평균 지원액: 216,097.50천 원	–
휴게소운영	· 부산남항, 부산신항, 인천, 광양(컨, 제품부두), 포항, 제주 · 연평균 8만명 내외 이용	내부 자료

출처: 한국선원복지고용센터(2017.12),『한국선원복지고용센터 중장기 발전계획수립 연구』

〈표 3〉 선원복지지원사업 실적

구분	사업성과	비고
선원무료법률구조사업	· 체불임금 및 재해보상사고 관련 소송지원 및 민원 전담 노무사 선임 · 연평균 200명 내외 수혜/72,559천 원	내부 자료
선원가족자녀장학사업	· 연평균 250명 내외 수혜(대학생, 고등학생) · 연평균 지원액: 348,491천 원	–
장해선원재활지원	· 재활훈련지원(2002년 이후) · 연평균 10명 내외 수혜/36,141천 원 · 재활스포츠지원(2004년 이후) - 연평균 5명 내외 수혜/7,168천 원	내부 자료
순직선원지원	· 장제비 지원(2007년 이후) - 연평균 20명 내외 수혜/9,590천 원	
원양어선원가족 현지방문사업	· 장기운항선박 선원격려사업(2005~2014) - 연평균 1,000명 내외 수혜/18,643천 원 - 방선척수 연평균 100척 내외 · 원양어선가족 방문사업 - 연평균 55명 내외/107,699천 원	–

9 최성두·최진이, 앞의 연구보고서, 40쪽 이하 참조.

구분	사업성과	비고
외국인선원 복지교육원 지원	· 외국인선원 현지 적응 프로그램 지원 - 2016년 3,364명/119,063천 원 - 2017년 3,878명	내부 자료
외국인선원 고충상담지원	· 부산, 제주, 포항지역 상담 콜센터 운영 - 상담국가: 중국, 베트남, 인도네시아 - 2016년 662명/199,950천 원 - 2017년 710명	내부 자료
기타	· 결혼예식지원(2006~2014) - 연평균 200명 내외/93,222천 원 · 선원맞춤형복지지원(2007~2014) - 연평균 360명 내외/259,845천 원	–

출처: 한국선원복지고용센터(2017.12); 한국선원복지고용센터 내부 자료(2018)

〈표 4〉 선원직업안정사업 실적

구분	사업성과	비고
상담소, 선원회관 등 설치·운영	· 선원취업상담소 설치(2001) 등	–
선원취업알선 홍보	· 방송 및 언론, 지자체, 학교 등 · 홍보물 및 취업안내 책자 배포 등	–
민원서비스	· 승무경력증명서 발급 확대(2001) · 선원취업정보망 보완(2002) · 종합 민원서비스 시스템 구축(2004)	–
선원인력관리 민원업무	· 취업보도(등록자 및 취업자) - 연평균 10,400명 내외 등록 - 연평균 8,250명 내외 취업 - 연평균 취업률 86.37% 달성	–
선원관련 통계간행물 발간	· 선원관련자료수집분석 - 선원근로실태, 해양수산계학교 졸업생 현황, 선원고용현황, 연근해어선현황 등 · 선원 관련 자료의 DB보강 - 선원승하선 공인자료 입력 및 DB화	–
선원취업활성화 업무	· 면허취득교육(부원)(2009년~) - 연평균 50명 내외 · 1:1 취업알선서비스(~2011년) - 연평균 450명 내외	–

출처: 한국선원복지고용센터(2017.12); 한국선원복지고용센터 내부 자료(2018)

한국선원복지고용센터가 설립된 이래, 현재 연간 예산 약 60억 원 규모로 사업이 성장했지만, 다음과 같은 한계를 나타내고 있다.

첫째, 선원의 고용 및 직업안정, 선원관리 등과 같은 선원고용 중심의 사업수행과 자녀 등에 대한 장학금 지급이나 교통편의 제공 등과 같은 단순 복지사업에 그치고 있기 때문에 실질적인 선원복지 수요에 부응하지 못하고 있는 것이 현실이다.

둘째, 국가의 예산지원에 전적으로 의존하고 있고, 선원 및 선원가족을 위한 장학금지급, 셔틀버스 운행 및 선원회관 운영 등의 단순사업을 추진하고 있다. 국가 지원예산만으로는 선원복지 지원 및 고용안정을 도모하는 것에 한계성이 노정되고 있다.

셋째, 선원복지 관련 전담조직으로써의 인력 풀 및 전문성의 한계가 있다. 예산 및 전문인력 한계로 인해 재해보상 등 실질적인 선원복지 사업을 수행하는데 한계가 있으며, 선원재해보상 관련 업무를 감당하기에는 예산은 물론 조직규모와 해당분야 전문인력이 부족한 것이 현실이다.

넷째, 선원재해보상 등과 같은 핵심적인 선원복지수요에 부응하기 위하여 재원조달 확대방안을 마련하고, 선원재해보장사업 영위 및 공단으로의 전환 등을 통하여 센터의 중장기적인 방향성을 모색할 필요가 있다.

이하에서는 센터를 확대 개편하여 한국해상근로복지공단을 설립하는데 필요한 그 조직 및 규모 등을 검토한다.

Ⅳ. 한국해상근로복지공단의 설립 구상

「공공기관의 운영에 관한 법률(이하 '공공기관운영법')」에 따라 공공기관으로 지정되기 위한 지정방법, 유형 및 지정요건 등 설립조건에 대한 검토를 하고, 이미 설립된 해양수산부 산하 공공기관들을 중심으로 공공기관 유형, 설립의 법적근거, 직제 및 정원 현황 등을 살펴본다. 이를 바탕으로 「한국해상근로복지공단」 설립을 검토한다.

1. 공공기관 지정요건 등 검토

기획재정부장관은 국가·지방자치단체가 아닌 법인·단체 또는 기관으로서 ⑴다른 법률에 따라 직접 설립되고 정부가 출연한 기관, ⑵정부지원액(법령에 따라 직접 정부의 업무를 위탁받거나 독점적 사업권을 부여받은 기관의 경우에는 그 위탁업무나 독점적 사업으로 인한 수입액을 포함한다. 이하 같다)이 총수입액의 2분의 1을 초과하는 기관, ⑶정부가 100분의 50 이상의 지분을 가지고 있거나 100분의 30 이상의 지분을 가지고 임원 임명권한 행사 등을 통하여 해당 기관의 정책 결정에 사실상 지배력을 확보하고 있는 기관 등을 공공기관으로 지정할 수 있다(공공기관운영법 제4조 제1항 각호 참조).

기획재정부장관은 공공기관을 공기업, 준정부기관과 기타공공기관으로 구분 지정하고 있다(공공기관운영법 제5조 1항 전단). 공기업은 시장형 공기업과 준시장형 공기업으로, 준정부기관은 기금관리형 준정부기관과 위탁집행형 준정부기관으로 구분한다(동법 제5조 제3항). 공공기관 5가지 유형별 정원, 자체수입액, 자산, 법령 등의 기준에 의한 지정요건을 종합적으로 정리하면 〈표 5〉와 같다.

공공기관의 유형별 지정요건을 살펴보면 다음과 같다(공공기관운영법 제5조 및 동법 시행령 제7조). 기획재정부장관은 매년 공공기관운영위원회를 개최하여 공공기관을 지정하고 있는데, 직원 정원, 수입액 및 자산규모를 기준으로 공기업·준정부기관, 기타공공기관으로 구분하고 있다.

먼저, ⑴직원 정원이 50명 이상, ⑵수입액(총수입액)이 30억원 이상, ⑶자산규모가 10억원 이상인 기준에 해당하는 공공기관을 공기업·준정부기관으로 지정하고, 다른 법률에 따라 책임경영체제가 구축되어 있거나 기관 운영의 독립성, 자율성 확보 필요성이 높은 기관 등 일정한 기준에 해

당하는 공공기관은 기타공공기관으로 지정하고 있다.[10]

둘째, 공기업과 준정부기관을 지정하는 경우 총수입액 중 자체수입액이 차지하는 비중이 100분의 50(「국가재정법」에 따라 기금을 관리하거나 기금의 관리를 위탁받은 공공기관의 경우 100분의 85) 이상인 기관은 공기업으로 지정하고, 공기업이 아닌 공공기관은 준정부기관으로 지정한다.

셋째, 공기업의 경우에는 (1)자산규모가 2조원 이상이고, (2)총수입액 중 자체수입액이 차지하는 비중이 100분의 85 이상인 공기업을 시장형 공기업으로 지정하고, 시장형 공기업이 아닌 공기업은 준시장형 공기업으로 지정한다.

〈표 5〉 공공기관 유형 및 분류기준(2022.1 기준)

유형		분류기준	기관예시	운영방향
공기업(36)	시장형(15)	·자산규모 2조원 이상 ·자체수입이 총수입의 85% 이상	·한국가스공사 ·한국전력공사 ·인천국제공항공사	·민간기업 수준 자율성 보장 ·내부견제시스템 강화
	준시장형(21)	·자산규모 2조원 이상 ·자체수입이 총수입의 85% 미만	·한국토지주택공사 ·한국마사회 ·한국조폐공사	·자율성 확대하되, 공공성 감안해 외부감독 강화
	기금관리형(13)	·국가재정법에 다라 기금관리 또는 위탁관리	·신용보증기금 ·국민연금공단 ·중소벤처기업진흥공단	·기금운용 이해관계자의 참여보장
	위탁집행형(81)	·정부업무 위탁집행	·한국농어촌공사 ·한국무역투자진흥공사 ·한국장학재단	·주무부처 정책과 연계성 확보
기타공공기관(220)		·공기업과 준정부기관을 제외한 공공기관	·한국산업은행 ·한국벤처투자 ·전북대학교병원	·성과관리, 업무효율성 중시
	연구개발 목적기관(74)	·연구개발을 목적으로 하는 기관	·기초과학연구원 ·국방과학연구소	·연구기관의 특수성 고려
합계		350개		

10 기타공공기관 지정요건에 관하여는 공공기관운영법 시행령 제7조의2(기타공공기관의 지정기준) 참조.

2. 해양수산부 산하 공공기관의 유형별 현황 및 조직설립 요건에 대한 검토

해양수산부 산하 공공기관으로 지정된 기관은 2022년 현재 총 17개(공기업 5개, 준정부기관 4개, 기타공공기관 8개)인데, 산하 5개의 공기업 중 부산항만공사와 인천항만공사는 시장형 공기업이고, 여수광양항만공사, 울산항만공사, 해양환경관리공단은 준시장형 공기업에 속한다.

기금관리형 준정부기관은 해당사항이 없다. 위탁집행형 준정부기관은 4개로서 선박안전기술공단(現 한국해양교통안전공단), 한국해양수산연수원, 한국수산자원관리공단, 해양수산과학기술진흥원이 해당된다. 기타공공기관은 8개로서 부산항보안공사, 인천항보안공사, 한국항로표지기술원, 한국해양과학기술원, 한국어촌어항공단, 한국해양조사협회, 국립해양박물관, 국립해양생물자원관이 해당된다.

이상의 17개 해양수산부 산하 공공기관들을 공공기관운영법의 공공기관 유형별로 정리해 보면 아래 〈표 6〉과 같다.[11]

〈표 6〉 해양수산부 산하 공공기관의 유형별 현황

유형	해수부 산하 공공기관	기능 및 역할
시장형 공기업(2개)	부산항만공사	부산항의 개발과 관리운영
	인천항만공사	인천항의 개발과 관리운영
준시장형 공기업(3개)	여수광양항만공사	여수·광양항의 개발과 관리운영
	울산항만공사	울산항의 개발과 관리운영
	해양환경관리공단	해양환경 개선사업 및 해양오염방지활동
기금관리형 준정부기관	없음	–

11 최성두·최진이, 앞의 연구보고서, 90쪽 이하 참조.

유형	해수부 산하 공공기관	기능 및 역할
위탁집행형 준정부기관 (4개)	선박안전기술공단	선박검사업무와 관련기술 연구개발
	한국해양수산연수원	해양수산 인력의 교육훈련 및 해기사 시험관리
	한국수산자원관리공단	바다숲, 연안바다목장 등 수산자원 조성
	해양수산과학기술진흥원	해양과학기술정책 지원 및 R&D 기획관리
기타 공공기관 (8개)	㈜부산항보안공사	부산 북항 경비 보안업무
	㈜인천항보안공사	인천항 경비 보안업무
	항로표지기술원	항로표지 제작과 관련 기술 연구개발
	한국해양과학기술원	해양과학기술 개발 및 연구 등
	한국어촌어항공단	어촌어항발전을 위한 기술개발/조사/연구
	한국해양조사협회	해저지형/수로조사 및 해양관측시설관리
	국립해양박물관	해양문화, 해양산업 유산발굴/보존/연구/전시
	국립해양생물자원관	해양생물자원 수립/보존/관리/전시/교육

출처: 해양수산부(2018), 2018년 해양수산부 업무계획; 최성두·최진이(2018.12), 『한국해상근로복지공단 설립 연구』

해양수산부 산하 공공기관들의 법적 설립근거와 직제 및 정원 규모를 조사한 결과는 아래 〈표 7〉과 같다. 먼저, 법적 설립근거 측면에서 부산항보안공사(주), 인천항보안공사(주)가 각각 부산항만공사와 인천항만공사의 출자기관으로 공공기관 지정을 받았고[12], 대부분 15개 해수부 산하 공공기관들은 그 기관 설립의 근거를 법률에 명시하고 있다. 다음으로 직제 및 정원 규모는 기타 공공기관 조차도 공기업 및 준정부기관의 직원 정원 지정기준으로 50인 이상을 확보하고 있는 것으로 나타났다.

12 기획재정부는 '2019년 공공기관 지정안'을 심의·의결하여 부산항보안공사, 인천항보안공사 등 6개 기관을 공공기관 지정을 해제하였다(기획재정부, "2019년 공공기관 지정안" 참조).

〈표 7〉 해양수산부 산하 공공기관의 설립근거, 직제 및 정원규모

공공기관 유형	공공기관	법적 설립근거	직제	정원
시장형 공기업	부산항만공사	항만공사법	3본부 3사업단 8실 23부	207
	인천항만공사	항만공사법	3본부 3실 14팀	208
준시장형 공기업	여수광양항만공사	항만공사법	2본부 1실 1단 10팀 1사업소	124
	울산항만공사	항만공사법	2본부 13팀	99
	해양환경관리공단	해양환경관리법	4본부 3실 24팀 1원 1센터 12지사	571
위탁 집행형 준정부 기관	선박안전기술공단	선박안전법	3본부 1연구원 11실 1센터 15지부	393
	한국해양수산연수원	한국해양수산연수원법	2본부 1센터 10팀 1사무소	151
	한국수산자원 관리공단	수산자원관리법	3본부 9실 1팀 4지사	120
	해양수산과학 기술진흥원	해양수산발전기본법	3본부 2센터 6실 2팀	72
기타 공공기관	㈜부산항보안공사	×	2실 5팀	–
	㈜인천항보안공사	×	2본부 2실 4팀	209
	항로표지기술원	항로표지법	2실 1원 1연구소 1사업소 1등대박물관	–
	한국 해양과학기술원	한국해양과학기술원법	6연구본부 3연구소 2지원본부	362
	한국어촌어항공단	어촌·어항법	4본부 1센터 16사무소	–
	한국해양조사협회	수로업무법	2부 1실 8팀 1센터	52
	국립해양박물관	국립해양박물관법	1본부 2실 1관리단 1운영사	–
	국립해양생물자원관	해양생물자원관법	3본부 7실 1센터 24팀	108

출처: 국회 국정감사 제출자료(2017) 및 개별기관 홈페이지 등 참조

다음으로, 해양수산부 산하 17개 공공기관의 예산 및 자산 등 재정규모 현황은 아래 〈표 8〉과 같다. 예산 기준으로 1,000억 원 이상인 공공기관은 부산항만공사 7,707억 원, 인천항만공사 3,300억 원, 여수광양항만공사 2,732억 원, 해양환경관리공단 1,494억 원, 한국해양과학기술원 1,556억 원 등(5개)이다. 5000억 원에서 1,000억 원 범주에 속하는 공공기관은 울산항만공사 956억 원, 한국수산자원관리공단 766억 원, 한국해양수산연수원

632억 원, 한국어촌어항공단 727억 원 등(4개)이다. 50억 원에서 500억 원 미만 범주는 나머지 공공기관으로 부산항보안공사 319억 원, 인천항보안공사 199억 원, 국립해양생물자원관 266억 원, 한국해양조사협회 73억 원 등이다.

〈표 8〉 해양수산부 공공기관의 예산 등 재정규모

(단위: 원)

유형	공공기관	예 산	자 산	비 고
시장형 공기업	부산항만공사	7,707억	5조 6,720억	2017년자료
	인천항만공사	3,300억	2조 8,454억	2017년자료
준시장형 공기업	여수광양항만공사	2,732억	1조 8,238억	2017년자료
	울산항만공사	956억	8,018억	2017년자료
	해양환경관리공단	1,494억	2,069억	2017년자료
위탁집행형 준정부기관	선박안전기술공단	281억	-	2017년자료
	한국해양수산연수원	632억	-	2018년자료
	한국수산자원관리공단	766억	-	2017년자료
	해양수산과학기술진흥원	2,687억	-	2016년자료
기타 공공기관	㈜부산항보안공사	319억	-	2018년자료
	㈜인천항보안공사	199억	-	2018년자료
	항로표지기술원	-	-	-
	한국해양과학기술원	1,556억	-	2016년자료
	한국어촌어항공단	727억	-	2018년자료
	한국해양조사협회	73억	-	2018년자료
	국립해양박물관	-	-	-
	국립해양생물자원관	266억	-	2016년자료

출처: 국정감사 자료(2016, 2017) 및 각 기관 홈페이지 경영공시자료; 최성두·최진이(2018.12), 『한국해상근로복지공단 설립 연구』

3. 「한국해상근로복지공단」에 적합한 공공기관 조직구상

한국해상근로복지공단을 설립할 때 조직 및 구성 측면에서 어떤 조직형태의 공공기관 유형으로 설립할 것인지, 법률적 설립근거를 어떻게 할 것인지, 그리고 해양수산부 산하 다른 공공기관과 비교해서 어떤 직제 및 정원규모를 구비하는 것이 적절한 것인지 등에 대하여 검토의견을 제시하면 다음과 같다.

첫째, 공공기관 설립유형 측면에서 「공공기관운영법」 제5조(공공기관의 구분)의 유형 가운데 '기타공공기관'에 해당한다. 그 이유는 자산 기준, 자체수입액 비율 기준, 직원 정원 기준 등에서 「공공기관운영법」의 세 가지 공공기관으로 공기업, 준정부기관, 기타공공기관 가운데 '기타공공기관'에 해당된다.

둘째, 법률적 설립근거 측면에서 해양수산부 산하 공공기관들 대부분은 법률에 설립근거를 두고 있다. 따라서 한국해상근로복지공단의 법적 설립근거를 「선원법」으로 하고, 현재 「선원법」의 한국선원복지고용센터를 한국해상근로복지공단으로 법률 전반에서 명칭을 변경하도록 해야 한다.[13]

셋째, 직제 및 정원의 적정 규모 측면에서 「공공기관운영법」 제4조 제1항 제1호에 의한 "법률에 따라 설립된 공공기관"으로 지정받을 수 있을 것이다. 다만, 조직의 정원 측면에서 45명 이상의 증원이 가능하다면, 최소한 직원 정원 50명이 상회하도록 보완하는 것이 해양수산부 산하 다른 공공기관들과의 형평성 차원에서 더욱 바람직할 것이다.

넷째, 예산 및 자산 규모에서 공공기관으로 지정받은 해양수산부 산하 기타공공기관의 규모를 비교할 때 최소한 100억 이상의 운영예산을 확보하는 것이 바람직할 것이다.

---

13 최진이 · 최성두, 「선원재해보상체계 개선과 선원복지공단의 설립 연구」, 『기업법연구』 제33권 제1호(통권 제76호), 한국기업법학회, 2019.3, 93~94쪽.

Ⅴ. 결론

한국선원복지고용센터의 기능 및 사업 확대에서 가장 큰 제약요인은 '국고의존형 예산구조'에 있다. 2018년 센터 예산 60억 4천만 원 가운데 국고가 55억 1천만 원으로 91%를 차지하는 것으로 나타났다. 이러한 재정적 제약성 때문에 선원복지고용 관련 기능 및 사업 확장과 이에 따른 조직과 인력 확장에 한계성이 있는 것이다. 따라서 국고의존 중심의 센터 재원구조를 탈피하고 자율재정을 확충하는 방안을 마련할 필요가 있다. (가칭)한국해상근로복지공단으로의 미래 기능 및 역할의 확대를 위한 몇 가지 방안을 제시해 보면 다음과 같다.

첫째, 선원안전보건의료사업의 강화 및 '선원재해병원' 설립·운영하는 것이다. 선원 보건의료서비스와 관련하여 선원들의 건강 인식 패러다임이 예방적 건강관리로 전환되고 있고 이를 위해 해양원격의료사업 등 선원의 건강문제에 대한 새로운 예산사업 강화가 필요하다. 소위 "선원법의 역설"이라 일컫는 현상이 있는데, 이는 선원이 「산업재해보상보험법」 적용에서 배제되는데 반해 육상근로자의 산재보호가 1990년 이후 더욱 개선됨으로써 해상근로자 선원과 육상근로자간의 보건의료복지 및 재해보상의 격차가 날이 갈수록 커지는 문제가 발생되고 있는 것을 말한다.

「선원법」은 제정 당시 육상근로자 보다 해상근로자인 선원의 선상노동 특성을 배려하여 보다 나은 복지를 선원에게 보장할 목적으로 제정하였다. 그러나 「선원보험법」 제정(1962.1.10) 후 하위법령인 시행령을 마련하지 못해 결국 폐지되는 등(2009.2.6) 육상근로자의 고용복지 및 산재보호 강화에 비해 훨씬 보장수준이 낙후화되는 선원법의 역설 현상을 맞이하게 된 것이다. 우리나라와는 대조적으로 일본은 선원법 제정 이후 고용, 재해보상, 노령 등이 포괄적으로 보장하기 위한 「선원보험법」을 제정·시행함으로써 우리와 같은 선원법의 역설 현상이 발생되지 않았다.

중장기 발전사업으로 '안전보건사업단'을 설립하고, 여기서 선원의 선상안전, 재해·재활, 보건의료 및 건강증진 사업 등에 대하여 종합적이고 체계적인 사업 방안을 마련하도록 하는 것이 바람직하다. 또한, 직제에서 중기적으로 '안전보건부'를 신설하고, 장기적으로는 안전보건본부와 그 산하에 재해재활팀, 안전팀, 보건팀, 선원건강증진센터 등의 신설을 추진할 필요가 있다. 육상의 근로복지공단 산하의 재해병원들과 같이 전국 주요 항만에 선원재해병원을 점진적으로 설립·운영하는 방안을 해양수산부와 협의 하에 추진하는 것도 고려할 필요가 있다. 선원재해병원의 설립으로 재정적으로 선원보건의료 사업의 독립채산제 운영이 가능하고, 더 나아가 원격의료 진료사업 등 현행 사업예산을 통합할 수 있을 뿐만 아니라, 부가적인 선원보건의료 및 재해안전 사업들의 추진도 병행할 수 있는 방안이 된다.

둘째, 외국인선원 고용관리 사업의 국가위탁 및 법정사업화이다. 내국인 선원의 지속적 감소와 외국인선원의 급증으로 새로운 사회문제(예: 인권문제, 무단이탈, 임금체불)가 발생되고 있으나, 이를 체계적으로 관리할 외국인선원 고용관리 조직과 법률체계가 미비하다. 한국선원복지고용센터의 사업으로(선원법 개정 전제), 그리고 국가(해양수산부와 고용노동부)의 국고보조 위탁사업으로 외국인선원 고용관리사업을 지정받을 필요성 있다. 중기적으로는 「외국인선원 지원센터」, 장기적으로는 「외국인선원 관리팀」을 조직하여 외국인선원의 인권보호, 고용촉진 및 직업안정 등 고용관리를 강화해야 한다. 최근 국정감사에서 자주 지적된 바 있는 20톤 미만 선박의 외국인선원 등록 및 고용관리 업무를 흡수해야 한다.[14] 특히 외국인

14 2016년 국정감사에서 국회는 해양수산부에 대해 외국인 어선원을 포함한 외국인 선원관리제도와 관련하여 다음 사항을 시정 및 처리 요구한 바 있다. ① 외국인선원 이탈 현황을 쉽게 파악하고, 이탈율을 낮출 수 있는 개선방안 마련, ② 외국인선

선원의 대다수인 어선원에 대한 재해보상제도는 「어선 및 어선원재해 보상법」에 의거 2018년 현재 3톤 미만 어선에 이미 의무가입이 법제화된 바 있다. 20톤 이상 선박의 다기화된 외국인선원 관리기관들(수협중앙회, 해운조합, 선주협회)의 고용정보체계를 통합·조정하는 전담기관 지정 및 법령기반 정비가 필요하다. 선원수첩 소지 기준 2018년 외국인선원 약 1만 6천 명의 고용등록관리 업무를 흡수하고, 외국인선원 통계관리 고도화 사업을 추진해야 한다. 따라서 2018년 현재 어선원의 상당비율을 차지하는 외국인어선원에 대한 고용등록 및 관리업무를 한국선원복지고용센터의 공식적 사업으로 수용(선원법 개정 전제)하여야 할 것이다.

셋째, 「어선 및 어선원 재해보상보험」의 지정변경과 사회보험 중심의 재정 근간을 마련하여야 한다. 외국인선원의 고용복지사업을 센터 법정사업으로 지정받는다는 가정 하에 현재 해양수산부가 수협중앙회에 위탁 운영 중인 「어선 및 어선원 재해보상보험」상의 재해보험사업을 한국선원복지고용센터에서 지정변경 받아 운영함으로써, 어선원재해보험 기금을 한국선원복지고용센터의 재정으로 전환 수용하는 방안을 적극 검토할 필요성이 있다. 이러한 방안은 명실공히 사회보험을 관리 운영하는 기관으로서 한국해상근로복지공단이 출발하는 계기가 될 수 있다. 물론 정부의 선원보험 구조조정을 전제로 그 실현가능성을 논의할 수 있는 한계가 있다. 그러나 사회보험 중심으로 공단의 재정적 근간을 확립하는 것이야말로 '선원법의 역설'을 전환하고 해상노동자의 복지체계를 재정립하는데 중요한 기반이 될 수 있다는 점에서 그 중요성에 의문의 여지가 없다.

원 관련 송출국가를 선불리 확대하는 것보다 외국선원 도입이 미칠 영향을 면밀히 분석, ③ 20톤 미만의 어선에 승선하는 어선원도 해양수산부가 관리·감독하는 방안을 마련할 것 등이다. 이에 대해 해양수산부는 「2016년 국정감사 시정·처리결과 및 추진계획」에서 국회에 시정 처리결과를 보고하였다.

❖ 참고문헌

류시전,「선원재해보상제도의 개선방안에 관한 연구」, 석사학위논문, 고려대학교 노동대학원, 2013.

목진용,「선원재해보상과 선박소유자의 재해보상보장제도」,『월간 해양수산』 No.104, 한국해양수산개발원, 1993.

박은하,「선원보험 환자의 상병특성과 보험사별 진료비 관리방안」, 박사학위논문, 부산가톨릭대학교 대학원, 2015.

송윤아·한성원,「근로자재해보험의 활성화 필요성과 선결과제」, 보험연구원, KIRI리포트 2017.10.10.

이안의,「선원의 재해보상에 관한 연구 -편의치적 선박을 중심으로」, 박사학위논문, 연세대학교 대학원, 2015.

이연옥,「외국인고용법의 원칙과 제도에 관한 연구」, 박사학위논문, 인하대학교 대학원, 2017.

전윤구,「외국인 선원취업제도의 실태와 급여차별」,『노동법학』 제66호, 한국노동법학회, 2018.

조용준 외,「외국인선원 도입제도 합리화 방안」,『정기연구』 2014-08, 수산업협동조합중앙회 수산경제연구원, 2014.

최성두·최진이,『한국해상근로복지공단 설립 연구』, 부산발전연구원, 2018.

최성두,「선원의 삶의 질 제고를 위한 사회복지행정 개선방안」,『한국행정논집』 제18권 제4호, 한국정부학회, 2006.

최진이·최성두,「선원재해보상체계 개선과 선원복지공단의 설립 연구」,『기업법연구』 제33권 제1호, 한국기업법학회, 2019

최진이,「항만하역시장 과당경쟁해소를 위한 항만운송사업법 개선방안 연구」,『기업법 연구』 제27권 제1호, 한국기업법학회, 2013.

최진이 외,「항만관리 관련 법률의 문제점 및 개선방안에 관한 연구」,『해사법연구』 제23권 제1호, 한국해사법학회, 2011.

국토해양부 외,「외국인선원고용실태조사 연구보고서」, 2011.

국회입법조사처, 「2015 국정감사 정책자료」, 2011.
수협중앙회, 「2016년도 선원지원실 업무현황요약」, 2016.
출입국·외국인정책본부, 「2016 출입국·외국인정책 통계연보」, 2017.
한국선원복지고용센터, 「한국선원통계연보」, 2015, 2016, 2017, 2018.
한국선원복지고용센터, 「2018년 한국선원복지고용센터 업무계획」, 2018.
한국선원복지고용센터, 「한국선원복지고용센터 중장기 발전계획수립 연구」, 2017.
한국선원복지고용센터, 「한국선원복지고용센터 주요사업 실적」, 2017.
한국수산어촌연구원, 「고용허가제 외국인 어선원의 효율적 관리방안」, 해양수산부, 2012.
한국해양수산개발원·한국법제연구원, 「선원분야 법률 체계 개편방안 연구」, 해양수산부, 2018.
항만물류협회, 「항만하역요람」, 2016, 2017, 2018.
해양수산부, 「2018년 해양수산부 업무계획」, 2018.
해양수산부, 「어선원 복지제도 발전방향 연구」, 2014.

국회도서관, https://www.nanet.go.kr
근로복지공단, http://www.kcomwel.or.kr
통계청, http://kosis.kr
한국선원복지고용센터, https://www.koswec.or.kr
한국어촌어항공단, https://www.fipa.or.kr
항만물류협회, http://www.kopla.or.kr
해양수산부, http://www.mof.go.kr

제2장

외국인선원의 최저임금차별

최진이

I. 서론

1960년대 이후 세계 경제의 활발한 움직임과 더불어 우리나라도 경제개발 5개년 계획(1962년~)을 추진하는 등 저임금 노동력을 기반으로 하는 수출중심의 경제발전정책을 적극 추진하였다. 그 결과 국제교역의 증가로 수출입 물동량이 크게 늘어나면서 해상운송 수요가 확대되었고, 해상노동자인 선원에 대한 수요도 폭발적으로 늘어났다.

그 결과 1980년대까지만 하더라도 선원 임금은 육상 임금의 5배에 달하는 고소득 직종으로 선호하는 직업이었기 때문에 국적선에는 모두 내국인 선원이 승선하였다. 그러나 산업화를 거치면서 비약적인 경제발전과 함께 노동조건이 좋은 고임금의 새로운 직업이 생겨나면서 육상노동과 임금차이가 크게 줄어들었다. 그럼에도 불구하고 선원의 노동환경과 복지수준은 그다지 개선되지 못했기 때문에 사회적으로 소외받는 직종으로 전락하게 되었다. 오늘날에는 인구의 고령화, 선원에 대한 낮은 사회적 인식과 평가, 선박자동화에 따른 승무인원 감축 등으로 선원이라는 직업을 택하지 않거나, 승무 중인 선원도 육상근무를 선호하는 승선기피 경향이 두드러지고 있다. 이로 인해 국적 외항선의 선원수급 문제가 발생하는 지경까지 이르게 되자, 정부는 선원수급 불균형을 해소하기 위해 1990년 11월 외항선과 제3국 기지에 있는 어선을 시작으로 단계적인 외국인선원 도입계획을 발표하였다. 이후 1991년 중국 국적 외국인선원이 처음으로 국적 외항선에 승선하였다. 그러나 외국인선원의 고용과 관리에 관한 제도적 문제와 열악한 근무여건이나 임금차별 등 외국인선원에 대한 노동조건 차별의 문제가 사회적 이슈로 지적되고 있다.[1]

---

1 선원의 최저임금에 관하여는 전영우(2013), 권창영(2018), 전윤구(2018.6) 등이 있다.

이하에서는 외국인선원제도와 취업현황을 살펴본 다음, 외국인선원에 대한 차별적 노동조건 중에서 최저임금 결정에 관한 문제점을 검토하고 개선방안을 제안한다.[2]

Ⅱ. 외국인선원제도 개요 및 취업현황

1. 외국인선원제도의 연혁

“외국인선원”은 국적자가 아닌 선원, 즉 대한민국의 국적을 가지지 않은 사람이 국적선에서 근로를 제공하고 있거나 제공하고자 하는 선원을 말한다.[3]

1960년대 이후 급속한 산업화와 경제 성장을 거치면서 제조업분야로의 노동력 수요가 크게 증가하게 되었고, 정부의 수출주도성장정책으로 국가교역량이 증가하면서 국적선이 크게 늘어나 선원 수요 역시 크게 증가하였다. 더불어 1980년대 중반 이후 육상노동자의 임금 수준이 크게 높아짐에 따라 선원 기피현상까지 나타나면서 1980년대 후반 이후 해운업계와 수산업계는 선원수급에 큰 어려움을 겪게 되었다. 해외취업선원이 국내로 회귀하는 현상도 있었지만, 선원 수급불균형을 해소할 수는 없었다.

이에 해운업계는 국제경쟁력 강화와 선원의 수급불균형 해소방안으로 동남아시아 등 개발도상국으로부터 선원수급을 할 수 있도록 정부에 요청

2 외국인선원은 크게 고용허가제에 의한 외국인선원과 외국인선원제에 의한 외국인선원이 있는데, 고용허가제에 의한 외국인선원은 「선원법」의 적용을 받지 않는 20톤 미만의 소형어선에 고용되며, 외국인선원제도에 의한 외국인선원은 「출입국관리법」상 선원취업(E-10) 체류자격을 받은 자로 「선원법」을 적용을 받는다. 이 논문은 후자를 대상으로 한다.

3 “외국인선원”이란 대한민국의 국적을 가지지 아니한 자로서 선박소유자의 선박에서 근로를 제공하고 있거나 제공하고자 하는 자를 말한다(외국인선원 관리지침 제2조 제2호).

하였고, 정부(당시 해운항만청)는 1990년 11월 외항선과 제3국 기지에 있는 어선을 시작으로 단계적인 외국인선원 도입계획을 발표하였다[4].

1991년 7월 외국인선원의 고용에 관하여 한국선주협회(現한국해운협회)와 선원노동자단체(전국해상산업노동조합연맹)가 합의한 "외국인선원 혼승에 관한 노사합의"를 정부가 승인하고, 이에 따라 상선(외항선) 선원에 외국인선원(중국국적) 58명이 처음으로 승선하였다.[5] 이후 1993년에는 원양어선에 중국국적의 외국인선원 179명이 승선하였으며, 1997년에는 연근해어선에도 중국(409명)과 인도네시아(147명) 국적의 외국인선원이 556명이 승선하였다.[6]

「선원법」은 선원정책의 효율적·체계적 추진을 위하여 5년 마다 선원정책기본계획을 수립하도록 하고, 선원인력 수급에 관한 사항(외국인선원 고용)을 반드시 포함하도록 규정하고 있다(제107조). 또한, 외국인선원 고용 등 선원수급이 원활하게 이루어질 수 있도록 선원인력 수급관리에 관한 제도(선원인력수급관리제도)를 수립·시행할 수 있도록 하고 있다(제115조 및 시행령 제39조).

---

4 국가인권위원회, 「연근해 선원 이주노동자 인권 개선을 위한 정책 권고(결정문)」, 『국가인권위원회공보』 제11권 제1호, 2013.2.15, 73~74쪽.

5 1991년 7월 "외국인선원 혼승에 관한 노사합의"에 따라 1991년 11월부터 척당 부원 3명 이내에서 외국인선원의 고용이 가능하게 되어 외국인선원 혼승이 처음으로 시행되었다.

6 이와는 별도로, 「선원법」의 적용을 받지 않는 20톤 미만의 연근해 어선의 경우 1996년에 외국인기술연수생 신분으로 1,000명의 외국인선원을 시범고용하기도 하였는데, 이러한 방식은 2007년 외국인 산업기술연수제도가 폐지될 때까지 20톤 미만의 연근해 어선에서 외국인선원 고용에 활용되었다(해양수산부, 『한국선원통계연보』, 1998).

2. 외국인선원의 유형

현재 외국인선원은 크게 고용허가제에 의한 외국인선원과 외국인선원제에 의한 외국인선원이 있다.

먼저, 고용허가제에 의한 외국인선원의 주무부처는 고용노동부이며, 「외국인근로자의 고용 등에 관한 법률」에 바탕을 둔 제도이다. 이들 고용허가제에 의한 외국인선원은 국내 취업요건을 갖춘 사람 중에서 「출입국관리법」상 비전문취업 체류자격(E-9)을 허가받아 어업분야에 종사하는데, 양식어업이나 소금채취업, 또는 「선원법」의 적용을 받지 않는 20톤 미만의 연근해어선에 선원으로 고용된다. 그렇기 때문에 이들은 「선원법」의 적용을 받지 않으며 「근로기준법」의 적용을 받기 때문에 그 법적지위는 육상근로자와 같다. 따라서 고용허가제에 의한 외국인선원은 논의대상에서 제외한다.

다음으로, 외국인선원제에 의한 외국인선원의 주무부처는 해양수산부이며, 이들 외국인선원제도에 의한 외국인선원은 「출입국관리법」상 선원취업(E-10) 체류자격을 허가받아 「해운법」 및 「수산업법」에 따른 사업을 경영하는 사람과 선원근로계약을 체결한 자로 「선원법」의 적용을 받는 선박에 승선하여 노무를 제공한다. 이들이 바로 「선원 최저임금 고시」의 적용을 받는 외국인선원이다.

3. 외국인선원의 승무인원 제한

영국, 노르웨이, 프랑스, 네덜란드 등 대부분의 주요 해운국들에서도 자국의 현실을 감안하여 선원 직급별 적정 수준의 내국인 선원의 고용유지를 위해 자국 선박에 승선하는 외국인선원의 인원을 제한하고 있다.

우리나라의 경우를 보면, 외국인선원이 국적선에 승선하기 시작한

1991년에는 선박당 승선인원이 3명으로 제한하였으나, 1997년 8월 「국제선박등록법」을 제정(시행1998.2.23)하여 국제선박등록제도를 도입하고, 등록된 국제선박에 대하여는 선박당 외국인선원의 승선을 최대 6명까지 허용하였다. 이후 2019년 1월에는 「비상사태등에 대비하기 위한 해운 및 항만 기능 유지에 관한 법률(해운항만기능유지법)」을 제정(시행2020.1.16)하여 「국제선박등록법」에 따른 국가필수국제선박을 국가필수선박으로 확대·지정할 수 있도록 하였다.[7]

현행 「국제선박 외국인 선원 승무기준 및 범위(해양수산부 고시)」는 2010년 1월 합의한 「외국인 선원 고용 완전 자율화에 대한 노사합의」에 기초하여 「국제선박등록법」에 의해 등록된 국제선박에 승무하는 외국인선원의 승무기준 및 범위에 관한 사항을 정하고 있다. 동 고시에서는 국제선박을 「해운항만기능유지법」에 따른 "국가필수선박", 한국인 선원의 고용 안정과 적정규모 유지를 위하여 지정·운영하는 "지정국제선박", 그 외 "일반국제선박"으로 구분하고 각각에 대하여 외국인선원의 승무인원을 제한하고 있다.[8] 즉 "국가필수선박"에 승선하는 외국인선원은 척당 부원 6명 이내이고, "지정국제선박"에 승선하는 외국인선원은 척당 부원 8명 이내 또는 선장과 기관장을 제외한 직원 1명과 부원 7명 이내이며, "일반국제선박"에는 선장과 기관장을 제외한 선원 전체를 외국인선원으로 승무하게 할 수 있도록 규정하고 있다(제3조 제1항).

---

7 동법은 비상사태 등에 대비하여 선박과 선원의 효율적 활용을 위하여 필요하다고 인정하면 해양수산부장관은 「국제선박등록법」에 따른 국제선박 또는 공공기관이 소유한 선박 중 선박의 규모, 선령(船齡) 및 수송 화물의 종류 등의 기준에 해당하는 선박을 관계 중앙행정기관의 장과 협의하여 국가필수선박으로 지정할 수 있도록 하였다(해운항만기능유지법 제5조 제1항).

8 해양수산부의 「2021년도 국가필수선박 지정계획」에 의하면, 2020년 12월말 현재 지정국제선박은 총 300척이며, 이중 총 88척이 국가필수선박으로 지정되어 있다. 국가필수선박으로 지정된 선박은 벌크선 24척, 유조선 12척, 가스선 21척, 컨테이너선 20척, 자동차선 11척 등이다.

4. 외국인선원의 승선현황

1) 현황 및 추이

상술한 바와 같이, 1991년 국적선인 외항선에 처음으로 58명의 외국인선원이 승선한 지 10년이 경과한 2000년 12월 말 기준으로 국적선에 승선한 외국인선원의 수는 총 7,639명으로 약 132배나 증가한 것이다. 다만, 국적선에 취업한 선원(45,797명) 중에서 외국인선원이 차지하는 비율은 약 16.7%로 그 비중이 크지는 않았다. 2010년에는 12월 말 기준 국적선 선원취업자 수는 52,528명이며, 이 중에서 외국인선원의 수는 총 17,558명으로 33.4%를 차지함으로써 지난 10년 동안 16.7%P 증가하였다.

2020년 12월 말 기준, 국적선에 취업한 선원은 총 57,810명이며, 이 중에서 내국인선원 취업자 수는 상선 16,060명, 어선 14,975명을 합하여 총 31,035명이고, 외국인선원 취업자 수는 상선 13,157명, 어선 13,618명을 합하여 총 26,775명으로 국적선 선원취업자의 내국인선원과 외국인선원의 비율은 각각 53.7%, 46.3%이다.[9]

1991년 외국인선원이 처음 승선한 이후 18년만인 2008년에 1만 명을 넘어서 12,777명이 되었고, 그로부터 불과 4년이 지난 2012년도에는 21,327명으로 외국인선원이 처음으로 2만 명을 넘어섰다. 그 이후 지금까지 2013년과 2016년에 각각 전년도 대비 감소가 있기는 하였으나, 대체로 완만한 증가세하는 흐름을 보였으며, 2018년 이후부터는 대체로 정체하는 경향을 보이고 있다.

---

9 「선원법」의 적용을 받지 않는 고용허가제(비전문취업비자 E-9)에 의해 고용된 어업분야 외국인선원은 제외하였기 때문에 20톤 미만의 연근해 어선에 승선하는 이들 외국인선원을 포함하면 국적선 선원취업자 중 외국인선원의 비중이 절반을 넘는다.

〈표 1〉 업종별 외국인선원 승선현황(2020.12.31기준)

(단위: 명)

구분	계	외항선	외항 여객선	원양어선	내항선	연근 해어선	내항순항 여객선
2010	17,558	7,899	74	4,006	497	5,156	-
2015	24,624	12,066	39	3,374	673	8,441	31
2016	23,307	11,141	35	2,991	791	8,314	35
2017	25,301	12,109	42	3,810	823	8,484	33
2018	26,321	11,813	10	3,850	878	9,733	37
2019	26,331	11,461	10	3,869	923	10,032	36
2020	26,775	12,196	-	3,824	937	9,793	25

출처: 한국선원복지고용센터, 각 연도별「한국선원통계연보」참고하여 작성함.

2) 국적 및 업종별 현황

외국인선원이 처음 승선한 선박은 외항선으로 중국 국적에 한정되어 있었으나, 1994년에는 인도네시아, 베트남, 방글라데시 국적의 선원이 원양어선에 승선하였다. 이후 중국, 인도네시아, 필리핀, 베트남, 미얀마, 인도, 캄보디아 등의 국적을 가진 선원들이 승선함으로써 외국인선원의 국적도 다양해졌다. 특징적인 것은 중국국적의 외국인선원이 1991년 처음으로 승선한 이후로 2010년까지 매년 증가하여 2010년까지만 하더라도 외국인선원 중 가장 많은 비중을 차지하였으나, 2010년 가장 많은 4,457명을 기록한 이후 급속하게 감소하는 현상을 보이고 있다. 중국국적의 외국인선원을 대신하여 인도네시아와 필리핀 국적의 외국인선원이 두드러지게 증가하는 것으로 나타났다.

〈표 2〉 국적별 외국인선원 승선현황 추이(2020.12.31기준)

(단위: 명)

구분	계	인도네시아	필리핀	베트남	미얀마	중 국	기타
2010	17,558	4,248	3,653	1,907	3,221	4,457	72
2015	24,624	6,895	6,321	4,697	4,619	2,000	92
2016	23,307	6,991	5,503	4,642	4,235	1,737	199
2017	25,301	8,275	5,903	4,720	4,512	1,669	222
2018	26,321	9,084	5,779	5,355	4,346	1,501	256
2019	26,331	9,498	5,557	5,452	4,306	1,304	214
2020	26,775	10,699	5,464	5,025	4,376	978	233

출처: 한국선원복지고용센터, 각 연도별 「한국선원통계연보」 참고하여 작성함.

2020년 12월 말 기준으로 국적선에 승선하는 외국인선원의 국적을 살펴보면, 26,775명의 외국인선원 중 인도네시아 국적이 10,699명(약 40%)으로 가장 많은 비중을 차지하고 있고, 그 다음으로, 필리핀(약 20.4%), 베트남(약 18.8%), 미얀마(약 16.3%), 중국(약 3.6%) 순으로 나타났다.

외국인선원이 가장 많이 승선하고 있는 국적선을 업종별로 살펴보면, 전체 외국인선원(26,775명)의 약 45.5%(12,196명)가 외항선에 승선하고 있고, 그 다음으로 연근해어선에 약 36.6%(9,793명)가 승선하고 있으며, 원양어선에는 약 14.3%(3,824명), 내항선에는 약 3.5%가 승선하고 있다. 이들 외국인선원 중 해기사(2,850명)는 외항선에만 승선하고 있는데, 이는 외항선에 승선하는 외국인선원의 약 23.4%에 해당하며, 전체 외국인선원의 약 10.6% 정도이다.

〈표 3〉 외국인선원 국적 및 업종별 승선현황(2020.12.31기준)

(단위: 명)

구분	계	인도네시아	필리핀	베트남	미얀마	중 국	기 타
총 계	26,775	10,699	5,464	5,025	4,376	978	233
외항선	12,196 (2,850)	3,209 (1,036)	4,967 (864)	125 (87)	3,530 (703)	157 (52)	208 (108)
원양어선	3,824	2,844	472	436	39	8	25
내항선	937	183	–	–	754		–
연근해어선	9,793	4,463	–	4,464	53	813	–
외항여객선	–	–	–	–	–	–	–
내항순항여객선	25	–	25	–	–	–	–

주1) ( )안은 해기사수(외항선에만 승선)
주2) 내항순항여객선은「해운법」제3조 제6호 복합해상여객운송사업 선박 (주중: 외항정기여객, 주말: 내항순항여객)을 말함
출처: 한국선원복지고용센터(2021)「한국선원통계연보」

Ⅲ. 외국인선원의 선원근로계약 체결 및 최저임금 결정구조

1. 외국인선원의 선원근로계약 체결

「선원법」의 적용을 받는 외국인선원과 선박소유자 사이에 체결되는 선원근로계약은, 선원단체와 선박소유자단체 사이에 단체협약이 체결되고, 그 단체협약에 기초하여 선박소유자와 외국인선원이 선원근로계약을 체결한다.[10] 업종별 외국인선원의 선원근로계약 체결구조는 다음과 같다.

10 외국인선원의 도입 및 관리(송출입통계, 고용관리, 편의제공, 교육 등) 등에 관한 업무는 해양수산부 또는 선박소유자가 선박소유자단체에 위탁할 수 있도록 하고 있다(외국인선원 관리지침 제5조의3). 즉 외국인선원에 관한 업무는 법무부가 외

첫째, 외항상선에 승선하는 외국인선원의 경우 전국해상선원노동조합연맹(2018.2.5일 자로 전국해상산업노동조합연맹과 전국상선선원노동조합연맹이 합병)과 한국해운협회(舊한국선주협회)가 단체협약을 체결하고, 그에 따라 선박소유자와 외국인선원이 선원근로계약을 체결한다.

둘째, 내항상선에 승선하는 외국인선원의 경우 전국해상선원노동조합연맹과 한국해운조합이 단체협약을 체결하고, 그에 따라 선박소유자와 외국인선원이 선원근로계약을 체결하고 있다.

셋째, 원양어선에 승선하는 외국인선원의 경우에는 전국원양산업노동조합과 한국원양산업협회가 단체협약을 체결하고, 그에 따라 선박소유자와 외국인선원이 선원근로계약을 체결하고 있다.

넷째, 20톤 이상의 연근해어선의 경우에는 전국해상선원노동조합연맹과 수협중앙회가 체결한 단체협약에 근거하여 선박소유자와 외국인선원이 선원근로계약을 체결하고 있다.[11]

「외국인선원 관리지침」은 외국인선원의 선원근로계약 체결과 관련하여 선박소유자단체의 장은 외국인이 승선할 선박제원, 계약기간, 직책, 임금, 선원보험(재해보상·임금채권보장보험·송환보험) 등 근로조건의 내용을 포함하는 표준계약서를 작성하여 보급할 수 있으며, 특별한 사유가 없는 한, 표준계약서를 활용하여 선원근로계약을 체결하도록 하고 있다(외국인선원 관리지침 제8조).[12]

국인등록 및 체류관리를 하고, 해양수산부가 고용관리를 하며, 선박소유자단체가 고용 및 체류관리를 지도하는 구조이지만, 실제에 있어서는 선박소유자단체 또는 수협중앙회에 외국인선원 관련 업무를 위탁하고 있다.

11 연근해어선의 외국인선원은 「선원법」과 「외국인선원 관리지침」에 따라 현재 중국, 베트남, 인도네시아, 스리랑카 4개국에 한해 허용되는데, 어선소유자는 해양수산부로부터 외국인선원 관리업무를 위탁받은 수협중앙회를 통해 송입업체로부터 외국인선원을 배정받는다.

12 연근해 어선의 경우 외국인선원 관리주체인 수협중앙회에서 작성한 표준근로계약서에 따라 선박소유자와 외국인선원이 선원근로계약을 체결하고 있다.

2. 외국인선원의 최저임금 결정구조 문제점 및 임금현황

선원의 임금(賃金)이란 선박소유자가 근로의 대가로 선원에게 임금, 봉급, 그 밖에 어떠한 명칭으로든 지급하는 모든 금전을 말한다(선원법 제2조 제10호). 선박소유자가 선원과 선원근로계약[13]을 체결하는 경우 임금, 근로시간 및 그 밖의 근로조건을 구체적으로 명시하여야 하며(선원법 제27조 제1항), 선원의 임금은 당사자 자치에 따라 선박소유자와 합의로 체결되는 선원근로계약에 의해 정해진다. 다만, 선원의 최저임금은 「선원 최저임금 고시」를 통해 매년 정하는 금액 이상이어야 한다. 즉 「선원법」은 선원의 임금에 관하여 해양수산부 고시로 선원의 임금 최저액을 정할 수 있도록 하고 있으며(제59조), 해양수산부장관은 매년 선원 최저임금을 고시하고 있다.[14] 그러나 「선원 최저임금 고시」에서는 외국인선원에 관하여는 그 적용상의 특례규정을 두어 동 고시에서 정하는 최저임금과는 별도로 해당 선원노동단체와 선박소유자단체 사이에 단체협약으로 최저임금을 정할 수 있도록 하고 있다. 그 결과 외국인선원의 임금은 「선원 최저임금 고시」에서 인정하는 특례에 따라 선원노동단체와 선박소유자단체가 체결하는 단체협약에서 정해지는 통상임금의 최저금액을 기준으로 정해진다.[15]

---

13 "선원근로계약"이란 선원은 승선(乘船)하여 선박소유자에게 근로를 제공하고 선박소유자는 근로에 대하여 임금을 지급하는 것을 목적으로 체결된 계약을 말한다(제2조 제9호).

14 「선원법」의 적용을 받는 선원과 선원을 사용하는 선박의 소유자에게는 「최저임금법」의 적용을 받지 않는다(최저임금법 제3조 제2항). 따라서 고용노동부의 「최저임금 고시」의 적용을 받지 않는다.

15 「선원법」 적용을 받지 않는 20t 미만 연근해 어선의 외국인선원은 「근로기준법」의 적용을 받고, 「최저임금법」의 적용을 받기 때문에 고용노동부장관이 매년 고시하는 최저임금이 적용되며, 「선원법」의 적용을 받는 외국인선원과 달리 국적에 따른 최저임금 차별을 받지 않는다.

〈표 4〉 ILO선원 최저임금 기준(2021.1.1시행)

(단위: USD)

구분	기본급	시간외수당	월임금	휴가비	월총액
1항기사	1,394	475	1,869	140	2,009
2항기사	1,117	381	1,498	112	1,610
3항기사	1,067	367	1,443	108	1,551
장직급	716	244	960	72	1,032
수직급	641	219	860	65	925
원직급	477	163	640	48	688

주) 기준근로시간: 주당 44시간, 월 191시간
출처: 전국선박관리선원노동조합(2020.12.22)

외항상선과 원양어선의 경우 선원노동단체와 선박소유자단체 간에 체결하는 단체협약상 외국인선원의 최저임금은 국제노동기구(ILO)에서 매년 직책별로 정하는 선원 최저임금을 기준으로 정해지는데, 2021년 ILO 선원 최저임금 기준(월총액)은 아래와 같으며, 내국인선원의 직책별 월 평균임금의 30%~40% 수준에 불과하다.[16]

연근해어선의 외국인선원 최저임금은 내국인선원 최저임금의 약 75%~80% 수준에서 결정되고 있는데, 2011년까지는 육상노동자(「근로기준법」의 적용을 받는 20t미만의 연근해 어선에 승선하는 고용허가제에 의한 외국인선원)보다 낮았으나, 2012년부터 최저임금이 인상되어 육상노동자보다 약간 높은 수준을 유지하다가 2016년 최저임금이 동결되면서 2017년부터 다시 역전되는 등 등락은 반복해 왔다.

2021년 기준, 외국인선원의 최저임금은 「2021년 선원 최저임금 고시」에 따른 내국인선원 최저임금(월 2,249,500원) 대비 약 81% 수준으로,

16 업종별, 직책별 선원임금 상세는 한국선원복지고용센터, 「한국선원통계연보(2021)」 참조.

「최저임금법」의 적용을 받는 육상노동자의 월 최저임금(1,822,480원/월 209시간 노동시간 기준)과 같은 약 182만 원이다.[17] 그러나 실제 노동시간에 비하면 외국인선원의 최저임금은 육상노동자에 미치지 못하는 수준이라 할 것이다.

〈표 5〉 연근해어선 연도별 선원 최저임금 현황

(단위: 천 원)

구분	2010	2011	2012	2013	2014	2015	2016	2017	2018	2019	2020	2021
내국인선원	1,098	1,163	1,238	1,319	1,415	1,518	1,641	1,760	1,982	2,153	2,216	2,250
외국인선원	800	900	1,040	1,100	1,180	1,180	1,265	1,265	1,400	1,632	1,723	1,822
육상노동자	859	903	957	1,016	1,089	1,166	1,260	1,352	1,574	1,745	1,795	1,822

출처: 수협중앙회.

Ⅳ. 최저임금 결정구조의 문제점 및 개선방안

1. 최저임금 결정구조의 문제점

1) 위임입법의 한계 일탈

「선원 최저임금 고시」에서 외국인선원의 임금 최저액을 단체협약에 재위임할 수 있도록 한 것은 동 고시의 법률적 근거인 「선원법」 제59조를 위반하는 것이다. 즉 「선원법」 제59조는 선원의 임금 최저액은 필요한 경우 정책자문위원회의 자문을 받아 해양수산부장관이 이를 정하도록 하고 있

17 육상노동자의 최저임금 결정기준 및 절차는 「최저임금법」 제4조 및 제8조부터 제10조 참조.

다. 해양수산부장관은 「선원법」이 위임한 바에 따라 매년 「선원 최저임금 고시」를 통해 다음 연도에 선원에게 적용되는 최저임금을 정한다. 따라서 외국인선원 역시 동 고시에서 정하는 최저임금의 적용을 받아야 한다.

그럼에도 불구하고, 외국인선원의 임금 최저액에 관하여는 동 고시에 적용상 특례를 두어 선원단체와 선박소유자단체가 체결하는 단체협약에서 정할 수 있도록 재위임하고 있다. 그러나 이러한 고시에 의한 재위임 방식은 「선원법」 제59조에서 예정하는 위임입법의 한계를 벗어난 것이다. 즉 법적 근거 없이 외국인선원의 최저임금에 관하여만 동 고시의 적용상 특례를 두어 재위임하는 것은 「선원법」 제59조의 위임 범위를 일탈한 것으로 무효라 할 것이다.

물론, 선원의 승선경력 등 각자의 능력에 따라 실제 수령하는 임금을 차등적으로 지급하는 것은 합리적인 범위 내에서는 허용될 수 있겠으나, 임금의 최저한도가 되는 기준금액은 국적과 상관없이 동일한 기준이 적용되어야 할 것이다.

2) 외국인선원에 대한 단체협약의 구속력

외국인선원에 관한 최소한의 근로조건이 정해지는 단체협약은 선원노동단체와 선박소유자단체가 체결한다. 문제는 외국인선원은 가장 중요한 근로조건인 자신이 받게 될 임금의 최저한도를 결정하는 단체협약 체결과정에서 완전히 소외된다. 즉 선박소유자단체와 단체협약을 체결하는 전국해상선원노동조합연맹 등 선원노동단체와 그 산하의 선원노동단체들은 외국인선원을 조합원으로 가입시키지 않는다.[18]

18 노동조합의 조합원은 어떠한 경우에도 인종, 종교, 성별, 연령, 신체적 조건, 고용형태, 정당 또는 신분에 의하여 차별대우를 받지 아니한다(노동조합 및 노동관계조정법 제9조). 즉 외국인선원도 선원노동단체의 가입 및 선원노동단체의 설립이 가

외국인선원은 단체협약에 구속을 받는 직접 당사자이지만, 전국해상선원노동조합연맹 등 선원노동단체나 그 산하 선원노동단체의 조합원이 아니기 때문에 선원단체와 선박소유자단체 사이에 체결하는 단체협약에 전혀 관여하지 못하는 것은 물론, 제도적으로 그들의 근로조건에 관한 의사를 단체협약에 반영시킬 수 있는 절차와 수단을 전혀 보장받지 못하고 있다.

무엇보다 외국인선원은 선원노동단체의 조합원도 아니고, 선원노동단체는 외국인선원으로부터 그들의 근로조건 처분에 관한 권한을 위임받은 것도 아니기 때문에 단체협약을 체결하는 선원노동단체는 외국인선원에 관하여는 이들을 대표할 권한이 없다. 즉 선원노동단체는 외국인선원의 근로조건에 대한 처분권한이 없는 제3자이다. 그렇기 때문에 선원노동단체가 선박소유자단체와 체결한 단체협약 중 외국인선원의 최저임금 등 근로조건에 관한 사항은 외국인선원에 대하여는 구속력이 없으며 무효라 할 것이다.[19]

3) 기타

상기 외에도 외국인선원에 대한 최저임금 차별은「헌법」이 보장하는 평등의 이념에 반하는 것이다.[20] 더불어 근로조건에 대한 차별적 처우를 하지 못하도록 하고 있는「근로기준법」상의 균등처우원칙에도 위반한다.

능하다고 볼 수 있다.

19 실무적으로는 외국인선원을 고용하려는 선박소유자가 외국인선원을 배정받기 위한 신청절차에서 외국인선원 고용에 관하여 선원단체로부터 고용의견서를 받는 조건으로 단체협약을 선박소유자가 승인하도록 하는 편법을 이용하고 있다(전윤구,「외국인 선원취업제도의 실태와 급여차별」,『노동법학』제66권, 2018.6, 191~214쪽.

20 헌법상의 기본권 주체에 외국인을 포함하는가에 관하여 논란이 있기는 하지만, 참정권이나 사회적 기본권과 같이 기본권 주체가 국민에 한정되는 것 이외의 기본권들은 국적과는 관계없이 기본권 주체가 된다고 하는 것이 다수의 견해이다(권영성,『헌법학원론』, 법문사, 2011; 김철수,『헌법학개론』, 박영사, 2011; 허영,『헌법이론과 헌법』, 박영사, 2007).

2. 개선방안

2001년 우리나라는 저임금 노동자를 보호하기 위해 국제노동기구(ILO)가 채택한 「최저임금결정제도의 수립에 관한 협약(1928)」을 비준하였는데, 동 협약에서는 임금이 예외적으로 낮은 산업에 고용된 노동자를 위하여 최저임금보장제도를 실시하고, 임금이 최저임금에 미달되는 노동자에게는 법령이 정하는 절차에 따라 그 부족액을 지급 받을 권리를 보장하도록 하고 있다.

또한, 우리나라가 비준한 국제노동기구의 「고용 및 직업상 차별대우에 관한 협약」에도 국적을 이유로 임금을 차별하는 것을 금지하고 있다.

이처럼 외국인선원에 대한 최저임금 차등적용은 국내법상 차별을 금지하고 있을 뿐만 아니라, 우리나라가 체결한 자유무역협정(FTA) 중 9개의 협정에서 노동에 관한 장(章)을 포함하고 있기 때문에 외국인선원에 대한 최저임금차별은 여러 국가들과 맺은 자유무역협정에도 저촉될 우려가 크다.

우리나라는 노동자에게 임금의 최저수준을 보장함으로써 노동자의 생활안정과 노동력의 질적 향상을 도모하기 위해 1986년 12월 31일 「최저임금법」을 제정하였다. 이 법은 근로자를 사용하는 모든 사업장에 적용하는 것을 원칙으로 하고 있다. 그러나 고용노동부장관의 인가를 받아 최저임금의 적용을 제외할 수 있도록 하고 있고(제7조), 「선원법」의 적용을 받는 선원과 선원을 사용하는 선박의 소유자에게는 적용하지 않음을 명시하고 있다(제3조 제2항).

「최저임금법」이 「선원법」의 적용을 받는 선원과 선원을 사용하는 선박의 소유자에게는 적용하지 않는 것은 해상노동자들을 보호할 필요성이 적거나 없어서가 아니라, 「선원법」에서 해상노동이라는 특수한 사정을 반영하여 정할 수 있도록 하기 위한 조치라 할 수 있다. 그럼에도 불구하고, 선원의 국적이 내국인 또는 외국인인가에 따라 최저임금을 차별하는 것은 노동자에게 임금의 최저수준을 보장하여 노동자의 생활안정과 노동력의 질적 향상을 제고하려는 최저임금제도의 본질과도 반하는 것이다. 무엇보다 현행 법체계상 국적에 따라 최저임금 차별을 인정할만한 법적 근거를 찾기 어렵기 때문에 외국인선원에게만 「선원 최저임금 고시」의 적용특례를 두어 최저임금결정을 재위임하는 것은 「선원법」의 위임범위를 초과한 것으로 무효라 할 것이다.[21]

이러한 외국인선원 최저임금제도의 문제점을 해소하기 위하여 다음과 같은 방안을 제안한다.

외국인선원의 최저임금을 유사 노동자(고용허가제 외국인선원)의 임금, 노동생산성 등을 고려하여 차등을 둘 수 있는 법적 근거를 마련하는 것이다. 예를 들어, 외국인선원에 대하여는 「최저임금법」 제5조 제2항[22] 및 동법 시행령 제3조(수습 중에 있는 근로자에 대한 최저임금액)와 같은 취지의 규정을 신설하는 것이다. 즉 최초 승선일로부터 일정한 승선기간 동안에는 「선원 최저임금 고시」에서 고시하는 최저임금액과 다른 금액으로 최저임금액을 정할 수 있도록 법적 근거를 마련하는 것이다. 다만, 단순히 외국인선원이라는 이유만으로 「선원 최저임금 고시」의 적용대상에

---

21 그럼에도 불구하고, 외국의 경우에도 자국민선원과 외국인선원의 임금차별을 허용하고 있는 것이 국제적인 관행이라는 점과 언어사용능력에 따른 업무능력, 숙식 등 주거공간의 제공 등과 같이 추가적으로 소요되는 비용 등을 고려하여야 한다고 한다. 그러나 현금으로 지급하는 숙식비는 최저임금 산입범위에 포함하지만 현물은 제외되며, 업무능력은 임금의 최저기준의 문제가 아니라, 실제 지급되는 합리적 임금차등에 관한 문제이다.

22 1년 이상의 기간을 정하여 근로계약을 체결하고 수습 중에 있는 근로자로서 수습을 시작한 날부터 3개월 이내인 사람에 대하여는 대통령령으로 정하는 바에 따라 제1항에 따른 최저임금액과 다른 금액으로 최저임금액을 정할 수 있다(최저임금법 제5조 제2항 본문).

서 제외하는 것은 문제가 있다[23]. 따라서 적용제외가 아니라, 일정요건을 전제로 일정기간 동안에는 법정의 최저임금액보다 감액하여 지급할 수 있는 근거를 마련하여야 한다.

이를 종합하면, 「선원 최저임금 고시」의 적용상 특례 규정을 폐지하여 외국인선원에 대하여도 내국인선원과 동일한 최저임금액을 적용하는 것을 원칙으로 하되[24], 「선원법」상 외국인선원에 대하여는 업종별로 승선경력이나 언어능력 등을 고려하여 합리적인 범위 내에서 선박소유자가 주무관청(해양수산부장관)의 인가(認可)를 받아 일정기간 동안 법정의 최저임금에 일정범위 이내의 감액율을 적용할 수 있도록 하여 감액 지급에 관한 법적 근거를 마련하는 것이다.

〈표 6〉 외국인선원 최저임금 관련 「선원법」 개정(안)

현행	신설(안)
〈신설〉	제00조(외국인선원의 최저임금액) ①선박소유자는 대통령령으로 정하는 바에 따라 해양수산부장관의 인가를 받은 외국인선원에 대하여는 「선원 최저임금 고시」에 따른 최저임금액과 다른 금액으로 최저임금액을 정할 수 있다. ②전항에 따라 외국인선원의 최저임금액은 다음 각 호의 승선경력에 따라 「선원 최저임금 고시」에서 정하는 최저임금액에 대하여 아래의 비율을 곱한 금액이상으로 한다. 1. 1년 이하 : 100분의 70 2. 1년 초과 ~ 2년 이하 : 100분의 80 3. 2년 초과 ~ 3년 이하 : 100분의 90 4. 3년 초과 : 100분의 100

23 2005년 5월 이전 「최저임금법」에서는 미숙련 노동자 또는 직업에 필요한 직무수행능력을 습득·향상시키기 위하여 실시하는 훈련을 받는 자는 적용대상에서 제외하였으나, 적용제외 인가도 없이 최저임금 적용대상에서 제외하는 것에 문제가 있다는 지적에 따라 적용대상으로 포함하였다(전영환, 『최저임금 적용제외 인가기준에 관한 연구』, 한국장애인촉진공단, 2006.12, 15쪽.

24 육상근로자에게 적용되는 「최저임금 고시」는 사업의 종류나 국적여부에 상관없이 모든 사업장, 모든 노동자에게 동일하게 적용하고 있다.

Ⅴ. 결론

국적선에 승선하는 외국인선원이 크게 증가한 원인은 상술한 바와 같이 경제성장으로 육상노동과 해상노동의 임금격차가 줄어들었고, 무엇보다 승선하는 동안 가족과 사회로부터의 단절에 따른 승선기피 현상으로 선원인력의 유입이 크게 감소하였다. 아울러 선박소유자의 입장에서는 선원비 증가로 인한 경영상의 어려움을 해소하기 위해 선박직원은 내국인선원을 고용하되, 그 이외의 선원(부원)의 경우에는 상대적으로 저임금의 외국인선원을 고용하는 것을 고려할 수밖에 없다. 그러나 국적선에 취업한 외국인선원이 체결하는 선원근로계약상의 근로조건이 「선원법」에서 정하고 있는 근로조건 기준에 미치지 못하는 경우가 대부분이다. 특히 임금체계에 있어서는 내국인선원과 외국인선원을 명확히 구분하여 차별적으로 적용하고 있다.

1991년 외국인선원이 국적선에 승선한 이래, 외국인선원의 법적 지위에서부터 내국인선원과의 근로조건의 차별적 적용에 관한 문제가 꾸준히 지적되어 왔다. 2000년 이후 국적선에 승선하는 외국인선원의 고용증가와 더불어 내국인선원과 외국인선원 간의 최저임금의 차이로 인한 균등처우 위반 문제가 국가인권위원회에 여러 차례 제기된 바 있었다. 이에 국가인권위원회는 2012년 실시한 「어업 이주노동자 인권상황 실태조사」를 실시하고, 그 결과를 바탕으로 선원 이주노동자 인권 개선을 위한 정책 권고 결정을 내린 바 있다(2013.1.2). 이 결정에 따르면, 외국인선원의 최저임금에 대해 근로자의 국적 등을 이유로 차별해야 할 합리적 이유가 없고, 최저임금을 단체협약으로 정하도록 하는 「선원 최저임금 고시」의 경우 재위임의 근거규정이 없어 「선원법」에 위반되고 행정규칙에 의한 권리제한이 될 수 있다는 점과 「선원법」의 적용을 받지 않는 고용허가제 외국인선원의 경우 내국인과 최저임금상의 실질적 차별이 없는 점 등을 종합적으로 고려하여 현행 최저임금 고시 제도의 개선과 「선원법」에 이주노동자에 대한 차별금지 및 동등대우 원칙을 명시할 것을 권고한 바 있다.[25]

현재와 같이 「선원 최저임금 고시」의 적용상 특례에 따른 최저임금의 차별적 적용은 행정규칙에 위한 사인(私人)의 권리제약이기 때문에 위헌 시비가 불가피하다. 따라서 내국인선원과 동일한 최저임금액을 적용하는 것을 원칙으로 하되, 근거법률인 「선원법」에서 일정요건을 전제로 승선경력에 따른 업무능력을 고려하여 일정비율의 감액율을 설정하여 최저임금액을 차등지급할 수 있도록 함으로써 위헌성 시비를 해소할 수 있을 것이다.

2014년 우리나라는 국제노동기구(ILO)에서 채택되고 발효된 「해사노동협약(2006)」을 비준하였고[26], 또한 「어선원노동협약(2007)」의 비준을 추진하고 있다. 이들 협약이 국제적으로 발효됨에 따라 선원의 사회복지 및 근로조건 등에 대한 균등처우의 문제가 국제적 이슈로 등장하고 있다. 따라서 「선원법」, 「선원 최저임금 고시」, 「외국인선원 관리지침」등 관련 법령에 대한 지속적인 모니터링을 통해 외국인선원에 대한 제도적 차별을 개선해 나가는 노력이 필요하다.

---

25 국가인권위원회, 연근해 선원 이주노동자 인권 개선을 위한 정책 권고(결정문), 『국가인권위원회공보』, 11(1), 2013.2.15.

26 ILO, Labour standards Maritime Labour Convention, 2006, "Republic of Korea ratifies the ILO Maritime Labour Convention, 2006", http://www.ilo.org/global/standards/maritime-labour-convention/WCMS_233737/lang--en/index.htm(2021.11.17검색).

❖ 참고문헌

권영성,『헌법학원론』, 법문사, 2011.

김철수,『헌법학개론』, 박영사, 2011.

허　영,『헌법이론과 헌법』, 박영사, 2007.

권창영,「외국인 어선원에게 선원최저임금 고시규정이 내국인 선원과 차별 없이 적용되는지 여부 -대법원 2016. 12. 29. 선고 2013두5821 판결-」,『(월간)해양한국』, 2018(2).

전영우,「선원최저임금제도 개선에 관한 연구」,『해사법연구』, 25(1), 2013.

전영환,『최저임금 적용제외 인가기준에 관한 연구』, 한국장애인촉진공단; 15, 2006.

전윤구,「외국인 선원취업제도의 실태와 급여차별」,『노동법학』, 66, 2018.

국가인권위원회, 연근해 선원 이주노동자 인권 개선을 위한 정책 권고(결정문),『국가인권위원회공보』, 11(1), 2013.2.15.

한국선원복지고용센터,『2021년 한국선원통계연보』, 2021.

해양수산부,『한국선원통계연보』, 1998.

해양수산부,『한국선원통계연보』, 2001.

ILO, Labour standards Maritime Labour Convention, 2006, "Republic of Korea ratifies the ILO Maritime Labour Convention, 2006", http://www.ilo.org/global/standards/maritime-labour-convention/WCMS_233737/lang—en/index.htm(2021.11.17검색).

제3장

편의치적선과 「선원법」

최진이

Ⅰ. 서론

근로조건의 기준은 인간의 존엄성을 보장하도록 법률로 정하도록 하는 「대한민국 헌법」 제32조 제3항에 근거하여 육상노동자에 대하여는 「근로기준법」에서, 해상노동자인 선원(船員)에 대하여는 「선원법」에서 각각 그 최소한의 기준을 정하고 있다. 육상노동자와 해상노동자를 구분하여 근로조건의 기준을 정하는 이유는 양자의 노동환경이 본질적으로 다르다는 데 있다. 국제노동기구(ILO, International Labour Organization)에서도 해상노동에 대하여는 그 특수성이 반영될 수 있도록 육상노동의 근로조건의 기준과 분리된 단일법을 제정하도록 권고하고 있다. 「선원법」을 별도로 제정한 것은 국제노동기구의 권고와 같은 취지라 할 것이다.

해운업의 핵심인 선원은 노무제공의 장소가 제한적이고 폐쇄된 공간일 뿐만 아니라, 실제 위험이 발생한 경우 이를 회피할 수 있는 방법이 극히 제한적이기 때문에 육상노동환경과 비교할 때 해상위험에 따른 노동환경의 특수성이 존재한다. 따라서 선원의 기본적인 생활보장과 선원의 자질향상을 위해 「근로기준법」과는 별도로 「선원법」이 제정되어 시행되고 있다.

「선원법」은 선원의 직무, 복무, 근로조건의 기준, 직업안정, 복지 및 교육훈련에 관한 사항 등을 정함으로써 선내(船內) 질서를 유지하고, 선원의 기본적 생활을 보장·향상시키며 선원의 자질 향상을 도모하는 것을 목적으로 한다. 그러나 「선원법」은 그 적용범위와 관련하여 제3조에서 한국국적의 선박에 적용하는 것을 원칙으로 하고, 예외적으로 대한민국 국적을 취득할 것을 조건으로 용선(傭船)한 외국선박 및 국내 항과 국내 항 사이만을 항해하는 외국선박에 승무하는 선원과 그 선박의 선박소유자에 대하여 적용하도록 규정하고 있다. 즉 대한민국 국적을 가진 사람이 외국적선

(편의치적선 포함)에 승무(乘務)하는 경우에는 「선원법」의 적용을 받지 않는다. 그렇기 때문에 외국적선에 승무하는 동안 재해를 입는 경우에는 선원이 재해보상 등 사회보장제도를 활용하는 어려움이 발생하기도 한다.

즉 「선원법」은 그 적용범위에 관하여 선박법이 정한 대한민국 선박에 대하여 적용하는 것을 원칙으로 하기 때문에 국적선이 아닌 선박에 대하여는 원천적으로 「선원법」의 적용이 배제되는 것으로 해석될 수 있다. 예를 들어, 실질적으로는 대한민국 국적을 가진 선박소유자가 소유·운항하는 선박임에도 불구하고, 해외에 서류상 회사(paper company)를 설립하여 편의치적국에 선박을 등록한 경우 「선원법」의 적용여부는 어떠한가이다.

「선원법」의 적용범위에 관하여는 크게 인적 적용대상과 물적 적용대상의 두 영역으로 구분하여 살펴볼 수가 있다. 먼저, 인적 적용범위에 관하여는 적용대상인 선박소유자 및 선원의 범위는 어디까지인가. 그리고 물적 적용범위에 관하여는 적용대상이 되는 선박의 범위는 어디까지인가이다. 이와 관련하여 선원법은 제3조에서 물적 적용대상인 "선박"의 범위를 전제한 다음[1], 그 선박의 소유자와 그 선박에 승선하는 선원을 인적 적용범위로 제한하고 있다.

이 논문에서는 먼저 「선원법」의 적용범위를 검토하고, 「국제사법」상 선적국법주의의 문제점을 살펴보았다. 이어서 편의치적선의 준거법 지정에 있어 「국제사법」 제8조 제1항의 적용가능성과 그 한계를 검토한 다음, 「선박법」상 한국선박의 개념에 대한 해석을 통해 편의치적선(flag on convenience vessels)의 「선원법」 적용가능성을 모색하고자 하였다.

---

1 「선원법」에서 선박을 적용범위를 정하는 전제한 것은 선박이 노동의 제공장소라는 점에서 「근로기준법」에서 노동을 제공하는 장소(사업 또는 사업장)를 적용범위로 삼고 있는 것과 일맥상통한다고 볼 수 있다(근로기준법 제11조 참조).

Ⅱ. 「선원법」의 사람에 대한 적용범위

1. 선원

전통적으로 선원은 해상에서 선박을 실질적으로 조종하는 사람으로 이해되어 왔다. 그러나 항해 중 승선하고 있는 선원의 후생과 해상노동에 종사하는 사람에게 어떤 특권을 인정해 줌으로써 항해의 안전과 해운발전에 공헌할 수 있다는 전제 하에 점차 확장해석 되어 왔다. 그 결과 오늘날에는 선박의 운항과 직접적으로 관여하지 않더라도 통신사, 의사, 조리사, 사무원, 판매원, 공연을 하는 사람 등도 선원으로 인정되는 등 선원의 개념은 상당히 신축성 있고 광범위하게 해석되어지는 경향이 있다. 해외 사례들을 보면, "member of the ship's company", "members of crew", "crewmen" 등의 용어들이 사용되고 있다. member of the ship's company는 선박에 승선하고 있는 모든 선원(선장, 선박직원, 부원 등), members of crew는 선장을 제외한 모든 선원, crewmen은 해기면허가 없는 단순 부원을 의미하고 있다.

「선원법」상 "선원"이란 선원법의 적용을 받는 선박에서 근로를 제공하기 위하여 고용된 사람을 말한다(제2조 제1항). 선원은 노무제공의 장소가 선박이라는 점을 제외하면 선원근로계약의 당사자로 임금[2]을 목적으로 노

---

2 「근로기준법」과 「선원법」에서 임금은 근로의 제공 대가로 지급되는 것이라는 점에서는 동일하지만, 「근로기준법」은 "임금이란 사용자가 근로의 대가로 근로자에게 임금, 봉급, 그 밖에 어떠한 명칭으로든지 지급하는 일체의 금품"으로 정의하고 있고(제2조 제5호) 선원법은 "임금이란 선박소유자가 근로의 대가로 선원에게 임금, 봉급, 그 밖에 어떠한 명칭으로든 지급하는 모든 금전"으로 정의하고 있다(제2조 제10호). 즉 「근로기준법」에 의하면, 사용자가 근로의 대가로 지급하는 금전 이외의 물품도 임금에 포함하고 있지만, 선원법에 의하면, 금전 이외의 물품은 임금에 포함하지 않고 있다. 예를 들어, 선원이 선박에서 승무하는 동안 숙식에 필요한 선용품을 사용자인 선박소유자가 제공하는데 이를 임금에 포함하면 실제 선원이 받게 될 임금에 매우 불리하게 작용될 우려가 있다(조귀연, 「선원법과 근로기준법과의 관계」, 『해양

무를 제공하는 사람이라는 점에서 「근로기준법」의 근로자와 동일한 개념이라 할 것이다. 다만, 선박소유자에게 고용되어 임금을 목적으로 노무를 제공하는 사람이라 하더라도, (1)노무를 제공하는 장소가 선박이 아니거나, (2)노무를 제공하는 장소가 선박이라 하더라도 하역노동자, 예선업자, 도선사 등과 같이 그가 제공하는 노무의 내용이 선박의 기능이나 항해의 완성에 기여하지 않거나 임시 또는 일시적으로 승선하여 노무를 제공하는 경우에는 선원으로 볼 수는 없다(선원법 시행령 제2조 각호 참조).[3]

선원은 그 선장, 해원, 직원, 부원, 유능부원, 예비원, 실습선원으로 구분할 수 있으며, 이들은 직급에 따라 제공하는 노무의 내용이나 선박소유자와의 관계 등은 다르지만 승무하는 동안 해상노동자로서의 근로자성에는 차이가 없으며 「선원법」의 적용을 받는다.

〈표 1〉「선원법」상 선원의 분류

구분		개념	비고
선장		해원을 지휘·감독하며 선박운항관리에 관하여 책임을 지는 선원[4]	제2조 제3호
해원	직원	항해사, 기관장, 기관사, 전자기관사, 통신장, 통신사, 운항장 및 운항사, 기타 직원[5]	제2조 제5호 및 영 제3조
	부원	직원이 아닌 해원(일반부원, 유능부원)[6]	제2조 제6호 및 제6호의2
예비원		현재 승무 중이 아닌 선원[7][8]	제2조 제7호
실습선원		선원이 될 목적으로 선박에 승선하여 실습하는 사람(해기사 실습생 포함)	제2조 제23호

출처: 「선원법」 제2조 및 「동법 시행령」 제3조, 「선박직원법」 제4조 참조.

한국』 통권 제11호, 한국해사문제연구소, 1990, 77쪽).

3 「선원법」에서 정한 선원이라 함은 선박의 운항요원으로서 선박에서 근로를 제공하기 위해서 고용된 선장, 해원 및 예비원만을 말하므로 정박 중인 선박의 보수, 정비를 목적으로 항구에서 승선하는 “정비지원인력”은 선원이라 할 수 없다(해양수산부, 『행정사례집』, 1997, 14쪽).

1) 예비원인 선원의 경우

「선원법」은 선박에서 근무하는 선원으로서 현재 승무(乘務) 중이 아닌 선원을 예비원으로 정의하고 있을 뿐, 어느 범위까지를 「선원법」의 적용을 받는 예비원으로 할 것인가에 대하여는 침묵하고 있다(제2조 제7호). 따라서 예비원[9]인 선원에 대하여는 어느 범위까지를 「선원법」의 적용을 받는 선원으로 볼 곳인가에 대해서는 명확하지가 않다. 즉 「선원법」은 적용대상인 예비원인 선원의 범위를 (1)선원수첩을 소지하고 선박소유자와 선원근로계약을 체결함으로써 언제든지 승선할 수 있는 선원으로 확대할 것인지, (2)선원근로계약은 체결하였지만, 승선할 선박이 특정되지 않아 승선하지 않고 있는 선원으로 한정할 것인지에 대해 명확하게 규정하지 못하고 있다. 이와 관련하여서는 해양수산부령(「선원업무처리지침」)을 참고할 수 있을 것이다. 동 지침에 의하면, "예비원이란 하선하기 전의 사용자와 그 사용자가 소유 또는 관리하는 선박에 다시 승무하기로 계약을 체결하고 대기하는 자로서 지방해양항만관청으로부터 선원수첩에 예비원으로 공인을 받은 자"로 정의하고 있다(제3조 제6호). 이에 기초할 경우 「선원법」의 적용을

---

4 선장은 「선원법」상으로는 직원이 아니지만, 「선박직원법」상으로는 선박직원이다.

5 기타 직원으로는 "어로장, 사무장, 의사"가 있다(선원법 시행령 제3조 각호).

6 "유능부원"이란 갑판부 또는 기관부의 항해당직을 담당하는 부원 중 해양수산부령으로 정하는 자격요건을 갖춘 부원을 말한다(선원법 제2조 제6호의2).

7 선박소유자는 고용하고 있는 총승선 선원 수의 10% 이상 예비원을 확보해야 한다. 다만, (1)선박이 3척이하 소유, (2)승선선박특정 선원근로계약 체결한 경우, (3)항해구역이 평수구역인 경우에는 예외이다(선원법 시행령 제21조의2 제1항 각호).

8 "예비원"이란 하선하기 전의 사용자와 그 사용자가 소유 또는 관리하는 선박에 다시 승무하기로 계약을 체결하고 대기하는 자로서 지방해양항만관청으로부터 선원수첩에 예비원으로 공인을 받은 자를 말한다(선원업무 처리지침 제3조 제6호).

9 선박소유자는 그가 고용하고 있는 총승선 선원 수의 10퍼센트 이상의 예비원을 확보하여야 한다(선원법 제67조). 다만, (1)보유하는 선박이 3척 이하, (2)해무관청의 승인을 얻어 승선할 선박을 특정하여 선원근로계약을 체결한 경우, (3)평수구역만을 항해구역으로 하는 선박의 경우에는 예외로 하고 있다(선원법 시행령 제21조의2 제1항 각호).

받는 예비원은 선박소유자와 선원근로계약이 체결된 선원 중 해무관청으로부터 예비원으로 공인을 받은 선원을 의미한다고 보아야 할 것이다.

2) 실습선원의 경우

현행「선원법」은 실습선원에 대한 개념정의 규정을 두고 있지는 않다. 다만,「선원법」적용범위에 관한 제3조 제2항의 규정을 통해 "선원이 될 목적으로 실습을 위하여 승선하는 사람"으로 개념을 유추할 수 있는데, 2020년 2월 개정에서 개념정의 규정을 신설하여 이를 명확히 하였다(2021.2.19.시행).

이에 따르면, "실습선원"이란 해기사 실습생[10]을 포함하여 선원이 될 목적으로 선박에 승선하여 실습하는 사람을 말한다(선원법 제2조 제23호).

이들 실습선원은 항해기술이나 조업기술 등과 같은 선원이 되기 위해 필요한 기술을 습득을 위해 선박소유자와 현장승선실습계약을 체결하고, 승선실습을 하는 동안 선박에서 일정한 노무를 제공하기도 한다. 그러나「선원법」은 임금을 목적으로[11] 노무를 제공하는 일반선원과 달리, "선원이 될 목적으로 실습을 위하여 선박에 승선하는 사람"은 선원으로 보지 않고 있다(선원법 시행령 제2조 제5호). 따라서 법적 지위가 근로자가 아니라, 실습생(피교육생) 신분이기 때문에 실습선원은 원칙적으로「선원법」의 적용대상이 아니다.

그럼에도 불구하고, 실습선원의 특수성을 고려하여 입법정책적으로 이들을 배려를 할 필요가 있기 때문에「선원법」은 실습선원에 대하여는「선

10 "해기사 실습생"이란 해기사 면허를 취득할 목적으로 선박에 승선하여 실습하는 사람을 말한다(선박직원법 제2조 제4호의2).

11 실습선원의 통상임금 및 승선평균임금은 실습을 마치고 승무하게 될 직급에 해당되는 선원의 통상임금 및 승선평균임금의 100분의 70으로 한다(선원법 시행규칙 제3조 제2항).

원법」의 전부를 적용하지 않고, (1)선내질서의 유지에 관한 규정, (2) 송환, 유기구제 보험 또는 공제의 가입, 선원명부, 선원수첩, 선원신분증명서 및 승무경력증명서에 관한 규정, (3)선내급식·선내급식비 및 건강진단서에 관한 규정, (4)소년선원과 여자선원에 관한 규정, (5)재해보상에 관한 규정, (6)교육훈련에 관한 규정 등과 같은 일부의 규정만 적용받도록 하고 있다(선원법 제3조 제2항 및 동법 시행규칙 제3조 제1항).

3) 해외취업선원의 경우

해외취업선원은 대한민국 국적을 가진 선원 중에서 국적선이 아닌 외국적선에 근로를 제공하기 위하여 고용된 선원을 말한다. 흔히 송출선원(送出船員)이라 불리는 이들은 산업화 초기부터 외화획득의 한 축으로써 국가경제발전에 커다란 공헌을 하였다. 그러나 1980년대 중반 이후 국적선과의 임금격차 축소, 소득증가 등 사회적 환경의 변화로 급격하게 감소하여 현재는 전체 취업선원의 8.5% 수준에 불과하다.

선박은 기국주의(旗國主義)에 따라 국적국(國籍國)의 법이 적용되는 것이 원칙이기 때문에 상술한 바와 같이 「선원법」은 국적선에 승선하는 선원에 대하여만 적용하는 것을 원칙으로 한다. 따라서 외국적선에 승선하는 선원에 대하여는 원칙적으로 「선원법」이 적용되지 않는다.[12] 그러나 해외취업선원에 대해서는 「선원법」을 직접 적용하지는 않더라도 이들에 대한 보호가 필요하다. 따라서 해외취업선원의 고용관계를 관리하는 선박관리자에 대한 일정한 규제(해운법 제33조, 선원법 제112조 등)를 하거나, 「선원법」상의 선박소유자에 준하는 일정한 의무를 부과하고 있다. 특히 해양수

---

12 외국적선이라 하더라도 국적취득조건부로 용선한 외국선박과 국내 항과 국내 항 사이만을 항해하는 외국선박에 승무하는 선원에 대하여는 선원법을 적용한다(선원법 제3조 제1항).

산부고시(「해외취업선원 재해보상에 관한 규정」)에서는 선박관리사업자가 외국선주로부터 위탁받은 사항 중 재해보상에 관하여 규정하고 있으며, 이외에도 해양수산부훈령(「선원업무처리지침」) 및 해양수산부고시(「선박관리업의 등록관리요령」) 등 선박관리사업에 대한 규제를 통해 간접적으로 이들을 보호하고 있다.

〈표 2〉 국적선원 취업현황

(단위: 명)

구분		1990	1995	2000	2005	2015	2016	2017	2018
합 계		105,667	63,372	52,172	40,176	36,976	35,685	35,096	34,751
국적선	계	69,224	51,239	45,797	35,939	33,975	32,487	31,868	31,795
	상선	15,952	15,414	14,682	15,444	17,155	16,402	16,442	16,416
	어선	53,272	35,825	31,115	20,495	16,820	16,085	15,426	15,379
해외 취업선	계	36,443	12,133	6,375	4,237	3,001	3,198	3,228	2,956
	상선	–	–	–	–	2,670	2,823	2,832	2,579
	어선	–	–	–	–	331	375	396	377

출처: 한국선원복지고용센터, 각 연도별『한국선원통계연보』 참조.

4) 외국인선원의 경우

1991년 중국 선원 58명을 시작으로 외국인선원은 해마다 증가하여 2018년 말 기준으로 26,321명에 달한다. 외국인선원이 승선하기 시작한 1991년에는 선박당 3명으로 제한되었으나, 「국제선박등록법(1997.8.22)」의 시행(1998.2.23)으로 6명으로 확대되었으며, 현재는 선장과 기관장을 제외하고 외국인선원 승선은 제한받지 않는다. 즉 일반선박을 기준으로 2010년 이후에는 선장과 기관장을 제외하고 외국인선원은 모든 직종에 승선할 수 있게 되었다.

「선원법」은 선원의 국적이나 적법한 체류자격 여부를 불문하고, 「선원법」의 적용을 받는 선박에 승선하는 모든 선원에게 적용된다.

〈표 3〉 외국인선원 고용현황

(단위: 명)

구분	계	외항선	내항선	원양어선	외항여객선	연근해어선
2016	23,307	11,141	791	2,991	70	8,314
2017	25,301	12,109	823	3,810	75	8,484
2018	26,321	11,813	878	3,850	47	9,733

출처: 국가통계포털(http://kosis.kr)

2. 선박소유자

선박소유자의 사전적 의미는 선박을 소유하고 있는 사람을 말한다. 그러나 선박소유자는 「근로기준법」상의 사용자에 대응하는 개념으로 선원을 고용하고, 선원이 제공하는 노무에 대하여 그 대가로 임금을 지급하는 선원근로계약의 당사자인 사람을 말한다. 따라서 선박소유자 여부는 단순히 선박을 소유하고 있는 형식적 사실관계만으로 판단할 것이 아니라, 실질적으로 선원고용계약의 당사자로써 선원에 대해 임금을 지급하는지 여부에 따라 판단하여야 한다.

「선원법」은 이러한 취지에서 선주뿐만 아니라, 선주로부터 선박의 운항에 대한 책임을 위탁받고 선박소유자의 권리 및 책임과 의무를 인수하기로 동의한 선박관리업자, 대리인, 선체용선자(船體傭船者) 등도 선박소유자로 본다(선원법 제2조 제2호). 선박관리사업자는 선원을 직접 고용하고 임금을 지급하는 지위에 있지 않지만, 선박관리사업자를 통해 승선하는 선원을 보호할 필요가 있기 때문에 일정한 경우에는 선박소유자로 본다.

또한, 선원관리사업자[13]의 경우에도 ⑴선원근로계약서의 작성 및 신고, ⑵선원명부의 작성·비치 및 공인신청, ⑶승선·하선 공인의 신청, ⑷승무경력증명서의 발급, ⑸임금대장의 비치와 임금 계산의 기초가 되는 사항의 기재, ⑹건강진단에 관한 사항, ⑺구인등록, ⑻교육훈련에 필요한 경비의 부담, ⑼수수료의 납부, ⑽선원급여명세서의 제공에 관한 업무에 관하여는 선박소유자로 본다(제112조 제3항 및 동법 시행령 제38조 제1항 각호).

Ⅲ. 「선원법」의 선박에 대한 적용범위

1. 선박

1) 적용대상 선박

선박은 수상 또는 수중에서 항행용으로 사용하거나 사용할 수 있는 배의 종류를 말하는데, 「선원법」의 적용대상인 선원은 「선원법」의 적용을 받는 선박에 승선한 선원으로 한정된다. 즉 선박은 「선원법」의 인적범위를 정하는 전제가 된다.

「선원법」의 적용을 받는 선박은 ⑴대한민국 선박(「어선법」에 따른 어선[14] 포함), ⑵대한민국 국적을 취득할 것을 조건으로 용선(傭船)한 외국선

13 「해운법」 제33조에 따라 해양수산부장관에게 선박관리업을 등록한 자만이 선원의 인력관리업무를 수탁(受託)하여 대행하는 사업(선원관리사업)을 할 수 있다(선원법 제112조 제2항).

14 어선의 종류에는 ⑴어업, 어획물운반업 또는 수산물가공업(수산업)에 종사하는 선박, ⑵수산업에 관한 시험·조사·지도·단속 또는 교습에 종사하는 선박, ⑶건조허가를 받아 건조 중이거나 건조한 선박, ⑷어선의 등록을 한 선박이 있다(어선법 제2조 제1호 각목).

박, ⑶국내 항과 국내 항 사이만을 항해하는 외국선박이다(제3조 제1항).

대한민국 선박(한국선박)은 ⑴국유 또는 공유의 선박, ⑵대한민국 국민이 소유하는 선박, ⑶대한민국의 법률에 따라 설립된 상사법인(商事法人)이 소유하는 선박(어선 포함), ⑷대한민국에 주된 사무소를 둔 대한민국의 법률에 따라 설립된 상사법인 외의 법인으로 그 대표자(공동대표인 경우에는 그 전원)가 대한민국 국민인 경우에 그 법인이 소유하는 선박을 말한다(선박법 제2조).

2) 적용제외 선박

「선원법」 제3조 제1항 본문에 해당하는 선박인 경우에도 ⑴총톤수 5톤 미만의 선박으로서 항해선이 아닌 선박, ⑵호수, 강 또는 항내(港內)만을 항행하는 선박(「선박의 입항 및 출항 등에 관한 법률」에 따른 예선은 제외), ⑶총톤수 20톤 미만인 어선으로서 해양수산부령으로 정하는 선박[15], ⑷선박법에 따른 부선(「해운법」에 따라 해상화물운송사업을 하기 위하여 등록한 부선은 제외)에 대하여는 입법정책적으로 「선원법」의 적용에서 제외하고 있다(선원법 제3조 제1항 단서 각호).[16]

또한, 국유 또는 공유의 선박 중 해군함정·경찰용 선박 기타 해양수산부장관이 따로 정하는 선박에 대하여도 「선원법」의 적용에서 제외된다(선원법 시행령 제51조).

---

15 선박안전법상 평수구역, 연해구역, 근해구역에서 어로작업에 종사하는 총톤수 20톤 미만인 어선을 말한다(선원법 시행규칙 제2조).

16 강, 호수 등의 내수면을 운항하는 선박, 총톤수에 상관없이 항만 내에서만 항행하는 선박, 총톤수 20톤 미만인 어선에 대하여 「선원법」의 적용에서 제외하는 것에 대한 문제점은 여기서는 논외로 한다.

2. 편의치적선의 경우

선박은 그 성질이 동산(動産)임에도 불구하고 부동산 유사성을 인정하여 선박등기제도를 마련하고, 무엇보다 선박의 인격자 유사성에 관한 징표로 자연인 또는 법인과 같이 이름(船名)은 물론, 주소지(船籍港)를 가지며 이에 부수하여 국적(船籍)을 갖는다.[17]

선박국적(ship's nationality)은 사람의 국적과 같이 그 선박이 어느 나라에 속하는지를 나타내는 것이다. 선박에 대한 관리감독 권한 및 국제법적으로 그 선박에 대한 국가관할권을 확정하는 기준이 되는 등 국내법은 물론, 국제법적으로도 중요한 의미를 갖는다.[18]

국적선을 소유한 선박소유자는 선적항을 정하고 그 선적항을 관할하는 지방해양수산청장에게 선박을 취득한 날부터 60일 이내에 선박등록을 신청하여야 한다(선박법 제8조 제1항). 즉 선박소유자가 선박을 등록신청하여 선박원부(船舶原簿)에 등록하고 선박국적증서를 발급받으면 그 선박은 한국국적을 취득하게 되고, 비로소 국적선으로서의 권리와 의무를 부담한다.[19]

그러나 선박소유자들은 정치·경제·조세 등 다양한 이유로 자신이 소유한 선박을 자신의 국적이나 선박과 국가간에 "진정한 관련성(genuine link)"이 결여된 국가에 선박을 등록하고 그 국가의 선적을 취득하기도 하

---

17 종래 선박국적제도는 선박법인설, 즉 선박은 인적·물적설비를 갖춘 유기적 조직체라는데 그 이론적 근거를 두고 있었으나, 오늘날 선박법인설은 허구적 가설에 불과하다는데 이견이 없기 때문에 더 이상 이 견해를 지지하는 사람은 없다(같은 취지로는 채이식, 「선박의 국적제도에 관한 연구」, 『한국해법학회지』 제19권 제1호, 한국해법학회, 1997.4, 22-23쪽).

18 채이식, 위의 논문, 22쪽; 윤윤수, 「편의치적선(Ship under Falgs of Convenience)」, 『재판자료』 제73집, 1996, 504쪽 이하; 박용섭, 『해상법론』, 형설출판사, 1998, 95-96쪽; 최진이, 『선박과 법』, 도서출판 선인, 2020, 79쪽.

19 최진이, 위의 책, 150-155쪽 참조.

는데, 이를 편의치적(便宜置籍)이라 하고 그 선박을 편의치적선(flag on convenience vessel)이라고 한다.[20] 편의치적선은 선박법이나 선박등기법의 적용을 받는 선박이 아니기 때문에 선박소유자는 선박을 등기·등록할 의무가 없다. 즉 편의치적선은 해양수산부 등 정부의 관리감독을 받는 선박이 아니기 때문에 그 정확한 통계를 산출할 수는 없고, 국가통계는 주로 외국 해운관련 조사기관의 통계를 인용하고 있다.

〈표 4〉 주요 해운국 편의치적 현황(2018)

(단위; 천DWT, %)

	국가	재화중량톤수			
		국적선	외국적선	합계	국적선 비율
1	그리스	64,977	265,199	330,176	19.7
2	일본	38,053	185,562	223,615	17.0
3	중국	83,639	99,455	183,094	45.7
4	독일	11,730	95,389	107,119	11.0
5	싱가포르	2,255	101,327	103,583	2.2
6	홍콩	2,411	95,396	97,806	2.5
7	대한민국[21]	14,019	63,258	77,277	18.1
8	미국	13,319	55,611	68,930	19.3
9	노르웨이	4,944	54,437	59,380	8.3
10	버뮤다	1,215	53,036	54,252	2.2
합계		236,562	1,068,670	1,305,232	18.1

주1) UNCTAD secretariat calculations, based on data from Clarksons Research.
주2) 총톤수 1,000톤 이상인 선박.
출처: UNCTAD, 『Review of Maritime Transport 2018』, 2018.

20 편의치적선이라는 용어는 국제적으로 공식 채택된 용어는 아니고, 업계에서 편의상 칭하는 용어인데, 국제기구 차원에서 공식으로 사용된 용어는 유엔무역개발회의(UNCTAD)에서 편의치적의 문제를 공식으로 다루게 되면서 사용한 개방등록선(Open Registry Ship)이다(최재수, 「편의치적선제도의 출현과 국제해운의 구조적인 변화」, 『해양한국』 통권 제381호, 한국해사문제연구소, 2005.6, 129쪽).

이들 편의치적선의 실질적으로 우리나라의 국민이나 법인이 소유·운항하는 선박이라 하더라도, 외형적으로 드러나는 형식적 법률관계에 따라 선박의 소유권과 선박국적은 외국적선에 해당한다. 따라서 원칙적으로 「선원법」의 적용범위에 관한 제3조 제1항에 따라 편의치적선이 국적취득조건부용선[22]이거나, 국내 항과 국내 항만을 운항하는 선박이 아닌 한, 선원법의 적용을 받는 선박이 아니다.[23]

Ⅳ. 편의치적선에 대한 준거법 지정 및 「선원법」 적용 검토

1. 선박에 관한 준거법 지정원칙

「국제사법」에 해상에 관한 별도의 장을 두어 해사관련 법률관계를 규율

---

21 2018년 유엔무역개발회의(UNCTAD)자료에 의하면, 우리나라가 보유한 총톤수 1,000톤 이상인 지배선대규모는 총 1,626척이고, 이 중에서 국내에 등록한 선박과 외국에 등록한 선박(편의치적선)은 각각 801척(49.2%)과 826척(50.8%)으로 큰 차이가 없다. 그러나 재화중량톤수(DWT)를 기준으로 할 때, 국내에 등록한 선박은 14,019천DWT(18.1%)이고, 외국에 등록한 선박은 77,277천DWT(81.9%)로 국내에 등록한 선박과 외국에 등록한 선박 사이에 현저한 차이를 보이고 있다(UNCTAD, *Review of Maritime Transport 2018*, 2018, p.30). 이는 선박의 크기가 클수록 선박소유자가 편의치적을 선호한다는 의미이기도 하다.

22 선박매매대금을 용선료에 포함시켜 장기로 용선하고 용선기간이 끝나면 용선자가 선박소유권을 이전받는 선박매매형태이다. 이 경우 매도인은 계약위반시 선박의 유치권행사를 용이하게 하기 위하여 선박대금이 완전히 지급될 때까지 선박을 제3국에 편의치적하는 경우가 많다. 따라서 이는 금융상의 편의에서 비롯된 편의치적이다(박성일, 「선박국적제도 - 편의치적 중심」, 『목포해양전문대학 논문집』 제24집, 1990, 85쪽).

23 국적취득조건부용선은 선박대금지급의 한 형태이지만, 편의치적은 선박의 실질소유자는 우리나라 국민 또는 법인이면서 제3국에 선박을 등록하는 것이다. 따라서 편의치적선이 국적취득조건부용선의 목적으로 사용되는 경우는 거의 없다고 한다(김동인, 「선원법의 적용범위에 대한 고찰 - 선원법의 대인적 적용범위를 중심으로 -」, 『한국해법』 제23권 제2호, 한국해법학회, 2001.11, 57쪽).

하는 통합 규정하는 입법례는 찾아보기 어렵다. 이는 우리나라 「국제사법」의 특징이기도 하다.[24]

해사관련 법률분야에서 법률관계는 대부분 선박을 매개로 발생하게 되는데 이때 해사법률관계의 출발점은 선박의 국적에서 시작된다고 해도 과언이 아니다. 그만큼 선박은 해사관련 법률관계의 준거법을 결정하는데 중요한 연결점이라 할 수 있다. 「국제사법」은 해상편(제9장)에서 선박충돌(제61조)과 해양사고구조(제62조)를 제외하고는 「상법」(해상편) 적용의 대부분의 사항에 대하여 준거법으로 선적국법주의를 천 명하고 있다.

외국적 요소를 갖는 해사법률관계에 관하여 「국제사법」 제60조는 (1)선박의 소유권 및 저당권, (2)선박에 관한 담보물권의 우선순위, (3)선장과 해원의 행위에 대한 선박소유자의 책임범위, (4)선박소유자·용선자·선박관리인·선박운항자 그 밖의 선박사용인이 책임제한을 주장할 수 있는지 여부 및 그 책임제한의 범위, (5)공동해손, (6)선장의 대리권에 관하여 준거법은 선적국법으로 규정하고 있다. 이처럼 「국제사법」이 해상에 관하여 선적국법을 준거법으로 하는 이유는 선박은 해상활동의 수단으로 선적국이 해사 관련 법률관계에 밀접한 관련을 가질 수밖에 없기 때문이다.

대법원 역시 같은 취지에서 편의치적선의 선원근로관계에 관하여 「국제사법」 제28조의 해석상 준거법은 선적국법이 되어야 한다고 판시하고 있다.[25]

---

24 2001년 4월 전부개정 당시 국제사법에 해상에 관한 장을 두는 입법례가 없고, 규정을 두지 않아도 다른 관련 규정을 통해 해결할 수 있다고 보아 해상에 관한 장을 삭제하자는 의견이 있었다. 그러나 해사관련 법률문제는 그 성질상 외국적 요소가 반드시 수반되기 때문에 이를 규정할 필요가 있고, 종전 섭외사법에서도 해상에 관하여 별도의 장을 두고 있었다는 점에서 그대로 두는 것으로 하였다고 한다(서동희, 「선적국법주의의 타당성」, 『국제사법연구』 제17권, 한국국제사법학회, 2011, 401쪽 참조).

25 대법원은 선원근로계약에 관하여는 선적국을 선원이 일상적으로 노무를 제공하는 국가로 볼 수 있어 선원근로계약에 의하여 발생하는 임금채권에 관한 사항에 대하여는 특별한 사정이 없는 한 국제사법 제28조 제2항에 의하여 선적국법이 준거법

이하에서는 먼저, 준거법 지정의 예외를 규정한 「국제사법」 제8조 제1항의 입법취지를 살펴본 다음, 처음으로 이 규정을 적용하여 편의치적선의 선원근로관계(선원임금채권의 선박우선특권)에 대하여 준거법 지정의 예외를 인정한 대법원 판례를 검토함으로써 편의치적선에 대하여 「선원법」의 준거법 지정 가능성을 살펴본다.

2. 편의치적선과 준거법

1) 편의치적선의 준거법 지정

「국제사법」은 동산, 부동산 등에 관한 물권적 법률관계의 준거법으로 소재지법주의를 취하고 있다(제19조 제1항). 그럼에도 불구하고, 선박은 운송수단으로 고정되어 있기 보다는 항해를 하고 있는 경우가 더 많기 때문에 소재지법을 준거법으로 지정하는 것은 현실적으로 불가능하다. 즉 선박이 공해(公海)상을 항해하는 동안에는 준거법이 존재하지 않게 되고, 다른 나라 영해를 항해 중인 때에는 그 나라의 법률이 준거법으로 되는 등 선박이 항해하는 동안 준거법이 계속 바뀌게 됨으로써 물권적 법률관계가 매우 불안정해지기 때문이다. 따라서 선박에 대한 관리감독, 납세 등 선박과 밀접한 관련을 갖는 선적국법을 준거법으로 지정함으로써 법률관계를 통일적으로 규율할 수 있도록 하는 것이다.

그러나 편의치적선의 내부적 법률관계를 보면, 실질적 선주와 형식적 선주가 존재하는 이중적 소유구조를 띠고 있다. 형식적 선주는 거의 대부분 서류상 회사(paper company)이기 때문에 선박의 운항에 관한 모든 사항은 실질적 선주가 결정한다. 형식적 선주는 선박의 운항에 관하여 어떠

이 된다고 판시하였다(대법원 2007.7.12 선고 2005다39617 판결).

한 관여도 하지 않는다. 편의치적선과 편의치적국 사이에는 편의상 선박을 등록한 국가라는 관련성 이외에 그 어떤 선박과 선적국의 관련성을 찾기 어렵다. 따라서 선적국법을 준거법으로 삼는 전제가 되는 선박과 선적국과의 밀접한 관련성은 사실상 존재하지 않는다고 볼 수 있다. 이러한 경우까지 형식적 법률관계를 중시하여 준거법 지정원칙에 따라 선적국법을 유효하게 적용할 수 있는가 의문이다. 오히려 편의치적선에 적용되는 준거법은 형식적 법률관계가 아니라, 실질적인 법률관계에 기초하여 실질적 선주의 법정지법을 준거법으로 적용하는 것이 타당해 보인다.

위에서 본 바와 같이, 「국제사법」 제60조는 해상에서 발생하는 다양한 법률적 쟁점들을 해결하는데 적용할 준거법으로 선적국법주의를 취하고 있다. 선박의 특성을 고려할 때, 선적국과 가장 밀접한 관련성을 갖고 있다고 보기 때문이다. 이는 무엇보다도 선박에 관한 물권관계를 하나의 법으로 연결하는 점에서 선박에 관한 각종 법률관계의 발생이나 효력 및 우선순위 등을 일관된 원칙으로 규율할 수 있게 만든다는 장점이 있기 때문이다.[26] 그러나 「국제사법」이 해사법률관계에 관하여 지나치게 선적국법을 고수하려는 경향이 있다는 지적들이 있다.[27]

편의치적선의 준거법 결정과 관련하여 여러 가지 의견들이 제시되고 있는데, ⑴준거법 지정의 예외를 규정한 「국제사법」 제8조 제1항에 따라 선적지법 원칙의 예외를 인정할 수 있다는 입장[28], ⑵준거법 결정을 구체적

---

26 정병석, 「국제해상법」, 『국제사법연구』 제4호, 한국국제사법학회, 1999, 436~437쪽.

27 해사법률관계에서 준거법 결정기준으로 삼고 있는 선적국법주의에 대하여 ⑴편의치적의 출현에 따라 선적국법의 연결점으로서의 의미가 감소되었고, ⑵일률적으로 선적국법을 적용하는 것은 불합리하며, ⑶편의치적의 부당성이 국제사법 제8조 제1항에 의하여 시정되는 데는 한계가 있고, ⑷선적국법을 조사하는데 어려움이 있으며, ⑸대체로 정비되지 않은 선적국법에 대해 우리나라 법정(法庭)에서 논란을 벌이는 것은 희극적이고, ⑹이중국적과 무국적 선박의 경우 선적국법이 가지는 장점이 상실된다고 비판한다(서동희, 「선적국법주의의 타당성」, 『국제사법연구』 제17호, 한국국제사법학회, 2011, 402쪽 이하 참조).

28 김동진, 「선박우선특권」, 『부산법조』 제22호, 부산지방변호사회, 2005, 210쪽; 석

인 사안별로 개별화하여 선박의 물권적 법률관계 등 선박등록을 전제로 하는 사항은 형식적 법률관계를 기준으로 결정되어야 하겠지만, 선원근로계약 등과 같이 선박의 등록을 전제로 하지 않는 사항은 실질적 법률관계를 기준으로 준거법을 결정할 수 있다는 견해가 있다.[29] 나아가, 선적국법주의 자체의 문제점을 지적하면서 입법개선을 통해 법정지법의 적용을 보다 확대할 필요가 있다는 의견도 있다.[30]

2) 편의치적선과 준거법 지정의 예외

「국제사법」은 제8조 제1항에서 준거법 지정의 예외에 관하여 규정하고 있다. 즉 지정된 준거법이 해당 법률관계와 근소한 관련이 있을 뿐이고, 그 법률관계와 가장 밀접한 관련이 있는 다른 국가의 법이 명백히 존재하는 경우에는 그 다른 국가의 법을 준거법으로 삼도록 하고 있다. 이는 실질적 법률관계와 합치하지 않는 준거법이 지정되는 것을 시정할 수 있는 가능성을 열어줌으로써 편의치적에 의하여 보호를 받지 못하였던 선원들을 보호할 수 있는 등 긍정적인 효과를 가져다 줄 수 있다.

그동안 편의치적선 관련 판례들을 보면, 대부분 편의치적선의 소유권을 형식적 선주인 서류상 회사가 주장할 수 있는지[31], 그리고 편의치적선

광현, 「해사국제사법의 몇 가지 문제점 - 준거법을 중심으로」, 『한국해법학회지』 제31권 제2호, 한국해법학회, 2009. 11, 128쪽.

29 석광현, 위의 논문, 129쪽.

30 서동희, 앞의 논문, 405-406쪽.

31 선박을 편의치적하여 소유·운영할 목적으로 설립한 형식상의 회사(paper company)가 그 선박의 실제소유자와 외형상 별개의 회사이더라도 그 선박의 소유권을 주장하여 그 선박에 대한 가압류집행의 불허를 구하는 것은 편의치적이라는 편법행위가 용인되는 한계를 넘어서 채무를 면탈하려는 불법목적을 달성하려고 함에 지나지 아니하여 신의칙상 허용될 수 없다"고 판시하여 신의칙상 소유권을 주장할 수 없다고 한 판시한 판례(대법원 1989.9.12. 선고 89다카678 판결; 대법원 1988.11.22. 선고 87다카1671 판결; 서울지법 1993.11.26. 선고 93가합34317 제12부 판결 등).

의 관세법상 조세포탈에 해당하는지[32]에 관한 판례들은 다수 있었지만, 직접적으로 편의치적선의 준거법에 관하여 판단한 사례는 많이 없었다. 그리고 편의치적선의 준거법에 관한 판례에서도 대법원은 선적국법 원칙을 오랫동안 고수함으로써 제8조 제1항에 따른 준거법 지정의 예외를 적용하는 것에 대해 매우 소극적인 태도를 보여 왔다. 그러던 중 2014년에 처음으로 편의치적선에 승선한 선원의 임금채권의 선박우선특권에 관한 판결에서 준거법 지정의 예외에 관한 「국제사법」 제8조 제1항 "가장 밀접한 관련성 원칙"을 적용함으로써 실질적 법률관계를 가지는 선박소유자를 기준으로 준거법으로 인정하였다.[33] 이는 「국제사법」 제8조의 준거법 지정에 관한 예외규정의 취지가 준거법으로 선적국법의 지정이 부당한 경우에 탄력적으로 대응할 수 있도록 함으로써 합리적인 준거법이 지정되어 타당한 결론을 도출할 수 있도록 하는 것이 입법자의 의도라고 한다면, 이 판결은 그러한 입법취지를 충실히 반영한 판결이라 할 수 있다.

> 일례(一例)로, 파나마법인(형식적 선주)인 에메랄드 라인 오버시즈 인코퍼레이션(EMERALD LINE OVERSEAS INC.; 이하 "에메랄드 라인") 소유의 선박을 한국법인(실질적 선주)인 퍼스트쉽핑(주)이 용선하여 운항하기로 용선계약을 체결하고, 운항하는데 필요한 선원 송출, 선원 임금 및 수당은 퍼스트쉽핑(주)을 대신하여 신도꾸마린이 지급하기로 하는 내용의 대리점계약을 체결하였다. 원고들은 신도꾸마린과 승선계약을 체결하고 선박에 승선하여 선장, 기관장으로 근무하였다.

---

32 대법원 2004.3.26. 선고 2003도8014 판결; 대법원 2000.5.12. 선고 2000도354 판결; 대법원 1994.4.26. 선고 93도212 판결; 대법원 1998.4.10. 선고 97도58 판결; 대법원 2000.5.12. 선고 2000도354 판결 등이 있다.

33 법인격부인법리를 통해 편의치적선의 법률관계에 국내법을 적용한 사례는 다수 있었다(대법원 1988.11.22. 선고 87다카1671 판결; 대법원 1989.9.12. 선고 89다카678 판결; 서울지법 1994.11.1. 선고 94파6023 판결; 대법원 2001.1.19. 선고 97다21604 판결; 대법원 2006.8.25. 선고 2004다26119 판결; 대법원 2006.10.26. 선고 2004다27082 판결 등).

그러던 중 선박의 임의경매절차가 개시되었고, 선박우선특권을 인정하지 않는 파나마 상법에 따라 원고들에게는 배당을 하지 않는 내용의 배당표가 작성되었다. 이에 선장 등이 선박의 근저당권자인 피고를 상대로 '선박에 관한 임의경매절차에서 피고의 근저당권이 원고들의 임금채권보다 선순위임을 전제로 작성된 배당표'의 경정을 구하였다. 이에 대해 법원은 「국제사법」 제60조 제1호와 제2호의 내용과 취지에 비추어 보면, 선박저당권과 선박우선특권의 준거법은 선적국법이라 할 것이나, 그 선적만 유일하게 선적국과 관련을 가질 뿐이고, 퍼스트쉽핑(주)의 국적 및 소재지, 임원의 국적, 선박의 주요 기항지 등이 대한민국이라는 점에 주목하였다. 따라서 실질적 선주인 퍼스트쉽핑(주)을 실질적인 선박소유자 및 선원들의 실질적인 사용자로 보고, 이 사건 선원의 임금채권관계와 '가장 밀접한 관련'이 있는 법은 「국제사법」 제8조 제1항에 따라 형식적 선적국인 파나마 상법이 아니라, 고용계약의 당사자이자 실질적인 선주의 법정지법인 대한민국 상법이 적용되어야 한다고 판결하였다.[34]

대법원이 이 사건에서 편의치적선에 대해 제8조 제1항을 적용하여 준거법 지정의 예외를 인정한 근거는 다음과 같다. (1)에메랄드 라인은 편의치적 목적으로 파나마에 설립된 서류상 회사에 불과하여 선박과 선적국인 파나마 사이에는 실질적인 관련이 없다. (2)선박의 실질적인 소유자인 퍼스트쉽핑(주)은 대한민국 법인이고, 법인의 대표와 이사 등 임원 모두가 대한민국 국민으로 구성되어 있다. (3)선박이 우리나라를 거점으로 동남아시아 지역으로 운항되고 파나마 항만을 거점으로 운항되지 않았다. (4)선박에 승무하는 선원들 중 파나마 국적을 가진 선원은 없고, 모두 대한민국 국적이거나 동남아시아 국가의 국적을 가진 선원들이다. (5)퍼스트쉽핑(주)이 작성한 선원고용계약서에는 계약서에서 정하지 않은 사항에 대하여는 대

34 창원지방법원 2012.2.21 선고 2010가단58776 판결; 창원지방법원 2013.4.10. 선고 2012나5173 판결; 대법원 2014.7.24 선고 2013다34839 판결.

한민국 「선원법」이나 「근로기준법」을 적용하기로 하고 있기 때문에 선원근로관계에 관하여는 국내법이 적용되어야 한다. ⑹선박의 임의경매절차가 대한민국에서 진행되고 있고, 대부분의 경매절차에 참가한 채권자 등의 이해관계인들이 모두 파나마와 관련 없는 대한민국 법인이거나 국민이라는 점 등이다.

이 판결은 해상에 관한 준거법으로 선적국법을 지정하고 있는 「국제사법」 제60조에도 불구하고, 형식적 선적국(편의치적국)의 법이 아닌, 해당 법률관계와 가장 밀접한 관련성을 갖는 국가의 법을 준거법으로 지정함으로써 편의치적선에 대해 처음으로 준거법 지정의 예외규정을 적용한 사례라는데 의미가 있다.[35]

특히 대법원이 이 사건을 판단함에 있어 편의치적선에 대하여 준거법 지정의 예외규정(제8조 제1항)이 적용될 수 있는 구체적인 기준을 제시하였다는 점에서 커다란 의의가 있다.

3) 제8조 제1항의 적용상 한계

2001년 4월 기존 「섭외사법」을 「국제사법」으로 전부개정시 각종 법률관계에 있어서 가장 밀접한 관련이 있는 국가의 법을 그 법률관계의 준거법으로 지정하고, 이 법에 의하여 지정된 준거법 외에 해당 법률관계와 가장 밀접한 관련이 있는 다른 국가의 법이 존재하는 경우에는 그 국가의 법을 적용하도록 하는 예외조항을 신설하였다(제3조·제8조·제26조 및 제37조).

---

35 선박의 실질적 소유관계에 따라 준거법을 지정하는 것에 대해 선박의 이용에 관한 법률관계는 여러 당사자들이 계약 등의 관계로 복잡하게 엮여 있는 경우가 많기 때문에 선박에 대한 실질적 지배관계가 분산되어 국제사법 제8조 제1항을 적용하는 것이 실익이 없다는 견해도 있다(정병석, 「해상법 분야에서의 국제사법의 고려」, 『법조』 제536호, 법조협회, 2001.5, 179쪽).

이는 편의치적선에 대한 준거법 지정 결과가 실질적인 법률관계에 합치하지 않거나 당사자가 의도하는 법률 회피를 용인함으로써 법적 정의관념과 모순되는 경우 이를 시정할 수 있는 수단이 생겼다는 점에서 중요한 의미가 있다. 그럼에도 편의치적선에 대한 준거법 지정의 예외를 적용하는 데는 일정한 한계가 있을 수밖에 없다.

첫째, 이러한 준거법 지정기준으로서의 "밀접한 관련성" 원칙은 당해 법률관계에 가장 합리적인 준거법을 지정하기 위하여 미국에서 어떤 주의 법률을 문제가 된 법률관계에 적용할 것인가를 판단할 때 기준으로 삼는 "the most significant relationship theory(가장 중요한 관계이론)"의 영향을 받아 입법한 것이다. 그러나 "밀접한 관련성"이라는 개념 자체가 매우 불확정적인 개념이고 대단히 추상적이기 때문에 보는 사람에 따라 다를 수 있고, 그것을 판단하기 위한 불필요한 노력과 시간, 비용이 발생하는 것은 물론, 이로 인해 새로운 분쟁을 야기할 수도 있다.

둘째, 「국제사법」 제60조 제4호(선박소유자·용선자·선박관리인·선박운항자 그 밖의 선박사용인이 책임제한을 주장할 수 있는지 여부 및 그 책임제한의 범위)에 대한 위헌법률심판청구에 대하여 헌법재판소는 선박의 특성을 고려할 때 선박에 관한 외국적 요소가 있는 사법적 법률관계를 규율하는데 있어 선적국법이 당해 법률관계와 가장 밀접한 관련을 갖는다고 보기 때문에 해상과 관련하여 발생하는 법률관계의 준거법으로 선적국법주의를 채택한 것으로 헌법에 반하지 않는다고 결정한 바가 있다.[36]

셋째, 편의치적선의 법률관계에 준거법 지정의 예외를 확대 적용함으로써 선적국법을 배척하는 것은 자칫 해사관련 법률관계를 불안정하게 할 우려가 있기 때문에 준거법 지정의 예외를 적용하는 데 있어서 제8조 제1

---

36 헌법재판소 2009.5.28. 선고 2007헌바98 결정.

항의 문언을 엄격하게 해석할 필요가 있다.

넷째, 같은 조 제2항에서는 “당사자 합의에 의하여 준거법을 선택하는 경우에는 이를 적용하지 아니한다.”고 규정하고 있다. 따라서 당사자 합의로 준거법을 선택하는 경우에는 제1항의 “가장 밀접한 관련이 있는 국가의 법” 원칙이 배제되기 때문에 「선원법」을 편의치적 선박에 강행적으로 적용하는 것은 한계가 있다.

언급한 바와 같이 선박은 해상운송수단으로 이동을 전제로 하며, 선박과 관련된 법률관계에는 외국적 요소가 많이 관여하고 있기 때문에 준거법 지정의 예외를 광범위하게 적용하는 것은 자칫 해사관련 법률관계를 매우 불안정하게 만들 우려가 있다.

3. 「선원법」의 적용 검토

실질적으로 「선원법」이 적용되어야 하는 국내적 선원근로관계임에도 불구하고, 단순히 선박의 국적과 선박소유자의 명의를 실질적인 관련성이 없는 편의치적국에 두었다는 이유만으로 「선원법」이 적용되지 않는다는 결론은 부당하다. 그 실질이 한국국민인 선원의 고용관계라면 선원근로관계 법령의 강행법규성을 고려하여 「선원법」 적용이 긍정되어야 한다. 편의치적선에 「선원법」을 적용할 수 있는 근거로는 다음과 같은 것들을 들 수 있다.

첫째, 「선원법」의 적용을 받는 선박은 국적선(어선 포함)에 적용하는 것을 원칙으로 하고, 외국선박의 경우에는 국적취득조건부용선 선박과 국내항과 국내 항 사이만을 항해하는 선박에 한정함으로써 우리나라와 직접 관련 있는 선원근로관계에 적용하는 것을 원칙으로 하고 있다(제3조 제1항). 선원과 그 사용자인 선박소유자 사이에 외국적 요소가 있는 경우에 「선원법」을 적용할 수 있을지 여부는 적용범위에 관한 제3조 제1항의 성격을 살펴볼 필요가 있는데, 「선원법」은 비록 제한적이기는 하지만 외국선박에 대하여도 「선원법」의 적용을 명시하고 있다. 즉 「선원법」이 다른 나라의 선원 관련 법률과 모순 또는 충돌하는 경우에도 우리나라 「선원법」을 적극적으로 적용하고자 하는 입법자의 의도가 반영된 것으로 이해할 수 있다.

둘째, 「국제사법」 제7조는 "입법목적에 비추어 준거법에 관계없이 해당 법률관계에 적용되어야 하는 대한민국의 강행규정은 이 법에 의하여 외국법이 준거법으로 지정되는 경우에도 이를 적용한다."고 규정하고 있다. 이는 법정지인 국내의 강행법규(국제적 강행법규)[37]는 준거법과 무관하게 적용가능성이 있다는 의미이기도 하다.[38] 「선원법」상 강행규정 모두를 일률적으로 국제적 강행규범으로 볼 수는 없겠으나, 해사노동협약 등 국제적으로 인정되는 국내적 강행규범들에 대하여는 국제적 강행규정으로 보아 준거법과 무관하게 적용될 수 있다.[39]

셋째, 법원은 국내 회사가 선박을 실질적으로 소유하고, 선원들의 실질적인 사용자임에도 선박을 다른 나라에 편의치적한 것과 관련하여 해당 선박의 선원에 대한 「선원법」 적용의 가부(可否)에 관하여 선원 및 선박 관리

---

37 여기서 말하는 "강행법규"는 단순히 당사자 간의 합의로 그 적용을 배제하지 못하는 "국내적 강행법규"가 아니라, 법정지인 국내의 강행법규가 준거법과 무관하게 적용될 것을 입법의 목적으로 한 "국제적 강행법규"를 의미한다고 한다(석광현, 『국제사법해설』, 박영사, 2013, 141쪽; 이안의, 「선원의 재해보상에 관한 연구 - 편의치적 선박을 중심으로」, 박사학위논문, 연세대학교 대학원, 2015.12, 64쪽).

38 국제적 강행규정인가의 여부의 판단은 당해 강행법규의 입법의 목적에 따라 판단하여야 하는데, 외국적 요소가 있는 근로계약에 대한 강행적 노동법규의 적용에 관한 상세는 김지형, 「국제적 근로계약관계의 준거법」, 『저스티스』 통권 제68호, 한국법학원, 2002.8, 248쪽 이하 참조; 국내적 강행법규로 인정되는 법규범들 중에서 무엇이 "국제적 강행법규"인가와 관련하여 일반적으로는 당해 규범의 입법목적이 어떠한 공적 필요성 내지 공적 이익에 있는 경우에는 국제적 강행규범성을 인정할 수 있으나, 단순히 당사자 사이의 이해관계의 조정 및 형평을 도모하기 위한 규정에 불과하다면 국내적 강행규정에는 해당할 수 있으나, 국제적 강행규정으로는 인정하기 어렵다고 한다(석광현, 위의 책, 141쪽).

39 약관규제법상 설명의무가 국제적 강행규정여부에 관하여 이를 부인하면서 국제적 강행규정 여부에 대한 판단기준을 제시한 판례로는 서울고등법원 2007.10.12. 선고 2007나16900 판결; 대법원 2010.8.26. 선고 2010다28185 판결이 있다.

를 수행해온 점 등을 근거로 국내 회사를 실질적인 선박소유자로 판단하였고, 따라서 해당 선박은 편의치적에도 불구하고 대한민국 선박에 해당하고, 실질 선주인 국내 회사가 「선원법」 제3조의 적용을 받는 선박소유자에 해당한다고 판시한 바 있다.[40]

V. 결론

선원의 근로관계에 관한 준거법으로 선적국법을 고수한다면, 외국국적인 선박에 대하여는 「선원법」 제3조 제1항의 적용범위에 포함되지 않는 이상 「선원법」을 적용하는 것은 불가능하다.

형식적으로는 외국적선인 편의치적선에 대하여 「선원법」을 적용할 수 있는 방안은 크게 「국제사법」 제8조 제1항을 통해 「선원법」을 준거법으로 지정하는 것과 「국제사법」과 무관하게 「선원법」을 직접 적용하는 것을 고려할 수 있다.

첫째, 「국제사법」상의 선적국법주의 원칙에도 불구하고, 제8조 제1항에 따른 예외가 인정될 수 있다면 「선원법」을 준거법으로 지정하는 것이 가능해진다. 즉 편의치적선을 실질적으로 소유·지배하는 선주와 편의치적선에 승선한 선원 사이에 체결된 선원근로계약과 그로부터 파생되는 제반의 선원근로관계에 관한 준거법은 원칙적으로 「국제사법」 제28조에 따라 선적국법(편의치적국법)이 되어야 한다. 그러나 선원근로관계에 대하여도 선박우선특권[41]과 달리 볼 이유가 없기 때문에 「국제사법」 제8조 제1항에 따

40 부산지방법원 2014.6.12. 선고 2012가합21822 판결.
41 대법원 2014.7.24 선고 2013다34839 판결.

라 "가장 밀접한 관련을 가지는 국가의 법"이 국내법인 경우에는 「선원법」이 준거법으로 지정되는 것에는 문제가 없어 보인다. 선박의 국적을 준거법 지정의 중요한 연결점으로 삼는 이유는 선박과 선적국이 가장 밀접한 관련성을 갖는다고 보기 때문이다. 그러나 편의치적선의 경우 선박과 선적국 사이에는 준거법 지정의 중요한 연결점이 되는 "밀접한 관련성"이 존재하지 않기 때문에 선박의 국적을 기준으로 준거법을 지정하는 것은 타당하지 않다. 즉 단순히 형식적인 선박의 선적만 유지하기 위해 선박을 등록하고, 실질적인 선박소유자·선박운영회사·선박근거지, 항해지역, 선원의 국적, 당해 법률관계가 발생한 장소 등이 선적국과는 전혀 관련성이 없거나, 매우 느슨한 관련성만 존재하는 경우에도 선적국법을 고수하게 된다면, 쟁점이 되는 법률관계의 합리적인 해결을 불가능하게 만들 우려가 있기 때문이다. 이러한 경우에는 실질적인 선박의 소유관계 내지 지배관계를 고려하여 준거법 지정의 예외를 허용할 필요가 있다. 이러한 취지에서 「국제사법」 제8조 제1항은 "이 법에 의하여 지정된 준거법이 해당 법률관계와 근소한 관련이 있을 뿐이고, 그 법률관계와 가장 밀접한 관련이 있는 다른 국가의 법이 명백히 존재하는 경우에는 그 다른 국가의 법에 의한다."는 준거법 지정의 예외를 규정하여 불합리한 준거법의 지정을 시정할 수 있도록 한 것이다. 그러나 국가에 선박을 등록하면 편의치적이라 하더라도 국제법상 기국주의 원칙에 따라 선적국에 선박관할권, 선박관리감독권한 등의 권한이 인정된다. 따라서 선박의 실질적 소유·지배관계에도 불구하고, 외형적으로 드러나는 형식적 소유·지배관계에 따라 선박을 매개로 형성되는 법률관계의 준거법은 원칙적으로는 선적국법이 되어야 하기 때문에 상술한 바와 같이 제8조 제1항의 적용에는 한계가 있다.

둘째, 「선원법」의 적용대상인 선박은 「선박법」상 대한민국의 국민과 한국법인이 소유하고 있는 선박이다(선박법 제2조). 「선박법」은 한국선박 소유자에게 선박을 선적항을 관할하는 지방해양수산청장에게 등록신청할 의무를 부과하고, 한국선박에 대하여는 톤수측정의무, 국기게양의무 등 국가로부터 해사행정상의 일정한 관리감독을 받도록 하고 있다. 해사(海事)에 관한 제도를 적정하게 운영하고 해상(海上) 질서를 유지하고자 하는 「선박법」의 입법취지를 고려할 때, 단순히 편의치적을 통해 선박의 형식적 소유자와 실질과 다른 국적을 취득한다고 해서 한국선박으로서의 관리감독을 전면 부인하는 것은 바람직하지 않다. 그렇기 때문에 「선원법」의 적용대상인 "「선박법」에 따른 대한민국의 선박"은 단순히 선박의 형식적인 소유·지배관계만을 의미하는 것이 아니라, 실질적인 소유·지배관계에 따라 선박에 관한 권리와 책임이 귀속되는 실질 선주가 한국 국민 또는 법인이라는 의미로 보아야 할 것이다. 이처럼 「선박법」상 한국선박의 개념을 실질 선주를 의미하는 것으로 해석한다면, 굳이 「국제사법」 제8조 제1항의 준거법 지정의 예외규정을 적용하지 않더라도 편의치적선에 대하여도 선박의 실질적 소유자가 우리나라 국민이거나 한국법인이면 「선원법」을 직접 적용할 수 있게 된다.[42]

실질적으로 소유·지배하고 있는 선박임에도 편의치적을 통해 형식적 소유·지배에 근거하여 「선원법」의 적용을 원천적으로 배제시키는 것은 공평하지 않다. 선원관련 법률관계에서 실질적 법률관계에 부합하지 않는 준거법이 지정되는 것을 차단함으로써 편의치적에 의하여 보호를 받지 못하였던 선원들이 보호받을 수 있도록 하여야할 것이다.

---

42 동지(同旨); 권창영, 「편의치적선에 대한 선원법의 적용」", 『해양한국』 통권 제501호, 한국해사문제연구소, 2015.6, 161쪽.

❖ 참고문헌

박용섭, 『해상법론』, 형설출판사, 1998.

석광현, 『국제사법해설』, 박영사, 2013.

최진이, 『선박과 법』, 도서출판 선인, 2020.

권창영, 「선원법이 적용되는 선박의 범위」, 『법조』 제53권 제12호(통권 제579호), 법조협회, 2004.

권창영, 「편의치적선에 대한 선원법의 적용」, 『해양한국』 통권 제501호, 한국해사문제연구소, 2015.

권혁준, 「편의치적과 관련된 국제사법상 쟁점에 관한 연구」, 『국제사법연구』 제21권 제1호, 한국국제사법학회, 2015.

김동인, 「선원법의 적용범위에 대한 고찰 - 선원법의 대인적 적용범위를 중심으로 -」, 『한국해법학회지』 제23권 제2호, 한국해법학회, 2001.

김동진, 「선박우선특권」, 『부산법조』 제22호, 부산지방변호사회, 2005.

김만홍·최진이, 「중국의 선원법체계와 해기인력양성의 문제점 및 개선논의에 관한 연구」, 『해항도시문화교섭학』 제22호, 2020.

김인유, 「편의치적선의 준거법에 관한 연구」, 『해사법연구』 제22권 제1호, 한국해사법학회, 2010.

김지형, 「국제적 근로계약관계의 준거법」, 『저스티스』 통권 제68호, 한국법학원, 2002.

박성일, 「선박국적제도 - 편의치적 중심」, 『목포해양전문대학 논문집』 제24집, 1990.

서동희, 「선적국법주의의 타당성」, 『국제사법연구』 제17호, 한국국제사법학회, 2011.

석광현, 「해사국제사법의 몇 가지 문제점 - 준거법을 중심으로」, 『한국해법학회지』 제31권 제2호, 한국해법학회, 2009.

석광현, 「편의치적에서 선박우선특권의 준거법 결정과 예외조항의 적용」, 『국제거래법연구』 제24집 제1호, 국제거래법학회, 2015.

윤윤수, 「편의치적선(Ship under Falgs of Convenience)」, 『재판자료』 제73집, 1996.

이현균, 「편의치적의 준거법 적용에 관한 고찰」, 석사학위논문, 경희대 법무대학원, 2016.

정병석, 「국제해상법」, 『국제사법연구』 제4호, 한국국제사법학회, 1999.

정병석, 「해상법 분야에서의 국제사법의 고려」, 『법조』 제536호, 법조협회, 2001.

조귀연, 「선원법과 근로기준법과의 관계」, 『해양한국』 통권 제11호, 한국해사문제연구소, 1990.

채이식, 「선박의 국적제도에 관한 연구」, 『해법연구』 제19권 제1호, 한국해법학회, 1997.

최재수, 「편의치적선제도의 출현과 국제해운의 구조적인 변화」, 『해양한국』 통권 제381호, 한국해사문제연구소, 2005.

최진이·최성두, 「한국해상근로복지공단의 설립 필요성과 조직 구상」, 『해항도시문화교섭학』 제21호, 2019.

해양수산부, 「행정사례집」, 1997.

C. Hill, *Maritime Law* 6th ed., London : LLP, 2003.

M. Evans, *International Law Documents* 6th ed., Oxford university press, 2003.

R.R. Churchill and A.V. Lowe, *The Law of the Sea* 3rd ed., Manchester university press, 1999.

Korea Maritime Institute, *Shipping Statistics Handbook*, 2006.

UNCTAD, *Review of Maritime Transport 2018*, 2018.

대법원 1988.11.22. 선고 87다카1671 판결

대법원 1989.9.12. 선고 89다카678 판결

대법원 1994.4.26. 선고 93도212 판결

대법원 1998.4.10. 선고 97도58 판결

대법원 2000.5.12. 선고 2000도354 판결

대법원 2001.1.19. 선고 97다21604 판결

대법원 2004.3.26. 선고 2003도8014 판결

대법원 2006.8.25. 선고 2004다26119 판결

대법원 2006.10.26. 선고 2004다27082 판결

대법원 2007.7.12 선고 2005다39617 판결
대법원 2010. 8. 26. 선고 2010다28185 판결
대법원 2014.7.24 선고 2013다34839 판결
부산지방법원 2014.6.12. 선고 2012가합21822 판결
서울고등법원 2007. 10. 12. 선고 2007나16900 판결
서울지법 1993.11.26. 선고 93가합34317 제12부 판결
서울지법 1994.11.1. 선고 94파6023 판결
창원지방법원 2012.2.21 선고 2010가단58776 판결
창원지방법원 2013.4.10. 선고 2012나5173 판결
헌법재판소 2009.5.28. 선고 2007헌바98 결정

제4장
해기사 양성 교육기관의 남녀구분모집

전상구

Ⅰ. 서론[1]

「대한민국헌법」의 여러 규정(제10조 제1문 후단의 행복추구권, 제11조 제1항의 평등권, 제31조 제1항의 능력에 따라 균등하게 교육을 받을 권리 등)과 UN의 「여성에 대한 모든 형태의 차별철폐에 관한 협약(Convention on the Elimination of All Forms of Discrimination against Women)」, 「여성발전기본법」, 「국가인권위원회법」, 「교육기본법」, 「고등교육법」 등의 관련 규정을 종합할 때, 합리적인 이유 없이 성별을 이유로 교육의 영역에서 특정한 사람을 우대·배제·구별하거나 불리하게 대우하는 행위는 원칙적으로 금지된다.

그런데 해기사 양성을 주된 목적으로 설립·운영되고 있는 국립대학교인 한국해양대학교의 일부 단과대학과 목포해양대학교의 일부 학부(이하 '해양대학'이라 함)에서는 신입생 모집과정에서 남성과 여성을 구분하여 모집하고 있을 뿐 아니라, 전체 모집인원의 대다수를 차지하고 있는 '일반전형' 및 '일반계고교성적우수자전형'의 경우에는 여성의 비율을 약 15% 내외로 제한하고 있다.[2] 그 결과, 경우에 따라서는 남성지원자보다 더 높은 성적을 획득한 여성지원자가 단지 여성이라는 이유 때문에 탈락하는 문제가 발생할 수도 있다.[3] 즉, 해양대학의 남녀구분모집은 여성지원자의 '평등권' 및 '능력에 따라 균등한 교육을 받을 권리' 등 헌법상 보장된 기본권을

1 이 글은 저자가 『해사법연구』 제23권 제1호(한국해사법학회, 2011.03)를 통해 발표한 논문을 본 저서의 형식과 내용에 맞게 수정·보완한 것이다. 특히 이 글은 발표된 지 10년이 지난 글이기 때문에 현재의 상황과 맞지 않은 내용(입학자 통계자료 등)이 상당수 포함되어 있다. 그럼에도 불구하고 원래 내용 그대로 수록한 이유는 이 주제에 대한 연구방법론이나 문제의식 등은 여전히 논의의 대상이 될 수 있기 때문이다.

2 한국해양대학교 해사대학과 목포해양대학교 일부 학부의 남녀구분모집 현황에 대한 자세한 내용은 〈표 1〉과 〈표 2〉를 참조.

3 한국해양대학교 해사대학과 목포해양대학교 일부 학부의 입학전형 결과에 대한 자세한 내용은 〈표 3〉과 〈표 4〉를 참조.

침해한다는 비판에 직면할 수 있다.[4]

따라서 본 논문에서는 해양대학의 남녀구분모집의 문제점을 헌법적 관점에서 분석·규명하고 양성평등실현을 위한 정책적 대안을 제시하고자 한다. 이를 위해, 우선, 해양대학에서의 남녀구분모집의 현황과 이유 및 현실적 문제점을 검토하고(Ⅱ), 남녀구분모집의 문제점을 헌법적 관점, 특히 평등원칙 위반 및 평등권 침해의 관점에서 분석한 후(Ⅲ, Ⅳ), 이를 토대로 문제점 극복을 위한 정책적 대안을 제시하고자 한다(Ⅴ).

---

4 현재까지 해양대학의 남녀구분모집이 정식 재판절차를 통해 사건화 된 경우는 없지만, 국가인권위원회에서 진정사건의 형태로 문제된 사례는 있다. 동 진정사건에서 진정인 강모(여)씨는 목포해양대학교의 2006학년도 신입생 모집에서 "가"군 일반전형의 해사계열 기관시스템공학부에 지원하였다. 그러나 목포해양대학교가 일반전형에서 여자 신입생을 전체 모집 정원의 10%로 제한하는 제도를 시행한 결과, 진정인은 702점을 받았음에도 불구하고 불합격되었다(1단계 전형의 합격점은 640점). 이에 진정인은 불합격 처분은 부당한 성차별이므로 1단계 전형에서 합격처리 되어야 한다는 내용의 진정을 2006년 1월 국가인권위원회에 제기했다. 이에 대해 국가인권위원회는 ⅰ) 여성이라고 해서 선장, 항해사, 기관장 등의 업무수행이 불가능하다고 할 수 없다는 점, ⅱ) 선박 내 여성을 위한 근무시설의 미비는 적극 개선되어야 할 사항으로 여학생의 학습권 및 직업선택의 자유 침해를 정당화하기 어렵다는 점, ⅲ) 여학생을 '신입생 정원의 10%'로 정한 기준은 산출근거가 불분명하다는 점, ⅳ) 여성이라고 해서 기관시스템공학부의 학습과정을 이수하는 것이 불가능하지 않다는 점, ⅴ) 졸업 후 4년간의 의무복무분야에는 선박에서 근무해야 하는 선원, 선박검사원 등 이외에도 해양수산부 허가 법인체 또는 등록업체, 전국선원노동조합연맹, 해운업무 관련 정부기관 및 지방자치단체 등도 있어 반드시 선박 근무가 필수적이라고 할 수 없다는 점 등을 이유로 들면서, 신입생 모집 시 성별에 따라 모집인원을 정하여 구분모집 하면서 여학생 수를 남학생보다 현저히 적게 정하는 것은 평등권 침해의 차별행위임을 인정하고, 목포해양대학교 총장에게 신입생 모집 시 여학생 수를 제한하지 말 것과 진정인 구제를 위해 적절한 조치를 취할 것을 권고했다(국가인권위원회 결정 2006. 05. 29. 06진차37 참조).

Ⅱ. 남녀구분모집의 현황과 문제점

1. 남녀구분모집의 현황

해기사 양성을 주된 목적으로 하는 한국해양대학교 해사대학과 목포해양대학교 일부 학부(해상운송시스템학부, 기관시스템공학부)는 각각 1991학년도와 1993학년도부터 여성에 대해 문호를 개방하면서 현재까지 신입생 모집에서 남녀를 구분하여 모집하고 있다.

한국해양대학교 해사대학은 '수시모집'에서는 '일반계고교성적우수자'에 대해 남녀구분모집을 하고 있고, '정시모집(가군)'에서는 '일반전형'에 대해 남녀구분모집을 하고 있다. 한국해양대학교 홈페이지에 공개된 2011학년도 신입생모집요강자료에 따르면, '수시모집'의 경우 전체 구분모집인원은 160명인데, 이 중에서 남성은 139명, 여성은 21명을 모집하고 있다. 즉, 여성의 모집비율은 13.1%에 불과하다. 그리고 '정시모집'의 경우 전체 구분모집인원은 186명인데, 이 중에서 남성은 162명, 여성은 24명을 모집하고 있다. 즉, 여성의 모집비율은 12.9%에 불과하다.[5]

〈표 1〉 최근 2년간 한국해양대학교 해사대학의 남녀구분모집 현황

모집구분	모집단위	2010학년도			2011학년도		
		남	여	%	남	여	%
수시모집 (성적우수)	해사수송과학부	29	5	14.7	25	4	13.8
	기관시스템공학부	45	7	13.5	26	4	13.3
	항해학부	30	5	14.3	27	4	12.9
	선박전자기계공학부	26	4	13.3	–	–	–
	기관공학부	–	–	–	29	5	14.7

5 한국해양대학교 해사대학의 남녀구분모집 현황에 대한 자세한 내용은 [표-1]을 참조.

모집구분	모집단위	2010학년도			2011학년도		
		남	여	%	남	여	%
수시모집(성적우수)	해양경찰학과	17	2	10.5	16	2	11.1
	해양플랜트운영학과	–	–	–	16	2	11.1
	소 계	147	23	13.5	139	21	13.1
정시모집(일반전형)	해사수송과학부	34	5	12.8	33	5	13.2
	기관시스템공학부	50	8	13.8	32	5	13.5
	항해학부	34	5	12.8	33	5	13.2
	선박전자기계공학부	28	4	12.5	–	–	–
	기관공학부	–	–	–	33	5	13.2
	해양경찰학과	16	2	11.1	16	2	11.1
	해양플랜트운영학과	–	–	–	15	2	11.8
	소 계	162	24	12.9	162	24	12.9

출처: 한국해양대학교 홈페이지(ipsi.hhu.ac.kr)에 공시자료를 필자가 정리

한편, 목포해양대학교 일부 학부는 '수시모집'에서는 '일반전형'과 '특별전형'[6]에 대해 남녀구분모집을 하고 있고, '정시모집(가군, 다군)'에서는 '일반전형'에 대해 남녀구분모집을 하고 있다. 목포해양대학교 홈페이지에 공개된 2011학년도 신입생모집요강자료에 따르면, '수시모집'의 '일반전형'의 경우 전체 구분모집인원은 118명인데, 이 중에서 남성은 101명, 여성은 17명을 모집하고 있다. 즉, 여성의 모집비율은 14.4%에 불과하다. 한편, '정시모집'의 '가군'의 경우 전체 구분모집인원은 147명인데, 이 중에서 남성은 123명, 여성은 24명을 모집하고 있다. 즉, 여성의 모집비율은 16.3%에 불과하다. 그리고 '정시모집'의 '나군'의 경우 전체 구분모집인원

6 목포해양대학교 홈페이지에 공시된 2011학년도 신입생모집요강자료에 따르면, 해양운송시스템학부의 경우 수시모집의 특별전형에서 '선원자녀(남성 4명, 여성 1명)', '국가유공자(남성 1명, 여성 0명)', '전문계고교출신자(남성 5명, 여성 0명)', '기초생활수급권자 및 차상위계층자(남성 2명, 여성 1명)'에 대해 남녀구분모집을 있다. 또한 기관시스템공학부의 경우 수시모집의 특별전형에서 '자격증소지자(남성 4명, 여성 1명)', '해사고학교장추천자(남성 5명, 여성 0명)', '선원자녀(남성 4명, 여성 1명)', '국가유공자(남성 1명, 여성 0명)', '농어촌학생(남성 6명, 여성 0명)', '전문계고교출신자(남성 5명, 여성 0명)', '기초생활수급권자 및 차상위계층자(남성 2명, 여성 1명)'에 대해 남녀구분모집을 있다.

은 139명인데, 이 중에서 남성은 119명, 여성은 20명을 모집하고 있다. 즉, 여성의 모집비율은 14.4%에 불과하다.[7]

〈표 2〉 최근 2년간 목포해양대학교 일부 학부의 남녀구분모집 현황

모집구분		모집단위	2010학년도			2011학년도		
			남	여	%	남	여	%
수시모집* (일반전형)		해상운송시스템학부	55	8	12.7	55	9	14.1
		기관시스템공학부	46	7	13.2	46	8	14.8
		소 계	101	15	12.9	101	17	14.4
정시모집 (일반전형)	가	해상운송시스템학부	62	13	17.3	62	12	16.2
		기관시스템공학부	60	13	17.8	61	12	16.4
		소 계	122	26	17.6	123	24	16.3
	나	해상운송시스템학부	61	8	11.6	61	11	15.3
		기관시스템공학부	59	6	9.2	58	9	13.4
		소 계	120	14	10.4	119	20	14.4

* 수시모집의 경우 자격증소지자, 해사고학교장추천자, 선원자녀, 국가유공자, 농어촌학생, 전문계고교출신자, 기초생활수급권자 및 차상위계층자에 대해서도 남녀구분모집을 하고 있지만, 숫자가 작을 뿐 아니라 학교의 재량이 상당부분 허용되는 특별전형이기 때문에 통계에서 제외함

출처: 목포해양대학교 홈페이지(www.mmu.ac.kr) 공시자료를 필자가 정리

2. 남녀구분모집의 문제점

앞에서 검토한 바와 같이, 해기사 양성을 주된 목적으로 설립·운영되고 있는 한국해양대학교 해사대학과 목포해양대학교 일부 학부(해상운송시스템학부, 기관시스템공학부)에서는 신입생 모집과정에서 남성과 여성을 구분하여 모집하면서 여성의 비율을 약 15% 내외로 제한하고 있다. 그 결과, 경우에 따라서는 남성지원자보다 더 높은 성적을 획득한 여성지원자가 단지 여성이라는 이유 때문에 불합격되는 문제가 발생할 수도 있다. 실제로 2006년에 국가인권위원회에 제기된 진정사건의 경우 진정인(여성)은

7 목포해양대학교 일부 학부의 남녀구분모집 현황에 대한 자세한 내용은 〈표 2〉를 참조.

1단계 전형의 합격점인 640점보다 무려 62점이 더 많은 702점을 받았음에도 불구하고 불합격되었다.[8]

한편, 이러한 문제는 한국해양대학교와 목포해양대학교의 2010학년도 입학전형 통계자료에 의해서도 '간접적'[9]으로 확인된다. 한국해양대학교 홈페이지에 공개된 2010학년도 입학전형결과에 따르면, '수시모집'의 경우 합격자의 학생부 교과성적(900점 만점)의 평균점수에 있어서 모집단위별로 최소 9.94점(항해학부)에서 최대 48.22점(해사수송과학부)까지 차이가 존재한다. 즉, 여성합격자의 평균점수가 남성합격자의 평균점수보다 높다. '정시모집'의 경우에도 대체적으로 여성최종등록자의 평균점수가 남성최종등록자의 평균점수보다 높다.[10] 이러한 현상은 목포해양대학교의 경우에도 마찬가지이다. 목포해양대학교 홈페이지에 공개된 2010학년도 입학전형결과에 따르면, '수시모집'의 경우 합격자의 학생부 성적(1,000점 만점)의 평균점수에 있어서 모집단위별로 최소 23.77점(기관시스템공학부)에서 최대 38.89점(해상운송시스템학부)까지 차이가 존재한다. '정시모집'의 경우에도 대체적으로 여성합격자의 평균점수가 남성합격자의 평균점수보다 높다.[11]

---

8 국가인권위원회 결정 2006. 05. 29. 06진차37 참조.

9 연구대상인 한국해양대학교와 목포해양대학교는 홈페이지를 통해 합격자 또는 최종등록자의 '합격선(커트라인)'이 아니라 '평균점수'를 공개하고 있다. 그러나 여성합격자 또는 여성최종등록자의 '평균점수'가 남성의 평균점수보다 높다는 사실 그 자체가 여성에 대한 차별 내지 불이익이 존재한다는 것을 직접적으로 증명하는 것은 아니다. 왜냐하면 대학입학에 있어서의 차별 내지 불이익의 판단은 '합격' 또는 '불합격'이라는 대학 당국의 결정에 직접적인 영향을 미친 기준, 즉 '합격선(커트라인)'에 의존하기 때문이다. 그러나 여성의 '평균점수'가 높다는 사실은 여성의 '합격선(커트라인)'도 높을 개연성을 충분히 내포하고 있기 때문에 '평균점수'의 차이는 대학입학에 있어서의 차별 내지 불이익의 판단에 있어서 아주 중요한 '간접적' 자료로 활용될 수 있다.

10 한국해양대학교 해사대학의 입학전형 결과에 대한 자세한 내용은 〈표 3〉을 참조.

11 목포해양대학교 일부 학부의 입학전형 결과에 대한 자세한 내용은 〈표 4〉를 참조.

〈표 3〉 2010학년도 한국해양대학교 해사대학의 입학전형결과

모집구분	모집단위	평균점수		비고
		남	여	(여-남)
수시모집* (성적우수)	해사수송과학부	829.92	878.14	48.22
	기관시스템공학부	837.89	872.32	34.43
	항해학부	851.86	861.80	9.94
	선박전자기계공학부	829.34	846.11	16.77
	해양경찰학과	825.38	867.77	42.39
정시모집** (일반전형)	해사수송과학부	741.23	746.41	5.18
	기관시스템공학부	734.92	740.43	5.51
	항해학부	734.65	742.34	7.69
	선박전자기계공학부	726.07	724.90	-1.17
	해양경찰학과	738.18	734.83	-3.35

* 수시모집의 경우 합격자의 학생부 교과성적(900점 만점)을 기준으로 함
** 정시모집의 경우 최종등록자의 학생부 교과성적(360점 만점)과 대학수학능력시험 환산성적(600점 만점)을 합한 점수를 기준으로 함

출처: 한국해양대학교 홈페이지(ipsi.hhu.ac.kr) 공시자료를 필자가 정리

〈표 4〉 2010학년도 목포해양대학교 일부 학과의 입학전형결과

모집구분		모집단위	평균점수		비고
			남	여	(여-남)
수시모집* (일반전형)		해상운송시스템학부	879.93	918.82	38.89
		기관시스템공학부	859.53	883.30	23.77
정시모집** (일반전형)	가	해상운송시스템학부	833.67	849.59	15.92
		기관시스템공학부	796.34	794.15	-2.19
	다	해상운송시스템학부	857.82	896.49	38.67
		기관시스템공학부	813.50	829.29	15.79

* 수시모집의 경우 학생부 성적(1,000점 만점)을 기준으로 함
** 정시모집의 경우 학생부 성적(200점 만점)과 대학수학능력시험 환산성적(800점 만점)을 합한 점수를 기준으로 함 (위의 성적이 합격자의 성적인지 최종등록자의 성적인지 여부는 불분명함)

출처: 목포해양대학교 홈페이지(www.mmu.ac.kr) 공시자료를 필자가 정리

결론적으로 해양대학의 남녀구분모집에는 여성에 대한 불합리한 차별과 불이익의 가능성이 상존하고 있다. 즉, 해양대학의 남녀구분모집은 여성

지원자의 ‘평등권’ 및 ‘능력에 따라 균등한 교육을 받을 권리’ 등 헌법상 보장된 기본권을 침해할 가능성을 내포하고 있다.

Ⅲ. 남녀구분모집에 대한 합헌성 분석의 전제

1. 남녀구분모집과 헌법상 기본권

1) 남녀구분모집과 평등원칙 및 평등권

우선, 해양대학의 남녀구분모집은 헌법상의 ‘평등원칙 및 평등권’을 침해할 가능성이 있다.

「대한민국헌법」은 제11조 제1항에서 “모든 국민은 법 앞에 평등하다. 누구든지 성별·종교 또는 사회적 신분에 의하여 정치적·경제적·사회적·문화적 생활의 모든 영역에 있어서 차별을 받지 아니한다.”고 규정하여 ‘성별’을 차별금지사유의 하나로 강조하고 있을 뿐 아니라,[12] 제32조 제4항과 제34조 제3항은 각각 “여자의 근로는 특별한 보호를 받으며, 고용·임금 및 근로조건에 있어서 부당한 차별을 받지 아니한다.”와 “국가는 여자의 복지와 권익의 향상을 위하여 노력하여야 한다.”고 규정하여 여성에 대한 특별한 보호를 주문하고 있다.

한편, 1985년 1월 26일부터 국내법과 같은 효력을 가지게 된 UN의 「여성에 대한 모든 형태의 차별철폐에 관한 협약(Convention on the Elimination of All Forms of Discrimination against Women)」은 “정

12 특히 헌법재판소는 평등원칙 및 평등권을 헌법의 최고원리 또는 기본권 중의 기본권으로 이해하고 있다(헌법재판소 1989. 01. 25. 선고 88헌가7 결정; 헌법재판소 2001. 08. 30. 선고 99헌바92 결정 등 참조).

치적, 경제적, 사회적, 문화적, 시민적 또는 기타 분야에 있어서 결혼여부에 관계없이 남녀동등의 기초위에서 인권과 기본적 자유를 인식, 향유 또는 행사하는 것을 저해하거나 무효화하는 효과 또는 목적을 가지는 성에 근거한 모든 구별, 배제 또는 제한"을 "여성에 대한 차별"로 정의하면서(동협약 제1조), 위 협약의 체약국에 대하여 여성에 대한 차별을 초래하는 법률, 규칙, 관습 및 관행을 수정 또는 폐지하기 위해 입법을 포함한 모든 적절한 조치를 취할 것과 남성과 여성의 역할에 관한 고정관념에 근거한 편견과 관습 기타 모든 관행의 철폐를 실현하기 위하여 적절한 조치를 취할 의무를 부과하였다.[13] 이에 따라 「여성발전기본법」은 정치·경제·사회·문화의 모든 영역에 있어서 남녀평등을 촉진하고 여성의 발전을 도모함을 목적으로 하여(동법 제1조), 모든 국민은 남녀평등의 촉진과 여성의 발전의 중요성을 인식하고 그 실현을 위하여 노력하여야 하고(동법 제4조), 국가 및 지방자치단체는 남녀평등의 촉진, 여성의 사회참여확대 및 복지증진을 위하여 필요한 법적·제도적 장치를 마련하고 이에 필요한 재원을 조달할 책무를 지며(동법 제5조), 여성의 참여가 현저히 부진한 분야에 대하여 합리적인 범위 안에서 여성의 참여를 촉진함으로써 실질적인 남녀평등의 실현을 위한 적극적인 조치를 취할 수 있도록 규정하고 있다(동법 제6조 제1항). 그리고 「국가인권위원회법」은 "합리적인 이유 없이 성별, 종교, 장애, 나이, 사회적 신분, 출신지역(출생지, 등록기준지, 성년이 되기 전의 주된 거주지역 등), 출신국가, 출신민족, 용모 등 신체조건, 기혼·미혼·별거·이혼·사별·재혼·사실혼 등 혼인 여부, 임신 또는 출산, 가족형태 또는 가족상황, 인종, 피부색, 사상 또는 정치적 의견, 형의 효력이 실효된 전과,

---

13 동협약에 대한 공식적인 국문번역본은 외교통상부 홈페이지에서 확인할 수 있다. 자세한 웹페이지 주소는 〈http://mofaweb.mofat.go.kr/multi_treaty.nsf/0/810D28CAD01DE2624925678A00023BD3?opendocument&skin=skin01〉이다.

성적(性的) 지향, 학력, 병력(病歷) 등을 이유"로 i) 고용(모집, 채용, 교육, 배치, 승진, 임금 및 임금 외의 금품 지급, 자금의 융자, 정년, 퇴직, 해고 등을 포함)과 관련하여 특정한 사람을 우대·배제·구별하거나 불리하게 대우하는 행위, ii) 재화·용역·교통수단·상업시설·토지·주거시설의 공급이나 이용과 관련하여 특정한 사람을 우대·배제·구별하거나 불리하게 대우하는 행위, iii) 교육시설이나 직업훈련기관에서의 교육·훈련이나 그 이용과 관련하여 특정한 사람을 우대·배제·구별하거나 불리하게 대우하는 행위, iv) 성희롱 행위를 "평등권침해의 차별행위"로 정의하고 있다(동법 제2조 제4호).

이러한 헌법 규정 및 관련 규정들을 종합할 때, 합리적인 이유 없이 성별을 이유로 교육의 영역에서 특정한 사람을 우대·배제·구별하거나 불리하게 대우하는 것은 원칙적으로 금지된다. 그런데 해양대학의 남녀구분모집은 대학입학에서 성별을 이유로 여성에게 차별 내지 불이익을 주고 있다. 따라서 해양대학의 남녀구분모집은 '합리적인 이유' 여부에 따라 '평등원칙 및 평등권'을 침해할 가능성이 있다.

2) 남녀구분모집과 능력에 따라 균등하게 교육을 받을 권리

다음으로, 해양대학의 남녀구분모집은 헌법이 보장하고 있는 '능력에 따라 균등하게 교육을 받을 권리'를 침해할 가능성이 있다.

「대한민국헌법」 제31조 제1항은 "모든 국민은 능력에 따라 균등하게 교육을 받을 권리를 가진다."라고 규정하여 '능력에 따라 균등하게 교육을 받을 권리'를 기본권으로 보장하고 있다. 즉, 국가(국립대학 포함)로부터 교육에 필요한 시설의 제공을 요구할 수 있는 권리 및 각자의 능력에 따라 교육시설에 입학하여 배울 수 있는 권리를 국민의 기본권으로서 보장하면서, 국가에게 국민 누구나 '능력에 따라 균등한 교육'을 받을 수 있게끔 노력해야 할 의무와 과제를 부과하고 있다.[14] 이에 따라 「교육기본법」 제4조 제1항은 "모든 국민은 성별, 종교, 신념, 인종, 사회적 신분, 경제적 지위 또는 신체적 조건 등을 이유로 교육에서 차별을 받지 아니한다."고 규정하여 '교육의 기회균등'을 천 명하고 있다. 특히, 동법 제17조의2는 제1항에서 "국가와 지방자치단체는 남녀평등정신을 보다 적극적으로 실현할 수 있는 시책을 수립·실시하여야 한다."고 규정하고, 제2항에서는 "국가 및 지방자치단체와 제16조에 따른 학교 및 사회교육시설의 설립자·경영자는 교육을 할 때 합리적인 이유 없이 성별에 따라 참여나 혜택을 제한하거나 배제하는 등의 차별을 하여서는 아니 된다."고 규정하여 '남녀평등교육의 증진'을 강조하고 있다.

한편, 대학교육과 관련된 「고등교육법」은 대학의 장이 소정의 자격이 있는 자 중에서 일반전형 또는 특별전형에 의하여 입학을 허가할 학생을 선발하되(동법 제34조 제1항), 그 방법과 학생선발일정 및 그 운영에 관하여 필요한 사항은 대통령령으로 정하도록 규정하고 있는데(동법 제34조 제2항), 대통령령인 「고등교육법시행령」 제31조 제1항은 "대학의 장이 법 제34조제1항에 따라 입학자를 선발함에 있어서는 모든 국민이 능력에 따라 균등하게 교육받을 권리를 보장하고 초·중등교육이 교육 본래의 목적에 따라 운영되는 것을 도모하도록 하여야 한다."고 규정하여 대학의 학생선발에 있어서도 '능력에 따라 균등하게 교육받을 권리'가 충분히 실현될 것을 요구하고 있다.

이러한 헌법 규정 및 관련 규정들을 종합할 때, 대학교육의 영역에서도 '능력에 따라 균등하게 교육을 받을 권리'가 보장되어야 함은 당연하다. 그

---

14 헌법재판소 1992. 11. 12. 선고 89헌마88 결정; 헌법재판소 2010. 11. 25. 선고 2010헌마144 결정 참조.

런데 해양대학의 남녀구분모집은 대학입학에서 능력이 아닌 성별을 이유로 여성에게 차별 내지 불이익을 주고 있다. 물론, 성질상 제한이 가능한 모든 기본권이 그러하듯이 '능력에 따라 균등하게 교육을 받을 권리'도 헌법 제37조 제2항에 따라 국가안전보장·질서유지 또는 공공복리를 위하여 필요한 경우에 한하여 제한할 수 있다(소위 '과잉금지원칙'). 따라서 만약 해양대학의 남녀구분모집이 헌법 제37조 제2항 상의 요건을 충족하지 못한다면, 헌법상 보장된 '능력에 따라 균등하게 교육을 받을 권리'를 침해하게 된다.

3) 남녀구분모집과 행복추구권

또한, 해양대학의 남녀구분모집은 헌법이 보장하고 있는 '행복추구권'도 침해할 가능성이 있다.

「대한민국헌법」 제10조 제1항 제1문은 "모든 국민은 인간으로서의 존엄과 가치를 지니며, 행복을 추구할 권리를 가진다."고 규정하여 행복추구권을 기본권으로 보장하고 있다.[15] 우리 헌법재판소도 "헌법 제10조의 행복추구권은 … 국민이 행복을 추구하기 위한 활동을 국가권력의 간섭 없이 자유롭게 할 수 있다는 포괄적인 의미의 자유권으로서의 성격을 가진다."고 하여 행복추구권을 '포괄적 기본권'으로 인정하면서,[16] '일반적인 행동자유권', '개성의 자유로운 발현권', '자기결정권' 등을 행복추구권의 구체적인 내용으로 인정하거나 그로부터 도출하고 있다.[17]

---

15 행복추구권의 법적 성격 내지 구체적 권리성에 대해서는 다소간 논란이 있다. 즉, 행복추구권의 기본권성을 부정하는 견해도 있고(정종섭, 『한국헌법론』, 박영사, 2010, 424쪽; 허영, 『한국헌법론』, 박영사, 2010, 336~337쪽 등 참조), 긍정하는 견해도 있다(권영성, 『헌법학원론』, 법문사, 2010, 383~385쪽; 성낙인, 『헌법학』, 법문사, 2010, 406쪽 등 참조).

16 헌법재판소 2008. 10. 30. 선고 2006헌바35 결정.

17 헌법재판소가 제시한 행복추구권의 구체적 내용과 그로부터 도출되는 구체적 기본

행복추구권을 이처럼 '포괄적 기본권'으로 이해하는 한, 대학입학에서 능력이 아닌 성별을 이유로 여성에게 차별 내지 불이익을 주고 있는 해양대학의 남녀구분모집은 행복추구권을 침해할 가능성이 있다.

4) 남녀구분모집과 직업의 자유 및 학문의 자유

한편, 해양대학의 남녀구분모집은 헌법 제15조가 보장하고 있는 '직업의 자유'를 침해할 가능성이 있는지 여부가 문제될 수 있다. 이러한 문제는 남녀구분모집을 하는 해양대학의 일부 단과대학과 학부가 해기사 양성을 주된 교육목적으로 설정하고 있다는 점과 졸업생의 대다수가 3급 이상의 해기사면허를 취득한다는 점을 고려하면,[18] 남녀구분모집으로 인한 불이익의 효과가 '해기사'라는 직업을 선택함에 있어서 불리한 영향을 미칠 수 있기 때문이다. 그러나 해양대학의 남녀구분모집은 직업의 자유와 직접 관련이 없다. 해기사면허의 취득과 관련된 내용을 규정한 「선박직원법」에 따르면, 면허의 취득요건으로 ⅰ) 국토해양부장관이 시행하는 해기사시험에 합격하고, 그 합격한 날부터 3년이 경과하지 아니할 것, ⅱ) 등급별 면허의 승무경력이 있을 것, ⅲ) 선원법에 의하여 승무에 적당하다는 건강상태가 확인될 것, ⅳ) 등급별 면허에 필요한 교육·훈련을 이수할 것, ⅴ) 통신사의 면허의 경우에는 전파법 제70조의 규정에 의한 무선종사자의 자격이 있을 것을 요구하고 있다(동법 제5조 제1항). 즉, 남녀구분모집을 하고 있는 해양대학을 졸업하지 않더라도 해당 요건만 충족하면 해기사면허를 취득할 수 있다. 따라서 해양대학의 남녀구분모집은 '해기사'라는 직업의 자유에 대해 직접적인 제한을 초래하지 않는

권에 대한 자세한 내용은, 성낙인, 앞의 책, 407~413쪽 참조.

18 한국해양대학교 해사대학과 목포해양대학교 관련 학부는 '3급 이상의 해기사시험 합격증명서'의 제출을 졸업요건으로 요구하고 있다.

다. 다만, 남녀구분모집을 하고 있는 해양대학은 소위 '지정교육기관'이기 때문에 동 해양대학을 졸업할 경우에는 해기사면허 취득요건 중 i) 등급별 면허의 승무경력과 ii) 등급별 면허에 필요한 교육·훈련의 이수 등에 있어서 혜택이 있는 것은 사실이다.[19] 그러나 이러한 혜택은 국토해양부장관의 '지정교육기관' 지정에 따른 결과이기 때문에 해양대학의 남녀구분모집과는 직접적인 관계가 없다.

다른 한편, 해양대학의 남녀구분모집은 헌법 제22조 제1항의 '학문의 자유'를 침해할 가능성이 있는지 여부도 문제될 수 있다. 그러나 해양대학의 남녀구분모집은 '학문의 자유'와 직접적인 관련이 없다. 헌법에 보장된 학문의 자유란 연구와 교수 및 연구결과의 발표에 있어서 국가의 간섭이나 침해에 대한 방어권적 자유를 뜻한다 할 것이다.[20] 그런데 남녀구분모집에 의해 불이익을 받는 여성은 아직 해양대학에 진학한 것도 아니고, 해기사자격과 관련된 학문은 해양대학에 진학해야만 연구할 수 있는 학문도 아니다. 따라서 해양대학의 남녀구분모집이 헌법 제22조 제1항의 '학문의 자유'를 직접 침해할 여지는 없다.

2. 남녀구분모집에 대한 합헌성 분석의 구조

앞에서 검토한 바와 같이, 해양대학의 남녀구분모집은 헌법상 보장된 '평등권', '능력에 따라 균등하게 교육을 받을 권리', '행복추구권', '직업의 자유', '학문의 자유' 등을 경합적으로 침해할 소지가 있다. 그러나 하나의 규제로 인하여 기본권이 동시에 제약을 받는 기본권 경합의 경우에는 기본권 침해를 주장하는 청구인(여성지원자)의 의도 및 기본권을 제한

19 「선박직원법시행령」 제5조 제1항 제1호 및 제16조 등 참조.
20 헌법재판소 2009. 07. 30. 선고 2007헌마991 결정.

하는 입법자(해양대학)의 객관적 동기 등을 참작하여 사안과 가장 밀접한 관계가 있고 또 침해의 정도가 큰 주된 기본권을 중심으로 해서 그 제한의 한계를 따져 보아야 한다.[21]

그런데 해양대학의 남녀구분모집은 '직업의 자유' 및 '학문의 자유'와는 직접 관련이 없다. 그리고 헌법 제10조의 '행복추구권'은 포괄적인 자유권으로서의 성격을 가지는 조항이므로 다른 구체적인 개별적 자유권이 존재하지 않을 경우에 보충적으로 적용될 수 있는 기본권이다. 그 결과, 우선적으로 적용되는 기본권이 존재하여 그 침해 여부를 판단하는 이상, 행복추구권 여부를 따로 판단할 필요는 없다.[22]

따라서 해양대학의 남녀구분모집에 대해서는 '평등원칙 및 평등권' 침해 여부와 '능력에 따라 균등하게 교육을 받을 권리'의 침해 여부를 중심으로 헌법적 분석을 해야 한다. 그러나 기본권의 행사상의 차별 문제가 심사의 대상이 되는 경우, 통상 해당 기본권에 대한 심사내용은 평등원칙(평등권)의 심사내용과 혼합되게 되므로 서로 나누어 심사할 필요 없이 하나로 묶어 심사를 해도 무방하다.[23] 그런데 해양대학의 남녀구분모집에 있어서는 평등원칙 및 평등권 외에 '능력에 따라 균등'하게 교육을 받을 권리가 주로 문제된다. 따라서 이하에서는 평등원칙 및 평등권 침해 여부를 중심으로 검토한다.

---

21 헌법재판소 1998. 04. 30. 선고 95헌가16 결정; 헌법재판소 2002. 04. 25. 선고 2001헌마614 결정; 헌법재판소 2009. 07. 30. 선고 2007헌마991 결정 참조.

22 헌법재판소 2002. 08. 29. 선고 2000헌가5 결정; 헌법재판소 2009. 07. 30. 선고 2007헌마991 결정 참조.

23 헌법재판소 2003. 09. 25. 선고 2003헌마30 결정.

Ⅳ. 남녀구분모집의 평등원칙 및 평등권 침해 여부

1. 개관 : 평등심사의 구조

일반적으로 헌법상의 평등은 상대적 평등, 즉 '본질적으로 같은 것은 같게, 본질적으로 다른 것은 다르게 취급하는 것'을 그 내용으로 한다. 따라서 평등권 침해 내지 평등원칙 위반 여부의 심사는 다음의 두 단계로 이루어진다. 즉, ⅰ) 본질적으로 같은(다른) 것을 다르게(같게) 취급하고 있는가를 확인하는 단계(본질적인 차별(동등)대우의 확인 단계)와 ⅱ) 차별(동등)대우가 헌법적으로 정당화되는가를 확인하는 단계(헌법적 정당성 심사 단계)이다.[24]

우선, 평등심사의 첫 번째 단계는 사실관계의 비교를 통해 본질적으로 같은(다른) 것을 다르게(같게) 취급하고 있는가를 확인하는 작업이다. 논리상 이 과정은 다시 2개의 과정으로 세분화될 수 있다. 하나는 본질적으로 같은지(다른지) 여부를 확인하는 작업이고, 다른 하나는 다른(같은) 취급이 있는지 여부를 확인하는 과정이다.[25] 그런데 다른(같은) 취급이 있는지 여부는 외견상 쉽게 확인될 수 있기 때문에 평등심사의 첫 번째 단계에서는 본질적으로 같은지(다른지) 여부를 확인하는데 초점이 모아진다.[26]

다음으로, 평등심사의 두 번째 단계는 차별(동등)대우가 헌법적으로

---

24 한수웅, 「평등권의 구조와 심사기준」, 『헌법논총』 제9집, 헌법재판소, 1998.12, 64쪽.

25 이런 이유 때문에 평등심사의 구조를 3단계로 이해하는 견해도 있다(김주환, 「일반적 평등원칙의 심사 기준과 방법의 합리화 방안」, 『공법학연구』 제9권 제3호, 한국비교공법학회, 2008.08, 297~208쪽).

26 한편, 비교 대상 간에 본질적으로 같은지(다른지) 여부를 확인하기 위해서는 비교기준의 선정이 우선적으로 필요한데, 이러한 비교기준의 선정은 일반적으로 심판대상인 당해 법률조항의 의미와 목적에 대한 규명을 통하여 이루어진다(한수웅, 앞의 논문, 66쪽; 헌법재판소 1996. 12. 26. 96헌가18 결정; 헌법재판소 2001. 11. 29. 선고 99헌마494 결정 참조).

정당화되는가를 확인하는 단계(헌법적 정당성 심사 단계)인데, 이를 위해서는 무엇보다도 그 심사기준을 설정하는 것이 중요한 문제로 제기된다. 이 문제, 즉 심사기준에 대해 종래 우리나라에서는 '자의금지원칙'이 일반적으로 사용되어 왔지만, 자의금지원칙 만으로는 입법자를 효과적으로 통제할 수 없다는 문제가 제기되면서 '비례성 원칙'이 평등심사기준으로 도입되고 있다.[27]

생각건대, 해양대학의 남녀구분모집에 대한 평등심사의 핵심은 평등심사의 두 번째 단계, 즉 차별대우의 '헌법적 정당성을 심사'하는 것이다. 왜냐하면 평등심사의 첫 번째 단계, 즉 '본질적으로 같은 것에 대한 차별의 존재'는 이미 확인되었기 때문이다.[28] 따라서 이하에서는 평등심사의 두 번째 단계, 즉 차별대우의 '헌법적 정당성의 심사'를 중심으로 해양대학의 남녀구분모집에 대한 헌법적 문제점을 분석하고자 한다.

---

27 정종섭, 앞의 책, 436~441쪽; 한수웅, 앞의 논문, 86~102쪽 참조. 한편, 한국에서는 평등심사기준으로서의 비례성 원칙을 설명할 때, 독일연방헌법재판소의 '새로운 공식' 또는 '최신의 공식' 등을 인용하고 있는바, 이에 관한 자세한 내용은, 계희열, 『헌법학(중)』, 박영사, 2007, 240~242쪽; 김주환, 앞의 논문, 216~217쪽; 이욱한, 「평등권에 대한 헌법재판소의 통제」, 『사법행정』 제40권 제4호, 한국사법행정학회, 1999.04, 26~28쪽; 한상운·이창훈, 「현행 헌법상 평등심사기준에 관한 연구」, 『성균관법학』 제20권 제1호, 성균관대학교 비교법연구소, 2008.04, 74~76쪽; 한수웅, 앞의 논문, 51~64쪽 참조.

28 위에서 검토한 바에 따르면, 해기사 양성을 주된 목적으로 하는 해양대학의 일부 단과대학 및 학부는 여성의 정원을 약 15% 내외로 제한하고 있다(차별의 존재). 또한 「선박직원법」은 해기사의 자격조건에 있어서 성별에 따른 구분을 하지 않을 뿐 아니라 문제의 해양대학도 -비록 약 15% 내외의 제한된 비율이긴 하지만- 여성을 입학시키고 있다(적어도 해기사 자격조건 및 해기사 양성교육에 있어서 남성과 여성은 본질적으로 동일함).

2. 남녀구분모집에 대한 평등심사기준

1) 일반론[29]

(1) 평등심사와 입법형성권

헌법상의 평등을 상대적 평등으로 이해하는 한, 입법자는 평등의 영역에서 광범위한 입법형성의 자유를 갖는다.[30] 그러나 이러한 입법형성의 자유는 무제한의 것이 아니라 일정한 한계를 갖게 되며, 그 한계 속에서 입법형성의 자유는 단계적으로 축소된다. 입법형성의 자유가 축소된다는 것은 평등심사에 있어서 그 기준이 달라진다는 것을 의미한다.[31]

(2) 자의금지심사

우선, 평등의 영역에서의 입법자의 입법형성권은 정의관념에 부합해야 한다. 그런데 정의관념은 주관적인 가치판단을 전제로 할뿐만 아니라 '정의(定義)'할 수 없는 것으로 이해되고 있다. 그 결과, 학자들은 '정의(正義)'에 대립되는 개념인 '자의(恣意)'라는 개념을 통해 평등기준을 제시하면서, 차

---

29 이에 대한 자세한 내용은, 전상구, 「적극적 평등실현조치의 합헌성 심사기준에 관한 연구」, 한국해양대학교 대학원, 박사학위논문, 2009.02, 153~171쪽 참조.

30 상대적 평등은 '본질적으로 같은 것은 같게, 본질적으로 다른 것은 다르게' 취급하는 것을 그 내용으로 한다. 그런데 여기서의 '본질적'이라는 개념 역시 주관적인 평가의 문제이며, 그 평가를 위해서는 상위의 평가기준의 설정을 필요로 하는바, 그 평가기준은 동시대의 평균적 정의관념이라고 볼 수 있다. 그러나 동시대의 평균적 정의관념이라는 것도 개념적으로 규명될 수 없는 성질의 것이라는 점을 고려하면, 본질성 여부는 결국 동시대의 대표자인 입법자에 의해 규정되는 것으로 보아야 할 것이다. 헌법재판소도 이를 간접적으로 확인하고 있다(헌법재판소 1996. 12. 26. 96헌가18 결정; 헌법재판소 2001. 11. 29. 선고 99헌마494 결정 참조).

31 헌법재판소도 "평등위반 여부를 심사함에 있어 엄격한 심사척도에 의할 것인지, 완화된 심사척도에 의할 것인지는 입법자에게 인정되는 입법형성권의 정도에 따라 달라지게 될 것이다."라고 판시하고 있다.(헌법재판소 1999. 12. 23. 선고 98헌마363 결정; 헌법재판소 2002. 11. 28. 선고 2002헌바45 결정; 헌법재판소 2008. 10. 30. 선고 2006헌바35 결정; 헌법재판소 2010. 11. 25. 선고 2006헌마328 결정 등 참조).

별의 비객관성 내지 비합리성이 명백할 때에만 평등원칙 위반을 인정한다.[32]

한편, 헌법재판소에 의하면, 자의금지심사는 차별을 정당화하는 합리적인 이유가 있는지 여부만을 심사하기 때문에 그에 해당하는 비교대상간의 사실상의 차이나 입법목적(차별목적)의 발견·확인에 그친다고 한다.[33] 그런데 이 기준에 의하면, 대부분의 경우 입법자는 어떤 식으로든 차별을 정당화하는 나름대로의 이유를 제시하기 마련이고, 그 결과, 입법자가 결정하는 대부분의 불평등취급은 합헌적인 것으로 평가되어 사실상 무용한 심사기준으로 전락될 우려가 있다. 따라서 입법형성의 자유가 광범위하게 인정되어 자의금지심사를 하더라도 차별목적의 발견·확인에만 그칠 것이 아니라 차별수단의 적정성에 대한 심사가 이뤄져야 한다고 생각된다. 이는 합리적 이유의 존부에 관한 심사는 '이유 그 자체'의 합리성뿐만 아니라 '차별과의 관계'에서의 합리성까지 요구한다고 보아야 할 것이기 때문이다.[34]

(3) 비례성심사

다음으로, 평등의 영역에서의 입법자의 입법형성권은 정의관념 뿐만 아니라 헌법규정에 의해 제약된다.[35] 따라서 헌법이 입법형성권에 대해 특별한 제한규정을 두고 있는 경우, 입법자는 헌법에 따라 제한된 범위 내에서 입법형성의 자유를 갖게 된다. 즉, 이 경우에 입법형성권은 축소되어

---

32 이러한 자의금지원칙은 평등규정의 통제규범으로서의 성격에 의해 도출되기도 한다(헌법재판소 1998. 09. 30. 선고 98헌가7등 결정 참조).

33 헌법재판소 2001. 02. 22. 선고 2000헌마25 결정.

34 헌법재판소는 백화점등의 셔틀버스운행금지사건에서 '차별기준 내지 방법의 합리성 여부'를 완화된 심사기준의 내용으로 판시한 바 있다(헌법재판소 2001. 06. 28. 선고 2001헌마132 결정).

35 입법자의 입법형성권이라는 것도 헌법에 의해 부여된 것이라는 점을 고려하면, 입법형성권은 헌법이 스스로 정할 수 없었던 사항 또는 정하지 않은 사항에 대해 입법부가 현실에 대응하여 국민의 권리의무관계를 형성하는 권한에 불과하다.

단순한 자의금지보다는 엄격한 심사척도가 적용되어야 한다.[36] 여기서 엄격한 심사척도가 적용된다는 것은 단순히 합리적인 이유의 존부 문제가 아니라 차별을 정당화하는 이유와 차별간의 상관관계에 대한 심사,[37] 즉 비례성심사(차별목적의 정당성, 차별수단의 적정성, 차별수단의 필요성 내지 최소침해성, 법익의 균형성)를 한다는 것을 의미한다.

그렇다면, 헌법이 평등에 관해 특별한 제한규정을 두는 경우란 어떤 경우인가? 한국 헌법 하에서는 헌법 제11조 제1항 후단의 '성별·종교 또는 사회적 신분에 의한 차별금지',[38] 헌법 제20조 제2항의 '국교부인을 통한

---

36 조홍석, 「평등권에 관한 헌법재판소 판례의 분석과 전망」, 『공법연구』 제33집 제4호, 한국공법학회, 2005.06, 116쪽 참조. 헌법재판소도 "헌법에서 특별히 평등을 요구하고 있는 경우 엄격한 심사척도가 적용될 수 있다. 헌법이 스스로 차별의 근거로 삼아서는 아니 되는 기준을 제시하거나 차별을 특히 금지하고 있는 영역을 제시하고 있다면 그러한 기준을 근거로 한 차별이나 그러한 영역에서의 차별에 대하여 엄격하게 심사하는 것이 정당화된다. 다음으로 차별적 취급으로 인하여 관련 기본권에 대한 중대한 제한을 초래하게 된다면 입법형성권은 축소되어 보다 엄격한 심사척도가 적용되어야 할 것이다."고 판시하여 이를 확인하고 있다(헌법재판소 1999. 12. 23. 선고 98헌마363 결정; 헌법재판소 1999. 12. 23. 선고 98헌바33 결정; 헌법재판소 2000. 08. 31. 선고 97헌가12 결정; 헌법재판소 2002. 04. 25. 선고 98헌마425등 결정; 헌법재판소 2007. 03. 29. 선고 2005헌마1144 결정; 헌법재판소 2010. 11. 25. 선고 2006헌마328 결정 등 참조).

37 조금 더 구체적으로 말하면, "비교대상간의 사실상의 차이의 성질과 비중 또는 입법목적(차별목적)의 비중과 차별의 정도에 적정한 균형관계가 이루어져 있는가를 심사하는 것"을 의미한다(헌법재판소 2001. 02. 22. 선고 2000헌마25 결정 참조).

38 헌법 제11조 제1항 후단은 "누구든지 성별·종교 또는 사회적 신분에 의하여 정치적·경제적·사회적·문화적 생활의 모든 영역에 있어서 차별을 받지 아니한다."고 규정하고 있는데, 이는 전단의 "모든 국민은 법 앞에 평등하다."라는 일반적 평등원칙을 구체화한 특별규정이다. 따라서 입법자가 '성별', '종교', '사회적 신분'을 이유로 차별을 하는 경우에는 입법형성의 자유가 축소되어 원칙적으로 엄격한 비례성심사를 받게 된다. 한편, 헌법 제11조 제1항 후단을 전단의 특별규정으로 이해하는 것은 동 규정의 차별금지사유를 한정적 열거로 보느냐, 예시로 보느냐와 관련된 것이기도 하다. 동 규정에서 표현된 차별금지사유, 즉 '성별', '종교', '사회적 신분'을 단순한 예시조항으로 이해한다면, 외형적으로는 차별금지사유가 확대될 수 있지만, 오히려 헌법 제11조 제1항의 전단과 후단은 질적으로 동일한 내용의 것으로 이해되어, 그러한 차별금지사유에 따른 차별이 엄격심사가 아닌 관대한 자의심사를 받게 된다. 물론, 한정적 열거로 보는 경우에도 그 이외의 사유에 대해서는 무한정의 차별이 가능하다는 오해를 불러일으킬 수도 있지만, 그 이외의 사유는 제11조 제1항 전단의 일반적 평등원칙에 의한 제약을 받기 때문에 그런 우려는 기우에 불과하다. 특히, 130개의 적은 조문으로 국가의 전체 법질서를 규율하고 있는 헌법

종교의 차별금지', 제31조 제1항의 '교육의 기회균등', 헌법 제32조 제4항의 '여성근로자의 차별금지', 헌법 제36조의 '혼인과 가족생활에서의 양성평등', 헌법 제37조 제2항의 '기본권제한의 과잉금지',[39] 헌법 제39조 제2항의 '병역의무의 이행으로 인한 불이익한 처우금지', 헌법 제41·67·116조의 '선거와 선거운동에서의 평등' 등이 여기에 해당될 것이다. 따라서 이러한 부분에서 차별이 있는 경우에는 엄격한 비례성심사가 적용된다.

한편, 비례성심사를 하는 경우라고 해서 항상 같은 강도의 심사가 이뤄지는 것은 아니다. 특히, 헌법에서 오히려 차별(우대)을 명령하는 경우에는 그 범위 내에서 입법형성권은 상대적으로 확대되고, 그 결과, 구체적인 비례성심사의 과정에서 보다 완화된 기준을 적용해야 한다.[40]

에 예시적 내용이 포함되어 있다고는 보기 어려울 뿐만 아니라 헌법상의 조항을 아무런 효력이 없는 것으로 이해하는 것도 문제가 있다. 따라서 헌법 제11조 제1항 후단에 특별한 의미를 부여하는 방향으로 해석이 이뤄져야 한다. 즉, 헌법 제11조 제1항 후단은 과거의 역사적 경험에 비추어 특별히 차별을 경계해야 할 사항을 규정하고, 그 사항에 관해서는 특별한 사정이 없는 한 차별하지 말라는 것을 선언한 것이라고 보아야 할 것이다(황도수, 「헌법재판의 심사기준으로서의 평등」, 서울대학교 대학원, 박사학위논문, 1996.08, 141~142쪽; 한수웅, 앞의 논문, 88~89쪽 참조).

39 헌법 제37조 제2항은 "필요한 경우에 한하여" "국민의 모든 자유와 권리를 제한" 할 수 있다고 규정하여 입법권의 한계로 과잉금지원칙을 선언하고 있는데, 헌법 제37조 제2항이 평등심사에도 적용될 수 있는지에 대해서는 논란의 여지가 있을 수도 있다. 동 조항은 기본권의 '제한'에 관한 한계인데, 엄밀히 말하면 평등의 문제는 '제한'의 문제가 아니기 때문이다. 그러나 헌법 제37조 제2항이 '모든' 자유와 권리에 관해 헌법이 설정한 입법형성권의 한계라는 점을 고려하면, 동 조항의 과잉금지원칙은 평등심사에도 적용된다고 보아도 무방할 것이다. 따라서 차별적 취급이 기본권에 대한 (중대한) 제한을 초래하는 경우에는 엄격한 심사가 적용되어야 한다. 헌법재판소도 "만일 입법자가 설정한 차별이 기본권의 행사에 있어서의 차별을 가져온다면 그러한 차별은 목적과 수단 간의 엄격한 비례성이 준수되었는지가 심사되어야 하며, 그 경우 불평등대우가 기본권으로 보호된 자유의 행사에 불리한 영향을 미칠수록, 입법자의 형성의 여지에 대해서는 그만큼 더 좁은 한계가 설정되어 보다 엄격한 심사척도가 적용된다."고 하여 이를 간접적으로 확인하고 있다(헌법재판소 2003. 09. 25. 선고 2003헌마30 결정; 헌법재판소 2006. 02. 23. 선고 2004헌마675 결정 참조).

40 헌법재판소도 "이 사건의 경우는 … 비례심사를 하여야 할 첫 번째 경우인 헌법에서 특별히 평등을 요구하고 있는 경우에는 해당하지 아니한다. 왜냐하면, 헌법 제32조 제6항은 … 국가유공자 등에 대하여 근로의 기회에 있어서 평등을 요구하는 것이 아니라 오히려 차별대우(우대)를 할 것을 명령하고 있기 때문이다. 그렇다면

그렇다면, 헌법에서 오히려 차별(우대)을 명령하는 경우란 어떤 경우인가? 한국 헌법 하에서는 헌법 제8조 제3·4항의 '정당의 특권', 헌법 제84조의 '대통령의 형사상 특권', 헌법 제44조 및 제45조의 '국회의원의 불체포 및 면책특권', 헌법 제32조 제4·5항의 '여자 및 연소자의 근로에 대한 특별한 보호', 헌법 제32조 제6항의 '국가유공자·상이군경·전몰군경 유가족의 취업우선기회보장', 헌법 제34조 제5항의 '신체장애자에 대한 국가의 보호', 헌법 제123조 제3항의 '중소기업의 보호육성', 헌법 제27조 제2항 및 제110조 제4항의 '군인·군무원에 대한 군사재판 및 단심재판', 헌법 제7조 제2항의 '공무원의 정치활동의 제한', 헌법 제33조 제2항 및 제3항의 '공무원과 방위산업체근로자의 근로3권제한', 헌법 제86조 제3항 및 제87조 제4항의 '현역군인의 문관임용제한', 헌법 제29조 제2항의 '군인·군무원·경찰공무원 등의 국가배상청구권제한' 등이 여기에 해당될 것이다. 따라서 이러한 영역에서 차별이 있는 경우에는 – 비록 그 차별이 기본권에 대한 제한을 초래한다고 하더라도 – 보다 완화된 비례성심사가 적용된다.

이 사건 가산점제도의 경우와 같이 입법자가 국가유공자와 그 유족 등에 대하여 우선적으로 근로의 기회를 부여하기 위한 입법을 한다고 하여도 이는 헌법에 근거를 둔 것으로서, 이러한 경우에는 입법자는 상당한 정도의 입법형성권을 갖는다고 보아야 하기 때문에, 이에 대하여 비례심사와 같은 엄격심사를 적용하는 것은 적당하지 않은 것으로 볼 여지가 있다. 그러나 이 사건의 경우는 비교집단이 일정한 생활영역에서 경쟁관계에 있는 경우로서 국가유공자와 그 유족 등에게 가산점의 혜택을 부여하는 것은 그 이외의 자들에게는 공무담임권 또는 직업선택의 자유에 대한 중대한 침해를 의미하게 되는 관계에 있기 때문에, … 비례의 원칙에 따른 심사를 하여야 할 두 번째 경우인 차별적 취급으로 인하여 관련 기본권에 대한 중대한 제한을 초래하게 되는 경우에는 해당한다고 할 것이다. 따라서 자의심사에 그치는 것은 적절치 아니하고 원칙적으로 비례심사를 하여야 할 것이나, 구체적인 비례심사의 과정에서는 헌법에서 차별명령규정을 두고 있는 점을 고려하여 보다 완화된 기준을 적용하여야 할 것이다."고 판시하여 이를 확인하고 있다(헌법재판소 2001. 02. 22. 선고 2000헌마25 결정).

2) 남녀구분모집에 대한 심사기준 : 엄격한 비례성심사

평등심사기준에 관한 일반론을 정리하면 다음과 같다. 첫째, 평등심사기준을 결정하는 기준은 입법자에게 부여된 입법형성권의 정도이다. 즉, 입법형성권이 축소되면 될수록 엄격한 심사를 하게 된다. 둘째, 평등심사기준은 크게 2가지, 즉 자의금지심사와 비례성심사로 구분된다. 자의금지심사는 차별을 정당화하는 합리적인 이유의 존부에 대한 심사한다. 즉, 비교대상간의 사실상의 차이나 입법목적(차별목적)의 발견·확인에 그친다. 반면, 비례성심사는 차별을 정당화하는 이유와 차별간의 상관관계에 대해 심사한다. 즉, 비교대상간의 사실상의 차이의 성질과 비중 또는 입법목적(차별목적)의 비중과 차별의 정도에 적정한 균형관계가 이루어져 있는가를 심사한다. 셋째, 비례성심사는 다시 2가지, 즉 엄격한 비례성심사와 보다 완화된 비례성심사로 구분된다. 엄격한 비례성심사는 i) 헌법에서 특별히 평등을 요구하고 있는 경우, 즉 헌법이 차별의 근거로 삼아서는 아니되는 기준 또는 차별을 금지하고 있는 영역을 제시하고 있음에도 그러한 기준을 근거로 한 차별이나 그러한 영역에서의 차별의 경우와 ii) 차별적 취급으로 인하여 관련 기본권에 대한 중대한 제한을 초래하게 되는 경우에 각각 적용된다. 반면, 완화된 비례성심사는 차별적 취급으로 인하여 관련 기본권에 대한 중대한 제한을 초래하지만, 헌법이 평등을 요구하는 것이 아니라 오히려 차별대우(우대)를 할 것을 명령하는 경우에 적용된다.

이러한 평등심사기준에 의할 때, 해양대학의 남녀구분모집에 대한 평등심사는 엄격한 비례성심사를 해야 한다.

우선, 해양대학의 남녀구분모집은 엄격한 비례성심사를 해야 하는 첫 번째 경우, 즉 헌법이 차별의 근거로 삼아서는 아니되는 기준 또는 차별을 금지하고 있는 영역을 제시하고 있음에도 그러한 기준을 근거로 한 차별이나 그러한 영역에서의 차별의 경우에 해당된다. 해양대학의 남녀구분모집은 성별을 기준으로 교육(대학입학)의 영역에서 차별을 하고 있다. 이는 우리 헌법 제11조 제1항과 제31조 제1항에서 특별히 금지하고 있는 기준과 영역에서 차별을 하고 있기 때문이다.

다음으로, 해양대학의 남녀구분모집은 엄격한 비례성심사를 해야 하는 두 번째 경우, 즉 차별적 취급으로 인하여 관련 기본권에 대한 중대한 제한을 초래하게 되는 경우에도 해당된다. 앞에서 검토한 바와 같이, 해양대학의 남녀구분모집은 결과적으로 성적(능력)이 아닌 성별에 따라 합격 또는 불합격이 결정될 수 있기 때문에 헌법 제31조 제1항이 보장한 여성지원자의 능력에 따라 균등하게 교육을 받을 권리를 제한한다.

따라서 해양대학의 남녀구분모집에 대해서는 엄격한 비례성심사를 적용해서 그 정당성 여부를 판단해야 한다. 즉, 차별목적의 정당성, 차별수단의 적정성, 차별수단의 필요성 내지 최소침해성, 법익의 균형성에 대한 엄격한 해석을 요구한다.

3. 남녀구분모집의 합헌성 여부

1) 차별목적의 정당성

어떤 차별이 엄격한 비례성심사를 통과하기 위해서는 차별을 통하여 추구하는 목적이 헌법 및 법률의 체제상 정당해야 한다(차별목적의 정당성). 따라서 해양대학이 차별(남녀구분모집)을 통하여 어떠한 목적을 추구하는지를 살펴본 후, 이러한 목적의 추구가 헌법적으로 문제가 없는지를 심사해야 한다. 만약 정당한 목적이 발견되지 않거나 차별목적 스스로가 위헌적이라면, 차별 자체가 이미 평등원칙에 위반된다.

해양대학이 남녀구분모집을 하는 이유나 목적이 무엇인지는 불분명하지만, 2006년에 국가인권위원회에 제기된 진정사건에서의 피진정인(목포해양대학교)의 주장을 통해 2가지 이유를 유추할 수 있다.[41] 첫째는 「국립학교설치령」에 따라 한국해양대학교의 해사대학, 목포해양대학교의 해상운송시스템학부 및 기관공학부 학생은 재학중 학칙이 정하는 바에 따라 승선실습을 받아야 하는데(동령 제16조 제5항 제1문), 현재 선박에서 여성이 근무하기 위한 시설이 미비하여 해운업계에서 여학생의 승선실습에 대해 강한 불만과 시정요구를 하고 있기 때문에 여성신입생의 수를 제한하는 것이고(승선실습의무 ⇒ 선박 내 여성근무시설의 미비 ⇒ 남녀구분모집), 둘째는 「국립학교설치령」에 따라 한국해양대학교의 해사대학, 목포해양대학교의 해상운송시스템학부 및 기관공학부의 졸업자는 수업연한에 해당하는 기간동안 국토해양부장관이 지정하는 직무에 복무할 의무가 있는데(동령 제18조 제1항 본문), 현재 선박에서 여성이 근무하기 위한 시설이 미비하여 해운업계에서 여학생의 졸업 후 취업에 대해 강한 불만과 시정요구를 하고 있기 때문에 여성신입생의 수를 제한하는 것이다(지정 직무에의 복무의무 ⇒ 선박 내 여성근무시설의 미비 ⇒ 남녀구분모집). 즉, 선박 내 여성근무시설이 미비하기 때문에 「국립학교설치령」에 규정된 의무를 이행하기 위해서는 불가피하게 남녀구분모집을 할 수밖에 없다는 것이다. 따라서 해

---

41 동 진정사건에서 피진정인(목포해양대학교)은 남녀구분모집의 이유를 다음과 같이 설명하고 있다 : "피진정대학교의 해사계열은 해운업계가 보유하고 있는 상선의 사관을 양성하는 상선대학으로 재학중 3학년 과정으로 1년간 승선실습을 하여야 하며, 졸업 후에는 「국립학교설치령」 제18조에 의하여 바다와 관련된 업종에서 4년간 의무복무를 하여야 한다. 그러나 현재 선박에서 여성이 근무하기 위한 시설이 미비하여 해운업계에서는 여학생의 3학년 승선실습과 졸업 후 취업에 대해 강한 불만과 시정요구를 한 바 있다. 앞으로 많은 여성졸업생이 해운업계에 진출하여 해상근무자의 수가 많아진다면 업계와 협의하여 여성입학비율을 증가시킬 수 있겠으나, 현재 업계는 여자신입생 10%도 높은 비율이라고 평가하고 있고, 피진정인은 이러한 현실을 수용하여 신입생 선발시 정원내 일반전형에서만 전체모집인원 중 여성 10%로 제한한 것이다." 국가인권위원회 결정 2006. 05. 29. 06진차37 참조.

양대학이 남녀구분모집을 하는 직접적인 이유나 목적은 「국립학교설치령」에 규정된 의무를 이행하기 위한 것이다.

그렇다면, 이러한 이유나 목적이 정당한지 여부를 검토해야 한다. 그런데 엄밀히 말하면, 「국립학교설치령」 제16조 및 제18조에 규정된 '승선실습의무' 및 '지정 직무에의 복무의무'는 '학교(해양대학)'의 의무가 아니라 '학생' 또는 '졸업자'의 의무이다. 따라서 해양대학이 남녀구분모집을 하는 보다 명확한 이유나 목적은 '학생' 또는 '졸업자'가 「국립학교설치령」에 규정된 의무를 이행하는 것을 '지원(支援)'하기 위함이다. 생각건대, 현대 법치국가에서 법령을 준수해야 할 의무는 모든 국민과 국가기관에게 당연히 부과되는 의무인 점을 고려할 때, 국민(학생 또는 졸업자)이 법령준수의무를 이행하는 것을 '지원'하기 위한 해양대학의 조치는 일응 정당하다고 보아야 한다.

한편, 해양대학의 남녀구분모집의 이면(裏面)에는 위에서 검토한 이유 외에 또 다른 이유가 있을 수 있다. 그것은 바로 졸업생의 '취업률 증대'이다. 한국사회의 현실에서 졸업생의 높은 취업률은 대학 이미지의 상승과 우수한 신입생의 유치로 이어지고, 대학평가지수의 상승과 국고지원의 확대로 이어진다. 따라서 졸업생의 '취업률 증대'는 대학의 최대 목표라 해도 과언이 아니다. 그런데 여성해기사에 대한 사회적 수요가 그리 많지 않을 뿐 아니라 관련 해운업계에서는 여성해기사의 과도한 배출에 대해 간접적으로 불만을 표시하고 있다.[42] 따라서 해양대학의 입장에서 볼 때, 해기사 양성과 관련해서 여성입학생의 비율을 늘리는 것은 어쩌면 매우 위험한 결과(취업률 하락)를 초래할 수 있고, 그에 따라 해양대학은 차별(남녀구분

---

42 실제로 한국선주협회장은 "여성의 취업에 대한 불만을 표시한 사실은 없다"고 하면서도, "해양대학의 승선학과 여학생 입학비율은 10% 정도가 적정하다"는 의견을 제시하고 있다(국가인권위원회 결정 2006. 05. 29. 06진차37 참조).

모집)을 하는 것이다. 그러나 '취업률 증대'는 차별(남녀구분모집)의 정당한 목적이 될 수 없음은 자명하다. 문제의 해양대학은 '산업인력의 양성'을 목적으로 하는 '산업대학'이나 '전문직업인의 양성'을 목적으로 하는 '전문대학'이 아니라, '인격을 도야하고, 국가와 인류사회의 발전에 필요한 학술의 심오한 이론과 그 응용방법을 교수·연구하며, 국가와 인류사회에 공헌'함을 목적으로 하는 '대학'이기 때문이다.[43] 따라서 해양대학의 차별(남녀구분모집)의 이면(裏面)에 존재할 수 있는 졸업생의 '취업률 증대'라는 이유 또는 목적은 「고등교육법」에서 규정한 대학(해양대학)의 목적 자체에도 부합하지 않으므로 정당하지 않다.

2) 차별수단의 적정성

어떤 차별이 엄격한 비례성심사를 통과하기 위해서는 차별목적이 정당해야 될 뿐 아니라 차별수단이 차별목적을 달성하는데 효과적이고 적절해야 한다(차별수단의 적정성). 즉, 차별수단이 차별목적을 촉진하는데 기여해야 한다. 따라서 차별수단이 차별목적의 실현에 전혀 기여하지 못하면, 평등원칙에 위반된다.

앞에서 검토한 바에 따르면, 해양대학이 남녀구분모집을 하는 직접적인 이유나 목적은 해양대학의 '학생' 또는 '졸업자'가 「국립학교설치령」에 규정된 '승선실습의무' 또는 '지정 직무에의 복무의무'를 이행하는 것을 '지원'하기 위함이고, 이러한 목적의 정당성은 일응 긍정된다.

그렇다면, 차별수단(남녀구분모집)이 이러한 차별목적에 기여하는지 여부를 검토해야 한다. 생각건대, 선박 내 여성근무시설의 미비[44]와 업계

---

43 「고등교육법」 제28조, 제37조, 제47조 참조.

44 사실, 선박 내 여성근무시설이 실제로 미비한지 여부는 이론(異論)의 여지가 있다. 선박 내 근무시설에 대한 실증적 조사가 없었기 때문이다. 다만, ⅰ) 오랜 기간 동

의 부정적 인식으로 인해 승선실습의무과 복무의무를 이행하기 위한 공간이 현실적으로 제한되어 있다는 점에 비추어 볼 때, 남녀구분모집을 통해 여성의 숫자를 제한하는 것은 목적달성에 기여를 할 수 있다.

3) 차별수단의 필요성 및 최소침해성

어떤 차별이 엄격한 비례성심사를 통과하기 위해서는 차별목적의 정당성과 차별수단의 적정성 요건 뿐 아니라 차별수단의 필요성 내지 최소침해성 요건을 충족해야 한다. 즉, 차별수단이 차별목적을 달성하는데 불가피한 수단이어야 하고(차별수단의 필요성), 차별수단이 기본권에 불리한 영향을 미치는 경우에는 최소한의 피해를 주어야 한다(차별수단의 최소침해성). 따라서 다른 수단으로도 차별목적을 달성할 수 있는 경우에는 평등원칙에 위반된다.

앞에서 검토한 바에 따르면, 해양대학의 남녀구분모집에 있어서, 차별목적은 해양대학의 '학생' 또는 '졸업자'가 「국립학교설치령」에 규정된 '승선실습의무' 또는 '지정 직무에의 복무의무'를 이행하는 것을 '지원'하기 위함이고, 차별수단은 남녀구분모집이다. 따라서 차별수단인 '남녀구분모집'이 차별목적인 '학생의 승선실습의무의 이행을 지원'하는 것과 '졸업자의 지정 직무에의 복무의무의 이행을 지원'하는 것과의 관계에서 반드시 필요하고 최소침해적인 것이어야 한다.

우선, '남녀구분모집'이 '졸업자의 지정 직무에의 복무의무의 이행의 지원'에 있어서 반드시 필요한지부터 검토한다. 관련 해양대학은 선박 내 여

안 여성의 승선이 금기시 되어 왔다는 점, ii) 고급 여성해기사의 배출역사가 비교적 짧을 뿐 아니라 배출숫자도 많지 않다는 점, iii) 선박 내 근무시설의 개선이 여러 현실적인 이유로 쉽지 않다는 점 등을 고려하면, 선박 내 여성근무시설이 미비할 수 있다는 추정이 가능하다.

성근무시설의 미비로 인해 국토해양부장관이 지정하는 직무에 복무할 의무를 준수할 수 없기 때문에 남녀구분모집이 불가피하고 주장할 수 있다. 그런데 이는 타당하지 않다. 왜냐하면, 국토해양부장관이 지정하는 직무에는 선박의 승선을 반드시 요구하지 않기 때문이다. 국토해양부의 「국립해양계학교 졸업자의 복무 및 학비 상환규정」은 국립해양계학교 졸업자의 복무분야로 '선원', '선박검사관 및 선박검사원', '지정교육기관', '운항관리자', '해군', '해양경찰', '국토해양부장관으로부터 면허·허가 또는 등록을 받은 업체 또는 국토해양부장관으로부터 허가를 받은 법인체', '전국선원노동조합연맹', '해운 또는 이와 관련된 업무를 관할하는 정부기관 및 지방자치단체'를 지정하고 있다(동규정 제3조 참조). 따라서 선박 내 여성근무시설의 미비로 인해 국토해양부장관이 지정하는 직무에 복무할 의무를 준수할 수 없기 때문에 남녀구분모집을 할 수밖에 없다는 주장은 타당하지 않다.

다음, '남녀구분모집'이 '학생의 승선실습의무의 이행의 지원'에 있어서 반드시 필요한지에 대해 검토한다. 관련 해양대학은 선박 내 여성근무시설의 미비로 인해 승선실습의무를 준수할 수 없기 때문에 남녀구분모집이 불가피하다고 주장할 수 있는데, 이러한 주장은 일응 타당하다고 볼 수 있다. 왜냐하면, 선박 내 여성근무시설의 미비는 – 졸업자의 지정 직무에의 복무의무와는 달리 – 학생의 승선실습의무의 준수와 직접 관련이 있기 때문이다. 해양대학은 자체 실습선을 통해 승선실습을 할 수도 있고, 해운업계에 위탁하여 승선실습을 할 수도 있다. 우선, 자체 실습선을 통해 승선실습을 하는 경우, 만약 실습선 내 여성근무시설이 미비하다면,[45] 불가피

45 앞에서도 잠시 언급한 바와 같이, 선박 또는 실습선 내의 여성근무시설이 미비하다는 것은 어디까지나 추정에 불과하다. 따라서 만약 실제로 선박 또는 실습선 내의 여성근무시설이 충분히 갖춰져 있다면, 이를 이유로 한 차별의 불가피성에 대한 주장은 그 타당성을 상실한다.

하게 남녀구분모집을 통해 여성의 숫자를 제한할 필요가 있다. 물론, 이에 대해서는 실습선 내 여성근무시설의 미비는 적극적으로 개선할 사항이기 때문에 차별(남녀구분모집)을 정당화하는 사유로 인정될 수 없다는 주장도 가능하다.[46] 그러나 해양대학의 입장에서 볼 때, 실습선의 근무시설개선은 쉬운 일이 아니다. 선박의 특수성 때문에 구조적으로 시설개선 자체가 힘들 수도 있고, 시설개선이 가능하다고 하더라도 국가의 재정적 지원없이는 그 비용을 조달할 수 없기 때문이다. 한편, 해양대학은 해운업계에 위탁하여 승선실습을 할 수도 있지만, 만약 해운업계에서 선박 내 여성근무시설의 미비를 이유로 여성에 대한 승선실습에 난색을 표한다면,[47] 해양대학과 그 학생들은 사실상 승선실습의무를 이행할 수 없다. 따라서 이러한 사정을 종합하면, 남녀구분모집을 통해 여성의 숫자를 제한하는 것은 학생의 승선실습의무를 '지원'하기 위해서 불가피하게 필요하다고 볼 수 있다.

한편, 차별수단의 최소침해성이라는 관점에서 보면, 차별목적을 달성할 수 있는 덜 침해적인 다른 수단이 존재하는지 여부가 중요한 쟁점으로 부각될 수 있는데, 동 사안에서는 덜 침해적인 다른 수단을 찾기 어렵다. 물론, 동 사안과 관련해서 덜 침해적인 다른 대안이 전혀 없는 것은 아니다. 예컨대, 남성보다 더 높은 점수를 받고도 탈락한 여성에 대한 추가합격을 고려할 수 있다. 그러나 이러한 추가합격은 적절한 대안이 될 수 없다. 왜냐하면 만약 해양대학이 자체 실습선의 여성근무시설 및 위탁교육업체의 상황 등을 고려해서 여성의 모집인원을 결정한다면, 여성에 대한 추가합격은 승선실습의 수용한계를 넘어서게 되는 결과를 초래하게 된다. 따라서 여성에 대한 추가합격은 남녀구분모집의 목적달성에 적절한 대안이 아니다.

---

46 국가인권위원회 결정 2006. 05. 29. 06진차37 참조.

47 물론, 해운업계에서 여성의 승선실습을 단지 여성이라는 이유만으로 거부한다면, 이는 별도의 차별문제가 발생할 수도 있다. 하지만, 이 문제는 본 논문의 주제와 직접 관련이 없기 때문에 이에 대한 논증은 생략한다.

4) 법익의 균형성

어떤 차별이 엄격한 비례성심사를 통과하기 위해서는 차별목적의 정당성, 차별수단의 적정성, 차별수단의 필요성 내지 최소침해성 뿐 아니라 법익의 균형성 요건도 충족해야 한다. 즉, 차별을 통하여 달성하려는 목적의 비중이 차별대우의 정도와 적정한 균형관계를 이루고 있어야 한다.

위에서 검토한 바에 따르면, 해양대학이 '졸업자의 지정 직무에의 복무의무의 이행을 지원'하기 위해 남녀구분모집을 하는 것은 '차별수단의 필요성' 요건을 충족시킬 수 없으므로, 이에 대해 별도로 '법익의 균형성' 심사를 할 필요는 없다. 따라서 이하에서는 해양대학이 '학생의 승선실습의무의 이행을 지원'하기 위해 남녀구분모집을 하는 것이 '법익의 균형성' 요건을 충족하는지에 대해 살펴본다.

우선, 해양대학의 남녀구분모집이 법익의 균형성 요건을 충족하고 있는지를 판단하기 위해서는 그로 인해 초래되고 있는 차별효과를 실증적으로 살펴볼 필요가 있는데, 앞에서 살펴본 통계자료에 따르면, 해양대학의 일부 단과대학 및 학부는 여성의 정원을 약 15% 내외로 제한하고 있을 뿐 아니라(〈표 1〉과 〈표 2〉), 여성의 평균점수가 남성의 그것에 비해 대체적으로 상당히 높게 나타나고 있다(〈표 3〉과 〈표 4〉). 이는 여성지원자가 대학입시에서 상당한 불이익을 받고 있다는 것을 의미한다. 특히 1~2점 차이로 당락이 결정되는 대학입시에서 30~40점 정도의 평균점수의 차이가 존재한다는 것은 그 불이익의 정도에 있어서 여성의 수인한도를 넘어섰다고 볼 수 있다.

한편, 법익의 일반적·추상적 비교 차원에서 보더라도 남녀구분모집은 그 균형을 상실하고 있다. 해양대학이 남녀구분모집을 하는 목적은 '학생' 또는 '졸업자'의 「국립학교설치령」 상의 의무(승선실습의무 또는 복무의무)

의 이행을 '지원'하기 위함이고, 남녀구분모집의 직접적인 이유는 '선박 내 여성근무시설의 미비' 때문이다. 즉, 해양대학이 남녀구분모집을 통해 보호하고자 하는 법익은 지극히 간접적이고 현실적인 법익이다. 반면, 해양대학의 남녀구분모집으로 침해되는 법익은 헌법이 강도 높게 보호하고자 하는 '남녀평등' 및 '교육의 기회 균등'이라는 헌법적 가치이다.

따라서 법익의 일반적·추상적 비교의 차원에서 보거나, 차별취급 및 이로 인한 불이익의 정도의 심각성 차원에서 볼 때, 해양대학의 남녀구분모집은 법익균형성을 상실한 제도라는 결론에 이르지 아니할 수 없다.

Ⅴ. 결론

위에서 검토한 바와 같이, 해기사 양성을 주된 목적으로 하는 해양대학의 남녀구분모집은 평등심사기준인 엄격한 비례성심사, 특히 법익의 균형성 요건을 통과할 수 없고, 그 결과, 헌법상 보장된 평등원칙 및 평등권을 침해할 소지가 매우 크다. 따라서 위헌성을 완화시키는 형태로 개선되어야 한다.[48]

그러나 엄밀히 말하면, 이러한 평등위반 상황의 책임은 해양대학에 있는 것이 아니라 국가에 있다. 해양대학이 학생정원, 재정조달 등을 정부에 의존하고 있는 국립대학인 점을 감안하면, 해양대학의 입장에서는 남녀구분모집의 평등권 침해 상황을 근본적으로 해결할 수 없다. 따라서 이러한 문제점을 근본적으로 해결하기 위해서는 국가적 차원에서 문제해결을 위

48 한편, 여성해기사 보호제도 전반에 관해서는, 이윤철, 「합리적인 여성해기사 보호제도에 관한 연구」, 『해사산업연구소논문집』 제9권, 한국해양대학교 해사산업연구소, 1999.12, 5~35쪽 참조.

한 대안 제시와 노력을 해야 한다. 즉, 여성이 차별 없이 승선실습을 받을 수 있도록 해양대학의 기존 실습선을 개조하거나 새로운 실습선을 건조하기 위한 자금을 적극적으로 지원한다든가, 성적이 높음에도 불구하고 탈락한 학생을 구제할 수 있는 특례조항, 예컨대 정원 외 입학을 허용하는 규정을 마련한다든가, 여성해기사에 대한 기업의 불만과 거부감을 완화시키기 위한 조치, 예컨대 여성채용보조금제도나 시설개선보조금제도를 도입한다든가, 대학이 기업의 눈치를 보지 않고 대학 본연의 기능을 할 수 있도록 취업률 위주의 대학평가방식도 개선해야 할 것이다.

한편, 해운업계의 인식전환도 필요하다. 기업 내 인적 구성의 다양성 확보가 기업이익에 있어서 큰 도움을 준다는 것은 주지의 사실이다. 특히 자동화시스템과 같은 선박의 진화는 오히려 여성의 섬세함을 더 요구하고 있다. 이러한 점을 고려하면, 이제 여성은 기피의 대상이 아니라 적극 유치해야 할 소중한 자원인 것이다.

대학이 소위 '진리의 상아탑'인 점을 고려하면, 대학에 있어서의 차별금지와 다양성 확보는 무엇보다 중요할 뿐 아니라 지극히 당연하다. 아무쪼록 본 논문이 우리 사회의 성차별적 제도나 관행을 개선하고 전통적으로 남성의 영역으로 여겨지는 분야에서 여성의 진출을 제한하는 걸림돌을 제거하는데 조금이나마 보탬이 되길 바란다.

❖ 참고문헌

계희열, 『헌법학(중)』, 박영사, 2007.

권영성, 『헌법학원론』, 법문사, 2010.

성낙인, 『헌법학』, 법문사, 2010.

정종섭, 『한국헌법론』, 박영사, 2010.

허　영, 『한국헌법론』, 박영사, 2010.

김주환, 「일반적 평등원칙의 심사 기준과 방법의 합리화 방안」, 『공법학연구』 제9권 제3호, 한국비교공법학회, 2008.

이욱한, 「평등권에 대한 헌법재판소의 통제」, 『사법행정』 제40권 제4호, 한국사법행정학회, 1999.

이윤철, 「합리적인 여성해기사 보호제도에 관한 연구」, 『해사산업연구소논문집』 제9권, 한국해양대학교 해사산업연구소, 1999.

전상구, 「적극적 평등실현조치의 합헌성 심사기준에 관한 연구」, 박사학위논문, 한국해양대학교 대학원, 2009.

조홍석, 「평등권에 관한 헌법재판소 판례의 분석과 전망」, 『공법연구』 제33집 제4호, 한국공법학회, 2005.

한상운·이창훈, 「현행 헌법상 평등심사기준에 관한 연구」, 『성균관법학』 제20권 제1호, 성균관대학교 비교법연구소, 2008.

한수웅, 「평등권의 구조와 심사기준」, 『헌법논총』 제9집, 헌법재판소, 1998.

황도수, 「헌법재판의 심사기준으로서의 평등」, 박사학위논문, 서울대학교 대학원, 1996.

국가인권위원회 결정 〈www.humanrights.go.kr〉

목포해양대학교 입시자료 〈www.mmu.ac.kr〉

외교통상부 홈페이지 〈mofaweb.mofat.go.kr〉

한국해양대학교 입시자료 〈ipsi.hhu.ac.kr〉

헌법재판소 판례집 및 공보 〈www.ccourt.go.kr〉

제5장

해양분야 중앙정부 권한의 지방분권화

최성두

Ⅰ. 서론

국정운영을 담당하는 주체에는 국가(중앙정부)와 지방자치단체(지방정부)가 있고, 국정의 효율성과 민주성이 잘 발휘되기 위해서는 상호 더 잘할 수 있는 업무를 중심으로 중앙정부과 지방정부 간 업무배분이 잘 이루어져야 한다. 선진 유럽국가들의 경우에는 보충성의 원리에 따라 지방정부가 기본적으로 정부 업무를 수행하되 다만 적절하게 수행하기 어려운 업무들을 중앙정부가 보충적으로 수행하고 있지만, 우리나라와 같이 오랜 역사동안 중앙집권적 전통이 강한 나라에서는 역으로 중앙정부가 주도적으로 정부업무를 수행해 왔고 지방정부는 국가위임업무나 고유자치업무 중심으로 업무를 수행해 왔다. 그 결과 국가사무와 지방자치사무 간의 불균형성, 비효율성, 비민주성이 초래되었다.

이러한 중앙정부와 지방정부 간의 업무배분의 문제점을 해소하기 위해 노태우정부부터 박근혜정부까지 역대정권별로 지방이양 및 지방분권을 위한 추진기구를 법률로 마련하여 중앙정부 권한의 지방분권을 추진한 바 있다. 실제적인 지방이양의 가시적 성과가 나타난 기간은 김대중정부 후반기 2000년부터 이명박정부 말기 2012년까지로서, 총 3,101건의 지방이양이 확정되었고 그 가운데 1,982건이 지방이양 완료된 바 있다. 그 후 박근혜정부 동안 지방이양일괄법에 대한 중앙정부의 저항과 국회의 정치적 반대 등의 이유로 정체국면을 겪은 바 있다.

본 논문은 앞에서 말한 우리나라 중앙정부 권한의 지방분권화 과정에서 해양분야(항만, 해운물류, 수산, 해양환경, 해양안전, 해양관광 등)을 중심으로, 해양분야 중앙정부 권한의 지방분권화 실태, 특징, 문제점을 종합적·체계적으로 검토해 봄으로써, 향후 우리나라 해양행정 분야의 지방분권화 과제와 발전방향을 제시하는 데 그 목적이 있다. 연구대상의 범위는 실제로 지방이양 실적이 나타난 2000년부터 2012년까지의 해양분야 지방이양 실적 총 124건 만을 대상으로 하였다.[1]

Ⅱ. 이론적 고찰

1. 중앙정부권한 지방분권화의 의의

국가에서 수행되고 있는 공공업무들 중에는 본질적으로 중앙정부가 수행해야 할 업무[2]와 지방자치단체가 수행해야 할 업무가 있다. 기능적 측면에서 중앙정부가 수행하는 것이 보다 효율적인 업무가 있는가 하면, 한편 지방자치단체가 수행하는 것이 보다 효율적인 업무가 있다. 일반적으로 중앙정부는 전국적인 이해관계가 있는 행정기능을 담당하고, 지방자치단체는 주로 지방적 이해관계가 있는 행정기능을 담당하고 있다.

국가전체 기능을 수행주체인 국가와 지방자치단체의 역할을 기준으로 배분하는 목적은 민주성과 효율성의 제고에 있다. 일반적으로 행정서비스의 공급자가 주민에 근접할수록 주민에 의한 행정통제가 용이하고 행정의 주민의사 반영이 쉬우며 지역주민에 의한 행정참여가 촉진되어 행정의 민주성에 기여하게 된다. 또한, 대부분의 행정기능은 지방자치단체가 지역특

---

1 저자의 부산연구원 연구용역(2017) 조사 자료를 토대로 본 논문에서 이를 발전적으로 활용하였음.

2 정부가 수행하는 일을 공무사무, 공공업무, 공공정책(공공사업), 공공기능 등으로 부르는데, 그 가운데 가장 작은 단위가 사무이고, 그 다음이 업무이고, 그 다음이 공공정책(사업, 프로그램, 프로젝트)이고, 가장 큰 단위가 기능이라고 할 수 있음. 본고에서는 논의의 맥락에 따라 사무, 업무, 정책사업, 기능 등을 적절하게 혼용하여 사용함.

성을 정확하게 파악하고 고려하여 행정서비스와 정책을 수립되고 그 집행의 주체가 되는 것이 타당할 뿐 아니라 효율적이라는 것이다.

중앙정부 권한의 지방분권화라 함은 중앙정부기관이 법령에 규정된 자기의 권한을 지방자치단체에 이양함으로써, 중앙행정기관의 권한에 속하는 업무를 지방자치단체의 업무로 하고, 지방자치단체는 자기의 권한과 책임 아래 그 업무를 처리하도록 하는 것을 말한다.[3] 이는 공공사무 처리에 있어 국가의 역할과 지방의 역할을 분명히 하고 가장 적합한 기능을 배분함을 목표로 한다.

2. 국가사무와 지방사무 : 구분기준과 구성현황

우리나라 현행 법률상의 국가사무와 지방사무의 구분기준은 지방자치법에서 제시하고 있다. 지방자치법 제9조에서는 지방자치단체가 처리할 수 있는 사무로 지방자치단체의 구역·조직·행정관리 등에 관한 사무, 주민의 복지증진에 관한 사무 등 6개 분야의 57개 사무를 포괄적으로 예시하고 있으며, 한편 이에 비해서 동법 제11조에서는 지방자치단체가 처리할 수 없는 국가사무로 7가지 유형을 제시하고 있다.

지방자치단체사무 또는 중앙권한 지방이양의 판단기준은 국가정책의 하위수준, 전국적 계획이나 조정의 불필요성, 지역주민의 요구와 편의성,

---

3 중앙정부 권한의 지방분권화는 개념적으로 가장 약한 관여형태부터 가장 강한 관여형태까지 유형화할 수 있고, 각각의 분권형태는 시대적 혹은 정치적 측면에서 각각의 유용성이 발휘될 수 있음. 첫째, 가장 약한 관여형태는 "협의 기관화"로서, 우선 발을 걸쳐 놓고 차후 더 강한 관여형태로 갈 수 있는 장점이 있음. 둘째, "공동참여 기관화" 형태로서, 일방이 타방의 의사를 무시하고 일방적으로 사업을 추진할 수 없는 근거가 마련될 수 있음. 셋째, "중앙권한의 위임 기관화" 형태로서, 위임된 사업에 한정하여 실제 지방정부 주도로 사업 진행을 할 수 있는 장점이 있으나, 과연 중앙정부가 핵심적 기능사업을 위임하겠는가 하는 합리적 의문이 있음. 넷째, 가장 강한 관여형태는 "중앙권한의 이양 기관화" 형태로서, 완전한 지방분권화의 형태임.

지방자치단체의 행·재정적 수용능력 등이다. 반면, 지방자치단체에게 이양할 수 없는 국가(중앙정부)사무의 기준은 전국적으로 통일적 처리·조정 필요성, 국가존립 필수성, 전국적 규모 혹은 이와 비슷한 규모, 지방자치단체의 재정·기술적 감당능력 부족 등이라고 할 수 있다.

〈표 1〉 현행 지방자치법 상의 국가사무와 지방자치단체사무 구분 기준

국가사무	지방자치단체사무
지방자치법 제11조 (지방자치단체가 처리할 수 없는 사무)	지방자치법 제9조 (지방자치단체 관할구역의 처리 사무)
총 7가지 유형의 사무	**총 6개 분야의 57개 사무**
1. 외교, 국방, 사업, 국세 등 국가의 존립에 필요한 사무 2. 물가정책, 금융정책, 수출입정책 등 전국적으로 통일적 처리를 요하는 사무 3. 농산물·임산물·축산물·수산물 및 양곡의 수급조절과 수출입 등 전국적 규모의 사무 4. 국가종합경제개발계획, 국가하천, 국유림, 국토종합개발계획, 지정항만, 고속도로·일반도로, 국립공원 등 전국적 규모나 이와 비슷한 규모의 사무 5. 근로기준, 측량단위 등 전국적으로 통일하고 조정하여야 할 필요가 있는 사무 6. 우편, 철도 등 전국적 규모나 이와 비슷한 사무 7. 고도의 기술을 요하는 검사·시험·연구, 항공관리, 기상행정, 원자력개발 등 지방자치단체의 기술과 재정능력으로 감당하기 어려운 사무	1. 지방자치단체의 구역, 조직, 행정관리 등에 관한 사무 2. 주민의 복지증진에 관한 사무 3. 농림·상공업 등 산업 진흥에 관한 사무 4. 지역개발과 주민의 생활환경시설의 설치·관리에 관한 사무 5. 교육, 체육, 문화, 예술의 진흥에 관한 사무 6. 지역민방위 및 지방소방에 관한 사무

중앙정부권한 지방분권화의 판단기준들이 무엇인가에 대하여 그동안 제정된 법제도 상의 기준들을 통하여 살펴보면 다음과 같다.

첫째, 1999년 제정된 「지방이양촉진법(중앙행정권한의 지방이양촉진 등에 관한 법률)」에서 지방이양 대상사무의 조사·발굴 및 심의·확정의 판단기준으로 ① 자치단체의 여건·능력·의사 존중원칙, ② 관련사무의 총괄

이양 원칙, ③ 이양사무에 대한 감독최소화 원칙, ④ 사무처리기준의 법령 규정원칙, ⑤ 기초자치단체 우선배분의 원칙, ⑥ 자치단체 능력 밖 사무의 중앙이양원칙 등 6가지 원칙이 제시되었다.

둘째, 2003년 12월말 제정된 「지방분권특별법」에서는 지방분권의 추진 원칙으로 ① 선분권 후보완 원칙, ② 보충성 원칙, ③ 포괄성 원칙의 중앙 권한 지방분권의 3대 원칙으로 규정한 바 있다.

셋째, 2008년 2월말 제정된 「지방분권촉진에 관한 특별법」에 따라, 지방분권과제로 추진되는 중앙행정권한의 지방이양은 ① 지역경제 파급효과가 큰 기능을 중심으로 지방이양 대상사무를 발굴하여 포괄적 지방이양을 추진하면서, ② 이양사무에 대한 중앙정부의 행·재정지원방안을 함께 강구한다는 것이다.

넷째, 2013년 9월 제정된 「지방분권 및 지방행정체제 개편에 관한 특별법」에 따라, '보편적 복지, 위험물 관리 및 안전 등에 대한 국민적 관심과 수요가 증가하는 사무'에 대한 효율적 배분 기준 설정 등 새로운 환경변화에 따른 사무배분 보완기준을 마련한 바 있다.

한편, 우리나라 국가사무와 지방사무 간의 비중 및 각각의 사무개수 구성현황은 다음과 같다.

〈표 2〉 국가사무와 지방사무 간의 사무개수 구성현황

조사년도	조사기관	총사무	국가사무	지방사무
1994	총무처	15,774개 (100%)	13,664개 (87%)	2,110개 (13%)
2002	지방이양추진위원회	45,349개 (100%)	35,297개 (77.8%)	10,052개 (22.2%)
2009	행정자치부	44,640개 (100%)	33,864개 (75.9%)	10,776개 (24.1%)
2013	지방자치발전위원회	46,005개 (100%)	31,161개 (67.7%)	14,844개 (32.3%)

첫째, 1994년 총무처가 실시한 국가사무 실태조사(「중앙·지방사무 총람」)의 결과를 보면, 총사무 15,774개 가운데 순수한 지방자치사무는 2,110개로 13% 수준에 불과하여 자치사무 비중이 낮은 것으로 나타났다.

둘째, 2002년 지방이양추진위원회 주관으로 법령상 사무 전수조사의 결과는 총사무 41,603개 가운데 국가사무 30,240개(78%), 지방사무 11,363개(22)로 조사되었다.

셋째, 2009년 행정자치부 주관으로 법령대상 국가총사무 조사결과는 총사무 44,640개 가운데 국가사무 33,864개(76%), 지방사무 10,776개(24%)로 조사되었다.

넷째, 가장 최근인 2013년 지방자치발전위원회에서 법령상 국가총사무를 조사한 결과는 총사무 46,005개 가운데 국가사무 31,161개(67.7%), 지방사무 14,844개(32.3%)로 나타난 바 있다.

요컨대, 우리나라 국가사무 대비 지방사무의 비중은 1994년 13%, 2002년 22%, 2009년 24%, 2009년 24%, 2013년 32%로 지속적으로 지방사무 비중이 증가하여 왔다고 할 수 있다.

Ⅲ. 중앙정부 권한의 지방분권화: 추진현황과 문제점

1. 법제도와 추진기구

국가와 지방자치단체 간의 기능배분은 국가에 편중된 기능을 지방자치단체로 이양하는 것에 초점을 두었으며, 이에 따른 관련기구는 1991년 지방자치의 실시 이후 역대정부에서 설치되어 왔다. 초기에는 기능배분을 전담하는 기구로 설치되었으나, 노무현 정부 이후부터는 기능배분을 포함한 지방자치 전반의 발전을 관장하는 기구로 전환되었다.

역대정부에서 설치한 국가와 지방자치단체 간의 기능배분 관장기구의 내용은 다음과 같다.

〈표 3〉 역대정부별 중앙권한 지방이양 추진기구 및 관련제도

역대정부	설치년도	기구	관련 법령
노태우 정부	1991	지방이양합동심의회	정부조직관리지침(국무총리훈령)
김대중 정부	1999	지방이양추진위원회	중앙행정권한의 지방이양촉진 등에 관한 법률
노무현 정부	2004	정부혁신·지방분권위원회, 지방이양추진위원회(1999~)	지방분권특별법
이명박 정부	2008	지방분권촉진위원회	지방분권촉진에 관한 특별법
	2010	지방행정체제개편추진위원회	지방행정체제개편에 관한 특별법
박근혜 정부	2013	지방자치발전위원회	지방분권 및 지방행정체제개편에 관한 특별법
문재인 정부	2018	자치분권위원회	지방자치분권 및 지방행정체제 개편에 관한 특별법

첫째, 노태우 정부에서는 1991년 「정부조직관리지침(국무총리훈령)」에 근거하여 『지방이양합동심의회』를 총무처 산하에 설치하여 기능배분만을 전담하도록 했다.

둘째, 김대중 정부에서는 1999년 「중앙행정권한의 지방이양촉진 등에 관한 법률」을 제정하고 『지방이양추진위원회』를 설치하여 기능배분을 전담하도록 했다.

셋째, 노무현 정부에서는 기능배분이 정부간 지속정책이라는 판단에 따라 『지방이양추진위원회』를 존속시키되, 2004년 「지방분권특별법」을 제정하고 이에 근거하여 『지방혁신·지방분권위원회』를 추가적으로 설치하여 이원적 구조를 형성하였다.

넷째, 이명박 정부에서는 2008년 「지방분권촉진에 관한 특별법」을 제정하여 노무현 정부의 『지방이양추진위원회』와 『정부혁신·지방분권위원회』를 통합한 단일의 『지방분권촉진위원회』를 설치하였고, 2010년 「지방행정체제개편에 관한 특별법」을 제정함으로써 『지방행정체제개편추진위원회』를 추가적으로 설치하였다.

다섯째, 박근혜 정부에서는 2013년 「지방분권 및 지방행정체제개편에 관한 특별법」을 제정하고, 『지방분권촉진위원회』와 『지방행정체제개편추진위원회』를 통합한 단일의 『지방자치발전위원회』를 설치하였다.

여섯째, 문재인 정부에서는 2018년 국정과제 자치분권 실현을 위해 기존 법률 및 추진기구 명칭을 변경하여 「지방자치분권 및 지방행정체제개편에 관한 특별법」에 근거한 『자치분권위원회』를 설치하였다.

2. 추진실적

1) 역대정부별 실적

지방자치 27년 동안 역대정권별 중앙권한 국가사무의 지방이양 실적은 다음과 같다.

첫째, 중앙정부의 국가사무 가운데 지방자치단체로 이양이 확정된 단위사무는 3,101건이고, 실제로 지방자치단체로 이양 완료된 단위사무는 1,982건으로, 이양확정 대비 이양완료는 63.9%로 나타났다.

둘째, 역대정부별 지방이양 사무개수와 완료 비율은 김대중 정부는 612건 가운데 610건으로 99.7%, 노무현 정부는 902건 가운데 856건으로 94.9%, 이명박 정부는 1,587건 가운데 516건으로 32.5%를 각각 나타났다.

셋째, 지방이양 완료 실적이 실재 발생한 2000년부터 2012년까지 세 역대정부 간에는 상대적으로 김대중 정부와 노무현 정부가 높은 이양비율을 나타냈고, 이에 비하여 이명박 정부는 1/3수준의 다소 저조한 이양비율을 보였다.

넷째, 지방이양사무의 특성상 법령개정 등을 통하여 이양이 완료되므로 단기간(1~2년)에 사무가 완료되는 경우도 있지만, 대부분 장기간(3년 이상)에 걸쳐 이양이 되고 있다.

〈표 4〉 역대정부별 중앙권한 지방이양 실적

역대정부	년 도	지방이양 확정 (건수)	지방이양 완료 (건수)
노태우 정부	1991	–	–
	1992	–	–
김영삼 정부	1993	–	–
	1994	–	–
	1995	–	–
	1996	–	–
	1997	–	–
김대중 정부	1998	–	–
	1999	–	–
	2000	185	185
	2001	176	175
	2002	251	250
	소계	612건 (100%)	610건 (99.7%)
노무현 정부	2003	478	466
	2004	53	53
	2005	203	191
	2006	80	68
	2007	88	78
	소계	902건 (100%)	856건 (94.9%)

역대정부	년 도	지방이양 확정 (건수)	지방이양 완료 (건수)
이명박 정부	2008	54	45
	2009	697	336
	2010	481	110
	2011	277	23
	2012	78	2
	소계	1,587건 (100%)	516건 (32.5%)
박근혜 정부	2013	–	–
	2014	–	–
	2015	–	–
	2016	–	–
문재인 정부	2017	–	–
합 계		3,101건 (100%)	1,982건 (63.9%) *미이양 1,119건(36.1%)

출처: 년도별 행정자치통계연보

2) 부처별 실적

국가사무의 지방자치단체 이양실적을 정부부처별로 살펴보면 다음과 같다.

첫째, 지방자치단체 이양확정 사무건수는 국토교통부, 환경부, 해양수산부, 보건복지부, 산업통상자원부 등의 순으로 많았다.

둘째, 이양확정 대비 이양완료 건수인 이양완료 비율은 부처별 편차가 크며, 전반적으로 이양확정 건수가 적을 수록 이양완료 비율이 높게 나타났다.

셋째, 이양확정 사무 전체를 이양 완료한 부처는 외교부(9건), 법무부(2건), 통일부(4건), 해양경찰청(4건), 특허청(4건), 통계청(1건) 등이나, 이들 부처들의 이양확정 건수는 매우 적은 편이 특징이 있었다.

〈표 5〉 정부부처별 중앙권한 지방이양 실적

(단위 : 건수/ %)

정부부처명	이양확정	이양완료	미이양	이양완료 비율
방송통신위원회	33	25	8	75.7
공정거래위원회	16	14	2	87.5
기획재정부	31	23	8	74.2
교육부	141	79	62	56.0
외교부	9	9	0	100
법무부	2	2	0	100
행정자치부	98	76	22	77.5
문화체육관광부	142	111	31	78.2
농림축산식품부	195	170	25	87.2
산업통상자원부	223	135	88	60.5
여성가족부	83	30	53	36.1
환경부	479	328	151	68.5
통일부	4	4	0	100
고용노동부	84	26	58	30.9
국토교통부	552	313	239	56.7
보건복지부	256	203	53	79.2
경찰청	14	2	12	14.3
소방방재청	48	33	15	68.7
문화재청	28	11	17	39.3
산림청	186	154	32	82.8
중소기업청	33	11	22	33.3
해양경찰청	4	4	0	100
식품의약품안전처	78	63	15	80.8
특허청	4	4	0	100
국가정보원	1	0	1	0
금융위원회	12	0	12	0
통계청	1	1	0	100
농촌진흥청	2	2	1	50.0
해양수산부	305	138	167	45.2
미래창조과학부	37	12	25	32.4
합 계	3,101건	1,982건	1,119건	63.9%

출처: 행정자치통계연보(2014)

3. 제특성에 대한 역대정부 비교

1) 목표측면

공공사무 배분의 목표는 원칙적으로 국가전체의 사무를 수행주체의 역할을 기준으로 중앙정부와 지방자치단체에 적정하게 배분하는 것으로, 특히 지방자치 실시에 따라 기존의 중앙정부 중심의 기능배분을 지방자치단체에 확대 이양하여 지방자치단체의 자율성을 제고하는 것이다. 1995년 이후 역대정부는 그 목표를 국가사무의 지방자치단체 이양을 확대하는 것에 두고 있으나, 역대정부별로 목표의 구체성에 차이를 나타나고 있다.

첫째, 김대중 정부는 지방의 자율적 행정역량의 강화를 위하여 교육자치와 자치경찰을 도입하고, 고객지향적 서비스의 강화를 위하여 특별지방행정기관의 정비를 제시하였다.

둘째, 노무현 정부는 대도시 특례제도의 강화, 제주특별자치도의 추진, 자치단체 관할구역의 합리적 조정 등의 기능배분과 동시에 사무구분체계의 개선, 지방분권특별법의 제정, 지방분권화 지표개발 및 분권수준 측정제도를 도입하였다.

셋째, 이명박 정부는 노무현 정부가 달성하지 못한 사무구분체계의 개선과 교육자치제도의 개선, 자치경찰제도의 도입 및 특별지방행정기관의 정비를 제시한 바 있다.

넷째, 박근혜 정부는 특별시·광역시의 자치구·군의 지위 및 기능 개편, 도의 지위 및 기능 재정립을 추가적인 목표로 제시하였다.

2) 과정측면

중앙정부권한의 지방분권화 과정 및 절차는 역대정부별 추진기구에 따라 다소 다르나, 전반적인 프로세스는 유사하였다. 전반적으로 추진절차는 기본계획의 수립과 계획의 대통령 보고 및 중앙부처와 지방자치단체 통보, 대상사무의 발굴 및 선정, 심의확정 및 중앙부처와 지방자치단체 통보, 추진상황의 점검 및 이행촉진의 권고 등의 과정을 거치고 있다. 그런데 대상사무의 지방이양이 부진할 경우에, 이에 대한 이행촉진을 권고할 뿐 실질적인 이행력을 확보할 수 있는 제도적 장치가 없었다고 할 수 있다.

중앙정부권한의 지방분권화 방법은 역대정부별로 동일하게 '개별 단위사무의 이양' 방법을 적용하였다. 노무현 정부부터 '일괄이양'방법을 적용하기 위한 법제화를 검토하였으나, 현재까지 입법의 단계에 이르지 못하고 있다. 2000년부터 2012년 말까지 총 3,101개 사무이양을 확정하고 그 가운데 1,982개 사무이양을 완료하고 1,119개 사무이양을 추진하는 과정이 관련 법령개정 등으로 대부분 3년 이상이 걸리고, 그 과정에서 중앙부처의 부처이기주의로 이양추진이 지연되는 사례가 다수 발생하고, 지방에서도 사무이양에 따른 행정·재정적 지원이 뒤따르지 않아 이양사무 추진에 대한 거부감이 발생한 바 있다.

이에 따라 중앙행정권한 지방이양회기 확정된 사무를 일괄 법제화하는 가칭 「지방일괄이양법(중앙행정권한의 지방이양촉진을 위한 관계법률 정비 및 지원에 관한 법률)」 제정의 필요성이 대두되었고 2004년부터 지방일괄이양법의 법제화를 추진하였으나, 국회(반대이유: '일괄입법 지양원칙', '상임위의 소관주의 위배', '2014년 국회법개정으로 설치된 지방자치발전특별위원회의 법안심사권 미부여로 인한 특위 활동 2015년 6월말 종료' 등)와 개별부처의 반대로 2018년 1월 현재까지도 입법화에 이르지 못하고 있다.

3) 산출측면

역대정부별로 제시한 목표의 일부는 달성되었으나, 핵심적 내용은 여러 가지 이유로 실현되지 못하였다. 노무현 정부에서 대도시 특례제도의 강화와 제주특별자치도의 추진, 지방분권특별법의 제정 등이 이루어졌고, 또한 이명박 정부에서 국토하천과 해양항만 및 식의약품을 대상으로 부분적인 특별지방행정기관의 기능정비가 추진되는 성과가 있었다. 그러나 중앙정부 권한의 지방화의 핵심적인 내용들인 교육자치의 개선과 자치경찰의 도입 및 특별지방행정기관의 전면적인 정비는 차기정부로 계속 승계되는 현상이 발생하였다.

4. 문제점과 추진 한계

중앙정부권한의 지방분권화를 지방자치의 실질화는 시대적 과제였다. 중앙정부권한 지방분권화는 중앙정부와 지방자치단체 간의 권한배분 차원이 아니라 효율적인 지방이양을 통하여 국가와 지방자치단체의 경쟁력을 함께 강화시키자는 윈-윈 전략이다. 그러나 지방분권의 초석이 되는 중앙권한의 지방이양 추진에 대해서는 다수가 공감하고 있는 것은 틀림없으나, 다만, 보다 구체적인 영역으로 들어가 보았을 때 방법론이나 속도 측면에서 차이가 나고 미흡한 점이 있는 것이 사실이다.

그동안 중앙정부권한 지방분권화의 문제점과 추진 한계점들을 정리해 보면 다음과 같다.

첫째, 교육자치, 자치경찰, 특별지방행정기관 정비 등 핵심적 과제는 역대정부 공히 실질적 성과를 확보하지 못했다. 개별 단위사무들의 지속적 이양에도 불구하고 교육, 경찰, 특별지방행정기관 등의 핵심적 과제들은 개별부처의 반대로 제대로 추진되지 못했다는 것이다.

둘째, 중앙권한의 지방화 기능들의 다수가 집행사무에 편중되어 실제 기능재배분의 체감만족도가 낮았다. 단위사무의 지방이양을 지양하고 기능별로 이양을 추진할 필요성이 있다. 가장 활발하게 중앙권한 지방화가 이루어진 2002년을 기준으로 보면, 권한, 계획, 승인, 허가 등의 정책사무는 99건이 이양되어 전체 이양사무의 15%를 차지한 반면에, 집행사무는 처분조치 134건, 명령감독 101건, 등록신고 143건, 보고제출 33건, 청문 50건, 부과징수 59건 등 총 520건으로 85%를 차지한 바 있다.

셋째, 사무이양에 따른 행·재정의 동시이양이 추진되지 못함으로써 지방자치단체의 수용성을 제고하지 못하였다. 중앙권한 지방화에 따른 행·재정지원 내역을 보면, 농림부, 교육부, 환경부, 정보통신부, 건설교통부 등이 2001년부터 2006년까지 247명의 인력과 185억 2천여만을 지원한 것에 불과하였다.

넷째, 그동안 많은 사무가 지방으로 이양되었음에도 그 과정을 중앙정부가 주도하고, 중앙정부의 부처이기주의와 관심부족 그리고 지방정부에 대한 불신감 등으로, 그 내용보다는 실적위주의 단편적인 접근이 되었다는 점이다. 따라서 앞으로 양 보다는 질 위주의 이양추진이 필요하고, 위임사무 등 단편적 사무이양에서 탈피하여 지역발전과 주민의 삶의 질 제도를 위한 실질적 이양이 필요하고, 더 나아가 지역실정을 고려한 차등이양이 필요하다고 할 수 있다.

다섯째, 중앙권한 지방이양의 전담기구가 자문기구에 불과해 이양결정에 개별 부처가 불복할 경우 강제할 권한이 없고, 정부가 바뀌면서 지방이양을 추진하는 기구의 성격이나 기능이 유사함에도 불구하고 명칭을 변경함으로써 업무의 연속성을 차단하는 결과를 초래하였다. 향후 중앙권한 지방화의 전담기구를 단순한 자문기구가 아닌 강력한 법적 권한을 가진 중앙행정기관(행정위원회)화 필요성이 있다.

여섯째, 이양추진 전담기구에서 이양확정이 되어도 관련 부처의 추진의지 미흡으로 법령이 개정되지 않아 이양이 이루어지지 않은 사무가 많은 실정이다. 따라서 지방이양 확정후 미이양 사무의 일괄이양을 추진하기 위해 가칭「지방일괄이양법」제정을 추진하였으나 개별 부처와 국회의 반대로 그 추진이 2017년 현재까지 무산되고 있다. 특히, 우리나라 국회는 '일괄입법은 지양되어야 한다', '상임위원회 소관주의에 위배된다', '2014년 국회법개정으로 설치된 지방자치발전특별위원회에 법안심사권을 부여할 수 없다' 등의 이유로 지방분권화를 반대하여 왔다. 향후 지방일괄이양법이 제정되면 그 추진을 뒷받침할 수 있는 법안심사권을 가진 국회내 상설 지방자치발전특별위원회의 설치가 이루어져야 할 것이다.

일곱째, 광역지방자치단체와 기초자치단체 간에도 기능중복 등의 문제가 지적되어 왔으나, 중앙정부와 지방자치단체 간의 기능배분에 초점을 둠으로써 광역-기초 지방자치단체 간의 기능배분은 주목받지 못하고 있다.

Ⅳ. 해양분야의 지방분권화 추진 실적 분석

1. 개괄적 고찰

앞에서 살펴보았듯이, 우리나라 중앙정부권한 지방분권화는 2,000년부터 2,012년까지 총 3,101건이 확정되었으며, 그 가운데 이양 완료된 사무는 1,982건이고, 미이양 추진중인 사무는 1,119건이었다. 그 가운데 2017년 현재 지방자치발전위원회의『지방이양 추진현황(2000.1~

2012.12』 자료에 따르면, 우리나라 해양분야 중정부앙권한의 지방분권화 대상사무는 총 124건이고, 그 가운데 해운·항만물류분야 94건, 수산분야 26건, 해양관광분야 4건 등으로 나타났다.

2. 분야별 실적

1) 해운·항만물류 분야

해운·항만물류 분야의 중앙정부권한 지방분권화 실적은 총 94건에 불과하고, 그 대다수 지방이양사무가 공유수면매립법과 공유수면관리법상의 지정항만(무역항, 연안항)내 공유수면 매립허가 사무(32건), 공유수면 관리사무(62건)이다. 반면, 해운·항만물류 분야의 핵심기능과 사무에 대한 중앙정부권한 지방분권화 실적은 전무한 것으로 나타났다.

첫째, 공유수면 매립허가 등의 지방이양사무 실적은 총 32건이었고, 그 내용은 다음 〈표 6〉과 같다.

〈표 6〉 지방이양 완료된 공유수면 매립허가 사무목록

＼	지방이양완료 공유수면 매립허가 사무
내용	공유수면 원상회복의 면제/ 공익처분 등에 있어서 손실의 보상/ 과태료 부과 징수/ 국가 등이 시행하는 매립의 협의승인/ 국가 등이 협의승인 받은 공유수면 매립의 공사시행기관 준공인가/ 매립 실시계획 변경인가/ 매립 실시계획 인가 또는 변경인가의 고시/ 매립면허/ 매립면허 경합시의 면허/ 매립면허 고시/ 매립면허 또는 인가 등의 취소/ 매립면허 취소 등/ 매립면허 취소시 청문/ 매립면허 협의 및 의견청취/ 매립면허 받은 자의 준공인가/ 매립면허의 부관 첨부/ 매립면허의 제한/ 매립목적 변경의 인가/ 매립목적 변경인가 고시/ 매립목적 변경협의 및 심의, 매립실시계획 인가/ 매립지 사용의 확인/ 면허수수료 징수/ 보고 및 검사/ 부관의 변경 또는 새로운 부관 첨부/ 원상회복 불이행에 따라 원상회복 및 이행보증금의 사용/ 원상회복 의무이행보증금 예치/ 원상회복의무 면제시설 등의 국가귀속 통지 및 공고/ 이행보증금 반환, 재평가매립지 소유권에 관한 권리보전 조치/ 정부사업 매립공사 준공에 따른 매립지의 이관/ 효력상실된 매립면허의 회복/

둘째, 공유수면 관리의 지방이양사무 실적은 총 62건이었고, 그 내용은 다음 〈표 7〉과 같다.

〈표 7〉 지방이양 완료된 공유수면관리 사무목록

＼	지방이양완료 공유수면 관리사무
내용	건축물 실시계획의 인가신청서 검토/ 건축물의 신개축 및 증축을 위한 허가/ 건축물의 협의 승인/ 공매처분 금액의 잔여금액 공탁/ 공유수면 관리대장의 기록관리/ 공유수면 장애물의 변경 제거/ 공유수면 재산물의 무상귀속/ 공유수면 점용 사용료 산출금액의 징수/ 공유수면 점용 사용료의 부과시 토지가격의 변동분 반영결과 금액 부과/ 공유수면 점용 사용료의 산정시 토지가격의 변경방법/ 공유수면 점용 사용의 협의 또는 승인/ 공유수면 점용 사용허가/ 공유수면 점용 사용허가 검토/ 공유수면 점용 사용허가 협의시 첨부서류 송부/ 공유수면 점용 사용허가에 대한 의견서 제출/ 공유수면 점용 사용허가의 고시/ 공유수면 점용 사용허가의 변경허가/ 공유수면 점용 사용허가의 신청접수/ 공유수면의 관리/ 공유수면의 원상회복 명령/ 공유수면의 점용 사용 허가증 교부/ 공유수면의 조사/ 공익사업을 위한 점용허가 취소시 손실보상 시행/ 공익을 위한 허가의 취소 및 공작물 이전 처분/ 공작물 등의 귀속전 통지/ 과오납된 점용 사용료의 이자 가산, 과오납된 점용 사용료의 이자 가산/ 과오납된 점용 사용료의 추가 징수 및 반환/ 과태료 처분대상자 의견진술 기회부여/ 과태료부과 이의제기 접수의 통보/ 과태료부과 이의제기 신고접수/ 관계 서류의 제출/ 관계행정기관의 장과의 협의, 관할토지 수용위원회의 재결 신청접수/ 물건 등의 제거/ 방치 물건처분의 공매/ 방치 물건처분의 공매 공고/ 방치 선박 등의 제거/ 변상금의 징수/ 분할납부 징수/ 손실보상/ 손실보상을 위한 협의/ 실시계획 변경인가/ 실시계획 인가신청 접수/ 실시계획 인가증의 교부, 실시계획의 변경 인가 신청/ 실시계획의 변경인가증 교부/ 실시계획의 신고/ 실시계획의 인가신청 검토결과의 통보/ 원상회복 의무의 면제신청 접수/ 원상회복에 필요한 조치/ 재결 신청서의 신고접수/ 점용 사용 허가사항의 변경신청 접수/ 점용 사용료 납입고지서 송부/ 점유토지 출입시 일시와 장소 통지/ 조사실적의 기록관리/ 조사시 관리인의 동의 획득/ 조사업무의 방해시 과태료 부과 징수/ 피해가 예상되는 권리에 대한 의견참고/ 허가취소의 청문/ 허위허가의 취소 및 원상회복 등/ 협의 또는 승인사항의 변경시 협의 및 승인

2) 수산 분야

수산분야의 중앙정부권한 지방분권화 실적 역시 총 26건에 불과하였다. 수산분야의 중앙정부권한 지방분권화 실적은 어항시설의 사용허가 사무가 10건으로 그 대부분을 차지하였고, 기타 보호수면 지정사무 4건, 수산물가공업 등록사무 3건, 육성수면 지정사무 2건, 포획·채취 적용제외, 유어행위 규제, 특정어구 사용승인, 어획물운반업 등록, 금지조항 적용제외 허가사무 각 1건으로 나타났다. 그 구체적인 내용은 다음 〈표 8〉과 같다.

〈표 8〉 수산 분야의 중앙권한 지방화 실적(2000~2012)

부처명	기능명	단위사무	관련법령	이양방향	확정 년도	완료 년도
농림수산식품부	금지조항의 적용 제외에 관한 사무	허가신청서 제출	수산자원 보호령	국가 → 시도	2006	2008
농림수산식품부	보호수면의 지정	보호수면의 지정	수산업법	국가 → 시도	2000	2001
농림수산식품부	보호수면의 지정	보호수면의 지정합의	수산업법	국가 → 시도	2000	2001
농림수산식품부	보호수면의 지정	보호수면의 지정해제	수산업법	국가 → 시도	2000	2001
농림수산식품부	보호수면의 지정	보호수면의 해제공고	수산업법	국가 → 시도	2000	2001
국토해양부	선박안전법 위반자 (어선)에 대한 과태료 부과징수	선박안전법 위반자 (어선)에 대한 과태료 부과징수	선박 안전법	국가 → 시군구	2003	2009
농림수산식품부	수산, 동식물 포획, 채취 금지조항의 적용제외 허가 등에 관한 사무	수산동식물의 포획채취 금지 적용제외	수산자원 보호령	국가 → 시도	2006	2008
농림수산식품부	수산물가공업의 등록 등에 관한 사무	등록사항의 변경신고	수산물 품질관리법	국가, 시도 → 시군구	2007	2011
농림수산식품부	수산물가공업의 등록 등에 관한 사무	수산물가공업의 등록	수산물 품질관리법	국가, 시도 → 시군구	2007	2011
농림수산식품부	수산물가공업의 등록 등에 관한 사무	수산물가공업의 정지 또는 취소	수산물 품질관리법	국가, 시도 → 시군구	2007	2011
농림수산식품부	수산질병관리원의 개설 등에 관한 사무	수산질병관리원의 지도명령	기르는 어업육성법	국가 → 시도 구	2005	2007
농림수산식품부	어항시설의 사용허가등	권리의무의 이전인가 또는 신고	어항법	국가, 시도 → 광역시, 시군구	2001	2005
농림수산식품부	어항시설의 사용허가등	변상금의 징수	어항법	국가, 시도 → 광역시, 시군구	2001	2005
농림수산식품부	어항시설의 사용허가등	사용료 또는 점용료의 징수 및 감면	어항법	국가, 시도 → 광역시, 시군구	2001	2005
농림수산식품부	어항시설의 사용허가등	어항시설의 사용 (또는 점용) 신고	어항법	국가, 시도 → 광역시, 시군구	2001	2005

부처명	기능명	단위사무	관련법령	이양방향	확정년도	완료년도
농림수산식품부	어항시설의 사용허가등	어항시설의 사용 (또는 점용) 허가	어항법	국가,시도 → 광역시, 시군구	2001	2005
농림수산식품부	어항시설의 사용허가등	어항시설의 사용 (또는 점용) 허가협의	어항법	국가,시도 → 광역시, 시군구	2001	2005
농림수산식품부	어항시설의 사용허가등	어항시설의 사용허가 부관첨부	어항법	국가,시도 → 광역시, 시군구	2001	2005
농림수산식품부	어항시설의 사용허가등	어항시설의 사용허가 취소 또는 점용의 정지	어항법	국가,시도 → 광역시, 시군구	2001	2005
농림수산식품부	어항시설의 사용허가등	원상회복 등	어항법	국가,시도 → 광역시, 시군구	2001	2005
농림수산식품부	어항시설의 사용허가등	청문	어항법	국가,시도 → 광역시, 시군구	2001	2005
농림수산식품부	어획물 운반업의 등록	어획물 운반업의 등록	수산업법	국가,시도 → 시군구	2001	2005
농림수산식품부	유어행위의 규제	유어행위의 규제	내수면 어업법	국가 → 시도	2003	2004
농림수산식품부	육성수면 지정 등에 관한 사무	육성수면의 지정	수산업법	국가 → 시도	2006	2009
농림수산식품부	육성수면 지정 등에 관한 사무	육성수면의 지정신청	수산업법	국가, 시군구 → 시군구	2006	2009
농림수산식품부	특정어구 (이중이상의 자망) 사용승인	특정어구 사용금지 및 예외적 사용승인	수산자원 보호령	국가 → 시도	2003	2003

3) 해양관광 분야

해양관광분야의 중앙정부권한 지방분권화 실적은 더욱 저조하여 총 4건에 불과하다. 그 대부분은 수상레저의 안전활동에 대한 사무로서 2003년 확정되고 2005년 법령개정을 거쳐 이양이 완료되었다. 구체적인 내용은 다음 〈표 9〉와 같이, 내수면에서의 수상레저기구의 안전검사, 수상레저활동 안전협의회의 구성·운영, 내수면에서의 안전검사 대행기관의 지정 및 취소에 대한 권한을 국가(중앙정부)에서 기초지방자치단체(시·군·구)에 이양하는 것이었다.

〈표 9〉 해양관광 분야의 중앙권한 지방화 실적(2000~2012)

부처명	기능명	단위사무	관련법령	이양방향	확정 년도	완료 년도
해양경찰청	수상레저활동 안전협의회 구성·운영 등	수상레저기구 안전검사(내수면)	수상레저 안전법	국가 → 시군구	2003	2005
해양경찰청	수상레저활동 안전협의회 구성·운영 등	수상레저활동 안전협의회 구성·운영	수상레저 안전법	국가 → 시군구	2003	2005
해양경찰청	수상레저활동 안전협의회 구성·운영 등	안전검사 대행기관 지정 취소(내수면)	수상레저 안전법	국가 → 시군구	2003	2005
해양경찰청	수상레저활동 안전협의회 구성·운영 등	안전검사 대행기관 지정 (내수면)	수상레저 안전법	국가 → 시군구	2003	2005

3. 추진 특징과 문제점

해양분야 중앙권한 지방분권화 추진실적의 특징과 문제점은 다음과 같이 정리할 수 있다.

첫째, 중앙권한 지방이양 완료사무 124건 가운데 그 대부분이 「지방분권특별법」이 제정된 노무현 정부 시기(2003~2007)에 활발하게 지방이양 확정되었거나 혹은 이양완료가 이루어졌다.

둘째, 지방이양의 대상으로 특정 부처기능의 일괄 이양방식이 아니라 부처기능 가운데 단위사무를 중심으로 개별적으로 이양되었다.

셋째, 대부분 지방이양과 함께 지방자치단체에 대한 중앙정부의 행·재정적 지원이 포함되지 않았으며, 그 결과 지방이양사무에 대한 지방자치단체의 수용성(만족도)이 매우 낮았다.

넷째, 중앙부처 권한 가운데 핵심기능 지방이양에 대하여 중앙정부가 적극 반대하고 배제함으로써 지방자치단체가 정말 원하는 핵심기능에 대한 중앙권한 지방이양은 거의 이루어지지 않았다.

다섯째, 정책사무인 계획(기획) 및 인·허가 권한에 대한 이양사무는 전혀 없고, 집행사무인 등록·신고·신청·부과·징수·접수·송부·제출·청문·청취·보고·처분·조치·시행·협의·조사·고시·공고·통지·첨부·교부 등에 대한 사무가 해양관련 지방이양사무의 대부분으로, 질 보다 양을 추구한 중앙부처의 성과주의적 지방분권화가 이루어졌다는 점이다.

V. 향후 해양분야 지방분권화의 과제와 발전 방안 모색

1. 해양분야 향후 쟁점 분권화 과제

현재 지방자치발전위원회에서 지방분권화 대상사무로 심의중이거나 지방일괄이양 대상사무로 분류된 사무 1,737건과 그 가운데 해양산업 관련 사무의 구체적인 내용을 행정정보비공개법에 따라 비공개하고 있으므로, 그 전반적인 실체를 자세히 알 수 없는 실정에 있다.

그러나, 대통령 직속 지방자치발전위원회의 특별지방행정기관 TF에서 심의를 시작할 때 해양분야 분권화체계는 총 4개 대분류, 11개 중분류, 총 44개 사무였는데, 이것이 향후 해양분야 중앙권한의 지방분권화 핵심 쟁점과제라고 할 수 있다. 이를 구체적으로 살펴보면 다음과 같다.

첫째, 해운분야는 4개 중분류와 21개 사무로 되어 있다; ㉮ 운송사업 사무 : 내항운송사업 면허 및 지원, 해상운송사업 면허 및 관리, 외항부정기 및 내항화물운송사업 등록, 선박관리업·해운대리점업 등록지도, 해상여객운송사업 계획변경 인가; ㉯ 선박등록 사무 : 국제선박 포함 선박등록; ㉰ 선원업무 사무 : 선원승하선 공인, 선원근로감독, 선원수첩 교부, 외국인선원 고용신고, 승무원정원증서 교부, 선원취업규칙 신고, 선원법 및 선박직원법 위반자 과태료 부과징수; ㉱ 항만운영 사무 : 항만시설 사용허가, 항만자유무역지역 관리운영, 위험물반입 신고, 예선업 등록, 항만운송사업 등록지도, 개항질서, 선박수리 허가, 항만근로자 복지후생 등이다.

둘째, 해사분야는 3개 중분류와 4개 사무로 되어 있다; ㉮ 유류오염 사무 : 보장계약증명; ㉯ 선박등록 사무 : 선박등록 및 관리, 선박 등록 신청(선박총톤수 측정 포함); ㉰ 해사안전 사무 : 불개항장 기항 등 허가 등이다.

셋째, 항만분야는 3개 중분류와 14개 사무로 되어 있다; ㉮ 항만지정 사무 : 항만시설 지정 및 관리운영; ㉯ 비관리청 사무 : 비관리청 항만공사 허가, 비관리청 항만공사 실시계획 승인, 비관리청 항만공사 지도감독; ㉰ 항만개발 사무 : 항만시설공사 계획수립 조정, 항만시설공사 조사·측량·설계, 항만공사 설계 자문심의업무, 항만건설공사 계약업무, 항만건설공사 시험·품질·관리·설계, 항만시설공사 공정 안전관리, 항만건설공사 보상 및 소송, 항만배후 수송시설 업무, 항만시설 유지보수 방재업무, 항만재개발사업 실시계획 승인업무 등이다.

넷째, 해양분야는 3개 중분류와 5개 사무로 되어 있다; ㉮ 오염방지 사무 : 해양오염방지·해양폐기물 수거처리; ㉯ 환경관리업 사무 : 해양환경관리업 등록운영; ㉰ 공유수면 사무 : 해약이용 협의업무, 공유수면 매립 및 관리, 공유수면 매립 및 관리 기술검토 등이다.

그런데, 실제로 2015년 10월부터 시작된 지방자치발전위원회 제1기 특별지방행정기관 정비TF에서는 2개 사무가 더 추가되어 해양분야 46개

사무의 지방분권화 여부를 검토하였다. 그 후 계속된 2016년 11월 시작된 제2기 특별지방행정기관 정비TF에서는 해양분야 46개 사무 가운데 5개 사무에 대해서만 지방분권화를 결정하고, 20개 사무는 현행존치, 21개 사무는 계속 심의를 결정하였다. 그 결과, 당초 해양분권화 대상사무 가운데 방분권화 대상사무로 지방자치발전위원회에서 심의중인 사무는 다음 26개 사무에 불과한 실정에 처하게 되었다.

2017년 말 현재 쟁점 논의중인 해양분권 대상사무는 구체적으로 다음과 같이 정리된다.

첫째, 항만분야는 총 12건으로, 항만재개발사업 실시계획 승인업무, 항만건설공사 계약업무, 항만공사 설계 자문심의업무, 항만건설공사 보상 및 소송업무, 항만건설공사 시험·품질.관리·설계, 항만시설공사 계획수립 조정, 항만시설공사 조사·측량·설계, 항만시설공사 공정 안전관리, 항만시설유지보수 방재업무, 비관리청 항만공사 허가, 비관리청 항만공사 실시계획 승인, 비관리청 항만공사 지도감독 등이 이에 해당된다.

둘째, 해운물류 분야는 총 7건으로, 항만시설 사용 허가, 위험물반입신고, 항만근로자 복지후생, 예선업 등록, 항만운송사업등록 지도, 개항질서, 선박수리 허가 등이 해당된다.

셋째, 해양환경 분야는 총 5건으로, 해양오염방지·해양폐기물 수거처리, 해양환경관리업 등록운영, 해역이용협의 업무, 해양시설 및 해양공간관리, 해양시설의 신고 등이 해당된다.

넷째, 해양산업정책(공유수면) 분야는 총 2건으로, 공유수면 매립 및 관리, 공유수면 매립 및 관리 기술검토 등이 해당된다고 할 수 있다.

2. 우리나라 해양 분권화의 발전방향

향후 중앙권한 지방분권화에 대한 목표, 추진계획, 주요과제는 「지방자치발전 종합계획」(2014.12)과 「지방자치발전 시행계획」(2017.3)에서 확인해 볼 수 있다.

첫째, 우리나라 중앙정부권한의 지방분권화 목표는 국가사무 대비 지방자치사무 비율을 현행 32.3%에서 선진국 수준인 40%로 확대하는 것이라고 할 수 있다. 현재 선진국인 프랑스 40%, 미국 50%, 일본 34%의 수준으로 국가사무 대비 지방사무의 비율을 올리겠다는 것이다.

둘째, 지방일괄이양법을 단계적으로 제정하여 이괄추진 방식으로 지방분권화를 추진하겠다는 것이다. 우선 제 1단계로 기존 미이양사무에 대한 일괄법제화를 추진하겠다고 한다. 그동안 이양확정 후 법률개정이 되지 않은 미이양사무는 총 19개 부처, 101개 법률, 609개 사무라고 한다(지방자치발전 시행계획, 2017.). 이를 향후 지방일괄이양법 제정후 일괄 이양방식으로 분권화하겠다는 것이다. 다음으로 제 2단계는 국가총사무 재배분 완료사무에 대한 일괄 법제화를 추진한다는 것이다. 현행 대통령직속 지방자치발전위원회에서 4,000여 개 법령의 국가 총사무 46,005개를 심의중인 바, 2017년 말까지 지방이양 대상사무 1,737건에 대한 심의를 완료하고(지방자치발전 시행계획, 2017), 이를 향후 법 제정후 일괄이양방식으로 추진한다는 것이다. 끝으로 제 3단계는 특별지방행정기관 사무이양 등에 대한 일괄 법제화를 추진한다는 것이다. 이명박 정부의 지방분권촉진위원회와 지방행정체계개편추진위원회에서 특별지방행정기관 정비결과 지방이양이 의결된 243개 사무중 87개 사무(특별지방행정기관의 집행적 사무)와 대도시 특례사무에 대하여(지방자치발전 종합계획, 2014; 지방자치발전 시행계획, 2017), 이를 향후 법 제정후 일괄이양방식으로 지방분권화를 추진한다는 것이다.

셋째, 그 밖에도 신규 이양사무에 대한 지속적인 발굴 및 이양을 추진한다는 것, 사무이양과 행·재정지원을 병행하고 법제화한다는 것, 지방사무에 영향을 주는 법령의 제·개정시 사전협의제를 도입하여 보충성의 원칙을 제도로서 담보하겠다는 것, 사무이양 실태점검 및 이양사무 효과성 측정을 통해 지방분권 사무에 대한 사후관리를 강화하고 효과성 분석을 지속적으로 하겠다는 것 등이다.

해양 분야 지방분권화 발전방향 역시, 앞에서 해양 분야 중앙권한의 지방분권화 실적 분석에서 지적한 것처럼, 현재 해양 분야 지방분권화의 문제점들을 시정하는 방향으로 개선되어야 할 것이다. 해양 분야에서 지방분권화 결정이 이루어진 124건의 대부분은 특정 부처기능의 일괄 이양방식이 아니라 부처기능 가운데 파편화된 단위사무 중심으로 개별적으로 이양된 것들이다.

중앙부처는 그들 권한 가운데 핵심기능의 지방이양에 대해 이를 적극 반대하고 있으며, 실제로 지방자치단체가 정말 원하는 핵심 해양기능의 중앙권한 지방이양은 거의 이루어지지 않았다. 즉, 정책사무인 계획(기획) 및 인·허가 권한에 대한 지방분권화는 전혀 없고, 단순 집행사무인 등록·신고·신청·부과·징수·접수·송부·제출·청문·청취·보고·처분·조치·시행·협의·조사·고시·공고·통지·첨부·교부 등에 대한 집행적 성격의 사무들만으로 해양분야 지방분권화 대상사무를 차지하게 되었다. 지방이양과 함께 지방자치단체에 대한 중앙정부의 행·재정적 지원이 포함되지 않았기에 지방자치단체의 수용성과 만족도가 매우 낮았다.

대표적인 예로 해양수도를 지향하고 있는 부산광역시의 경우에[4], 향후

4 여기서, 해양수도란 해양을 기반으로 경제·사회·문화 활동 등이 활발하고 해양산업이 종합적으로 발달한 도시로 해양산업에 있어 가장 선진적이고 중심이 되는 도시를 말

해양 분야 지방분권화의 발전방향에서 차등분권제의 논리를 도입하여[5], "중앙정부 권한의 정책사업과 핵심기능을. 일괄이양 방식으로, 행정·재정적 지원과 병행하여" 지방이양 받는 전향적인 해양 분권화가 이루어질 수 있도록 하는 것이 바람직할 것이다.

함. 부산의 해양산업은 해운·항만물류, 수산, 조선·해양플랜트, 해양바이오, 해양과학기술개발, 해양환경·방재, 해양관광, 해양레저·스포츠 및 해양정보·금융 관련산업 그 밖에 해양 및 해양자원의 관리·보전과 개발·이용에 관련된 산업이 해당함. 실제, 해양수도 부산의 해양산업 자산 현황은 2017년 현재 분야별로 다음과 같다; ①해양산업 : 사업체수 26,119개소 (부산시 전체 279천개소의 9.4%), 종사자수 152천 명 (부산시 전체 1,365천 명의 11.1%), 매출액 36,319십억 원(부산시 전체 267,478십억 원의 13.6%). ②항만·물류 분야 : 부산항(무역항)과 부산남항(연안항)이 있고, 선박입출항은 : 88,304척(입항 44,017, 출항 44,287, *2016.11월 기준)이고, 컨테이너 부두 물동량은 41선석(북항 20, 신항 21)의 1,947만TEU로 세계 6위를 차지함. ③수산 분야 : 수산업체 6,215개소(종사자 25,357명), 수산생산 767천 톤(전국의 23%, 연근해 363천 톤, 원양 404천 톤 반입), 수출 496백만$(전국의 25%), 수입 1,500만$(전국의 36%, 2016.11월 기준), 어업인구 2,210가구 5,756명(전국의 4.0%), 어선세력 3,849척 292천 톤(전국의 51.5%), 전국 원양어선 289척(부산시 284척 전국의 98%), 원양업체 50개사(전국의 75%)임. ④해양레저·관광 분야 : 레저사업체수(해수면 25개소, 내수면 4개소, 수상오토바이 8개소), 레저기구 1,186대(전국 12,757대의 9.3%), 조종면허취득 15,509명(전국 172,000명의 9.1%), 해안현황(해안선 379.82km, 도서 41(유인3, 무인38), 해수욕장 7개소)임.

5 차등분권제의 개념은 획일적인 지방분권에 대비되는 개념으로, 지방자치단체의 능력과 규모 등에 따라 그 권한 및 사무 등을 획일적으로 이양하는 것이 아니라 차등적으로 이양하는 것을 말함. 공공부문의 비효율성 제거와 혁신을 통한 성과제고라는 목적 달성을 위해 다수의 주요 선진국들이 도입하고 있음. 예컨대, 일본은 1990년대부터 지방정부의 행·재정적 능력을 고려하여 중앙정부의 통제와 간섭을 완화해 주는 특례자치단체제도를 도입하였고, 우리나라 경우에 제주특별자치도, 경제자유구역청의 중앙권한 이양, 50만 이상 또는 100만 이상 대도시 행정특례 등이 차등분권제에 해당하고, 부산광역시의 행정수도 지원특례 요구도 크게 이러한 개념 범주에 속한다고 할 수 있음.

Ⅵ. 결론

앞에서 살펴 본 것과 같이, 해양 분야 중앙정부 권한의 지방분권화 추진은 다른 분야들의 일반적인 지방이양 특징과 거의 차이가 없는 특징을 나타내고 있다. 첫째, 지방이양 과정을 중앙정부가 주도함으로써 정말 지방정부가 원하는 핵심업무 또는 핵심기능의 이양은 중앙정부의 반대로 이루어지지 않았다는 점이다. 둘째, 최종 지방이양 확정된 업무들도 대다수 집행적 성격의 파편적인 업무들이었고, 중앙정부의 지방이양 성과를 가시화하는 양적 지표적인 것이고, 업무이양과 함께 행·재정 지원이 미비하였다는 점이다. 셋째, 노무현 정부를 제외하고는, 지방이양이 결정된 후에도 중앙부처가 추진의지를 보이지 않고 신속한 법령개정이 이루어지지 않아 결국 지방이양이 완료되지 않은 업무가 상당했다는 점이다. 넷째, 이러한 중앙정부의 지방이양 추진의지 미흡을 개선하기 위해 "지방일괄이양법" 제정을 추진했지만, 국회가 '상임위원회 소관주의 위배', '지방자치발전위원회 법령심사권 부재' 등의 이유로 강력하게 반대함으로써 법률 제정이 무산되었고, 실제 2013년 이후의 지방이양 실적이 전무한 상황을 초래했다는 점이다.

결론적으로 말하면, 우리나라는 지방자치 20년 동안 정부마다 자치분권을 전담하는 추진기구를 설치하고 자치분권 개혁을 추진하였지만 노무현 정부를 제외하고는 그 성과가 매우 미미하였던 바, 그 이유는 중앙정부와 국회의 소극적 태도와 반대 세력의 강한 저항 때문이었다고 할 수 있다. 또한, 지방정부와 지역주민의 지방분권화에 대한 냉소적이고 소극적인 태도 역시 이러한 결과를 초래한 반증적인 측면이 될 수 있다. 즉, 그동안 유권자인 지역주민과 지방정치(지방정부와 지방정치권)가 지방분권화에 보다 적극적이었다면, 중앙정치권(중앙정부와 국회)의 대응모습이나 지방이양의 결과가 지금과는 많이 달라졌을 것이라는 것이다.

결국 지방분권화는 '지방과 중앙간의 정치'라는 관점에서 그 해결책을 찾을 수 있다. 해양 분야의 경우에 해양산업의 자산을 많이 보유하고 있는 항만도시 지방정부와 지역주민들이 스스로 지방분권화의 필요성이 인식하고 적극적인 행동주체가 되어 지속적으로 중앙정치권의 태도를 변화시켜 나가야 한다. 미래 지역 발전의 핵심기능과 권한이 되는 중앙정부 권한의 지방분권화 요구 역시 이러한 '국가와 지방 간 민주적 정치과정으로' 국가와지방간 기능배분의 협상과 조율을 성취해 나가는 것이 바람직한 방향이라고 할 수 있을 것이다.

❖ 참고문헌

강성권 외, 「해양수도 부산의 잠재력분석과 추진전략연구」, 부산발전연구원, 2007.

강창민, 「제주특별자치도 10주년을 위한 준비와 과제」, 제주발전연구원, 2015.

김순은, 『지방의회의 발전모형』, 조명문화사, 2015.

금창호 외, 「지역유형별 자치제도 개선방안」, 지방행정체제개편추진위원회, 2012.

성경륭 외, 『지방분권형 국가 만들기』, 나남출판, 2003.

이기우, 「한국 지방자치제의 역사와 현황」, 기억과 전망, 2006.

이기우, 『분권적 국가개조론: 스위스에서 정치를 묻다』, 한국학술정보, 2014.

이승종, 『지방자치의 쟁점』, 박영사, 2014.

전찬영 외, 『항만관리의 지자체 위임 및 이양에 따른 영향 및 대응방안』, 한국해양수산개발원, 2010.

지방자치발전위원회, 『한국지방자치 발전과제와 미래』, 박영사, 2016

최창호·강형기, 『지방자치학』, 삼영사, 2016

최환용, 『사무 구분체계 개선을 위한 지방자치법 개정방안 연구』, 한국법제연구원, 2010.

하혜수, 「차등적 지방분권제도의 한국적 도입가능성에 관한 연구」, 『한국행정학보』 제38권 6호, 2004.

홍준현, 「중앙사무의 지방이양에 있어서 차등이양제도 도입방향」, 『한국지방자치학회보』 제13권 3호, 2001.

최송이·최병대, 「중앙–지방정부간 역할분담에 대한 추이분석 –1991년 이후 지난 20년간의 사무배분을 중심으로–」, 『한국지방자치학회보』 제24권 3호, 2012.

부산광역시 해양수산국, 「2017년 주요 업무 추진계획」, 2017.

부산상공회의소, 「부산해양특별시 지정 정책토론회」, 2017.

전국시도지사협의회, 「주요 선진국 국가관리지방청 특별지방행정기관 운영 연구」, 2009.

정부혁신지방분권위원회, 「참여정부의 혁신과 분권」, 2007.

지방분권촉진위원회, 「특별지방행정기관 정비방안(5대분야)」, 2009.

지방분권촉진위원회, 「제1기 지방분권촉진위원회 지방분권 백서」, 2011.

지방분권촉진위원회, 「제2기 지방분권촉진위원회 지방분권 백서」, 2013.

지방이양추진위원회, 「지방이양백서 1998-2008」, 2008.

지방자치발전위원회, 「특별지방행정기관 정비 - 의견수렴결과 검토 및 향후 계획」, 2014a.

지방자치발전위원회, 「지방자치발전 종합계획」, 2014.

지방자치발전위원회, 「2015년 지방자치발전 시행계획」, 2015.

지방자치발전위원회, 「지방자치발전위원회 활동 자료집(1기)」, 2015.

지방자치발전위원회, 「2016년 지방자치발전 시행계획」, 2016.

지방자치발전위원회, 「대도시 특례사무 현황」, 2016.

지방행정체계 개편추진위원회, 「지방행정체계 개편 기본계획」, 2012.

포럼부산비전, 「해양수도 부산, 어떻게 만들 것인가?」, 2013.

한국지방행정연구원, 「새로운 판별기준에 따른 국가 총사무 재배분 조사표 작성」, 2014.

행정자치부, 「기록으로 보는 지방자치」, 2015.

행정자치부, 「한반도 지방행정의 역사」, 2015.

행정자치부, 「2015년도 지방자치단체 통합재정 개요」, 2015.

행정자치부, 「지방자치 20년사」, 2015.

행정자치부, 「2015 행정자치통계연보」, 2015.

행정자치부·한국지방행정연구원, 「지방자치 20년 평가」, 2015.

Anderson, William., *Intergovernmental Relations in Review*, University of Minnesota Press, 1960.

Hill, Dilys M., *Decocratic Theory and Local Government*, George Allen & Unwin, Ltd., 1974.

O'Toole, Jr, Laurence J. (eds)., *American Intergovernmental Relations: Foundation, Perspectives and Issues*, Division of Congressional Quarterly Inc, 2007.

Wilson, C. H. (ed.), *Essays on Local Government*, Basil Blackwell, 1947.

Wright, Deil, S., *Understanding Intergovernmental Relations*, Wadworth, Inc, 1988.

제6장
항만공사의 독립성과 「항만공사법」 개정

최진이 · 최성두

Ⅰ. 서론

20세기 들어 세계 주요 해운국들은 지역거점 물류 중심국으로서의 지위를 선점하기 위하여 종래 물적 인프라를 중심으로 하는 하드웨어적 항만 개발 공급정책에서 한발 더 나아가 항만의 관리운영에 중점을 두는 방향을 전환하기 시작하였다. 이러한 항만정책의 기조에 따라 각 국가들은 개별적인 항만의 특성을 고려한 항만관리운영제도를 시행하였는데, 오늘날 항만관리운영방식은 국가의 항만경쟁력을 좌우하는 가장 중요한 요인이 되고 있다. 중국 항만의 급속한 성장과 주변 국가들과의 치열한 항만물동량 경쟁을 펼치고 있는 우리나라로서는 항만의 효율적 관리운영은 무엇보다 중요한 이유이기도 하다.

정부는 국가 중심의 항만관리체제가 갖는 한계를 인식하고 항만관리운영에 민간기업 경영원리를 도입함으로써 항만관리의 전문성과 항만운영의 효율성을 제고하기 위해 1999년 3월 부산항과 인천항에 항만공사(Port Authority, PA)를 도입하기로 결정하고, 2003년 「항만공사법」을 제정하였다. 이후 순차적으로 2004년 부산항만공사(BPA)를 설립하고, 2005년 인천항만공사(IPA)를, 2007년 울산항만공사(UPA)를, 2011년 여수광양항만공사(YGPA)[1]를 각각 설립하였다.

---

1 「항만공사법」 제정(2003.5.29) 당시에는 지역적으로 2개 이상 인접하는 항만에 대한 수개의 항만공사 설립 가능성을 예상치 못하고, 항만별로 항만공사를 설립하도록 하고 있었다. 그러나 군산항·장항항 또는 광양항·여수항·순천항 등과 같이 지리적으로 2개 이상의 무역항이 인접하고 있는 곳에서 항만마다 항만공사를 설립해야 하기 때문에 좁은 지역에 수개의 항만공사가 중복 설립되어 오히려 항만운영의 비효율이 초래될 수 있어 이를 개선할 필요가 있었다. 이에 2006년 10월 「항만공사법」을 개정하여 국가가 직접 관리하는 무역항별로 항만공사를 설립하도록 하되, 항만관리의 효율성 등을 위하여 필요한 경우에는 2개 이상의 항만을 관할하는 항만공사를 설립할 수 있도록 하였다(제4조). 이로써 여수항과 인접한 광양항을 통합 관리운영하는 하나의 항만공사가 설립될 수 있었다.

항만공사(PA)의 설립으로 항만이용자의 요구를 반영한 항만서비스를 제공함으로써 항만이용자의 만족도를 향상시키는 등 긍정적인 성과들도 있었지만, 「공공기관의 운영에 관한 법률」, 「항만공사법」 등 관련 법체계상 항만공사의 운영 및 사업 전반에 대하여 구조적으로 중앙 정부의 개입(허가, 승인 등)을 예정하고 있기 때문에 항만공사가 사실상 중앙 정부에 예속된 것과 크게 다르지 않으며, 중앙 정부의 항만공사의 사업활동에 대한 과도한 간섭으로 인해 항만공사제도 도입 이전과 비교하여 내용적으로 크게 달라지지 않았다는 문제제기와 함께 항만공사제도 도입을 통해 의도했던 항만관리운영의 전문성과 효율성이라는 본래적 취지가 훼손 받고 있다는 지적이 꾸준히 제기되고 있다.

급변하는 항만환경에 대응하고 글로벌 항만과의 경쟁에서 유리한 지위를 선점하기 위해서는 항만개발 및 관리운영의 효율성 제고가 무엇보다 중요하다. 그러기 위해서는 항만 특성에 맞는 항만관리운영이 대단히 중요하며, 항만별 항만관리운영주체인 항만공사의 자율성을 최대한 존중하고, 그 역할과 위상을 제고할 필요가 있다. 이하에서는 항만관리에 관한 법체계와 항만공사의 역할 및 운영상 문제점을 살펴보고, 항만공사의 자율성과 책임성 강화를 위한 「항만공사법」의 개정안을 제안한다.

Ⅱ. 국내 항만관리체계와 항만공사

1. 국내 항만관리 및 법체계

1) 항만관리체계

"항만"이란 선박의 출입, 사람의 승선·하선, 화물의 하역·보관 및 처리, 해양친수활동 등을 위한 시설과 화물의 조립·가공·포장·제조 등 부가가치 창출을 위한 시설이 갖추어진 공간을 말한다(항만법 제2조 제1호).

이에 따라 항만관리는 선박의 입출항, 사람의 승선·하선, 화물의 하역·보관 및 처리, 해양친수활동, 화물의 조립·가공·포장·제조 등 부가가치 창출 등을 위한 각종 항만시설[2]들이 그 본래의 기능들을 원활하고 효과적으로 발휘할 수 있도록 행하는 인적·물적 조직의 구성과 운영, 항만개발·보존, 항만시설의 유지보수, 선박의 입출항 관리 등 하나의 공통된 궁극적인 목적을 향해 이뤄지는 연속적인 행위들을 말한다.[3]

「항만법」은 항만을 크게 연안항과 무역항으로 구분하고, 이를 다시 각각 국가관리항(국가관리무역항 및 국가관리연안항)과 지방관리항(지방관

2 「항만법」상 항만시설의 개념에는 시설적인 면과 공간적인 면을 포함하고 있다. 즉 항만시설의 종류에는 항만의 고유기능인 선박의 입출항, 사람의 승선·하선, 화물의 선적과 하역 등이 원활하게 수행하는데 필요한 항만기본시설과 항만기능시설, 화물의 조립·가공·포장·제조 등 부가가치창출을 위한 항만지원시설, 해양친수활동을 위한 항만친수시설, 그리고 항만의 부가가치와 항만 관련 산업의 활성화 및 항만이용자의 편익을 위한 시설로 항만배후단지가 있다.

3 여기에는 물질적 시설로서의 항만을 그 수요자에 대해 항만관리자가 이용하게 하는 것(항만의 공용), 물적 시설로서의 항만을 수요자의 이용에 부응하기 위해 항만을 양호한 상태로 유지하는 것(항만의 보전), 해륙교통의 안전, 취급화물의 규제, 항만기업의 운영, 임항지구 구축물의 제한 등을 하는 것(항만질서 유지), 해운·항운·무역업자 등에 대해 항만이용을 홍보, 항만의 개발이나 발전에 지장이 있는 행위규제, 항만이용에 관계없는 임항지구 내의 건설을 제한, 항만이용에 관계가 있는 구조물에 임항지구 내의 토지를 확보하는 것(항만이용의 증진) 등을 들 수 있다(최진이 외, 「항만관리 관련 법률의 문제점 및 개선방안에 관한 연구」, 『해사법연구』 제23권 제1호, 한국해사법학회, 2011.3, 186쪽).

리무역항 및 지방관리연안항)으로 구분하여 관리하도록 하고 있다. 즉 국가관리항은 해양수산부장관이, 지방관리항은 지방자치단체의 장(특별시장·광역시장·도지사 또는 특별자치도지사)이 항만을 관리하는 관리청이 되어 관할 항만의 개발 및 관리에 관한 행정업무를 수행하도록 하고 있다(제20조).

한편, 국가관리항의 경우 해양수산부장관의 권한 중 일부(항만법 시행령 제93조)를 소속기관의 장(지방해양수산청장) 또는 지방자치단체의 장에게 위임할 수 있도록 하고, 한국항만협회, 항만공사, 한국해운조합, 한국수자원공사에 해양수산부장관의 업무를 위탁할 수 있도록 하고 있다(항만법 제104조).

2) 항만관리 법체계

2021년 6월 현재 시행 중인 법률(시행예정인 법률은 포함하고, 하위법령은 제외한다) 중 법문(法文)에 "항만"이라는 용어를 포함하고 있는 법률은 131개이며, 법전(法典)의 명칭에 직접적으로 "항만"이라는 용어를 직접 사용하고 있는 법률은 10개 정도이다. 특히 이들 항만과 관련을 갖는 법률들 중에서 항만의 개발, 관리, 운영, 정책수립 등에 직접 또는 간접적으로 영향을 미칠 수 있는 법률은 12개 정도인데, 항만관리운영에 관한 기본법은 「항만법」과 「항만공사법」이다.

먼저, 「항만법」은 크게 항만개발에 관한 것과 항만관리에 관한 것으로 나눌 수 있다. 항만개발 전반에 관하여 「항만법」에서 포괄적으로 규정하고, 신항만건설과 항만재개발에 관하여 각각 「신항만건설 촉진법」과 「항만 재개발 및 주변지역 발전에 관한 법률」을 제정하여 규율하고 있다. 항만관리에 관하여도 항만관리에 관한 근거를 제공하는 가장 기초가 되는 규정을 두고

있다.[4] 다만, 항만공사에 의한 항만관리의 근거가 되는 법률은 아니다.[5]

그러나 1967년「항만법」제정 당시(1967.3.30) 그 주요내용 및 제정이유를 보면, 항만행정과 관련한 전반적인 사항을 규정함으로써 항만행정에 관한 기본법[6]으로서의 기능을 의도하기 위해 제정된 것으로 보인다. 그동안「항만법」은 수회의 개정을 거치면서 일부 영역에 대한 분법(分法)과 합법(合法)의 과정이 있었고, 여러 항만 관련 특별법이 제정·시행되고는 있지만,「항만법」은 항만행정을 총괄하는 기본법으로서의 의의를 가진다고 보아야 할 것이다.

다음으로,「항만공사법」은 항만시설의 개발, 관리, 운영 등과 관련하여 항만관련 업무의 전문성과 효율성을 제고하기 위해 항만공사(PA)의 설립, 조직, 운영 등에 관한 내용을 골자로 제정되었다(2003.5.29). 항만공사(PA)가 설립된 항만의 관리운영은 항만공사(PA)가 이를 수행하도록 함으

---

4 「항만법」제3조에서는 항만을 무역항과 연안항으로 구분하고, 이들 항만에 대한 관리는 해양수산부장관의 소관사무로 하고 있다(제20조). 2009년「항만법」개정 전에는 전국의 항만을 지정항만(52개소)과 지방항만(지정사례 없음)으로 구분하고, 지정항만을 다시 무역항(28개소)과 연안항(24개소)으로 구분하여 관리하였으나, 2009년 개정에서는 무역항과 연안항으로 구분하고 이를 다시 각각 국가관리항, 지방관리항으로 구분하여 지방관리항에 대해서는 지방자치단체에 항만관리를 위임할 수 있는 근거를 마련하였다.

5 항만관리의 전제가 되는 항만 관련 법률들은 해양, 수산, 해운, 물류, 운송, 교통, 선박, 환경 등의 분야는 물론, 육상을 관할하는 법제에 이르기까지 다양한 영역에 걸쳐 매우 광범위하게 형성되어 있다. 그러나 개별 법률들은 대부분 그 입법목적에 따라 산발적으로 제정되어 왔기 때문에 항만기본법이라 할 수 있는「항만법」의 기본이념 내지 법원리에 의하여 통일된 법체계를 완성하지 못하고 있으며, 이로 인해「항만법」과 다른 항만 관련 법률들과의 상충 내지 부조화의 문제가 지적되고 있다(박정천,「항만관리법제개선에 관한 연구」, 박사학위 논문, 한국해양대학교, 2005.8, 30쪽 이하; 전동한,「항만공사제(PA) 효율성 제고를 위한 관련 법률의 고찰」,『물류학회지』제24권 제4호, 한국물류학회, 2014.12, 150쪽 이하; 장은혜 외,「항만법령 체계정비 방안 연구」, 한국법제연구원, 2016.12, 145~158쪽).

6 '기본법'이란 법학분야의 학술용어라기보다는 법제실무상 통용되는 개념으로 여러 가지 의미로 사용되는데, 어떤 분야의 정책에 있어 그 기본방향을 제시하고 있는 법령이나 같은 위계에 놓인 법령임에도 어떤 특정한 사항을 통일적으로 규율하기 위하여 어느 하나의 법령을 다른 법령들보다 우월한 지위에 있는 것을 기본법이라 할 수 있다(조정찬,「법령상호간의 체계에 관한 연구」,『법제』1989년 6월호, 17쪽 이하).

로써 우리나라 항만관리체계는 「항만법」에 의해 국가가 직접 관리하는 항만과 「항만공사법」에 의해 항만공사가 관리하는 항만으로 이원화(二元化)되어 있다.

2. 항만관리체계의 변화와 항만공사제도

1) 항만관리체계의 변화

항만관리에 있어 가장 중요하고도 궁극적인 목표는 항만이용자에게 최대한의 양질의 서비스를 제공할 수 있도록 항만의 기능을 유지관리하고, 항만 및 항만시설을 개발하고, 항만시설을 최적의 상태로 유지하는 것에 있다. 이를 위해서는 항만관리운영주체의 미래의 항만 및 항만산업의 환경변화에 대한 예측과 항만수요에 대한 신속한 대응이 무엇보다 중요하다고 할 것이다.

각 국가들은 그 나라의 정치적 형태, 경제구조, 항만의 지정학적 요소, 항만의 기능 등 개별 국가마다의 현실에 따라 특유의 항만관리제도를 발전시켜 왔다. 대체로 항만관리주체의 성격에 따라 항만관리유형 및 형태를 유형화하면, 국영관리(National or Publicly Owned Port)[7], 지방자치단체 관리(Municipal Port)[8], 공영관리(Public Management Port)[9], 민

---

7 항만의 개발·유지·보수·보전 등 각종 항만관리 및 운영계획을 중앙정부가 수립·추진하는 방식으로 주로 항만이 국가 경제에서 차지하는 비중이 높은 국가에서 주로 채택하고 있다.

8 지방자치단체와 항만운영자간에 긴밀한 협력관계를 유지할 수 있고, 항만과 인접한 지역사회의 여건 등을 감안한 항만정책의 수립·추진이 가능하다.

9 중앙정부 또는 지방정부의 행정조직으로부터 독립된 법인(항만공사, PA)이며, 최고의사결정기관으로 선출직 또는 임명직 위원으로 구성된 항만운영위원회를 설치하여 항만관련 주요정책 등을 결정하는 항만관리방식으로 오늘날 많은 국가에서 채택하고 있다.

영관리(Privately Owned Port)[10] 등으로 구분할 수 있다.[11] 오늘날 글로벌 주요 항만(무역항)의 가장 보편적인 관리형태는 공영관리, 즉 항만관리주체가 국가의 행정단위로부터 분리되어 존재하는 항만공사제도이다.

항만공사(Port Authority, PA)라는 용어가 처음으로 등장한 것은 1908년 설립된 영국 런던항만공사(Port of London Authority)이다. 당시 런던항에는 많은 민간기업이 난립하고 항만시설에 대한 수요 감소로 기업 상호간 치열한 경쟁, 항만간 경쟁 등으로 항만의 재정상황이 악화되어 어려움을 겪게 되면서 국영항만체제에 대한 근본적인 변화를 모색하였다. 즉 런던항이 당면한 문제를 해소하기 위해 항만관리운영에 시장경제원리를 도입하기로 하고, 항만관리운영기능을 부여한 새로운 형태의 공기업을 설립하여 런던항의 관리운영을 전담토록 하였는데, 이것이 바로 런던항만공사이다. 런던항만공사에 의한 항만관리운영이 가시적인 성과를 보이자 세계 각국들이 이를 모델로 자국의 주요 항만에 항만공사를 설립하기 시작하였다.[12]

그러나 어떠한 항만관리형태를 채택하더라도, 항만행정은 국가 일반적인 행정체계와는 달리 행정기관에서 처리하는 일상적인 행정업무는 물론, 통관(세관), 항로관리, 안전관리, 검역 및 방역, 출입국 관리, 선박입출항지원, 화물조작, 보관, 운송 등이 복합적으로 얽혀 있기 때문에 항만관리·운영에 어떠한 방식으로든 국가나 지방자치단체의 개입을 전제할 수밖에 없다.

---

10 민간이 항만의 용지, 시설 등을 소유하고, 항만을 기업형태로 운영·관리·조직하기 때문에 하역, 보관 등과 같은 항만활동은 기업활동의 일부로 영리수단으로 관리·운영된다.

11 항만관리제도 유형 및 각 유형별 장단점에 대한 상세는 최진이 외, 앞의 논문, 188~190쪽 참조.

12 김종면 외, 「항만공사의 지배구조 개선방안 - 진단과 평가」, 한국조세연구원, 2012.12, 18쪽 참조.

2) 항만공사제도의 도입

우리나라는 대외의존도가 높은 경제구조와 더불어 북한과의 대치 상황으로 육지를 통한 대륙으로의 이동이 불가하기 때문에 사실상 섬나라이며, 이러한 지정학적 특성 때문에 전체 국제교역의 약 99%[13]가 선박에 의존하고 있을 정도로 해상운송의 시점이자 종점인 항만은 국가경제에 큰 비중을 차지하는 대단히 중요한 산업 인프라이다. 국가의 핵심적인 산업 인프라로 항만 자체가 갖는 중요성과 더불어 효율적인 항만관리 역시 국가경제에 있어서 대단히 중요하다.

항만은 국가공공재로 모든 이용자들에게 공정한 서비스를 제공할 수 있어야 했기 때문에 항만의 공공성 실천은 지금까지도 항만관리의 중요한 목표의 하나이다. 항만의 공공성을 가장 확실하게 담보할 수 있기 위해서는 국가가 항만을 직접 관리운영 하는 것이다. 따라서 1996년 이전까지 항만관리운영은 국유국영체제로 유지되어 왔다. 무엇보다 국유국영방식의 항만운영을 고수할 수밖에 없었던 배경에는 항만을 관리운영할 수 있는 자본과 기술의 부재를 들 수 있다. 즉 급속한 경제성장과 항만물동량 증가에 대응하기 위해서는 공급 중심의 항만투자 및 개발정책이 요구되었지만, 민간이 항만시설에 직접 투자하고, 개발·운영할 자금과 기술이 없었다. 무엇보다 항만시설 투자금 회수기간이 다른 사업에 비해 지나치게 장기간 소요되기 때문에 당시에는 민간투자가 어려운 산업이기도 했다.

그러나 항만운영의 국유국영체제는 중앙집권적 관료체제로 항만의 생산성을 저하시킬 뿐만 아니라, 급변하는 국제환경에 능동적으로 대응하지 못하는 등 항만이용자 중심의 항만기능 수행에 저해요인으로 인식되기 이

---

13 2020년 8월 기준 우리나라 수출에서 해상운송이 차지하는 비중은 98.9%라고 한다(한국무역협회, https://www.kita.net 2020.12.21 방문).

르렀다. 이에 정부는 국유국영체제의 항만관리운영체제를 국유민영체제로 전환을 모색하기 위해 부두운영사(Terminal Operating Company, TOC) 제도[14]의 도입을 추진하였다. 부두운영사제도 도입으로 국가가 항만의 건설, 소유, 관리하되, 특정 항만시설(TOC부두)을 민간에 임대하여 사용권을 부여함으로써 그 항만시설의 운영을 민간에서 전담하도록 하는 민영체제가 부분적으로 도입되었다. 그러나 항만관리운영에 대한 전반적인 기조는 국유국영체제가 지금까지 유지되고 있으며, 부산항 등 5개 주요 무역항에 대하여는 항만공사를 설립하여 관리운영을 위탁하고 있다.[15]

3) 항만공사의 설립경과 및 취지

국내에서 처음으로 항만공사 도입을 제안한 것은 1966년 세계은행으로 불리는 국제부흥개발은행(IBRD, International Bank for Reconstruction and Development)에 의해서이다. 우리나라는 1960년대 국가경제개발계획에 따라 국책사업으로 철도사업을 추진하기로 하고 이에 필요한 자본을 IBRD에 차관을 요청하였는데, IBRD가 철도사업의 타당성 여부를 판단하기 위하여 교통조사단을 구성하여 조사하고 1966년 5월에 보고서를 발간하였다.[16] IBRD는 이 보고서를 통해 당시 철도사업을

---

14 부두운영회사제도는 국가소유의 선석, 에이프런, 야적장, 그리고 상옥 등 항만시설을 일정기간 동안에 임차하여 전용으로 사용하게 하는 제도인데, 1976년 부산항에서 부두운영회사제도의 도입을 추진한 적이 있으나 무산된 바 있고, 1997년 1월 전국 9개 항만의 일반부두 142개 선석에 대해 부두운영회사(TOC)제도를 도입하기로 하고, 선정된 부두운영사와 주무관청인 해양수산부가 임대계약을 체결하였다.

15 항만공사가 설립된 항만의 경우에도 해양환경, 해상관제, 개항질서 등과 같은 비수익성 사업은 정부가 수행하고 있어 항만관리운영이 항만공사와 정부로 이원화 되어 있다. 다만, 항만공사가 비수익성 사업, 즉 항만기본시설 중 외곽시설 또는 임항교통시설(臨港交通施設)의 관리·운영에 관한 사업을 수행하는 경우에는 국가 또는 지방자치단체가 보조금을 지급할 수 있도록 하였다(항만공사법 제36조 및 같은 법 시행령 제28조의2).

16 경제개발계획을 통한 국가재건을 위해서는 막대한 자본이 필요했지만, 국내에는 조달할 수 있는 자본이 없었기 때문에 해외로부터 국책사업에 필요한 자본을 조달

위한 차관(借款)의 조건으로 국내 항만관리방식을 독립채산제와 민간기업 회계원리가 적용되는 항만공사(PA)로 전환할 것을 제안하였다. 그러나 우리 정부는 항만관리운영체제의 전환을 미루어 오다가 10년이 지난 1976년에서야 국가행정기관으로 항만관리운영기능 등 항만행정을 총괄 전담하는 항만청을 설치하였다.[17]

그러다가 1995년 국가경쟁력제고위원회에서 항만의 경쟁력을 저해하는 주요 원인이 국유국영체제로 인한 항만관리운영의 경직성에 있다는 점을 지적하고 이에 대한 시정을 촉구하였으며, 1999년 3월 국무회의에서 「정부운영 및 기능조정방안」에 따라 부산항과 인천항의 관리운영기능을 공사화 하는 것으로 결정함으로써 항만공사 설립논의가 본격적으로 진행되었다. 2003년 「항만공사법」을 제정함으로써 비로소 항만공사제도의 법률적 근거가 마련되었고, 2004년 부산항만공사(BPA)의 설립을 시작으로 2005년 인천항만공사(IPA), 2007년 울산항만공사(UPA), 2011년 여수광양항만공사(YGPA)가 설립되었다.

일반적으로 공사(公社) 등 공기업은 그 근거법률에 따라 주된 사무소를 둔 지역에 등기함으로써 설립하고, 주된 사무소 이외의 지역에서 업무수행을 위해 사무소가 필요한 경우에는 지점(또는 지사) 형태의 하부조직을 설치할 수 있도록 하는 것이 보통이다. 그러나 항만공사는 이들과는 달리, 「항만공사법」에 근거하여 설립하되, 항만별로 독립된 수 개의 항만공사를 설립할 수 있도록 하고 있는 것이 특징이다. 이처럼 항만공사를 항만별로 독립

해야 하는 상황이었다. 그래서 당시 회원국으로 가입(1955.8.26)만 해놓고 특별히 활용한 실적이 없었던 IBRD에 철도사업에 대한 지원요청을 하였다. 우리나라의 지원요청에 따라 IBRD에서 철도사업 타당성 여부를 조사하였다(국가기록원, https://theme.archives.go.kr 2020.12.17 방문).

17 김종면 외, 앞의 보고서, 20면. 이러한 항만청의 설립연혁을 볼 때 항만공사가 설립된 항만에서는 특별행정기관(지방해양수산청)을 폐지하고, 그 기능과 권한 등은 그 성질에 따라 지방자치단체와 항만공사로 이관하는 것이 바람직하다.

적인 조직으로 설치할 수 있도록 한 것은 당해 항만의 실정에 맞는 항만관리운영체제를 보장하기 위한 것에 있다할 것이다. 그렇기 때문에 항만공사의 관할 항만에 대한 항만자치권은 항만공사제도의 본질이라 할 수 있다.

Ⅲ. 항만공사의 사업범위 및 역할의 한계

1. 항만공사의 사업범위

「항만공사법」은 항만관리운영주체인 항만공사가 수행할 수 있는 사업의 범위와 관련하여 그 입법방식을 한정열거주의 방식을 취함으로써 외국항만과의 글로벌 경쟁에서 경쟁력을 상실하는 것은 물론, 항만관리 및 관련 산업의 환경변화에 적시(適時)에 탄력적으로 대응하는데 한계가 있다는 지적이 있다.[18]

현행 「항만공사법」이 허용하는 항만공사의 사업에는 항만시설(외곽시설·임항교통시설 등 대통령령으로 정하는 항만시설은 제외)의 신설·개축·유지·보수 및 준설(浚渫) 등에 관한 공사의 시행 및 항만의 경비·보안·화물관리·여객터미널 등 항만의 관리·운영에 관한 사업, 항만배후단지개발사업, 항만재개발사업, 마리나항만시설의 조성 및 관리·운영에 관한 사업, 물류시설운영업, 항만의 조성 및 관리·운영과 관련하여 국가 또는 지방자치단체로부터 위탁받은 사업, 신재생에너지 설비의 설치 및 관리·운영에 관한 사업(항만 관리·운영 목적에 위배되지 않는 범위 내), 조사·연구, 기술개발 및 인력양성에 관한 사업, 항만구역 외에서 항만이용

18 최진이, 「부산항만공사의 자율성 강화방안」, 제2차 부산항만공사 자율성 정책토론회, 부산항발전협의회, 2021.9.16.

자의 편의를 위한 근린생활시설 및 복리시설 등의 건설 및 운영에 관한 사업, 남북 간 항만의 조성 및 관리·운영 등을 위한 교류 및 협력사업, 외국 항만의 건설 및 관리·운영사업, 항만물류 정보와 관련한 인프라의 구축 및 운영사업, 사업범위에 속하는 관련 부대사업의 직접시행이나 출자 또는 출연 등을 할 수 있도록 하고 있다(제8조 제1항 각호).

이처럼 항만공사법은 항만공사의 사업범위에 대하여 포지티브(positive) 방식으로 사업을 한정열거하고 있으며, 부대사업의 직접 시행이나 출자 또는 출연 등을 하려는 경우에는 해양수산부장관의 승인을 받도록 하는 등 항만공사가 그 사업활동을 수행함에 있어 많은 영역에서 행정규제들이 예정되어 있다(제8조 제3항).

2. 항만공사의 역할 한계

국토 이용·개발 및 보전에 관한 최상위 국가공간계획으로서의 법적 지위를 갖는 「제5차 국토종합계획(2020~2040)」[19]에서는 항만을 도로, 철도, 항공 등과 더불어 국토의 중요한 국가기반시설로 분류하고, 부산항 신항, 광양항, 울산항 등을 동북아 거점 항만으로 육성하고, 권역별 거점 항만의 특화 개발을 추진한다는 정책목표를 설정하고, 동북아 항만의 전략적 제휴(Port Alliance) 관계의 구축, 공항·항만 배후단지 물류클러스터 조성, 미래형첨단 물류기술 개발 및 보급 등을 통해 글로벌 물류체계 구축한다는 목표를 설정하고 있다. 또한, 「제4차 항만기본계획(2021~2030)」[20]은 글로벌 경쟁력을 갖춘 고부가가치 스마트 항만 실현을 목표로 항만과 물류, 서비스를 선도하는 특화 항만 구축, 그리고 지역과 함께하는 상생항만 구축을 주

---

19 대통령 공고 제295호(2019.12.11).

20 해양수산부 고시 제2020-231호(2020.12.30)

요 과제의 하나로 삼고 있다. 이를 위해서는 항만투자자본의 조달과 항만관리운영의 주체인 항만공사의 역할이 어느 때보다 중요하다고 할 것이다.

현재 국내 항만은 컨테이너선 입항빈도는 높은 수준으로 해운 연계성은 세계 3위로 글로벌 경쟁력에서 우위를 차지하고 있으나, 항만 경쟁력은 세계 23위로 낮은 수준에 그치고 있다.[21] 따라서 국내 항만에 대한 민간 투자유치 및 해외 항만 개발의 국내기업 진출 등을 위해 항만공사의 기능을 제한하는 각종의 행정규제를 정비하고 이를 제도적으로 뒷받침하는 정부의 역할이 강화되어야할 필요가 있다. 이를 위해서는 현재 항만공사(PA)의 효율성 제고를 위해 「항만공사법」과 함께 현재 시행되고 있는 항만관리운영에 관한 법률에 대한 전반적인 검토가 요구된다.

현행 「항만법」 등 항만 관련 법체계상 항만공사의 운영 및 사업 전반에 대하여 구조적으로 중앙 정부의 개입(허가, 승인 등)을 예정하고 있다. 그 결과 실제 항만공사를 통한 항만자치는 명목상의 자치에 불과하고, 항만공사가 사실상 중앙 정부에 예속됨으로써 그 사업범위가 정부의 사무를 대행하는 수준에 그치고 있다는 지적이 있다. 항만이용자 등 이해관계자들은 항만공사에 대한 중앙 정부의 과도한 간섭으로 인해 항만공사제도 도입 이전과 비교하여 항만관리운영체계가 내용적으로 크게 달라지지 않고 있다는 문제제기와 함께 항만공사제도 도입을 통해 의도했던 항만자치라는 본래적 취지가 훼손 받고 있다는 지적이 꾸준히 제기되고 있다.[22]

---

21 「제2차 신항만건설기본계획(2019~2040)」, 해양수산부 고시 제2019-122호, 2019.8.2, 1~12쪽.

22 일반적인 공기업의 경우 근거법률에 따라 주된 사무소를 둔 지역에 등기함으로써 설립하고, 지역에 사무소가 필요한 경우에는 지점(또는 지사) 형태의 하부조직을 두는 것이 보통이다. 그러나 항만공사는 특이하게 「항만공사법」에 의하여 지역별로 독립된 수 개의 항만공사를 설립할 수 있도록 하고 있으며, 그 명칭 또한 항만자치권(自治權)의 개념이 강한 서구(西歐)의 항만위원회에 바탕을 둔 “Port Authority”를 사용하고 있다는 점에서 항만자치는 항만공사제도의 핵심의 하나라 할 수 있다. 그러나 각 지역별 항만관리운영주체가 상이하여 항만과 항만 사이에 아무런 연계성 없이 개별적으로 항만이 개발·운영되고 있는데, 이는 물동량 유치를 위한 항만

따라서 항만공사의 사업 및 운영의 자율성을 보장하고, 항만의 특성에 맞는 맞춤식 항만운영과 책임경영 강화, 항만개발의 효율성 제고, 글로벌 항만과의 경쟁력 제고, 급변하는 항만환경에의 대응 등 글로벌 항만의 관리운영주체로서의 역할과 국제적 위상의 제고를 위해서는 「항만공사법」의 개선이 요구된다.

Ⅳ. 「항만공사법」의 개선방안

1. 「항만공사법」의 개정방향

항만은 국가경제의 필수적인 기간시설일 뿐만 아니라, 항만과 그 주변의 도시경제에 미치는 영향이 대단히 큰 중요한 물적 산업인프라이다. 특히 우리나라는 대외무역 의존도가 높은 경제구조를 가졌으며, 남북 분단으로 인해 물류에 있어서 사실상 섬나라이기 때문에 국제교역화물의 거의 대부분이 항만을 통해 처리되고 있을 정도로 절대적인 비중을 차지한다.[23]

항만은 국가경제발전의 필수적인 기반시설일 뿐만 아니라, 항만과 관련된 물류비용의 절감은 국가경쟁력과 직결되기 때문에 각국은 글로벌 중추항만의 주도권을 놓고 항만들 간에 치열한 경쟁이 전개되는 가운데 동남아지역, 중국 화남지역, 동북아지역 등 거점지역을 중심으로 지역중심 대형 항만들이 출현하고 있다. 이러한 항만의 국제환경변화에 탄력적인 대응을 하기 위해서는 현재의 항만공사체제에서 항만공사의 항만자치권과 운

간 과당경쟁을 유발하기 때문에 항만관리운영주체의 단일화를 모색할 필요가 있다는 의견도 있다(최진이, 앞의 논문, 202쪽).

23 우리나라 전체 수출교역량의 99.7%가 해상을 통해 운송되고 있다(한국무역협회, 「코로나19 이후 최근 수출 물류 동향」, 『Trade Brief』 No.11, 2020.06.17).

영의 자율성, 사업범위 등 항만공사제도를 개선해나갈 필요가 있다. 이를 위한 몇 가지 제안은 다음과 같다.

첫째, 항만공사에 대한 정부의 간섭과 통제를 완화하여 경영의 자율성을 강화하고, 전문경영인에 의한 책임경영을 통해 경영효율성을 제고할 수 있도록 항만공사의 운영체계를 개선할 필요가 있다.

둘째, 항만공사제도는 항만과 항만시설의 개발, 항만의 전문적인 관리·운영을 전담하도록 하는 항만관리·운영체제이다. 그럼에도 항만공사의 사업활동은 항만 관련 법령들에 의해 그 사업영역이 강력한 통제를 받고 있다. 항만공사의 역할 제고와 국제경쟁력 제고를 위해 사업의 범위를 확대하고, 정부의 통제를 완화할 필요가 있다.

셋째, 항만공사의 자율경영 및 책임경영, 항만자치권을 강화하기 위해서는 조직의 구성에 관한 자율성을 보장하는 것이 가장 중요하다. 따라서 항만공사가 정부의 절대적인 영향력으로부터 벗어나 항만자치권을 보장받기 위해서는 임원에 대한 임면 권한을 항만위원회에 위임하고, 임명에 필요한 사항도 항만위원회에서 정할 수 있도록 할 필요가 있다.

넷째, 항만공사가 시행하는 항만시설공사 등에 대한 자율성과 책임성을 강화하기 위해서는 기본계획을 변경하지 않는 항만시설공사 등은 실시계획의 승인을 면제하도록 함으로써 당해 사업이 신속하게 시행될 수 있도록 해줄 필요가 있다.

다섯째, 항만시설의 기부채납 및 항만시설관리권으로의 전환출자[24]는 항만공사제도 도입 이전 항만시설을 국가가 소유하고 정부가 위탁한 사업

---

24 물론, 항만시설을 국가가 소유하고, 국가는 항만시설관리권만을 출자하게 되는 경우 항만시설의 개발·유지·보수 등에 소요되는 비용, 특히 항만시설 소유에 따른 과도한 보유세(지방세, 종합부동산세) 등으로 인한 항만공사의 재정부담을 덜어 주는 동시에 재정자립에 대한 부담이 줄어드는 장점은 있다(최진이 외, 앞의 논문, 200쪽).

또는 컨테이너 부두에 관한 정부의 업무를 대행하던 컨테이너부두공단(준정부기관) 체제(국유·국영관리체제)로 회귀하는 것과 다를 바 없다. 항만시설 등을 시설관리권으로 전환할 것이 아니라, 항만공사에 현물출자토록 함으로써 항만공사의 자산규모를 확대시켜 글로벌 경쟁력 강화에 기여할 것이다.

2. 「항만공사법」의 개정안

1) 사업범위의 확대

현행법상 항만공사의 핵심적인 기능은 항만시설의 조성·관리·운영에 있으나, 항만공사의 사업활동은 인허가나 승인 등 각종 행정규제들로 정부에 의한 간섭과 통제를 받고 있다. 종래 보다 사업범위가 다소 확대되기는 하였으나, 항만공사의 역할은 정부를 대신하여 항만시설의 임대사업을 대행(代行)하는 수준에서 크게 벗어나지 못하는 실정이다.

항만공사의 상업적 사업범위를 확대하여 항만 관련 포괄적 영업이 가능하도록 함으로써 임대료·수수료 외에 다양한 수익원을 확보할 수 있도록 하는 등 항만공사의 재정 독립을 통한 자생력과 경쟁력을 지원할 필요가 있다. 예를 들어, 항만운송사업을 통해 글로벌 GTO(Global Terminal Operator)로 발전할 수 있도록 하기 위해서는 항만공사가 할 수 있는 물류사업 범위를 물류시설운영업(창고업, 물류터미널운영업)에 한정할 이유가 없다.

또한, 항만공사가 부대사업의 직접시행이나 출자 또는 출연을 하려는 경우 해양수산부장관의 승인을 받도록 하는 등 항만공사의 재정자립을 위한 사업개발이나 사업의 다각화를 제약하고 있다. 따라서 해양수산부장관의 승인을 요하는 사업(제8조 제2항 제8호 및 제3항)을 항만공사의 내부적인 의사결정(항만위원회 등)으로 대체할 수 있도록 재량을 확대함으로써 필요한 사업이 적기에 신속하게 추진될 수 있도록 할 필요가 있다.

〈표 1〉 항만공사법 제8조 개정안

현행	개정(안)
제8조(사업) ① (생략) 1. ~ 2의3. (생략) 3. 「물류정책기본법」 제2조제2호나목에 따른 물류시설운영업 4. ~ 8. (생략) 9. 〈신설〉 ② (생략) ③ 공사가 제1항제8호에 따른 부대사업의 직접시행이나 출자 또는 출연을 하려는 경우에는 해양수산부장관의 승인을 받아야 한다.	제8조(사업) ① (생략) 1. ~ 2의3. (생략) 3. 「물류정책기본법」 제2조제2호에 따른 물류사업 4. ~ 8. (생략) 9. 기타 공사의 설립목적을 달성하기 위하여 필요한 사업 ② (생략) ③ 공사는 위원회의 의결을 거쳐 제1항 각 호의 사업 및 부대사업을 직접 시행하거나 이들 사업을 효율적으로 추진하는 데에 필요한 사업에 출자 또는 출연을 할 수 있다. 이 경우에는 해양수산부장관과 협의하여야 한다.

2) 임원의 선임

항만공사의 자율경영 및 책임경영, 항만자치권을 강화하기 위해서는 조직의 구성에 관한 자율성을 보장하는 것이 가장 중요하다. 「공기업의 경영구조개선 및 민영화에 관한 법률」의 적용을 받는 주식회사형 공기업의 경우 이사회는 대표(사장)를 포함한 상임이사와 비상임이사로 구성하도록 하면서 비상임이사가 과반수가 되도록 하고 있다. 비상임이사는 전문적 지식이나 경험이 있는 자 중에서 주주 또는 주주협의회가 선임하도록 함으로써 이사회의 경영감독기능을 보다 강화하고 있고, 사장은 비상임이사가 과반수 참여하여 구성한 사장추천위원회에서 추천하고 주주총회에서 선임하도록 하고 있다. 사장은 선임 시 회사와 경영목표 등에 관한 계약을 체결하도록 하여 책임경영을 도모하고 있다(제5조 내지 제13조 참조).

항만공사가 정부의 영향력으로부터 벗어나 자치권을 보장받기 위해서는 「공기업의 경영구조개선 및 민영화에 관한 법률」의 적용을 받는 주식회사형 공기업으로 전환함으로써 이사, 감사 등 임원의 임면(任免) 방식을 개선할 필요가 있다. 만약, 항만공사가 주식회사형 공기업으로 전환하게 된다면 항만위원회의 기능은 이사회로 대체될 것이다.

〈표 2〉 항만공사법 제16조 개정안

현행	개정(안)
제16조(임원의 임명) ① (생략) ② 사장은 제16조의2에 따른 임원추천위원회가 복수로 추천하는 사람 중에서 해양수산부장관이 해당 시·도지사와 협의를 거쳐 임명(任命)한다. ③ 감사는 제16조의2에 따른 임원추천위원회가 복수로 추천한 사람 중에서 해양수산부장관이 기획재정부장관과 협의하여 임명한다. ④ ~ ⑤ (생략) ⑥ 제1항부터 제5항까지에서 규정한 사항 외에 임원의 임명에 필요한 사항은 해양수산부령으로 정한다.	제16조(임원의 임명) ① (생략) ② 사장과 감사는 제16조의2에 따른 임원추천위원회가 복수로 추천하는 사람 중에서 위원회에서 선임한다. ③ 감사는 제16조의2에 따른 임원추천위원회가 복수로 추천한 사람 중에서 주주총회에서 임명한다. ④ ~ ⑤ (생략) ⑥ 제1항부터 제5항까지에서 규정한 사항 외에 임원의 임명에 필요한 사항은 위원회에서 정한다.

3) 항만시설공사 등의 규제 완화

항만공사는 항만운영주체로써 관할 항만구역에서 항만시설공사, 항만건설공사 등 항만개발을 할 수 있다. 그러나 항만개발을 하는 경우 실시계획 등에 대해 정부의 승인을 받도록 하고 있고, 더욱이 항만공사가 관할권을 갖는 항만임에도 항만개발은 비관리청(민간사업자)과 동일한 절차와 지침(「비관리청항만공사 시행허가 등에 관한 업무처리요령」)에 따라 정부의 승인을 받아 시행하도록 하고 있으며, 승인을 하는 경우에도 정부는 별도의 승인 조건을 부여하여 지속적으로 사업에 관여를 한다.

항만공사의 권한으로 항만개발, 관리·운영하는 항만의 개발계획 실행에 대해 책임 없는 정부가 승인하고 감독하는 모순이 발생하며, 실시계획 승인 후에도 승인조건에 따라 정부가 해당 사업에 대한 포괄적인 지도·관리권을 행사함으로써 항만공사의 자율성을 침해하고 있다.

항만공사가 시행하는 항만시설공사 등의 시행에 자율성을 부여하고, 그에 따른 책임성을 강화하기 위해서는 기본계획을 변경하지 않는 항만시설공사 등은 실시계획의 승인을 면제하도록 함으로써 당해 사업이 신속하게 진행될 수 있도록 해줄 필요가 있다.

〈표 3〉 항만공사법 제22조 개정안

현행	개정(안)
제22조(실시계획의 승인) ① 공사가 항만시설공사 또는 신항만건설사업을 하려면 대통령령으로 정하는 바에 따라 사업의 실시계획(이하 "실시계획"이라 한다)을 수립하여 해양수산부장관의 승인을 받아야 하고, 승인을 받은 사항을 변경하려는 경우에도 또한 같다. 다만, 야적장 포장(鋪裝), 창고 설치 등 대통령령으로 정하는 시설공사는 그러하지 아니하다.	제22조(실시계획의 승인) ① 공사가 「항만기본계획」, 「신항만건설기본계획」, 「항만재개발기본계획」을 변경하는 항만시설공사, 신항만건설사업, 항만재개발사업을 하려면 대통령령으로 정하는 바에 따라 사업의 실시계획(이하 "실시계획"이라 한다)을 수립하여 해양수산부장관의 승인을 받아야 하고, 승인을 받은 사항을 변경하려는 경우에도 또한 같다.

4) 항만시설의 국가귀속과 항만시설관리권 설정

항만시설관리권은 항만시설물에 대한 소유권, 지상권 등의 용익권, 또는 사용·임대차계약에 의해 발생하는 채권적 용익권의 하나인 구체적 관리·용익권능에 기초하는 권리로 항만시설을 유지·관리하고 당해 항만시설을 사용하는 자로부터 사용료를 징수할 수 있는 권능을 말한다. 즉 국가 또는 지방자치단체가 항만시설관리권을 출자한다는 것은 항만시설에 대한 유지·관리 권한과 항만시설을 사용하는 자로부터 사용료를 징수할 수 있는 권한을 항만공사에게 설정해 주는 것을 말한다.

종래 「항만공사법」은 하역장비시설 등 대통령령이 정하는 항만시설을 제외하고, 항만공사(PA)가 실시계획의 승인을 얻은 항만시설공사의 시행을 통하여 조성 또는 설치된 토지 및 항만시설이 준공된 때에는 국가에 귀속됨과 동시에 항만공사에 출자된 것으로 간주하였다. 그러나 2010년 10월 개정에서는 이전에 현물로 출자하고 있는 부두, 배후부지 등의 항만시설을 국가로 귀속시키고 현물 대신 항만시설관리권을 설정할 수 있도록 하였다. 이에 더하여 항만공사가가 항만공사의 재원으로 시행한 항만시설에 대하여도 기부채납을 통해 국가로 귀속시키고 이를 항만시설관리권으로 출자할 수 있도록 하고 있다.

이는 항만공사의 조세(지방세) 부담을 줄여 재무 및 항만시설투자 개선 등의 긍정적 효과가 있을 수 있다.[25] 그러나 항만시설의 현물출자 환수는 항만공사의 자산규모를 크게 위축시켜 재무의 독립성을 저해하여 글로벌 경쟁력을 약화하는 것은 물론, 사실상 항만공사를 정부에 예속시킴으로써 항만자치제도의 근간을 훼손하여 항만공사 설립 이전의 항만관리운영체제와 다르지 않게 된다.[26]

---

25 2008년 5월 실시된 감사원 감사에서의 지적사항 중에는 항만공사가 매출액 대비 과다한 현물자산을 보유함으로써 다른 공기업에 비해 13 ~ 23배의 높은 지방세를 부담하는 점을 고려하여 다른 공기업과 같이 관리권 출자를 활용할 필요가 있다는 지적이 있었다(최진이 외, 앞의 논문, 198쪽).

26 항만시설관리권의 내용과 문제점, 그리고 개선방안에 관한 상세는, 최진이 외, 앞의 논문, 197~201쪽 참조.

〈표 4〉 항만공사법 제25조 개정안

현행	개정(안)
제25조(항만시설의 귀속 등) ① 공사가 공사의 재원으로 제22조제1항에 따라 실시계획의 승인을 받아 항만시설공사 또는 신항만건설사업을 시행하여 조성한 토지 및 설치한 항만시설이 준공된 경우 그 토지 및 항만시설은 공사에 귀속된다.	제25조(항만시설의 귀속 등) 공사가 공사의 재원으로 제22조제1항에 따라 실시계획의 승인을 받아서 시행하여 조성한 토지 및 설치한 항만시설이 준공된 경우 그 토지 및 항만시설은 국가에 귀속됨과 동시에 공사에 출자된 것으로 본다.
② 공사는 제1항에 따라 귀속된 토지 및 항만시설을 「국유재산법」 제13조에 따라 국가에 기부채납할 수 있다.	② (삭제)
③ 국가는 제2항에 따라 기부채납된 토지 및 항만시설에 대하여는 기부채납한 공사에 항만시설관리권을 설정할 수 있다.	③ (삭제)

5) 기타

「항만공사법」에 의하면, 항만공사는 매 사업연도의 결산결과 이익이 생긴 경우 이익준비금과 사업확장 적립금을 자본금으로 전입할 수 있도록 하고 있다(제32조 제3항). 그러나 이익준비금과 사업확장 적립금을 자본금으로 전입하려면 항만위원회의 의결을 거쳐서 기획재정부장관의 승인을 받아야 하고, 자본금에 전입하였을 때에는 그 사실을 해양수산부장관에게 보고하도록 하고 있다(항만공사법 시행령 제16조).

이는 항만공사의 운영에 관하여 구조적으로 중앙 정부의 개입을 예정하는 것이기 때문에 「항만공사법」 제3조에서 보장하는 항만공사의 경영 자율성을 심각하게 침해하는 것이 된다. 「항만공사법」 개정을 통해 항만공사의 운영 자율성, 그리고 재무 독립성이 보장될 수 있도록 개선되어야 한다.

V. 결론

국가마다 항만에 대한 의존도나 경제여건, 국가의 체계 등에 따라 제도의 운영에 있어 다소 차이는 있지만, 오늘날 각국에서 보편화된 글로벌 항만관리운영체계는 항만공사제도라 할 수 있다. 외국의 항만공사와 국내 항만공사 사이에 가장 큰 차이점은 항만공사의 독립성과 자율성에서 찾을 수 있다. 즉 항만공사의 법적 지위가 정부 산하조직이던 공기업이든, 아니면 민영기업이든 항만공사의 조직과 재정, 운영 등에 관하여 실질적인 독립성과 사업의 자율성을 폭넓게 보장하고 있다는 것이다. 싱가포르 등 해외 항만의 항만공사는 국내외 터미널과 항만시설을 직접 운영하고 있고, 항만공사의 공공정책 실행력을 법적으로 담보해 주고 있으며, 해외 물류거점을 마련함으로써 해운업 등 자국기업의 수익을 극대화하는데 크게 기여하고 있다.

그러나 우리나라의 경우 항만 운영과 관련하여 현행 「항만공사법」은 항만공사의 사업범위를 지나치게 항만시설의 조성·관리·운영 분야로 한정하고 있고, 항만공사의 사업 및 운영 등에 관하여도 항만의 공공성 담보라는 명목 하에 「항만법」, 「항만재개발법」, 「공공기관운영법」 등 항만 관련 법률을 통해 정부의 간섭을 전제하고 있다. 그렇기 때문에 항만공사는 항만관리운영주체로서 그 업무수행의 독립성과 운영의 자율성이 침해될 수밖에 없다. 그 결과 현재 항만공사의 지위는 중앙 정부의 항만관리 사무를 대행하는 대행자 정도에 그치고 있다. 항만공사가 항만관리운영의 주체로서 그 역할을 충실히 수행할 수 있기 위해서는 각종 행정규제를 완화하고 항만공사의 상업적 기능을 강화할 필요가 있다. 항만을 영리목적으로 운영할 수 있게 된다면, 항만개발 등을 위해 필요한 자본조달이 용이해지기 때문에 정부의 재정적 지원이 불필요해지는 것은 물론, 임대료 외 항만운영을 통한 수익창출이 가능해진다. 이는 항만공사의 재정성과를 현저하게 개선할 수 있으며, 다양한 항만공익사업의 추진을 보다 용이하게 할 뿐만 아니라, 항만의 공공성을 보다 강화·확대할 수 있게 할 것이다.

항만산업 및 항만 관련 산업의 환경변화와 새로운 트렌드에 능동적 대응하고, 시시각각 변화하는 항만 관련 글로벌 환경에 신속하고 적극적으로 대응할 수 있어야 한다. 글로벌 항만경쟁에서의 우위를 확보하기 위해서는 항만공사의 상업적 기능 강화, 항만자치권 보장은 필수적이라 할 것이다. 세계 주요 국가들에서는 항만의 경쟁력 강화를 위해 항만공사의 개선방안으로 운영측면에서는 항만의 민영화를 적극 추진하는 한편, 관리차원에서는 항만공사제도의 장점을 보다 적극적으로 활용하는 방안들을 채택하고 있다. 항만공사의 법인의 특수성에 있어서 상업적 기능 강화를 위해 「상법」상 주식회사 형태로 전환하더라도 「공공기관의 운영에 관한 법률」의 적용을 받게 되는 한, 정부에 의한 직접 통제가 불가피하며 항만공사의 상업적 기능은 한계가 있을 수밖에 없다. 따라서 항만자치권을 보장하고, 항만공사 도입의 본래적 취지에 따라 그 운영의 자율성을 보장함과 동시에 경영의 책임성을 강화하는 것이 필요하다.

❖ 참고문헌

김종면·이주경·유재민, 「항만공사의 지배구조 개선방안 – 진단과 평가」, 한국조세연구원, 2012.

박정천, 「항만관리법제개선에 관한 연구」, 박사학위논문, 한국해양대학교, 2005.

이유현·서인석·정수현, 「항만분권의 핵심의제는 무엇인가?: 프랑스 항만법전에 대한 시맨틱 네트워크 분석을 중심으로」, 『지방행정연구』 제33권 제3호(통권 118호), 한국지방행정학회, 2019.

전동한, 「항만공사제(PA) 효율성 제고를 위한 관련 법률의 고찰」, 『물류학회지』 제24권 제4호, 한국물류학회, 2014.

전찬영·이종필·김근섭, 「항만관리의 지자체 위임 및 이양에 따른 영향 및 대응방안」, 정책연구 2010-06, 한국해양수산개발원, 2010.

최진이, 「항만과 도시의 관계에 관한 연구」, 『인문사회21』 제11권 제2호, 아시아문화학술원, 2020.

최진이 외, 「항만관리 관련 법률의 문제점 및 개선방안에 관한 연구」, 『해사법연구』 제23권 제1호, 한국해사법학회, 2011.

최진이, 「부산항만공사의 자율성 강화방안」, 제2차 부산항만공사 자율성 정책토론회 발표자료, 부산항발전협의회, 2021.

한국무역협회, 「코로나19 이후 최근 수출 물류 동향」, 『Trade Brief』 No.11, 2020.

한국법제연구원, 「항만법령 체계정비 방안 연구」, 2016.

제5차 국토종합계획(2020~2040), 대통령 공고 제 295호, 2019.

제4차 항만기본계획(2021~2030), 해양수산부 고시 제 2020-231호, 2020.

제2차 신항만건설기본계획(2019~2040), 해양수산부 고시 제 2019-122호, 2019.

Cariou, P., Fedi, L., & Dagnet, F., "The new governance structure of French seaports: an initial post-evaluation", *Maritime Policy & Management* 41(5), 2014

Debrie, J., Lavaud-Letilleul, V., & Parola, F., "Shaping port governance:

the territorial trajectories of reform", *Journal of Transport Geography* Vol.27, 2013.

Debrie, J., Lacoste, R., & Magnan, M., "From national reforms to local compromises: The evolution of France's model for port management, 2004-2015", *Research in Transportation Business & Management* Vol.22, 2017.

Lacoste, R., Partie I. prospective maritime et strategies portuaires, 2018.

제7장

항만공사의 자율성과 법제도 개선

최진이

Ⅰ. 서론

우리나라는 지정학적으로 육로를 통한 물류의 월경(越境)이 불가능하고, 자원빈국의 대외무역의존도가 높은 경제시스템을 가지고 있기 때문에 국가간 교역을 위해서는 선박을 이용한 해상운송이 절대적으로 필요하다. 실제 우리나라는 전체 수출교역량의 99.7%가 해상을 통해 운송되고 있다.[1] 선박이 안전하게 입출항하고, 화물을 안전하게 싣고 내릴 수 있는 시설을 갖춘 항만은 국가간 교역에 없어서는 안되는 필수적인 산업시설이다. 육지와 인접하는 해안을 가진 국가들에게 항만은 국가경제성장을 위한 불가결조건과 같은 시설이라 할 수 있고, 다른 전후방의 연관 산업에도 큰 영향을 미치는 핵심적인 산업시설이다.

항만은 육상운송과 해상운송을 연결하는 해상운송의 시점이자 종점이기도 하는 공간이기 때문에 항만의 글로벌 경쟁력은 곧 국가의 글로벌 경쟁력이라고 할 수 있을 만큼 국가적으로 중요한 사회간접자본시설(SOC, Social Overhead Capital)이다. 우리나라와 같이 높은 대외무역의존도를 가진 개방형 경제시스템 국가들에게 있어서는 특히나 중요한 산업인프라이기 때문에 원활한 국제교역을 위해 항만을 효율적으로 관리운영하는 것이 항만을 개발하고 보급하는 것 못지않게 대단히 중요한 과제이기도 하다. 즉 항만은 국가의 기간산업시설로 그 자체만으로도 대단히 상징적인 의미를 갖지만, 항만 및 항만인프라를 효율적으로 운영하고 관리하는 것도 대단히 중요하다. 중국, 싱가포르 등 주변 국가들의 글로벌 항만들과 치열한 화물유치 경쟁을 해야 하는 우리나라로서는 항만을 효율적으로 관리하

---

1 도원빈 외, 「코로나19 이후 최근 수출 물류동향」, 『TB』 11호, 한국무역협회 국제무역통상연구원(2020.6.17), 1쪽.

고 운영하는 것이 무엇보다 중요하다.

2003년 정부는 「항만공사법」을 제정(2003.5.29)하여 항만관리운영에 민간기업의 경영기법을 제한적으로 도입하여 종래 국가 중심의 항만관리운영에 따른 항만운영의 경직성과 비효율성을 해소하고자 항만공사(Port Authority, PA)제도의 법적 근거를 마련하였다. 이후 국내 최대 무역항인 부산항(2004)을 시작으로 인천항(2005), 울산항(2007), 여수·광양항(2011)에 항만공사를 설립하여 항만관리운영의 전문성과 효율성을 제고하고자 하였다.[2]

그러나 당초 항만공사제도를 도입한 취지와는 달리, 「공공기관의 운영에 관한 법률」에 의해 공공기관으로 지정되어 재정 및 임직원 임명 등 경영상의 제약을 받고 있는 것은 물론, 항만 관련 법령들에서 예정하고 있는 해양수산부의 행정통제들로 인해 그 독립성과 자율성이 크게 훼손 받고 있다. 따라서 항만전문가 및 항만이용자 등 이해관계자들로부터 항만관리운영에 관한 자치권 보장을 본질로 하는 항만공사제도의 본래적 목적과 가치가 크게 훼손되고 있다는 비판이 꾸준히 제기되고 있다.[3]

이 논문은 부산경남지역에 있는 항만이용자 등 이해관계자들을 대상으로 부산항만공사의 자율성 보장을 위해 개선이 필요한 법제도에 대한 인식조사를 실시하였다.

---

2 일반적인 공기업의 경우 근거법률에 따라 주된 사무소를 둔 지역에 등기함으로써 설립하고, 지역에 사무소가 필요한 경우에는 지점(또는 지사) 형태의 하부조직을 두는 것이 보통이다. 그러나 항만공사는 특이하게 「항만공사법」에 의하여 지역별로 독립된 수 개의 항만공사를 설립할 수 있도록 하고 있으며, 그 명칭 또한 항만자치권(自治權)의 개념이 강한 서구(西歐)의 항만위원회에 바탕을 둔 "Port Authority"를 사용하고 있다는 점에서 항만자치는 항만공사제도의 핵심의 하나라 할 수 있다.

3 강미주, 「부산항 발전 위한 BPA 기능 확대 필요」, 『해양한국』 Vol.2018 No.2, 한국해사문제연구소, 2018.2, 62쪽; 경남연구원·부산연구원, 「부산경남항만공사법 법제화 연구」, 2021.7, 230~237쪽 참조.

Ⅱ. 설문조사의 개요

1. 설문조사 대상 및 내용

「공공기관의 운영에 관한 법률」에 따라 기획재정부는 공공기관운영위원회를 개최하여 매년 공공기관을 지정하고 있는데, 공공기관으로 지정되면, 「공공기관의 운영에 관한 법률」 등 공공기관 관계 법령 및 지침에 따라 총 인건비, 경영평가(공기업, 준정부기관), 경영공시 등의 적용을 받게 된다.

「공공기관의 운영에 관한 법률」에 따라 공공기관으로 지정된 부산항만공사는 재정과 인사에 관하여는 기획재정부, 항만관리운영 업무에 관하여는 해양수산부, 그리고 감사원의 감사에 이르기까지 정부의 광범위한 행정적 통제를 받고 있어 자율성과 독립성을 보장받지 못하고 있다는 지적이 꾸준히 제기 되고 있다.[4]

이 설문조사는 부산항(부산신항을 포함한다. 이하 '부산항'이라 함)과 직접 또는 간접적으로 이해관계를 가지는 이해관계당사자에 속하는 부산항만공사(BPA)에 종사하고 있는 사람, 부산항과 인접해 있는 지방자치단체 소속 공무원(창원시, 경상남도, 부산광역시), 부산항에 기반을 두고 활동하는 항만 관련 기업, 지역시민단체(창원시, 경상남도, 부산광역시)를 대상으로 하였다. 이들 설문대상자에게 정형화된 설문지(〈표 1〉 조사내용)에 기초하여 부산항만공사(BPA)의 자율성 강화와 항만관리 법제도 개선과 관련하여 중요하게 생각하는 것은 무엇인지 조사하였다.[5]

---

4 최진이, 「부산항만공사의 자율성 강화방안」, 제2차 부산항만공사 자율성 정책토론회 발표자료, 부산항발전협의회, 2021.9.16, 2~3쪽.

5 이 설문조사는 ⑴부산항 및 부산항만공사의 중요성, ⑵국내 항만관리제도 및 항만공사 경영 자율성 관련, ⑶항만관리 법제도 분석 및 대안 마련, ⑷부산경남항만공사법(안) 마련 등 총 4가지 영역으로 나누어 실시하였는데, 이 논문에서는 "⑶항만관리 법제도 분석 및 대안 마련" 설문에 대한 응답을 분석하였다.

〈표 1〉 조사내용

구 분	조사내용
부산항만공사(BPA)의 자율성 강화를 위한 항만관리 법제도 개선	·항만공사법 중 개정이 필요 부분
	·부산항 관리 효율성 제고를 위한 개정 필요 법률
	·부산항만공사 자율성 강화를 위한 방향성
	·부산항만공사 성장을 위한 사업 확대 필요 부분

이 설문조사에 참여한 응답자(표본수)는 총 282명으로, 부산항만공사 113명, 지방자치단체 공무원 72명(창원시청 25, 경남도청 25, 부산시청 22), 항만 관련 기업(85개)[6] 및 지역 시민단체(12명) 97명으로부터 설문지를 회수하였다.

〈그림 1〉 조사대상(응답 표본수)

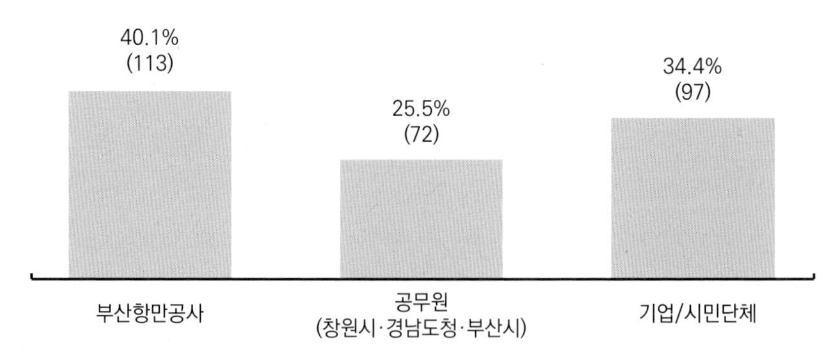

전체 응답자(282), 단위 : %, (명)

6 응답기업 85개사의 업종은 운수 및 창고업이 90.6%로 대부분을 차지하였으며, 설립연도는 2010년 이후가 47.1%, 2000년에서 2009년 사이가 35.3%, 2000년 이전이 17.6% 순이었다.

2. 조사방법 및 분석방법

1) 조사방법

이 논문에서 사용한 통계분석자료는 사전에 전문가 자문 등을 거쳐 마련한 설문내용을 구조화(Structured Questionnaire)한 설문지를 이용하였으며, 설문지를 바탕으로 면접원이 설문조사 대상자들을 직접 대면하는 방문면접조사(Face to Face Interview)를 통해 확보한 자료를 중심으로 하였다. 그러나 전염병(COVID-19) 확산우려로 인하여 방문면접조사가 불가능한 설문대상 기관 및 업체는 전자메일(e-mail)이나 팩스(fax) 등과 같은 정보통신을 활용하여 설문조사를 실시하였다. 방문면접조사는 25일간(2021.5.31.~2021.6.25) 진행하였다.

2) 분석방법

설문조사를 통해 확보된 통계분석자료의 신뢰도 검증을 위해 유선검증(Validation)을 통해 자료검수 작업을 실시하였으며, 부실자료에 대한 재확인과 보완을 거친 후 최종적으로 유효한 자료를 대상으로 통계처리를 하였다.

조사된 자료는 코딩(Coding) 및 에디팅(Editing) 과정을 거쳤으며, 최종 확인과 검증을 거친 자료에 대해 SPSS 사회과학 통계프로그램을 이용하여 문항성격에 따라 빈도분석(Frequency Analysis), 교차분석(Cross-tabulation Analysis)을 실시하였다.

〈그림 2〉 조사 및 분석절차

조사대상	· 부산항만공사 관계자, 공무원, 기업 및 시민단체 대상
회수현황	· 부산항만공사, 공무원, 기업/시민단체 대상 → 총 282개 자료 회수 _부산항만공사 관계자 113명, 공무원 72명, 기업 및 시민단체 97명
조사도구	· 구조화된 설문지에 의한 양적조사
조사방법	· 구조화된 질문지 이용 → 방문면접조사 · 일부 미흡한 부분은 정보통신(이메일, 팩스 등)을 통한 보완
자료처리 방법	· 확인, 검정을 끝낸 후 입력, 수정을 거쳐 SPSS, EXCEL 등 통계처리 · 코딩 및 기초분석 결과 제시
조사기간	· 2021. 5. 31 ~ 2021. 6. 25

Ⅲ. 설문결과의 분석

1. 항만공사법의 개정에 관한 인식

「항만공사법」의 개정에 대한 조사결과(〈그림 3〉)를 살펴보면, 먼저, 1순위의 경우 항만공사법과 "⑴다른 법률과의 관계" 정립 필요성이 38.9%로 가장 높았고, "⑵사업범위/사업방식/임원의 임명/항만시설 사용료 및 임대료 등에 관한 결정권한을 항만위원회 자체 의결로 추진 및 결정"할 수 있도록 해야 한다는 응답이 27.6%를 차지하고 있고, "⑶항만기본계획을 변경하지 않는 항만시설공사는 실시계획의 승인을 면제"할 필요가 있다는 응답이 12.4% 로 나타났다.

다음으로, 2순위의 경우 "⑵사업범위/사업방식/임원의 임명/항만시설 사용료 및 임대료 등에 관한 결정권한을 항만위원회 자체 의결로 추진 및 결정"할 수 있도록 해야 한다는 응답이 30.8%, "⑶항만기본계획을 변경하지 않는 항만시설공사는 실시계획 승인을 면제"하야 한다는 응답이 22.2%

이며, "(4)관할 항만 내 개항 질서 유지 및 행정대집행 업무 등에 대한 권한을 부여"해야 한다는 응답이 21.1% 등으로 나타났다.

그리고 3순위의 경우 "(3)항만기본계획을 변경하지 않는 항만시설공사는 실시계획 승인을 면제"하야 한다는 응답이 24.3%, "(5)항만재개발 시에도 항만시설이 항만공사 재산으로 귀속"되도록 할 필요가 있다는 응답이 19.5%, "(4)관할 항만 내 개항 질서 유지 및 행정대집행 업무 등에 대한 권한을 부여"해야 한다는 응답이 18.4%로 나타났다.

끝으로, 1+2+3순위의 경우 "(2)사업범위/사업방식/임원의 임명/항만시설 사용료 및 임대료 등에 관한 결정권한을 항만위원회 자체 의결로 추진 및 결정"할 수 있도록 해야 한다는 응답이 23.7%로 가장 높았으며, 이어서 "(1)다른 법률과의 관계" 정립 필요성 21.3%, "(3)항만기본계획을 변경하지 않는 항만시설공사에 대한 실시계획 승인 면제"가 20.0%로 나타났다.

〈그림 3〉 항만공사 자율성 강화를 위해 법률 개정이 필요한 분야

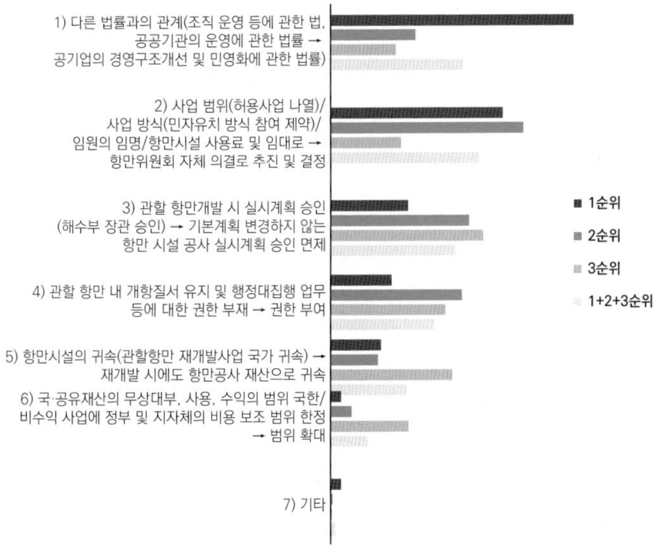

1) 다른 법률과의 관계(조직 운영 등에 관한 법, 공공기관의 운영에 관한 법률 → 공기업의 경영구조개선 및 민영화에 관한 법률)
2) 사업 범위(허용사업 나열)/ 사업 방식(민자유치 방식 참여 제약)/ 임원의 임명/항만시설 사용료 및 임대로 → 항만위원회 자체 의결로 추진 및 결정
3) 관할 항만개발 시 실시계획 승인 (해수부 장관 승인) → 기본계획 변경하지 않는 항만 시설 공사 실시계획 승인 면제
4) 관할 항만 내 개항질서 유지 및 행정대집행 업무 등에 대한 권한 부재 → 권한 부여
5) 항만시설의 귀속(관할항만 재개발사업 국가 귀속) → 재개발 시에도 항만공사 재산으로 귀속
6) 국·공유재산의 무상대부, 사용, 수익의 범위 국한/ 비수익 사업에 정부 및 지자체의 비용 보조 범위 한정 → 범위 확대
7) 기타

■ 1순위
■ 2순위
■ 3순위
■ 1+2+3순위

부산항만공사, 공무원에 한함(185명)

이를 순위별로 구체적으로 살펴보면(〈표 2〉부터 〈표 5〉까지), 먼저, 항만공사의 자율성 강화 등을 위해 항만공사법의 개정이 가장 필요한 부분 1순위에서 1위를 차지한 "(1)다른 법률과의 관계"는 공무원(44.4%)과 부산(63.6%)에서 높게 나타났고, 2위를 차지한 "(2)사업 범위/사업 방식/임원의 임명/항만시설 사용료 및 임대료 결정권한을 항만위원회 자체 의결로 추진 및 결정"할 수 있도록 해야 한다는 응답은 공무원(29.2%)과 부산(31.8%)에서 선택한 비율이 상대적으로 높게 나타났다.

〈표 2〉 항만공사 자율성 강화를 위한 개정 필요 부분(1순위)

※ 부산항만공사, 공무원에 한함(185명)

구분			**(1)다른 법률과의 관계(조직 운영 등에 관한 법, 공공기관의 운영에 관한 법률→공기업의 경영구조개선 및 민영화에 관한 법률)**		(2)사업범위(허용사업 나열)/사업 방식(민자유치 방식 참여 제약)/임원의 임명/항만시설 사용료 및 임대료 → 항만위원회 자체 의결로 추진 및 결정		(3)관할 항만개발 시 실시계획 승인(해수부 장관 승인) → 기본계획 변경하지 않는 항만 시설 공사 실시계획 승인 면제		(4)관할 항만 내 개항질서 유지 및 행정 대집행 업무 등에 대한 권한 부재 → 권한 부여		(5)항만시설의 귀속 (관할항만 재개발 사업 국가 귀속) → 재개발 시에도 항만공사 재산으로 귀속		(6)국·공유재산의 무상대부, 사용, 수익의 범위 국한/비수익 사업에 정부 및 지자체의 비용 보조 범위 한정 → 범위 확대		(7)기타	
			명	%	명	%	명	%	명	%	명	%	명	%	명	%
전체		185	72	38.9	51	27.6	23	12.4	18	9.7	15	8.1	3	1.6	3	1.6
대상	BPA	113	40	35.4	30	26.5	15	13.3	16	14.2	12	10.6				
	공무원	72	32	44.4	21	29.2	8	11.1	2	2.8	3	4.2	3	4.2	3	4.2
소재지	부산	22	14	63.6	7	31.8			1	4.5						
	경남	50	18	36.0	14	28.0	8	16.0	1	2.0	3	6.0	3	6.0	3	6.0

다음으로, 2순위에서 1위를 차지한 "(2)사업범위/사업방식/임원의 임명/항만시설 사용료 및 임대료 등에 관한 결정권한을 항만위원회 자체 의결로 추진 및 결정"할 수 있도록 해야 한다는 응답은 부산항만공사

(31.9%)와 부산(40.9%)에서 선택한 비율이 높고, 2위를 차지한 "(3)항만기본계획을 변경하지 않는 항만시설공사는 실시계획 승인을 면제"하야 한다는 응답은 공무원(27.8%)과 경남(28.0%)에서 선택한 비율이 상대적으로 높게 나타났다.

〈표 3〉 항만공사 자율성 강화를 위한 개정 필요 부분(2순위)

※ 부산항만공사, 공무원에 한함(185명)

구분			(1)다른 법률과의 관계(조직 운영 등에 관한 법, 공공기관의 운영에 관한 법률 → 공기업의 경영구조개선 및 민영화에 관한 법률)		**(2)사업범위(허용사업 나열)/사업 방식(민자유치 방식 참여 제약)/임원의 임명/항만시설 사용료 및 임대료→항만위원회 자체 의결로 추진 및 결정**		(3)관할 항만개발 시 실시계획 승인(해수부 장관 승인) → 기본계획 변경하지 않는 항만 시설 공사 실시계획 승인 면제		(4)관할 항만 내 개항질서 유지 및 행정 대집행 업무 등에 대한 권한 부재 → 권한 부여		(5)항만시설의 귀속 (관할항만 재개발 사업 국가 귀속) → 재개발 시에도 항만공사 재산으로 귀속		(6)국·공유재산의 무상대부, 사용, 수익의 범위 국한/비수익 사업에 정부 및 지자체의 비용 보조 범위 한정 → 범위 확대		(7)기타	
			명	%	명	%	명	%	명	%	명	%	명	%	명	%
전체		185	25	13.5	57	30.8	41	22.2	39	21.1	14	7.6	6	3.2	-	-
대상	BPA	113	10	8.8	36	31.9	21	18.6	31	27.4	12	10.6	3	2.7		
	공무원	72	15	20.8	21	29.2	20	27.8	8	11.1	2	2.8	3	4.2		
소재지	부산	22	3	13.6	9	40.9	6	27.3	2	9.1	2	9.1				
	경남	50	12	24.0	12	24.0	14	28.0	6	12.0			3	6.0	3	6.0

그리고 3순위에서 1위를 차지한 "(3)항만기본계획을 변경하지 않는 항만시설공사는 실시계획 승인을 면제"하야 한다는 응답은 부산항만공사(26.5%), 부산(36.4%)에서 높게 나타났고, 2위를 차지한 "(5)항만재개발 시에도 항만시설이 항만공사 재산으로 귀속"되도록 할 필요가 있다는 응답은 부산항만공사(24.8%), 부산(13.6%)에서 상대적으로 높게 나타났다.

〈표 4〉 항만공사 자율성 강화를 위한 개정 필요 부분(3순위)

※ 부산항만공사, 공무원에 한함(185명)

구분			⑴다른 법률과의 관계(조직 운영 등에 관한 법, 공공기관의 운영에 관한 법률 → 공기업의 경영구조개선 및 민영화에 관한 법률)		⑵사업 범위(허용사업 나열)/사업 방식(민자유치 방식 참여 제약)/임원의 임명/항만시설 사용료 및 임대료→항만위원회 자체 의결로 추진 및 결정		**⑶관할 항만 개발 시 실시계획 승인(해수부 장관 승인) → 기본계획 변경하지 않는 항만 시설 공사 실시계획 승인 면제**		⑷관할 항만 내 개항질서 유지 및 행정대집행 업무 등에 대한 권한 부재 → 권한 부여		⑸항만시설의 귀속(관할항만 재개발 사업 국가 귀속) → 재개발 시에도 항만공사 재산으로 귀속		⑹국·공유재산의 무상대부, 사용, 수익의 범위 국한/비수익 사업에 정부 및 지자체의 비용 보조 범위 한정 → 범위 확대		⑺기타	
			명	%	명	%	명	%	명	%	명	%	명	%	명	%
전체		185	19	10.3	21	11.4	45	24.3	34	18.4	36	19.5	23	12.4	–	–
대상	BPA	113	7	6.2	16	14.2	30	26.5	18	15.9	28	24.8	13	11.5		
	공무원	72	12	16.7	5	6.9	15	20.8	16	22.2	8	11.1	10	13.9		
소재지	부산	22	1	4.5	1	4.5	8	36.4	4	18.2	3	13.6	5	22.7		
	경남	50	11	22.0	4	8.0	7	14.0	12	24.0	5	10.0	5	10.0		

마지막으로, 1+2+3순위에서 1위를 차지한 "⑵사업범위/사업방식/임원의 임명/항만시설 사용료 및 임대료 등에 관한 결정권한을 항만위원회 자체 의결로 추진 및 결정"할 수 있도록 해야 한다는 응답은 부산항만공사(24.3%), 부산(25.8%)에서 높게 나타났고, 2위를 차지한 "⑴다른 법률과의 관계정립 필요성"은 공무원(28.5%), 경남(29.1%)에서 상대적으로 높게 나타났다.

〈표 5〉 항만공사 자율성 강화를 위한 개정 필요 부분(1+2+3순위)

※ 부산항만공사, 공무원에 한함(185명)

구분			(1)다른 법률과의 관계(조직 운영 등에 관한 법, 공공기관의 운영에 관한 법률 → 공기업의 경영구조개선 및 민영화에 관한 법률)		**(2)사업범위(허용사업 나열)/사업 방식(민자유치 방식 참여 제약)/임원의 임명/항만시설 사용료 및 임대료→ 항만위원회 자체 의결로 추진 및 결정**		(3)관할 항만 개발 시 실시 계획 승인(해수부 장관 승인) → 기본계획 변경하지 않는 항만 시설 공사 실시계획 승인 면제		(4)관할 항만 내 개항질서 유지 및 행정대집행 업무 등에 대한 권한 부재 → 권한 부여		(5)항만시설의 귀속 (관할항만 재개발 사업 국가 귀속) → 재개발 시에도 항만공사 재산으로 귀속		(6)국·공유재산의 무상대부, 사용, 수익의 범위 국한/비수익 사업에 정부 및 지자체의 비용 보조 범위 한정 → 범위 확대		(7)기타	
			명	%	명	%	명	%	명	%	명	%	명	%	명	%
전체		185	116	21.3	129	23.7	109	20.0	91	16.7	65	11.9	32	5.9	3	0.6
대상	BPA	113	57	16.9	82	24.3	66	19.5	65	19.2	52	15.4	16	4.7		
	공무원	72	59	28.5	47	22.7	43	20.8	26	12.6	13	6.3	16	7.7	3	1.4
소재지	부산	22	18	27.3	17	25.8	14	21.2	7	10.6	5	7.6	5	7.6		
	경남	50	41	29.1	30	21.3	29	20.6	19	13.5	8	5.7	11	7.8	3	2.1

2. 효율적 부산항 관리운영을 위하여 개정이 필요한 법률

항만 관련 법률은 국토 계획 및 정책의 수립시행에 관한 최상위 규범인 「국토기본법」을 포함하여 그 법률체계가 해양, 수산, 해운, 물류, 운송, 교통, 선박, 환경 등의 분야는 물론, 육상을 관할하는 법제에 이르기까지 그 법영역이 매우 광범위하게 형성되어 있다. 그러나 항만공사의 항만관리운영과 직간접적으로 영향을 미칠 수 있는 법률은 12개 정도로 축약할 수 있으며, 이들 법률을 대상으로 개정 필요성에 대한 인식조사를 실시하였다.

부산항 관리의 효율성 제고를 위해 개정이 필요한 법률(〈그림 4〉 참조)로 1순위의 경우 항만법(54.1%)이 가장 높았으며, 다음으로, 공공기관의 운영에 관한 법률(19.5%) 등의 순으로 나타났다. 2순위의 경우 신항만건설촉진법(21.6%), 항만법(21.1%), 항만 재개발 및 주변지역 발전에 관한 법률(19.5%) 등의 순으로 나타났으며, 3순위의 경우 항만 재개발 및 주변지역 발전에 관한 법률(28.1%), 공기업의 경영 구조개선 및 민영화에 관한 법률(19.5%) 등의 순으로 나타났다. 그리고 1+2+3순위의 경우 항만법(85.9%)이 가장 높았으며, 다음으로 항만 재개발 및 주변지역 발전에 관한 법률(52.4%), 공공기관의 운영에 관한 법률(50.3%), 신항만 건설촉진법(43.2%) 등의 순으로 나타났다.

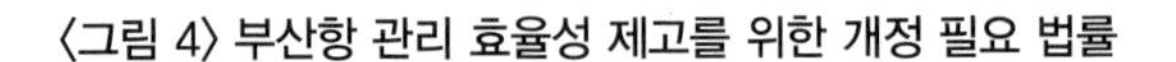

〈그림 4〉 부산항 관리 효율성 제고를 위한 개정 필요 법률

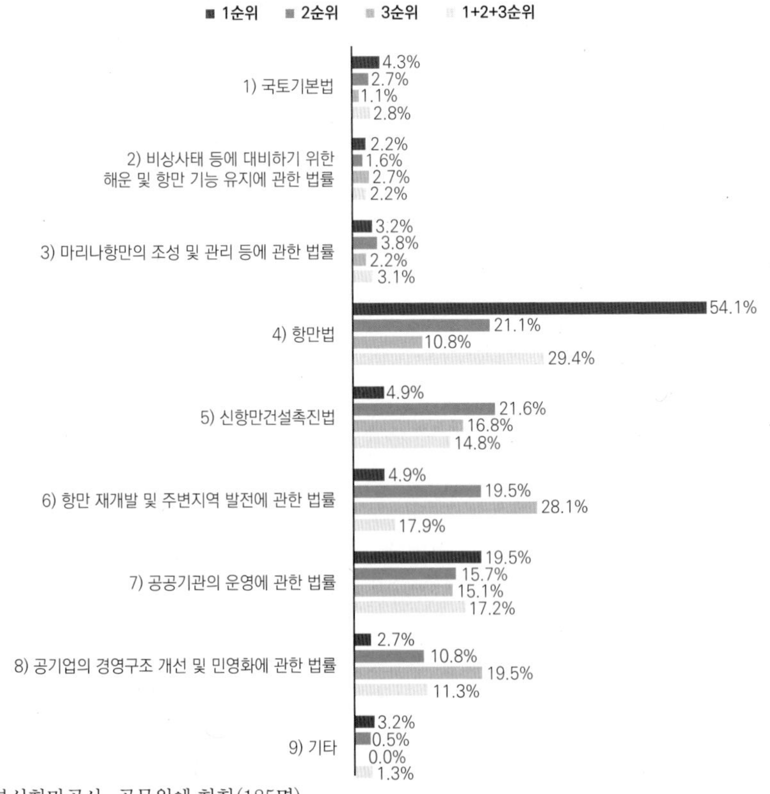

부산항만공사, 공무원에 한함(185명)

이를 순위별로 구체적으로 살펴보면(〈표 6〉부터 〈표 9〉), 먼저, 1순위에서 1위를 차지한 항만법은 부산항만공사(57.5%)와 경남(52.0%)에서 높게 나타났고, 2위를 차지한 공공기관의 운영에 관한 법률은 부산항만공사(22.1%)와 부산(27.3%)에서 선택한 비율이 상대적으로 높게 나타났다.

〈표 6〉 부산항 관리 효율성 제고를 위한 개정 필요 법률(1순위)

※ 부산항만공사, 공무원에 한함(185명)

구분			(1)국토기본법		(2)비상사태 등에 대비하기 위한 해운 및 항만 기능 유지에 관한 법률		(3)마리나 항만의 조성 및 관리 등에 관한 법률		(4)**항만법**		(5)신항만 건설촉진법		(6)항만 재개발 및 주변지역 발전에 관한 법률		(7)공공기관의 운영에 관한 법률		(8)공기업의 경영구조 개선 및 민영화에 관한 법률		(9)기타	
			명	%	명	%	명	%	명	%	명	%	명	%	명	%	명	%	명	%
전체		185	8	4.3	4	2.2	6	3.2	100	54.1	9	4.9	9	4.9	36	19.5	5	2.7	6	3.2
대상	BPA	113	5	4.4	2	1.8	3	2.7	65	57.5	4	3.5	1	0.9	25	22.1	3	2.7	3	2.7
	공무원	72	3	4.2	2	2.8	3	4.2	35	48.6	5	6.9	8	11.1	11	15.3	2	2.8	3	4.2
소재지	부산	22	1	4.5	1	4.5	2	9.1	9	40.9	1	4.5	1	4.5	6	27.3	1	4.5		
	경남	50	2	4.0	1	2.0	1	2.0	26	52.0	4	8.0	7	14.0	5	10.0	1	2.0	3	6.0

다음으로, 2순위에서 1위를 차지한 신항만건설촉진법은 공무원(27.8%)과 경남(34.0%)에서 높게 나타났고, 2위를 차지한 항만법은 부산항만공사(27.4%)와 부산(18.2%)에서 선택한 비율이 상대적으로 높게 나타났다.

〈표 7〉 부산항 관리 효율성 제고를 위한 개정 필요 법률(2순위)

※ 부산항만공사, 공무원에 한함(185명)

구분			(1)국토기본법		(2)비상사태 등에 대비하기 위한 해운 및 항만 기능 유지에 관한 법률		(3)마리나 항만의 조성 및 관리 등에 관한 법률		(4)항만법		**(5)신항만 건설 촉진법**		(6)항만 재개발 및 주변지역 발전에 관한 법률		(7)공공기관의 운영에 관한 법률		(8)공기업의 경영구조 개선 및 민영화에 관한 법률		(9)기타	
			명	%	명	%	명	%	명	%	명	%	명	%	명	%	명	%	명	%
전체		185	5	2.7	3	1.6	7	3.8	39	21.1	40	21.6	36	19.5	29	15.7	20	10.8	1	0.5
대상	BPA	113	3	2.7	1	0.9	1	0.9	31	27.4	20	17.7	23	20.4	23	20.4	8	7.1	1	0.9
	공무원	72	2	2.8	2	2.8	6	8.3	8	11.1	20	27.8	13	18.1	6	8.3	12	16.7		
소재지	부산	22	1	4.5	1	4.5	5	22.7	4	18.2	3	13.6	3	13.6	1	4.5	4	18.2		
	경남	50	1	2.0	1	2.0	1	2.0	4	8.0	17	34.0	10	20.0	5	10.0	8	16.0		

그리고 3순위에서 1위를 차지한 항만재개발 및 주변지역 발전에 관한 법률은 부산항만공사(29.2%)와 부산(36.4%)에서 높게 나타났으며, 2위를 차지한 공기업의 경영구조 개선 및 민영화에 관한 법률은 부산항만공사(20.4%)와 경남(20.0%)에서 선택한 비율이 상대적으로 높게 나타났다.

〈표 8〉 부산항 관리 효율성 제고를 위한 개정 필요 법률(3순위)

※ 부산항만공사, 공무원에 한함(185명)

구분			(1)국토기본법		(2)비상사태 등에 대비하기 위한 해운 및 항만기능 유지에 관한 법률		(3)마리나 항만의 조성 및 관리 등에 관한 법률		(4)항만법		(5)신항만 건설촉진법		**(6)항만 재개발 및 주변지역 발전에 관한 법률**		(7)공공기관의 운영에 관한 법률		(8)공기업의 경영구조 개선 및 민영화에 관한 법률		(9)기타	
			명	%	명	%	명	%	명	%	명	%	명	%	명	%	명	%	명	%
전체		185	2	1.1	5	2.7	4	2.2	20	10.8	31	16.8	52	28.1	28	15.1	36	19.5	-	-
대상	BPA	113	2	1.8	3	2.7	4	3.5	8	7.1	18	15.9	33	29.2	20	17.7	23	20.4		
	공무원	72			2	2.8			12	16.7	13	18.1	19	26.4	8	11.1	13	18.1		
소재지	부산	22							6	27.3	3	13.6	8	36.4	2	9.1	3	13.6		
	경남	50			2	4.0			6	12.0	10	20.0	11	22.0	6	12.0	10	20.0		

끝으로, 1+2+3순위에서 1위를 차지한 항만법은 부산항만공사(31.2%)와 부산시(28.8%)에서 높게 나타났으며, 2위를 차지한 항만재개발 및 주변지역 발전에 관한 법률은 공무원(19.2%)과 경남(19.7%)에서 선택한 비율이 상대적으로 높게 나타났다.

〈표 9〉 부산항 관리 효율성 제고를 위한 개정 필요 법률(1+2+3순위)

※ 부산항만공사, 공무원에 한함(185명)

구 분			(1)국토기본법		(2)비상사태 등에 대비하기 위한 해운 및 항만 기능 유지에 관한 법률		(3)마리나항만의 조성 및 관리 등에 관한 법률		**(4)항만법**		(5)신항만건설촉진법		(6)항만재개발 및 주변지역 발전에 관한 법률		(7)공공기관의 운영에 관한 법률		(8)공기업의 경영구조 개선 및 민영화에 관한 법률		(9)기타	
			명	%	명	%	명	%	명	%	명	%	명	%	명	%	명	%	명	%
전체		185	15	2.8	12	2.2	17	3.1	159	29.4	80	14.8	97	17.9	93	17.2	61	11.3	7	1.3
대상	BPA	113	10	3.0	6	1.8	8	2.4	104	31.2	42	12.6	57	17.1	68	20.4	34	10.2	4	1.2
	공무원	72	5	2.4	6	2.9	9	4.3	55	26.4	38	18.3	40	19.2	25	12.0	27	13.0	3	1.4
소재지	부산	22	2	3.0	2	3.0	7	10.6	19	28.8	7	10.6	12	18.2	9	13.6	8	12.1		
	경남	50	3	2.1	4	2.8	2	1.4	36	25.4	31	21.8	28	19.7	16	11.3	19	13.4	3	2.1

3. 부산항만공사 자율성 강화를 위한 법제 개선방향에 대한 인식

부산항만공사의 자율성 강화 등을 위한 가장 바람직한 방향으로 실질적 항만관리운영주체로서 지위를 보장할 수 있는 "부산경남항만공사법(특별법) 제정(36.5%)"로 가장 높았으며, 다음으로, "항만공사법의 개정(34.8%)", "항만공사법, 기타 항만 관련 법률 일괄 개정(19.1%)", "현행 공사운영체제 유지(9.6%)" 순으로 나타났다(〈그림 5〉 참조).

〈그림 5〉 부산항만공사 자율성 강화를 위한 법제 개선방향에 대한 인식

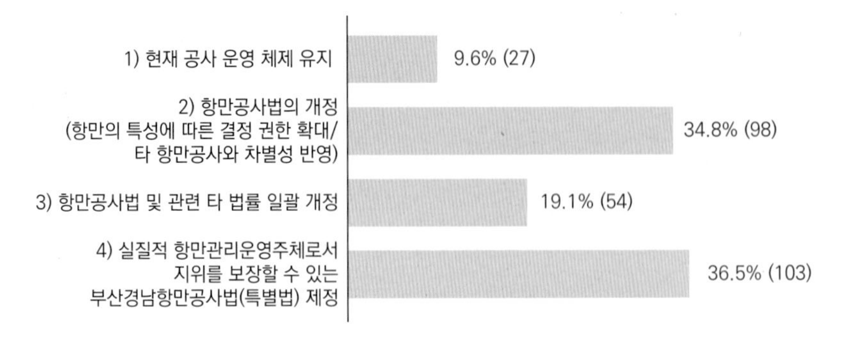

공무원의 경우는 부산항만공사가 실질적인 항만관리운영주체로서 지위를 보장받을 수 있는 특별법(가칭 부산경남항만공사법)의 제정을 가장 원하는 것으로 나타났고, 기업 및 시민단체에서는 항만공사법의 개정을 가장 선호하고 있는 것으로 나타났다(〈그림 6〉 참조).

〈그림 6〉 부산항만공사 자율성 강화를 위한 방향성(대상별)

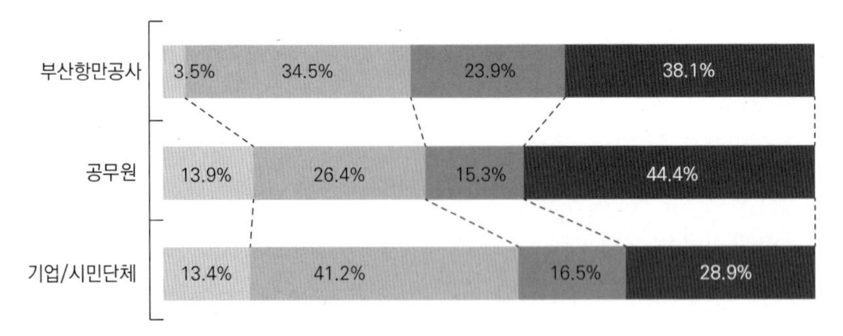

“특별법(가칭 부산경남항만공사법)의 제정 필요성”에 관하여는 공무원(44.4%)과 경남(37.5%)에서 높게 나타났고, “항만공사법의 개정”은 기업

및 시민단체(41.2%), 그리고 부산(42.5%)에서 상대적으로 높게 나타났다(〈표 10〉 참조).

〈표 10〉 부산항만공사 자율성 강화를 위한 법제에 대한 인식

구 분			(1)현재 공사 운영 체제 유지		(2)항만공사법의 개정(항만의 특성에 따른 결정 권한 확대/타 항만		(3)항만공사법 및 관련 타 법률 일괄 개정		**(4)실질적 항만관리 운영주체로서 지위를 보장할 수 있는 특별법 (부산경남항만공사법) 제정**	
			명	%	명	%	명	%	명	%
전체		282	27	9.6	98	34.8	54	19.1	103	36.5
대상	BPA	113	4	3.5	39	34.5	27	23.9	43	38.1
	공무원	72	10	13.9	19	26.4	11	15.3	32	44.4
	기업/시민단체	97	13	13.4	40	41.2	16	16.5	28	28.9
소재지	부산	73	7	9.6	31	42.5	11	15.1	24	32.9
	경남	96	16	16.7	28	29.2	16	16.7	36	37.5

4. 부산항만공사의 성장을 위한 사업범위 확대에 대한 인식

부산항만공사가 글로벌 항만물류 기업으로 성장하기 위해 사업 범위 확대로 가장 필요한 것으로 인식하고 있는 것은, 1순위의 경우 "복합운송체계 구축(31.9%)", "항만배후 경제권 조성(22.0%)", "항만과 도시의 조화로운 개발(16.7%)", "해외 항만 개발 운영 등 해외 사업 확대(16.3%)" 등의 순으로 나타났다.

2순위의 경우 "항만배후 경제권 조성(27.6%)", "항만 자동화 및 스마트 항만물류 기술 확보를 위한 R&D사업(20.4%)", "항만과 도시의 조화로운 개발(16.8%)" 등의 순으로 나타났고, 1+2순위의 경우 "항만배후 경제권 조성(49.3%)", "복합운송체계 구축(47.9%)", "항만과 도시의 조화로운 개발(33.3%)" 등의 순으로 나타났다(〈그림 7〉 참조).

〈그림 7〉 부산항만공사 성장을 위해 사업범위 확대 필요성 인식

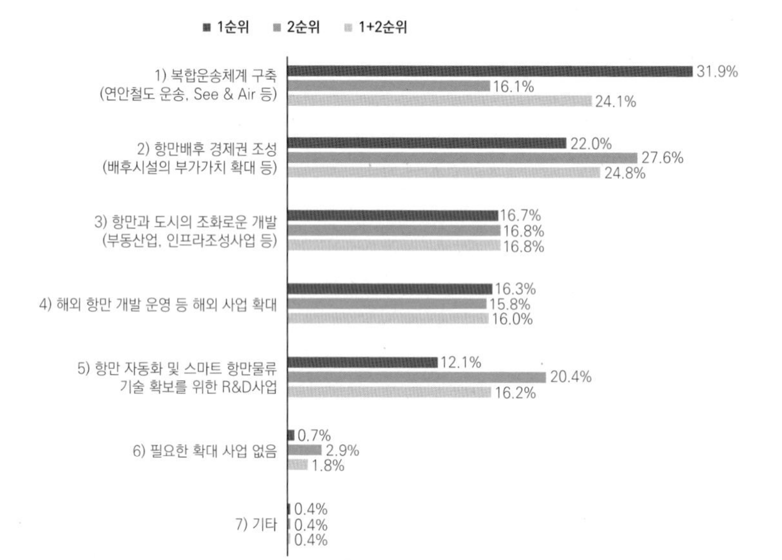

이를 순위별로 구체적으로 살펴보면, 1순위에서 1위를 차지한 "복합운송체계 구축"은 기업 및 시민단체(47.4%)와 부산(53.4%)에서 높게 나타났으며, 2위를 차지한 "항만배후 경제권 조성"은 공무원(31.9%)과 경남도(32.3%)에서 선택한 비율이 상대적으로 높게 나타났다(〈표 11〉 참조).

〈표 11〉 부산항만공사 성장을 위한 사업 확대 필요 부분(1순위)

구 분			(1)**복합운송체계 구축(연안철도 운송, Sea&Air 등)**		(2)항만배후 경제권 조성(배후시설의 부가가치 확대 등)		(3)항만과 도시의 조화로운 개발(부동산업, 인프라조성사업 등)		(4)해외 항만 개발 운영 등 해외사업 확대		(5)항만 자동화 및 스마트 항만 물류 기술 확보를 위한 R&D 사업		(6)필요한 확대 사업 없음		(7)기타	
			명	%	명	%	명	%	명	%	명	%	명	%	명	%
전체		282	90	31.9	62	22.0	47	16.7	46	16.3	34	12.1	2	0.7	1	0.4
대상	BPA	113	24	21.2	12	10.6	25	22.1	33	29.2	17	15.0	1	0.9	1	0.9

구 분			**(1)복합운송체계 구축(연안철도 운송, Sea&Air 등)**		(2)항만배후 경제권 조성(배후시설의 부가가치 확대 등)		(3)항만과 도시의 조화로운 개발(부동산업, 인프라 조성사업 등)		(4)해외 항만 개발 운영 등 해외사업 확대		(5)항만 자동화 및 스마트 항만 물류 기술 확보를 위한 R&D 사업		(6)필요한 확대 사업 없음		(7)기타	
			명	%	명	%	명	%	명	%	명	%	명	%	명	%
대상	공무원	72	20	27.8	23	31.9	12	16.7	4	5.6	12	16.7	1	1.4		
	기업/시민단체	97	46	47.4	27	27.8	10	10.3	9	9.3	5	5.2				
소재지	부산	73	39	53.4	19	26.0	5	6.8	6	8.2	4	5.5				
	경남	96	27	28.1	31	32.3	17	17.7	7	7.3	13	13.5	1	1.0		

다음으로, 2순위에서 1위를 차지한 "항만배후 경제권 조성"은 공무원(31.4%)과 경남도(31.3%)에서 높게 나타났으며, 2위를 차지한 "항만 자동화 및 스마트 항만물류기술확보를 위한 R&D사업"은 기업 및 시민단체(26.0%), 부산(32.9%)에서 선택한 비율이 상대적으로 높게 나타났다(〈표 12〉 참조).

〈표 12〉 부산항만공사 성장을 위한 사업 확대 필요 부분(2순위)

구 분			(1)복합운송체계 구축(연안철도 운송, Sea&Air 등)		**(2)항만배후 경제권 조성(배후시설의 부가가치 확대 등)**		(3)항만과 도시의 조화로운 개발(부동산업, 인프라 조성사업 등)		(4)해외 항만 개발 운영 등 해외사업 확대		(5)항만 자동화 및 스마트 항만 물류 기술 확보를 위한 R&D 사업		(6)필요한 확대 사업 없음		(7)기타	
			명	%	명	%	명	%	명	%	명	%	명	%	명	%
전체		279	45	16.1	77	27.6	47	16.8	44	15.8	57	20.4	8	2.9	1	0.4
대상	BPA	113	18	15.9	31	27.4	16	14.2	22	19.5	23	20.4	2	1.8	1	0.9
	공무원	70	11	15.7	22	31.4	15	21.4	9	12.9	9	12.9	4	5.7		
	기업/시민단체	96	16	16.7	24	25.0	16	16.7	13	13.5	25	26.0	2	2.1		
소재지	부산	73	8	11.0	16	21.9	13	17.8	12	16.4	24	32.9				
	경남	96	19	19.8	30	31.3	18	18.8	10	10.4	10	10.4	6	6.3		

그리고 1+2순위에서 1위를 차지한 "항만배후 경제권 조성"은 공무원(31.7%)과 경남도(32.3%)에서 높게 나타났고, 2위를 차지한 "복합운송체계 구축"은 공무원(32.2%)과 부산시(32.2%)에서 선택한 비율이 상대적으로 높게 나타났다(〈표 13〉 참조).

〈표 13〉 부산항만공사 성장을 위한 사업 확대 필요 부분(1+2순위)

구 분			(1)복합운송체계 구축(연안철도 운송, Sea&Air 등)		**(2)항만배후 경제권 조성(배후시설의 부가가치 확대 등)**		(3)항만과 도시의 조화로운 개발(부동산업, 인프라 조성사업 등)		(4)해외 항만 개발 운영 등 해외사업 확대		(5)항만 자동화 및 스마트 항만 물류 기술 확보를 위한 R&D 사업		(6)필요한 확대 사업 없음		(7)기타	
			명	%	명	%	명	%	명	%	명	%	명	%	명	%
전체		282	135	24.1	139	24.8	94	16.8	90	16.0	91	16.2	10	1.8	2	0.4
대상	BPA	113	42	18.6	43	19.0	41	18.1	55	24.3	40	17.7	3	1.3	2	0.9
	공무원	72	31	21.8	45	31.7	27	19.0	13	9.2	21	14.8	5	3.5		
	기업/시민단체	97	62	32.1	51	26.4	26	13.5	22	11.4	30	15.5	2	1.0		
소재지	부산	73	47	32.2	35	24.0	18	12.3	18	12.3	28	19.2				
	경남	96	46	24.3	61	32.3	35	18.5	17	9.0	23	12.2	7	3.7		

Ⅳ. 시사점 및 결론

1. 시사점

이상으로, 부산항(부산신항)과 직간접적으로 이해관계를 갖는 부산항만공사, 지방자치단체(창원시, 경상남도, 부산광역시), 시민단체, 항만 관련 기업 등의 항만이해당사자를 대상으로 실시한 설문조사를 통하여 부산항만공사의 자율성 강화를 위해 필요하다고 생각하는 항만관리 법제의 개선방안에 대한 이들의 인식을 살펴보았다. 설문조사분석을 통해 도출된 시사점은 다음과 같다.

첫째, 설문조사 분석결과를 통해 알 수 있듯이, 응답자들은 부산항이 급변하는 물류환경에 효과적으로 대응하기 위해서는 부산항만공사의 자율성이 대단히 중요하다는 것을 인식하고 항만관리법제의 개선이 필요하다는데 크게 공감하고 있는 것으로 나타났다.

둘째, 현행 항만관리운영 법체계상 항만공사의 운영 및 사업 전반에 대한 중앙 정부의 개입(허가, 승인 등) 가능성을 개선하여야 한다. 글로벌 경쟁항만과의 경쟁으로 항만공사(PA) 체제의 국내 항만들의 성장이 전반적으로 정체되고 있다. 항만산업 및 항만 관련 산업의 환경변화와 새로운 트렌드에 능동적 대응하고, 시시각각 변화하는 항만 관련 글로벌 환경에 신속하고 적극적으로 대응하는 것이 필요하다.[7] 그럼에도 불구하고, 현행 법체계상 항만공사의 운영 및 사업 전반에 대하여 구조적으로 중앙 정부의 개입(허가, 승인 등)이 예정되어 있다. 부산항이 국제적인 메가포트(mega port)로 그 지위를 확고히 하고, 글로벌 항만경쟁에서의 우위를 확보하기 위해서는 항만공사의 자율성 보장은 필수적이다.

셋째, 부산항만공사가 부산항의 실질적인 항만관리운영주체로서 역할을 다할 수 있도록 별도의 단행법 제정에 대한 검토가 필요하다. 즉 「공공기관의 운영에 관한 법률」의 적용을 받는 현행법 체계 하에서는 정부에 의한 직접 통제가 불가피하며 항만공사의 운영 자율성은 제약을 받을 수밖에 없다. 컨테이너 물동량 기준 세계 5위권에 속하는 항만이자, 국내 컨테이너 화물의 약 85%가 집중되고 있는 부산항의 위상에 부합하는 항만자치권 보장하기 위해서는 항만관리운영 법체계를 개선하는 것과 더불어 부산항만공사가 부산항의 항만관리운영주체로서 실질적인 역할을 다할 수 있

---

7 최진이·최성두, 「항만공사(PA)의 독립성과 자율성 강화를 위한 「항만공사법」 개정 연구」, 『기업법연구』 제35권 제3호, 한국기업법학회, 2021.10, 299쪽.

도록 그 운영 자율성을 보장하고 책임성을 강화하는 별도의 단행법 제정을 적극적으로 검토할 필요가 있다.[8]

2. 결론

항만은 물적 유통을 담당하는 기능적 역할과 항만시설에 초점을 둔 기간시설로서 국가 경제에 커다란 영향을 미치고 있다. 특히 우리나라는 수출입 화물의 99.7%가 해상운송, 즉 항만을 통해 처리되기 때문에 항만의 효율적인 관리운영은 국가 경제에 대단히 큰 영향을 미친다.

4차 산업혁명으로 시작된 해상물류분야에의 스마트(smart) 기술의 도입은 무인자동화 항만에 이어 데이터(data) 기반과 인공지능(AI) 등의 최적화를 통한 생산성과 효율성, 안전성을 높이는 방향으로 추진되고 있다. 소위 스마트항만은 하역·이송·보관·반출의 항만운영 전 단계를 무인 자동화로 하는 차세대 항만이라 할 수 있다. 해외 대표적인 항만으로 네덜란드의 로테르담항은 1990년대 중반부터 항만 자동화를 위한 다양한 연구개발을 진행해 왔으며, 현재 마스블라테(Maasvlate) Ⅱ에서 운영 중인 터미널은 모두 무인 자동화 시스템을 갖추고 있다. 아시아에서는 싱가포르항만이 '차세대 항만 2030(The Next Generation Port 2030)' 계획을 수립하고 친환경 항만 건설 공법과 항만운영의 무인자동화체계를 비롯하여 토지 이용률 확대 등을 위한 다양한 미래 기술의 도입과 적용을 진행하고 있다.[9]

이처럼 글로벌 경쟁 항만은 4차 산업혁명과 관련된 인공지능, 데이터,

---

8 항만공사법 문제점 및 개선방안에 관하여는, 최진이 외, 「항만관리 관련 법률의 문제점 및 개선방안에 관한 연구」, 『해사법연구』 제23권 제1호, 한국해사법학회, 2011.3, 194~197쪽 참조.

9 [오션테크 코리아④] 항만 자동화 선두 네델란드 '로테르담'·아시아 '싱가포르' – 무인 자동화에 더해 항만 전용 에코 시스템까지(https://www.news1.kr/articles/?4120621, 2021.9.25. 방문).

네트워크 기술을 융합적으로 도입한 반면, 국내 항만은 부산항을 중심으로 수출입 해상 물류의 효율을 높이기 위하여 인공지능(AI) 기술과 사물인터넷 기술을 접목하는 디지털 트윈 기술 등에 대한 도입을 적극 추진하고 있다. 그러나 글로벌 항만에 비해 항만의 스마트화 정도에서 뒤처지고 있다는 평가를 받고 있다.[10] 이러한 원인의 하나는 항만공사(PA)의 사업활동에 대한 각종 행정규제들도 한 몫을 차지하고 있다.[11]

부산항만공사가 글로벌 항만항만들과 경쟁하고, 국내 최대 무역항의 항만관리운영자로서의 위상을 정립하기 위해서는 부산항만공사의 기능과 역할의 확대와 더불어 항만공사(PA)의 자율성을 보장하는 것이 무엇보다 중요하다. 현재의 부산항만공사는 지나치게 공공성을 강조함으로써 공공기관의 운영에 관한 법률과 항만관련 법률들에 의한 규제들로 그 사업활동이 크게 제약받고 있어 항만의 관리운영이 항만공사제도 도입 이전과 비교하여 내용적으로 크게 달라지지 않았다는 현실적인 문제점과 함께 항만공사제도 도입을 통하여 의도하였던 항만자치라는 본래의 목적과 가치를 훼손 받고 있다는 지적이 꾸준히 제기되고 있다.

부산항 신항의 확장에 따라 경남지역의 항만까지 아우르는 광역화된 대형항만의 개발로 부산과 경상남도의 두 개 행정구역에 걸친 항만의 통합운영에 선제적으로 대응할 필요가 있다. 나아가 부산항의 지속적인 성장과 발전, 글로벌 항만으로서의 위상을 확고히 하기 위해서는 부산항만공사의 사업활동을 확대하고, 행정청에 의한 고권적 간섭을 최소화하여 운영의 자율성을 보장하는 방향으로 항만관리 법제가 개선될 필요가 있다.

---

10 부산항은 2019년 세계 컨테이너 처리 항만 6위를 기록하였으나, 코로나19 영향과 중국 항만의 급성장 등으로 인하여 2020년에는 세계 컨테이너 처리항만 한 단계 하락하여 7위를 기록하고 있다(부산항만공사).

11 공공기관(시장형 공기업)으로 지정된 부산항만공사는 공공기관운영법이나 항만공사법 외에도 54개가 넘는 공공기관 규제 관련 행정규칙(고시. 훈령. 지침 등)들에 의해 조직/정원/회계/고용/정보/계약 등에 관한 규제를 받고 있다.

❖ 참고문헌

강미주, 「부산항 발전 위한 BPA 기능 확대 필요」, 『해양한국』 Vol.2018 No.2, 한국해사문제연구소, 2018.

도원빈 외, 「코로나19 이후 최근 수출 물류동향」, 『TB』 11호, 한국무역협회 국제무역통상연구원, 2020.

최진이 외, 「항만관리 관련 법률의 문제점 및 개선방안에 관한 연구」, 『해사법연구』 제23권 제1호, 한국해사법학회, 2011.

최진이·최성두, 「항만공사(PA)의 독립성과 자율성 강화를 위한 「항만공사법」 개정 연구」, 『기업법연구』 제35권 제3호, 한국기업법학회, 2021.

경남연구원·부산연구원, 「부산경남항만공사법 법제화 연구」, 2021.

최진이, 「부산항만공사의 자율성 강화방안」, 제2차 부산항만공사 자율성 정책토론회 발표자료, 부산항발전협의회, 2021.

뉴시스, 오션테크 코리아④ 항만 자동화 선두 네델란드 '로테르담'·아시아 '싱가포르' – 무인 자동화에 더해 항만 전용 에코 시스템까지(2021.9.25.), https://www.news1.kr/articles/?4120621

부산항만공사, https://www.busanpa.com

제8장
지방자치단체의 해상경계

전상구

Ⅰ. 서론

우리 헌법 제117조 제1항은 “지방자치단체는 주민의 복리에 관한 사무를 처리하고 재산을 관리하며, 법령의 범위 안에서 자치에 관한 규정을 제정할 수 있다.”고 규정하여, 지방자치단체의 자치권을 헌법적으로 보장하고 있다. 그리고 지방자치법 제9조는, 제1항에서 “지방자치단체는 관할구역의 자치사무와 법령에 따라 지방자치단체에 속하는 사무를 처리한다.”라고 규정하고, 제2항에서는 “지방자치단체의 구역, 조직, 행정관리 등에 관한 사무”를 지방자치단체의 사무로 예시하여, 지방자치단체의 구역을 자치권 행사의 전제조건으로 인정하고 있다. 헌법재판소도 “지방자치단체의 관할구역은 주민·자치권과 함께 지방자치단체의 구성요소이고, 자치권을 행사할 수 있는 장소적 범위를 말하며, 다른 지방자치단체와의 관할범위를 명확하게 구분해 준다.”고 판시하여, 지방자치단체의 관할구역의 중요성을 강조하고 있다.[1]

그런데 지방자치법 제4조 제1항은 “지방자치단체의 명칭과 구역은 종전과 같이 하고, 명칭과 구역을 바꾸거나 지방자치단체를 폐지하거나 설치하거나 나누거나 합칠 때에는 법률로 정한다. 다만, 지방자치단체의 관할구역 경계변경과 한자 명칭의 변경은 대통령령으로 정한다.”라고 규정하고 있다. 즉, 지방자치법은 지방자치단체의 구역을 ‘종전’과 같도록 규정하고 있지만, 여기에서 ‘종전’의 개념이 불확실하기 때문에 지방자치단체 사이

---

1 헌법재판소 2004. 9. 23. 선고 2000헌라2 결정(당진군과 평택시 간의 권한쟁의); 헌법재판소 2006. 8. 31. 선고 2003헌라1 결정(광양시 등과 순천시 등 간의 권한쟁의); 헌법재판소 2009. 7. 30. 선고 2005헌라2 결정(옹진군과 태안군 등 간의 권한쟁의); 헌법재판소 2010. 6. 24. 선고 2005헌라9, 2007헌라1·2(병합) 결정(경상남도 등과 정부 등 간의 권한쟁의 등); 헌법재판소 2015. 7. 30. 선고 2010헌라2 결정(홍성군과 태안군 등 간의 권한쟁의); 헌법재판소 2019. 4. 11. 선고 2016헌라8, 2018헌라2(병합) 결정(고창군과 부안군 간의 권한쟁의 등) 등 참조.

에 경계에 관하여 분쟁의 원인을 제공할 뿐 아니라, 분쟁 발생시 그 해결을 위한 기준도 제시하지 못하고 있다.

한편, 우리나라는 지정학적으로 3면이 바다로 둘러싸인 반도국가이기 때문에 지방자치단체 중 상당수가 바다와 연접하고 있다.[2] 그리고 바다는 자원의 보고로 경제적 가치가 매우 크기 때문에 그 관할권을 둘러싸고 인접 지방자치단체 사이에 분쟁이 빈번히 발생하고 있다.[3] 특히, 바다의 경우에는 육지의 지번이나 지적도와 같은 해번이나 해적도가 없기 때문에 그 경계를 확인하거나 획정하는 일이 쉽지 않다. 그에 따라 바다의 경계를 둘러싼 지방자치단체 사이의 분쟁은 육지에 비해 더 빈번히 발생할 수밖에 없고, 그 분쟁의 해결도 매우 어려울 수밖에 없다.

다원화된 민주주의 사회에서 갈등과 분쟁은 필연적으로 발생할 수밖에 없다. 그러나 바다를 둘러싼 지방자치단체 사이의 갈등과 분쟁은 지방자치의 발전과 바다를 포함한 국토의 효율적 이용을 저해한다. 따라서 갈등과 분쟁을 해결하기 위한 보다 근본적인 원인을 파악하고 개선방안을 강구할 필요가 있다.

---

2 우리나라 전체 17개 광역지방자치단체와 226개의 기초지방자치단체 중에서 경기도(김포시, 시흥시, 안산시, 화성시, 평택시), 인천광역시(중구, 동구, 연수구, 남동구, 서구, 강화군, 옹진군), 충청남도(아산시, 당진시, 서산시, 태안군, 홍성군, 보령시, 서천군), 전라북도(군산시, 부안군, 고창군), 전라남도(영광군, 함평군, 신안군, 무안군, 목포시, 영암군, 해남군, 진도군, 완도군, 강진군, 장흥군, 보성군, 고흥군, 순천시, 여수시, 광양시), 제주도, 경상남도(하동군, 남해군, 사천시, 고성군, 통영시, 거제시, 창원시), 부산광역시(강서구, 사하구, 서구, 중구, 영도구, 동구, 남구, 수영구, 해운대구, 기장군), 울산광역시(울주군, 남구, 동구, 북구), 경상북도(경주시, 포항시, 영덕군, 울릉군, 울진군), 강원도(삼척시, 동해시, 강릉시, 양양군, 속초시, 고성군) 등 11개 광역지방자치단체와 약 70개 기초지방자치단체가 바다와 연접하고 있다.

3 필자가 헌법재판소 홈페이지 검색을 통해 확인한 바에 따르면, 2000년 이후 지방자치단체 사이의 바다와 관련된 관할권 분쟁으로 헌법재판소에 접수되어 최종적인 본안판단을 받은 사건만 하더라도 14건에 이른다. 이 중에서 4건(2005헌라2; 2010헌라2; 2016헌라8; 2018헌라2)은 해상경계 문제를 직접 대상으로 한 사건이고, 9건(2000헌라2; 2003헌라1; 2005헌라9; 2007헌라1; 2007헌라2; 2009헌라3; 2009헌라4; 2009헌라5; 2015헌라2)은 해상경계 문제를 전제로 한 매립지 귀속과 관련된 사건이고, 1건(2005헌라11)은 섬의 귀속과 관련된 사건이다.

이하에서는 바다의 경계를 둘러싼 지방자치단체 사이의 갈등과 분쟁에 대한 법적인 판단과정에서 주요쟁점이 되었던 내용들을 위주로 논의를 하고자 한다. 이를 위해, 첫째, 바다의 경계를 둘러싼 지방자치단체 사이의 분쟁의 전제조건, 즉 지방자치단체의 구역에 육지뿐 아니라 바다도 포함되는지 여부에 대해 검토한다(Ⅱ). 둘째, 지방자치단체의 구역에 바다도 포함된다면 그 구역의 경계를 확인할 수 있는지에 대해 검토한다(Ⅲ). 셋째, 구역의 경계를 확인할 수 없다면 누가, 어떤 기준에 따라 새롭게 경계를 획정해야 하는지에 대해 고찰하고자 한다(Ⅳ).

Ⅱ. 지방자치단체 관할구역의 범위

1. 문제 제기

지방자치단체의 관할구역은 주민과 자치권과 함께 지방자치단체의 구성요소이고, 자치권 행사의 장소적 범위를 의미한다. 일반적으로 국가의 배타적 관할권이 미치는 공간적 범위에 육지(영토)뿐 아니라 바다(영해)와 하늘(영공)도 당연히 포함되는 것으로 이해한다.[4] 그러나 지방자치단체의 자치권이 미치는 공간적 범위에도 공유수면인 바다가 포함되는지에 대해서는 논란이 있다.[5] 지방자치법 등 관계 법령은 이와 관련해 어떤 규정도 두고 있

4 권영성, 『헌법학원론』, 법문사, 2009, 121쪽; 김학성, 『헌법학원론』, 피앤씨미디어, 2019, 108쪽; 정재황, 『신헌법입문』, 박영사, 2018, 80~81쪽.

5 필자가 '논란이 있다'는 표현을 사용했지만, 학자들 중에서 부정하는 입장을 찾기 어렵다. 긍정하는 입장으로는, 강재규, 「지방자치단체의 구역 – 바다 및 공유수면매립지의 귀속을 중심으로 –」, 『공법연구』 제31집 제1호, 한국공법학회, 2002.11, 535쪽; 김철용, 『주석 지방자치법』, 한국사법행정학회, 1997, 43쪽; 김재광, 「지방자치단체의 구역과 해상경계획정에 관한 소고」, 『토지공법연구』 제18집, 한국토지공법학회, 2003.06, 443쪽; 노호창, 「행정처분과 형사처벌의 선결문제로서의 지방자치단체 간 해상경계에 관한 법적 검토」, 『법학연구』 제20권 제1호, 한국법학회, 2020.03,

지 않으므로, 이에 대한 부정적 입장과 긍정적 입장을 살펴보기로 한다.

2. 긍정적 입장

대법원과 헌법재판소는 공유수면인 바다가 지방자치단체의 관할구역에 포함된다는 취지의 입장을 취하고 있다.

대법원은 "현행 지방자치법과 구 지방자치법에 의하면, '지방자치단체의 명칭과 구역은 종전에 의하고…'라고 규정하고 있는데, 여기서 구역이라고 함은 육지뿐만 아니라 그 구역 내의 하천·호수·수면 등은 물론 그 지역에 접속하는 영해와 그 상공 및 지하도 포함된다고 볼 것"이라고 판시함으로써, 공유수면인 바다도 지방자치단체의 구역에 속하고, 지방자치단체의 관할권한이 바다에 미친다고 했다.[6]

헌법재판소는 최초로 해상경계의 문제가 쟁점이 된 2000헌라2 결정(당진군과 평택시 간의 권한쟁의)에서, "학계의 통설,[7] 개별 법률들의 규정들, 대법원의 판례 및 법제처의 의견[8]을 종합하면, 지방자치단체의 구역은

228쪽; 이일세, 「지방자치단체의 관할구역에 관한 법적 고찰 - 판례를 중심으로」, 『법학연구』 제27권 제3호, 충남대학교 법학연구소, 2016.12, 80~81쪽; 조정찬, 「지방자치단체의 구역과 경계분쟁」, 『법제』 제522호, 법제처, 2001.06, 33쪽; 최우용, 「지방자치단체의 구역 및 경계에 관한 법적 과제」, 『지방자치법 연구』 통권 제31호, 한국지방자치법학회, 2011.09, 106쪽 등 참조.

6 대법원 2002. 12. 24. 선고 2000도1048 판결 참조.

7 이 결정문은 학계의 의견과 관련하여, "학계의 통설에 의하면, 지방자치단체의 관할구역은 국가의 영토를 지방자치단체별로 분할한 것이고 국가의 영토에는 육지 외에 영해·영공까지도 포함되므로, 지방자치법 제4조 제1항에 규정된 지방자치단체의 관할구역에는 육지 외에 하천·호소 등 수면과 육지에 접속된 바다인 공유수면도 포함된다고 한다."고 판시하고 있다.

8 이 결정문은 법제처의 의견과 관련하여, "지방자치단체의 구역은 자치권이 미치는 장소적 범위이고 자치권은 자치사무를 수행하기 위한 권한인바, 자치사무 중에는 육지에서 발생하는 사항을 관할하는 것 외에 하천·호소·바다에서 발생하는 사항을 관할하는 것도 있으며(예컨대 수산업법에 의한 어업면허, 공유수면관리법에 의한 점·사용허가 등), 지방자치법 제9조 제2항 각호에 열거된 자치사무의 유형 중 '소류지·보 등 농업용수시설의 설치 및 관리'와 '농림·축·수산물의 생산 및 유통지원'은 공유수면에 대한 관할권을 전제로 한 것이다. 그밖에 지방자치단체의 관할구역은 국가의

주민·자치권과 함께 자치단체의 구성요소이며, 자치권이 미치는 관할 구역의 범위에는 육지는 물론 바다도 포함되므로, 공유수면에 대한 지방자치단체의 자치권한이 존재한다고 할 것이다."라는 취지의 판시를 한 이후, 일관되게 공유수면인 바다를 지방자치단체의 관할구역에 포함시키는 긍정적 입장을 취하고 있다.[9]

특히, 개별 법률의 검토와 관련하여, "현행법상 지방자치단체에게 공유수면을 관할할 수 있는 자치권한을 직접 부여하는 규정은 존재하지 않으나, 관련된 개별 법률들은 각 지방자치단체가 관할하는 공유수면이 있음을 전제로 하여 여러 규정들을 두고 있다. 즉, 수산물 생산을 자치사무로 규정하고 있는 지방자치법 제9조 제2항 제3호 나목 뿐만 아니라, 바다에서의 어업에 관한 면허권한을 시장·군수 등에게 부여하고 있는 수산업법 제8조 및 제41조 제2항, 공유수면의 관리와 점·사용허가권을 규정하고 있는 공유수면관리법 제4조 및 제5조, 지방항만을 관리하도록 하고 있는 항만법 제22조, 연안관리지역계획을 수립하도록 규정하고 있는 연안관리법 제8조, 공유수면에서의 골재채취허가권한을 규정하고 있는 골재채취법 제22조 등은 법률 자체에 의거하여 해양에 관한 관리·감독권한을 시장·군수 등에게 부여하고 있다. 그렇다면 지방자치단체의 공유수면에 대한 관할권

영토를 지방자치단체별로 분할한 것이고 국가의 영토에는 육지외에 영해·영공까지가 포함된다는 점도 지방자치단체의 관할구역에 공유수면이 포함된다고 볼 근거라고 할 것이다. 그러므로 지방자치법 제4조 제1항에 규정된 자치단체의 관할구역에는 육지 외에 하천·호소 등 수면과 육지에 접속하는 바다(공유수면)도 포함되며, 구역의 상공이나 지하도 그 권능이 실질적으로 미치는 범위에 있어서는 자치권의 객체가 된다."고 판시하고 있다.

9 헌법재판소 2006. 8. 31. 선고 2003헌라1 결정의 법정의견; 헌법재판소 2009. 7. 30. 선고 2005헌라2 결정의 법정의견; 헌법재판소 2010. 6. 24. 선고 2005헌라9, 2007헌라1·2(병합) 결정의 법정의견; 헌법재판소 2015. 7. 30. 선고 2010헌라2 결정의 법정의견; 헌법재판소 2019. 4. 11. 선고 2016헌라8, 2018헌라2(병합) 결정의 법정의견 참조.

한이 개별 법률들에서 인정되고 있다고 할 것이다."라고 판시하고 있다.[10]

3. 부정적 입장

해상경계 문제가 최초로 쟁점이 된 2000헌라2 결정(당진군과 평택시 간의 권한쟁의)에서, 헌법재판소의 일부 재판관이 "공유수면에 대한 지방자치단체의 관할권한이 있다고 인정할 법적근거나 사실을 인정할 증거가 없으므로 공유수면에 대한 지방자치단체의 관할권한은 존재하지 아니한다고 보아야 하고, 다만 법령으로 그 관할구역을 정할 수 있을 뿐이라고 할 것이다."라는 취지의 반대의견을 개진한 이후, 지방자치단체의 관할구역에 공유수면인 바다를 포함시키지 않는 부정적 의견이 간헐적으로 제기되고 있다.[11] 그 내용 중 주요사항은 다음과 같다.

첫째, 지방자치단체의 구역은 종전에 의하고 구역을 바꾸거나 경계변경을 할 경우에는 법령으로 정하도록 규정한 지방자치법 제4조 제1항은, 토지조사령 등 관계법령에 따라 지적정리가 되었거나 지적정리가 가능한 육지에 대한 구역설정을 상정한 것이지, 공유수면인 바다를 대상으로 상정한 것이 아니며, 그동안 법령을 통해 바다에 대한 지방자치단체의 관할구역을 확정하지도 않았다. 따라서 위 지방자치법 조항으로부터 곧바로 지방자치단체의 관할구역에 바다가 포함되는 것으로 해석할 수는 없다고 한다.[12]

둘째, 바다를 지방자치단체의 관할구역으로 인정할 경우 바다에 대한 경계변경도 법령의 제정을 통해야 하지만, 현행 지방자치법을 적용해 경계

10 위의 헌법재판소 결정 참조.

11 헌법재판소 2004. 9. 23. 선고 2000헌라2 결정의 재판관 김경일, 재판관 주선회, 재판관 전효숙, 재판관 이상경의 반대의견; 헌법재판소 2006. 8. 31. 선고 2003헌라1 결정의 재판관 김경일, 재판관 주선회, 재판관 조대현의 반대의견; 헌법재판소 2015. 7. 30. 선고 2010헌라2 결정의 재판관 이진성 반대의견 참조.

12 위의 헌법재판소 결정 참조.

변경 절차를 이행할 방법이 없기 때문에, 실정법상 바다를 지방자치단체의 구역으로 보기 어렵다고 한다.[13]

셋째, 육지의 관할구역 구분을 위한 경계설정을 위하여 지적도, 임야도 등 지적공부와 같은 근거가 있어야 하듯이 바다를 지방자치단체의 구역으로 설정하기 위하여서는 해적도(海籍圖)와 같은 바다 관련 근거 공부가 있어야 하는데, 지금까지 존재한 적도 없고 기술·경제적으로 불가능하거나 곤란하다고 한다.[14][15]

넷째, 관습적으로 바다의 일정한 수역을 지방자치단체가 관리한다고 하더라도, 지방자치단체의 구역으로 자치권에 의해 관리한 것인지, 아니면 국가의 해양·수산정책의 목적에 따라 국가영토의 일부로 지방자치단체가 관리한 것인지 분명하지 않다.[16] 다만, 바다의 이용목적에 따라 지방자치단체 사이의 해상경계를 개별적으로 획정할 필요는 있기 때문에, 국가는 국가의 해양정책의 목적이나 필요에 따라 조업수역범위, 해양안전심판원 관할구역, 해양경찰서 관할구역 등 다양한 관리구역을 법령으로 합리적으로 각각 설정할 수 있다. 따라서 국가는 개별 법령 등을 통해 필요한 범위 내에서 구역을 정해 관리권한을 지방자치단체에게 위임할 수 있지만, 바다에 대해 반드시 지방자치단체의 일반적 관할구역을 획정해야 하는 것은 아니라고 한다.[17]

다섯째, 법률이나 대통령령에 의하지 않고 해양수산부장관이나 시·도

---

13 헌법재판소 2004. 9. 23. 선고 2000헌라2 결정에서 제시한 행정자치부장관의 의견 참조.

14 앞의 헌법재판소 결정 (주 12) 참조.

15 헌법재판소 2004. 9. 23. 선고 2000헌라2 결정에서 피청구인 평택시도 유사한 주장을 하고 있다.

16 헌법재판소 2004. 9. 23. 선고 2000헌라2 결정에서 제시한 행정자치부장관의 의견 참조.

17 앞의 헌법재판소 결정 (주 12) 참조.

지사가 조업수역을 조정할 수 있도록 한 수산업법상의 어업조정제도[18]는, 바다가 국가의 소유·관리 아래에 있어 지방자치법 제4조의 자치단체의 구역에서 제외됨을 전제로 한 것이라고 한다. 만약 바다의 관할구역이 반드시 어느 지방자치단체에 속한다고 하면 굳이 이러한 조정절차를 둘 필요가 없다고 주장한다.[19]

여섯째, 어업의 면허 및 허가에 관한 수산업법상의 규정들은,[20] 바다에 대한 관리권이 국가에 있음을 전제로 해양수산부장관이 그 권한을 행사해야 함을 정하고 있는 것이므로, 지방자치단체의 장의 연안어업 등에 관한 행정권한 행사는 국가의 위임에 따라 위임사무를 처리하는 것이지, 지방자치단체 집행기관으로 권한을 행사하는 것은 아니다. 따라서 위 규정들을 오히려 지방자치단체가 공유수면인 바다에 대해 자치권을 갖고 있지 않다는 근거라고 한다.[21]

일곱째, 지방자치단체의 구역은, 주민의 복리에 관한 사무 처리와 재산 관리라는 헌법 제117조에 의한 지방자치단체의 목적에 필요한 범위 내에서 한정되는데, 주민들이 거주하지 아니하는 바다는 지방자치단체의 구역이 될 수 없다. 그리고 '전체 지방자치단체의 구역의 합=국가의 영역'이라는 등식은 성립할 수 없으므로, 바다에 지방자치단체 사이의 해상경계가

---

18 수산업법에 의하면, 시·도 사이의 어업조정을 위하여 필요할 때에는 해양수산부장관이 공동조업수역의 지정 등의 방법으로 조업수역을 조정할 수 있고, 시·군 또는 자치구 사이의 어업조정을 위하여 필요할 때에는 시·도지사가 조업수역을 조정할 수 있으며(법 제62조), 시·군·자치구 사이의 어업에 관한 분쟁의 조정은 시·도수산조정위원회나 합동수산조정위원회에서 담당하도록 되어 있다(법 제89조).

19 앞의 헌법재판소 결정 (주 12) 참조.

20 수산업법에 의하면, 근해어업은 해양수산부장관의 허가사항이며(법 제41조 제1항), 정치망 어업과 양식어업은 시장, 군수 또는 구청장의 면허를 받도록 규정하고 있고(법 제8조 제1항), 이러한 시장, 군수, 구청장의 어업면허는 '어업면허의 관리 등에 관한 규칙' 및 이에 따라 해양수산부장관이 작성하여 시·도지사에게 시달하는 어장이용 개발계획기본지침을 준수하여야 한다고 규정되어 있다(법 제4조; 수산업법 시행령 제2조; 어업면허의 관리 등에 관한 규칙 제2조 참조).

21 앞의 헌법재판소 결정 (주 12) 참조.

존재한다는 주장도 성립될 수 없다고 한다.[22]

4. 검토

공유수면인 바다가 지방자치단체의 관할구역에 포함되는지 여부에 관한 명문의 규정이 존재하지 않는 것은 사실이다. 그렇다고 그 부존재의 사실을 부정적 입장의 근거로만 사용할 수는 없다. 또한 공유수면인 바다의 일정수역에 대한 지방자치단체의 현실적 관리가, 지방자치단체의 구역에 대한 자치권에 의한 관리인지, 국가의 해양·수산정책적 목적에 따라 국가영토의 일부로서 단지 지방자치단체가 관리하는 것인지가 불분명한 것도 사실이다. 그렇다고 이 또한 바다인 공유수면이 지방자지단체 관할구역에 포함되지 않는다는 부정적 입장의 근거로만 사용될 수는 없다. 오히려, 관련 법령의 유기적이고 종합적인 해석을 통해서 공유수면의 지방자치단체 관할구역 포함 여부를 밝혀낼 필요성이 크다는 것을 보여주는 것이다.

생각건대, 헌법재판소 법정의견이 언급한 다수의 개별 법률조항(지방자치법 제9조, 수산업법 제8조와 제41조, 공유수면관리법 제4조 및 제5조, 항만법 제22조, 연안관리법 제8조, 골재채취법 제22조 등)이 일정 수역의 공유수면에 관한 관리 및 감독 권한을 시장과 군수 등에게 부여하고 있는 사실은 분명해 보인다.[23] 그리고 이러한 권한은 지방자치단체의 자치사무에 대한 자치권이며, 공유수면인 바다가 지방자치단체의 관할구역임

---

22 헌법재판소 2004. 9. 23. 선고 2000헌라2 결정에서의 피청구인 평택시의 의견.

23 한편, 일부 헌법재판관은 수산업법상 '해양수산부장관의 어업조정'이나 '해양수산부장관의 근해어업 허가'를 바다의 지방자치단체 관할구역 포함의 부정적 논거로 주장하고 있는데, 이러한 주장은 해양수산부장관의 어업조정은 원활한 분쟁해결의 필요에 의한 것일 뿐이라는 점과 해양수산부장관의 근해어업 허가는 근해어업의 조업구역이 특정 지방자치단체의 구역을 넘는 광역단위이기 때문에 인정된다는 점을 간과한 주장이다.

을 전제로 인정되는 것이다. 따라서 공유수면인 바다는 지방자치단체의 관할구역에 포함된다.

한편, 바다가 지방자치단체의 관할구역에 포함된다고 할 때, 그 외측한계를 어느 범위까지 인정할지도 문제가 될 수 있다. 즉, 공유수면인 바다에는 내수, 영해뿐 아니라 접속수역, 배타적 경제수역까지 포함되는데,[24] 지방자치단체의 관할권이 이 중에서 어느 범위까지 미치는지도 논의의 대상이 될 수 있다.[25] 생각건대, 접속수역이나 배타적 경제수역 등은 영해와는 달리 국가의 완전한 주권이 미치는 곳이 아니라는 점, 육지와의 거리가 매우 멀어 인접 지방자치단체 사이에 상대적 거리 차이가 크지 않다는 점(인접성에 있어 차이가 크지 않음),[26] 접속수역이나 배타적 경제수역이라는

24 공유수면관리 및 매립에 관한 법률 제2조에 따르면, '공유수면'은 '바다', '바닷가', '하천·호소·구거, 그 밖에 공공용으로 사용되는 수면 또는 수류로서 국유인 것'을 의미하는데, 여기서 '바다'는 '해양조사와 해양정보 활용에 관한 법률 제8조 제1항 제3호에 따른 해안선으로부터 배타적 경제수역 및 대륙붕에 관한 법률에 따른 배타적 경제수역 외측 한계까지의 사이'로 정의되어 있다.

25 이에 대해 최근 법제처는 "배타적 경제수역은 영해와는 달리 주권적 권리와 관할권이 국제연합 협약에 따라 행사되는 특별한 지위를 가지는바, 국가가 지방자치단체에 배타적 경제수역에 관한 권한을 위임하는 명시적 규정을 두고 있지 않는 한, 일반적으로 배타적 경제수역은 국가가 직접 관할권을 행사하는 수역이므로 낚시관리법 제27조 본문에서 특별시장·광역시장·도지사 또는 특별자치도지사의 관할 수역인 영업구역에 속한다고 보기 어렵습니다."라고 해석하여(법제처 18-0219, 2018. 7. 11.), 영해 외측의 배타적 경제수역에 대한 지방자치단체의 관할권을 부정했다. 한편, 법원의 판결은 심급에 따라 결론이 갈렸다. 배타적 경제수역에 설치된 시설에 부과된 세금과 관련한 사건(취득세등 경정거부처분 취소소송)에서, 1심 법원은 "배타적 경제수역이 지방자치법에 의한 지방자치단체의 관할구역에 포함된다는 논리는 성립될 수 없다."라고 판시했지만(울산지방법원 2019. 01. 10. 선고 2018구합5639 판결), 항소심 법원은 "대한민국의 영해와 배타적 경제수역에도 지방자치단체의 자치권이 미치고, 이 사건 이설배관과 해저운송배관이 위치한 바다는 대한민국의 영해와 배타적 경제수역에 해당하므로, 위 이설배관과 해저운송배관이 위치한 바다에는 지방자치단체의 과세권이 미친다 할 것이다."라고 판시하여(부산고등법원 2019. 12. 13. 선고 2019누20426 판결), 1심 법원과는 다른 판단을 하였고, 이에 대한 대법원의 입장은 불분명하다(대법원이 심리불속행기각판결(대법원 2020. 04. 29. 선고 2020두31859)을 했기 때문에 관련 사항에 대한 공식적인 입장을 알 수 없다).

26 예컨대, 지방자치단체(A ,B)가 수직으로 연접해 있고, A지방자치단체와 특정지점(P1)의 최단거리는 12해리이고, B지방자치단체와 P1의 최단거리는 15해리라고 가정할 때, 두 지방자치단체의 인접성의 차이는 1.25배(15/12)가 된다. 반면에 P1을

법적 관념이 비교적 최근에 정착되기 시작했다는 점('종전'부터 있었던 개념이 아님),[27] 다수의 법에서 배타적 경제수역에 대한 관리권을 국가(해양수산부장관)에 부여하고 있다는 점[28] 등에 비춰볼 때, 지방자치단체의 관할구역은 영해에 국한되는 것으로 해석하는 것이 타당하다고 판단된다.[29]

A지방자치단체로부터 200해리 지점(P2)까지 수평으로 확장하면, B지방자치단체와 P2의 거리는 약 200.2해리가 되며, 두 지방자치단체의 인접성의 차이는 1.001배(200.2/200)가 된다. 이 경우에는 A가 B보다 가깝다는 말을 할 수 없을 정도의 미미한 차이만 존재한다.

27 접속수역이나 배타적 경제수역은 '유엔해양법협약(United Nations Convention on the Law of the Sea)'에 의해 국제법적으로 정식 도입되었다. 이 협약은 1982년 12월 10일에 작성되었고, 우리나라에서는 1996년 1월 26일에 비준을 거쳐 같은 해 2월 28일에 발효되었다. 그 후 우리나라에서는 '영해법'이 '영해 및 접속수역법'으로 개정되었고, '배타적 경제수역법'이 새롭게 제정되었다.

28 해양공간계획 및 관리에 관한 법률에 따르면, '해양공간'은 '영해 및 접속수역법에 따른 내수·영해', '배타적 경제수역 및 대륙붕에 관한 법률에 따른 배타적 경제수역·대륙붕' 및 '해양조사와 해양정보 활용에 관한 법률 제8조 제1항 제3호에 따른 해안선으로부터 지적공부에 등록된 지역까지의 사이'를 포함하는데(법 제2조 제1호), 이 중에서 '배타적 경제수역과 대륙붕 및 그 밖에 대통령령으로 정하는 해양공간(항만법 제2조 제4호에 따른 항만구역)'에 대해서는 해양수산부장관이 해양공간관리계획을 수립하고(법 제7조 제1항 제1호), '그 외의 지역(내수와 영해 등)'에 대해서는 시·도지사가 해양공간관리계획을 수립할 권한을 갖는다(법 제1항 제2호). 공유수면 관리 및 매립에 관한 법률도 유사한 형태로 규정되어 있다(법 제4조 및 동법시행령 제2조 참조).

29 한편, 미국의 경우는 해안선으로부터 약 3마일까지는 주정부가 해상관할권을 가지며, 그 외측 영해는 연방정부가 관할권을 갖는다(43 USC Ch. 29: SUBMERGED LANDS, §1312. Seaward boundaries of States). 일본의 경우도 일본판례의 해석상 보통지방공공단체의 권능은 육지뿐만 아니라 육지의 연장으로서 해면에도 미치지만, 그 범위는 영해까지로 해석된다(遠藤愛子, "海域における行政界設定の可能性を､「水」「水産」「海洋」政策から考える", 総合地球環境学研究所 プレス懇談会, 2014. 12. 04).

Ⅲ. 종전 해상경계의 확인 문제

1. 문제 제기

지방자치법 제4조 제1항은 "지방자치단체의 명칭과 구역은 종전과 같이 하고, 명칭과 구역을 바꾸거나 지방자치단체를 폐지하거나 설치하거나 나누거나 합칠 때에는 법률로 정한다. 다만, 지방자치단체의 관할 구역 경계변경과 한자 명칭의 변경은 대통령령으로 정한다."고 규정하고 있다. 그 결과, 지방자치단체의 관할구역 경계는 법령에 의하여 달리 정해지거나 변경되지 않는 한 현재에도 '종전'과 같이 유지되는 것으로 해석된다.

따라서 지방자치단체 사이의 해상경계에 관한 분쟁의 해결은 '종전'의 구역을 '확인'하는 작업부터 시작해야 하고, 이때 명시적인 법령상 규정이 존재한다면 그에 따라야 하고, 그렇지 않으면 불문법에 따라야 한다.

이하에서는 종전 해상경계의 확인과 관련하여, 종전의 의미와 종전에 해상경계를 확인할 수 있는 법령이 존재했는지 여부 등을 검토한다.

2. '종전'의 의미

해상경계에 관한 분쟁해결은 '종전'의 구역을 확인하는 것부터 선행되어야 하는데, 여기서 '종전'의 의미가 문제된다. '종전'을 어떻게 이해하느냐에 따라 '확인'의 대상이 달라지기 때문이다.

이와 관련하여, 헌법재판소와 대법원은 "지방자치법 제4조 제1항 등의 개정 연혁에 비추어 보면 그 '종전'이라는 기준은 최초로 제정된 법률조항까지 순차 거슬러 올라가게 되므로,[30] 1948. 8. 15. 당시 존재하던 관할구

30 제정 당시의 '지방자치법(1949. 7. 4. 법률 제32호)' 제4조와 제145조는 지방자치단체의 관할구역을 '종전'에 의하도록 규정했고, 광복 후 최초로 지방자치단체의 관

역의 경계가 원천적인 기준이 된다고 할 수 있으며, 공유수면에 대한 지방자치단체의 관할구역 경계 역시 위와 같은 기준에 따라 1948. 8. 15. 당시 존재하던 경계가 먼저 확인되어야 할 것"이라고 판시하고 있다.[31] 즉, 헌법재판소와 대법원은 '종전'을 '1948년 8월 15일 이전'으로 이해하고 있다.

그러나 이는 바람직한 해석이 아니다. '종전'의 사전적 의미가 '지금보다 이전'이라는 점을 고려하면, 현행 법령상의 '종전'은 '지금', 즉 '법령의 적용 또는 해석 당시' 내지는 '현행 법령의 시행 당시'의 '이전'으로 해석할 필요가 있다. '종전'을 이렇게 해석해야만 헌법재판소와 대법원의 논증방법에 타당성이 부여된다. 헌법재판소와 대법원은 '1948년 8월 15일 이후'의 국가기본도상의 지형도를 해상경계의 판단근거로 보거나 '1948년 8월 15일 이후'의 행정관행을 행정관습법 성립여부의 판단근거로 사용하고 있는데,[32] 이는 '종전'을 '1948년 8월 15일 이전'으로 보는 자신들의 입장과 상호모순인 논증방법이다.

따라서 '종전'은 '법령의 적용 또는 해석 당시 이전' 내지 '현행 법령 시행 당시 이전'으로 봐야 하고, 그 '이전'은 미군정기, 일제강점기, 대한제국까지 거슬러 올라갈 수 있다.[33]

할구역에 대해 정한 '지방행정에 관한 임시조치법(1948. 11. 7. 법률 제8호)' 제5조와 제12조는 시·도와 구·부·군·도의 관할구역을 '대통령령'으로 정하도록 규정했고, 이에 따라 제정된 '지방행정기관의 명칭·위치와 관할구역에 관한 건(1948. 11. 18. 대통령령 제34호)'는 "관할구역은 단기 4281년 8월 15일 현재에 의한다."고 규정했다.

31 대법원 2015. 6. 11. 선고 2013도14334 판결; 헌법재판소 2009. 7. 30. 선고 2005헌라2 결정; 헌법재판소 2011. 9. 29. 선고 2009헌라5 결정 등 참조.

32 대법원 2015. 6. 11. 선고 2013도14334 판결; 헌법재판소 2009. 7. 30. 선고 2005헌라2 결정; 헌법재판소 2011. 9. 29. 선고 2009헌라5 결정 등 참조.

33 헌법재판소는 "대한민국이 최초로 제정한 제헌헌법 부칙 제100조는 '현행법령은 이 헌법에 저촉되지 아니하는 한 효력을 가진다'라고 규정함으로써 이른바 대한제국법령, 통감부법령, 재조선총독부법령, 미군정법령, 대한민국 구법령 등도 제헌헌법에 저촉되지 않는 한 효력을 가지게 하였(다)"고 판시했다(헌법재판소 1994. 12. 29. 선고 89헌마2 결정 참조).

3. 해상경계를 확인할 수 있는 법령의 존재 여부

'종전'을 확인하기 위해서는 현행 지방자치단체제도와 유사한 틀을 가진 법령을 찾아 일제강점기 및 대한제국까지 거슬러 올라가야 한다.

현행 지방자치단체제도와 유사한 틀은 1896년 반포된 '지방제도관제봉급경비개정의건(1986. 8. 4. 칙령 제36호)'에 의해 13도제 지방행정체계가 마련되면서부터 형성되었다.[34] 그 후 1913년에 제정·공포된 '도의위치와관할구역및부군의명칭위치관할구역(1913. 12. 29. 조선총독부령 제111호)'에 의해 부·도·군과 그 관할구역에 두는 행정구역을 정하게 되었는데, 이에 따라 대체로 오늘날과 유사한 지방행정구역의 명칭 및 체계가 확립되었고,[35] 이는 광복 이후까지 그 기본틀을 유지하여 왔다.

위 총독부령은 '법률제명령의존속(1945. 11. 5. 군정법령 제21호)' 제11조에 의하여 미군정기에도 그 효력을 지속하게 되었다. 대한민국 정부 수립 후에는 '지방행정에관한임시조치법(1948. 11. 17. 법률 제8호)'이 제정되어 서울시와 14개도의 설치근거를 규정함과 동시에 시·도의 위치와 관할구역을 대통령령으로 정하도록 위임하였다. 이에 따라 공포된 '지방행정기관의명칭·위치및관할구역에관한건(1948. 11. 18. 대통령령 제34호)'은 지방행정기관의 명칭 및 구역에 관하여 새로 정함이 없이 1948. 8. 15.

---

34 그러나 여기에서는 13도와 그 관할구역에 두는 군을 열거함에 그쳤다(헌법재판소 2004. 9. 23. 선고 2000헌라2 결정 참조).

35 '부령 제111호'는 부·도 및 군에 두는 행정구역을 열거하였을 뿐 구체적으로는 그 행정구역의 범위를 특정한 것은 아니었으며, 국토상의 어느 부분이 어느 구역에 속하는지는 사회일반의 관념에 맡겨지고 법령에서 이를 규정한 것은 아니었다. 국토의 특정지점이 특정한 행정구역에 속하는지를 공식적으로 파악할 수 있게 된 것은 토지조사사업(1910년~1918년)과 임야조사사업(1916년~1924년)이 완료된 1920년대 중반으로 보아야 할 것인데, 이 경우에도 그와 같은 사항은 법령에 규정된 것이 아니고 지적관련공부에서 지번의 표시로 행정구역을 명시한 바에 따른 것으로서 지방자치단체의 구역이 법령에 직접 설정된 것은 아니었다(헌법재판소 2004. 9. 23. 선고 2000헌라2 결정 참조).

현재에 따르도록 규정했다. 그리고 1949년 제정된 '지방자치법(1949. 7. 4. 법률 제32호)'도 "지방자치단체의 명칭과 구역은 종전의 부를 시로 하는 이외에는 모두 '종전'에 의하고 이것을 변경하거나 폐치분합할 때에는 법률로써 하여야 한다."라고 규정했는데, 이러한 기본틀이 현재까지 이어져 오고 있다.

그런데 지금까지 그 어떤 법령에 의해서도 지방자치단체의 관할구역이 직접 특정된 바가 없다.[36] 그나마 지방자치단체 관할구역 중 육지부분은 특정 토지가 지적공부[37]에서 지번(地番)으로 특정됨에 따라 간접적으로 일정한 지방자치단체의 관할구역으로 특정되게 되었다. 그러나 공유수면인 바다에 대하여는 토지처럼 지번 등에 의하여 특정된 바가 없고, 어느 법령에서도 각 지방자치단체의 관할구역에 속하는 바다를 직접 특정한 바가 없다.[38] 따라서 공유수면에 대한 행정구역을 직접적으로 획정하는 법령상의 경계는 종전부터 현재까지 존재하지 않았다고 보아야 할 것이다.

4. 지형도 또는 국가기본도상 해상경계의 규범력 인정 여부

지방자치법 제4조 제1항은 '종전'에 의한다고만 규정하고 있을 뿐 '종전의 법령'에 의한다고 규정하고 있는 것은 아니다. 따라서 종전의 법령뿐만

---

36 지방자치단체의 관할구역을 새로 정하거나 변경한 법령이 전혀 없는 것은 아니다. 예컨대, '세종특별자치시 설치 등에 관한 특별법(법률 제11624호, 2013. 1. 23. 제정)'이나 '경기도 수원시와 용인시의 관할구역 변경에 관한 규정(대통령령 제30036호, 2019. 8. 13. 제정)' 등 관련 법령이 많이 존재한다. 그러나 이러한 법령은 육지의 관할구역에 관한 것이고, 경계를 명시적으로 새롭게 획선한 것이 아니라 기존의 지번이나 지역을 다른 지방자치단체의 관할구역에 포함시키는 방식이다.

37 '지적공부'란 "토지대장, 임야대장, 공유지연명부, 대지권등록부, 지적도, 임야도 및 경계점좌표등록부 등 지적측량 등을 통하여 조사된 토지의 표시와 해당 토지의 소유자 등을 기록한 대장 및 도면(정보처리시스템을 통하여 기록·저장된 것을 포함한다)"을 말한다(공간정보의 구축 및 관리 등에 관한 법률 제2조 제19호 참조).

38 지방자치단체장의 권한을 인정하고 있는 수산업법이나 공유수면관리법 등의 개별 법률들도 공유수면에 대한 행정구역 경계를 별도로 표시하지 않고 있다.

아니라 다른 자료도 해상경계 확인의 근거로 사용될 수 있다.[39]

이와 관련해서는 일제강점기에 조선총독부가 제작한 지형도상의 해상경계와 해방 이후 국토지리정보원 등에서 간행한 국가기본도상의 해상경계의 법적 의미가 문제될 수 있다.

과거 헌법재판소는 "지방행정구역 중 해상경계선은 조선총독부 육지측량부가 제작한 지형도상에 표시되어 있었고, 이는 해방 이후 간행된 국가기본도에도 대부분 그대로 표시되었으므로 다른 특별한 사정이 없는 이상 국토지리정보원에서 간행된 국가기본도가 해상경계선 확정의 중요한 기준이 된다 할 것이다."라고 판시하여,[40] 지형도 또는 국가기본도상의 해상경계선을 해상경계 확인의 중요한 근거로 인정했다. 대법원도 "원심은, 그 판시와 같은 이유에서 국토지리정보원이 발행한 국가기본도(지형도) 중 1948. 8. 15.에 가장 근접한 1973년 지형도상의 해상경계선이 이 사건 허가 조업구역의 경계선인 '경상남도와 전라남도의 도 경계선(해상경계선)'이 되고 피고인들은 직접 또는 그 사용인이 모두 위 해양경계선을 넘어가 조업을 하였으므로 이 사건 공소사실이 모두 유죄로 인정된다고 판단하였다. 위 법리와 기록에 비추어 살펴보면, 원심의 위와 같은 판단은 정당하고 거기에 상고이유 주장과 같은 죄형법정주의 위반, 수산업법령상 조업구역 획정 및 도계선의 결정에 관한 법리오해 등의 위법이 없다."고 판시하여,[41] 헌법재판소와 같은 입장을 취했다.

그러나 최근 헌법재판소는 "국가기본도상의 해상경계선은 국토지리정

39 헌법재판소도 "여기서 '종전'이라 함은 종전의 법령 내용만을 의미하는 것이 아니고, 지적공부상의 기재 등까지를 포괄하는 의미로 해석되어야 하며, '지방자치단체의 관할구역은 종전에 의한다'는 것은 동법 시행시 존재한 구역을 그대로 답습한다는 것을 의미한다."고 판시하고 있다(앞의 헌법재판소 결정 (주 10) 참조).

40 헌법재판소 2006. 8. 31. 선고 2003헌라1 결정; 헌법재판소 2009. 7. 30. 선고 2005헌라2 결정; 헌법재판소 2010. 6. 24. 선고 2005헌라9, 2007헌라1·2(병합) 결정 등 참조.

41 대법원 2015. 6. 11. 선고 2013도14334 판결 참조.

보원이 국가기본도상 도서 등의 소속을 명시할 필요가 있는 경우 해당 행정구역과 관련하여 표시한 선으로서, 여러 도서 사이의 적당한 위치에 각 소속이 인지될 수 있도록 실지측량 없이 표시한 것에 불과하므로, 이 해상경계선을 공유수면에 대한 불문법상 행정구역에 경계로 인정해 온 종전의 결정은 이 결정의 견해와 저촉되는 범위 내에서 이를 변경하기로 한다."라고 판시하여,[42] 국가기본도상 해상경계선에 대한 규범적 효력을 부인했다.

생각건대, 국토지리정보원은 해상경계를 획정할 법적 권한을 가지고 있지 않으며, 국가기본도상의 해상경계선은 그 작성 시기별로 서로 달라 어느 해상경계선을 기준으로 삼아야 하는지 불분명하다. 이러 사정을 고려하면, 국가기본도상의 해상경계선에 법적 의미를 부인한 최근의 헌법재판소 결정은 타당하다.

5. 해상경계를 확인할 수 있는 행정관습법의 존재 여부

관습법이란 국민의 전부 또는 일부 사이에 다년간 계속하여 같은 사실이 관행으로 반복됨으로써 일반 국민의 법적 확신을 얻어 성립하는 법규범을 말한다. 따라서 행정관습법이 성립하기 위해서는 특정한 행위를 통한 행정관행이 존재해야 하고, 이 관행이 오랜 기간 반복하여 존재해야 하며, 이러한 행정관행에 대한 행정기관과 일반국민들의 법적 확신이 존재해야 한다.

그런데 어떤 사실이 이러한 성립요건을 충족해서 관습법으로 성립됐는지 여부는 개별적으로 검토될 수밖에 없다. 따라서 이에 대한 구체적인 설명이 현실적으로 불가능하다. 다만, 관습법도 법률과 동일한 효력을 가지기 때문에 그 존재를 인정함에 있어 신중을 기해야 할 것이다.

한편, 과거 헌법재판소는 국가기본도(지형도)상 해상경계선을 기준으

---

42 헌법재판소 2015. 7. 30. 선고 2010헌라2 결정 참조.

로 한 행정관행에 대해서는 행정관습법의 성립을 인정하고,[43] 국가기본도(지형도)상 해상경계선과 다른 경계선을 기준으로 한 행정관행에 대해서는 행정관습법의 성립을 부정하는 경향의 결정을 주로 했다.[44] 그러한 최근의 판례변경 이후에는 국가기본도(지형도)상 해상경계선을 기준으로 한 행정관행에 대해서도 행정관습법 성립을 부정하는 경향이 있다.[45]

6. 검토

지방자치단체 사이의 해상경계에 관한 분쟁해결은 '종전'의 경계를 '확인'하는 것부터 시작된다. 이러한 확인은, 만약 해상경계를 확인할 수 있는 명시적 법령상 규정이 존재하면 그에 따라야 하고, 만약 명시적인 법령상의 규정이 존재하지 않는다면 불문법상 해상경계에 따라야 한다.

그런데 과거부터 현재까지 바다에 대한 지방자치단체의 관할구역이나 경계가 법령으로 정해진 적이 없다. 그리고 행정관행에 의해 바다에 대한 지방자치단체 관할구역과 경계가 명확히 형성되었다고 보기 어렵다. 특히, 과거 헌법재판소가 관습법 성립의 중요한 근거로 삼았던 국가기본도(지형도)상의 해상경계가 규범적 의미를 상실한 현재 상황에서는 불문법상 해상경계를 확인하는 일은 더욱 어렵게 되었다.

바다를 포함한 지방자치단체의 관할구역은 주민과 자치권과 함께 지방자치단체의 구성요소이고, 자치권 행사의 장소적 범위이다. 따라서 지방자치단체 사이의 분쟁을 예방·해결하고 지방자치제도의 본질을 보장하기 위

---

43 헌법재판소 2004. 9. 23. 선고 2000헌라2 결정 참조.

44 헌법재판소 2010. 6. 24. 선고 2005헌라9, 2007헌라1·2(병합) 결정; 헌법재판소 2011. 9. 29. 선고 2009헌라3 결정; 헌법재판소 2011. 9. 29. 선고 2009헌라4 결정; 헌법재판소 2009. 7. 30. 선고 2005헌라2 결정 참조..

45 헌법재판소 2015. 7. 30. 선고 2010헌라2 결정; 헌법재판소 2019. 4. 11. 선고 2016헌라8, 2018헌라2(병합) 결정 참조.

해서는 지방자치단체 관할구역의 범위가 명확하게 구분되어 있어야 한다.

지방자치단체의 구역의 중요성(지방자치단체의 구성요소이면서 자치권 행사의 장소적 범위)과 지방자치법 제4조 제1항은 내용(구역 변경은 법률로 하고 구역 경계변경은 대통령령으로 함)에 비춰볼 때, 지방자치단체의 구역은 국민적 합의를 통해 입법적으로 명확히 정해져야 한다.

Ⅳ. 새로운 해상경계의 획정 문제

1. 문제 제기

위에서 검토한 바와 같이, 지방자치단체 사이의 해상경계에 관한 분쟁의 해결은 '종전'의 구역을 '확인'하는 작업부터 시작해야 하고, 이때 명시적인 법령상 규정이 존재한다면 그에 따라야 하고, 그렇지 않으면 불문법에 따라야 한다.

그런데 만약 불문법마저 존재하지 않아 '종전'의 구역을 '확인'할 수 없다면 합리적 기준을 설정하여 새롭게 구역을 '획정'해야 할 것이다. 주민과 구역 그리고 자치권을 구성요소로 하고 있는 지방자치단체의 본질에 비춰볼 때, 지방자치단체 관할구역에 경계가 없다는 것은 상정할 수 없기 때문이다.[46] 여기서 누가, 어떤 기준에 따라 획정해야 하는 문제가 발생한다.

이하에서는 새로운 해상경계의 획정과 관련해서 해상경계의 획정기준과 획정주체에 대해 검토한다.

---

46 헌법재판소 2015. 7. 30. 선고 2010헌라2 결정 참조.

2. 획정기준의 문제

지방자치단체 사이의 해상경계를 새롭게 획정할 경우에 '획정기준'이 중요한 문제로 대두되는데, 현행 법령상에는 그에 대한 규정이 전혀 존재하지 않는다.[47]

헌법재판소는 '형평의 원칙'에 따라 합리적이고 공평하게 해상경계를 획정해야 한다고 하면서, 구체적으로는 '등거리 중간선 원칙', '도서들의 존재', '관련 행정구역의 관할 변경', '지리상의 자연적 조건', '행정권한 행사 연혁', '사무처리의 실상' 및 '주민들의 생업과 편익' 등을 고려요소로 열거하고 있다.[48] 이 중에서 '도서들의 존재'와 '관련 행정구역의 관할 변경'은 '등거리 중간선 원칙'의 중간선 설정 기점과 관련된 것이고, 나머지 요소들은 '등거리 중간선 원칙'의 예외로 고려될 수 있는 요소이다.[49] 따라서 헌법재판소는 '형평의 원칙'을 해상경계 획정의 대원칙으로 하고, '등거리 중간선 원칙'을 가장 기본적인 요소로 고려하면서, 기타 여러 요소들을 '등거리 중간선 원칙'의 예외로 고려하고 있는 것으로 해석된다.

한편, '도서들의 존재'와 관련하여, 헌법재판소는 처음에 '유인도'만을 해상경계 획정에 고려하는 듯 했는데,[50] 최근에 '유의미한 무인도'까지 등거리 중간선의 설정 기점으로 고려하고 있다.[51] 그런데 이렇게 '유의미한

---

47 현행 법령상의 '종전'이라는 기준은 경계나 구역을 '확인'하는 실체적 기준이지, 새로운 '획정'에는 어떤 단서도 제공하지 못한다.

48 헌법재판소 2015. 7. 30. 선고 2010헌라2 결정; 헌법재판소 2019. 4. 11. 선고 2016헌라8 결정 참조.

49 특히, 헌법재판소는 "간조 시 갯벌을 형성하여 청구인의 육지에만 연결되어 있을 뿐 피청구인의 육지와는 갯골로 분리되어 있어 청구인 소속 주민들에게 필요불가결한 생활터전이 되어 있다."는 점을 '등거리 중간선 원칙의 예외'로 보고 있다(헌법재판소 2019. 4. 11. 선고 2016헌라8 참조).

50 헌법재판소 2015. 7. 30. 선고 2010헌라2 결정에서 안면도, 황도, 죽도 등 유인도만 고려했다.

51 여기서 '유의미'하다는 것 "지리상의 자연적 조건 및 존재하는 시설의 역사와 현황 등을 고려할 때, 관할 지방자치단체의 시설관리와 주변에 거주하는 주민들의 삶과 생활에서 불가결한 기반이 되고 있다."는 것을 의미한다(헌법재판소 2019. 4. 11.

무인도'만 고려한다면, '유의미하지 않은 무인도'의 경우에는 행정구역상으로 A지방자치단체에 속하면서도 해상경계 상으로는 B지방자치단체에 속하는 불합리한 결과가 발생할 수도 있고, 분쟁을 유리한 상황으로 조성하기 위해 '무의미한 무인도'를 '유의미한 무인도'로 만드는 편법도 동원될 수 있다. 따라서 해상경계 획정 과정에서 도서의 존재를 고려할 때 세심한 주의가 필요하다.[52]

한편, 해상에서의 경계획정과 관련하여, 1982년 '유엔해양법협약'상의 경계획정기준이나 국제재판소 선례상의 기준이 참고가 될 수 있다.[53]

선고 2016헌라8 결정 참조).

52 이와 관련하여, 현행 법령상의 무인도서에 대한 분류가 하나의 기준이 될 수 있다. "무인도서의 보전 및 관리에 관한 법률"에 따르면, 무인도서는 '절대보전무인도서(무인도서의 보전가치가 매우 높거나 영해의 설정과 관련하여 특별히 보전할 필요가 있어 일정한 행위를 제한하는 조치를 하거나 상시적인 출입제한의 조치가 필요한 무인도서)', '준보전무인도서(무인도서의 보전가치가 높아 일정한 행위를 제한하는 조치를 하거나 필요한 경우 일시적인 출입제한의 조치를 할 수 있는 무인도서)', '이용가능무인도서(무인도서의 형상을 훼손하지 아니하는 범위 안에서 사람의 출입 및 활동이 허용되는 무인도서)', '개발가능무인도서(일정한 개발이 허용되는 무인도서)'로 분류되어 관리되고 있다(법 제10조 제1항). 이 중에서 유인도로 전환될 가능성이 전혀 없는 '절대보전무인도서'는 해상경계 획정에 고려하지 않고, 나머지 도서는 고려하는 것도 한 방법이 될 수 있다. 이러한 경우에도 해당 무인도가 타지방자치단체의 해상구역으로 포위되어 고립되는 상황은 막아야 할 것이다. 한편, 해상경계 획정에 있어서 '도서(섬)'의 문제와 관련한 헌법재판소, 국제사법재판소((ICJ) 및 국제해양법재판소(ITLOS) 판결의 비교법적 연구에 대해서는, 승이도, 「지방자치단체 사이의 해상경계 획정에 관한 헌법재판소 권한쟁의심판 연구 – 인접·대향한 지방자치단체 사이에 존재하는 섬의 영향과 해상경계 획정의 새로운 대안 모색을 중심으로」, 『헌법학연구』 제26권 제2호, 한국헌법학회, 2020.06, 205-268쪽 참조.

53 국제법상 해양경계 획정방식이 지방자치단체 사이의 해상경계 분쟁에 직접 적용될 수는 없다. 비록 헌법 제6조 제1항에 의해 1982년 '유엔해양법협약'이 국내법과 동일한 효력을 가진다고 하더라도, 해양경계 획정과 관련된 조문은 외국과의 관계에서만 적용되기 때문이다. 다만, 해당 조문상의 획정방식을 조리로써 원용할 수는 있을 것이다(신창훈·이석우, 「지방자치단체 상호간의 해상경계획정 분쟁에 대한 국제법적 제언」, 『국제법평론』 2008-Ⅱ (통권 제28호), 국제법평론회, 2008.10, 167쪽 참조). 헌법재판소는 "등거리 중간선의 원칙은 양 지방자치단체의 이익을 동등하게 다루고자 하는 규범적 관념에 기초하며, 현재 국제적 해상경계분쟁에서도 유력한 기준으로 고려되고 있는 점에서 보편적으로 수용될 수 있는 합당성을 가진다고 보이므로, 공유수면의 해상경계를 획정함에 있어 마땅히 고려되어야 할 기본적인 요소임이 분명하다."고 판시하고 있다(헌법재판소 2015. 7. 30. 선고 2010헌라2 결정; 헌법재판소 2019. 4. 11. 선고 2016헌라8, 2018헌라2(병합) 참조).

1982년 '유엔해양법협약'은 영해의 경계획정과 관련해서는 '합의(agreement)', '중간선(median line)', '특별한 사정(special circumstances)'을 획정기준 내지 획정원칙으로 규정하고 있고,[54] 배타적 경제수역과 대륙붕의 경계획정과 관련해서는 '공평한 해결(equitable solution)', '합의(agreement)'를 획정기준 내지 획정원칙으로 언급하고 있다.[55]

국제재판소 선례에서는 그동안 '육지영토의 자연연장 원칙(natural prolongation principles)', '인접성 원칙(adjacency principles)', 그리고 '형평의 원칙(equitable principles)' 등 다양한 원칙과 방법론이 논의되어 왔는데,[56] 최근에는 '등거리선 또는 중간선에 의한 잠정경계선 획정'[57]과 '관련 상황을 고려한 잠정경계선 조정',[58,59] 그리고 '결과의

---

54 1982년 '유엔해양법협약' 제15조(대향국간 또는 인접국간의 영해의 경계획정) "두 국가의 해안이 서로 마주보고 있거나 인접하고 있는 경우, 양국간 달리 합의하지 않는 한 양국의 각각의 영해 기선상의 가장 가까운 점으로부터 같은 거리에 있는 모든 점을 연결한 중간선 밖으로 영해를 확장할 수 없다. 다만, 위의 규정은 역사적 권원이나 그 밖의 특별한 사정에 의하여 이와 다른 방법으로 양국의 영해의 경계를 획정할 필요가 있는 경우에는 적용하지 아니한다."고 규정하고 있다.

55 1982년 '유엔해양법협약' 제74조(대향국간 또는 인접국간의 배타적 경제수역의 경계획정) 제1항은 "서로 마주보고 있거나 인접한 연안을 가진 국가간의 배타적 경제수역 경계획정은 공평한 해결에 이르기 위하여, 국제사법재판소규정 제38조에 언급된 국제법을 기초로 하는 합의에 의하여 이루어진다."고 규정하고 있고, 제83조(대향국간 또는 인접국간의 대륙붕의 경계획정) 제1항은 "서로 마주보고 있거나 인접한 연안국간의 대륙붕 경계획정은 공평한 해결에 이르기 위하여, 국제사법재판소규정 제38조에 언급된 국제법을 기초로 하여 합의에 의하여 이루어진다."고 규정하고 있다.

56 국제법상 해양경계획정과 관련된 국제재판소의 각종 입장에 대해서는, 이석용, 「한국과 중국 간 해양경계획정에 있어서 형평원칙과 관련 상황 : 중국의 주장에 대한 분석과 평가」, 『국제법학회논총』 제63권 제2호 (통권 제149호), 대한국제법학회 2018.06, 137~172쪽 참조.

57 첫 번째 단계에서는 경계획정이 필요한 지역의 지리에 기하학적으로 객관적이고 적합한 방법을 사용하여 '잠정경계선(provisional delimitation line)'을 획정한다. 이때, 인접국 사이는 '등거리선(equidistance line)'을, 대향국 사이는 '중간선(median line)'을 잠정경계선으로 한다.

58 두 번째 단계에서는 '형평한 결과(equitable result)'를 도출하기 위해 잠정경계선의 조정 또는 이동을 요구하는 '관련 상황(relevant circumstances)'이 존재하는지 검토한다. 만일 그러한 상황이 존재하면 잠정경계선의 조정 또는 이동 등을 통하여 새로운 경계선을 획정한다.

59 '관련 상황'으로 거론되는 것으로는 기존의 협정, 당해 수역의 지리, 섬의 존재, 해

형평성 확인'[60]을 내용으로 하는 소위 '3단계 방법론(three-stage methodology)'이 유력하게 고려되고 있다.[61,62]

해상경계 획정에 관하여 법령에 구체적인 기준이 없는 현재 상황에서, 국제법적으로 유력하게 고려되는 '형평의 원칙'이나 '등거리 중간선 원칙' 등을 주된 기준으로 사용하면서 기타 여러 고려요소를 통해 보완하는 헌법재판소의 접근방식은 불가피한 측면이 있다고 보여 진다. 다만, 개별 요소들을 고려하는 과정에서 해상경계 획정의 대원칙인 '형평의 원칙'이 실현될 수 있도록 세심한 주의가 요구된다.

3. 획정주체의 문제

지방자치단체 사이의 해상경계를 새롭게 획정할 경우에 '획정기준'뿐 아니라 '획정주체'도 중요한 문제로 대두된다. 이는 결국 분쟁해결주체의 문제인데, 현행 제도상으로는 지방자치법상의 분쟁조정제도를 통해 시·도지사나 행정안전부장관이 분쟁해결을 위한 경계획정을 할 수도 있고, 헌법

안선의 모습과 길이, 해저지형 또는 해저의 지형학적 구조, 생물무생물자원의 존재 등 경제적 요소, 역사적 권리, 기준선 등이 있다(이석용, 앞의 논문, 153쪽 참조). '관련 상황'에 대한 보다 깊은 내용은, 윤영민, 「유엔해양법협약상 관련사정이 해양경계획정에 미치는 영향에 관한 연구」, 『해사법연구』 제28권 제1호, 한국해사법학회, 2016.03, 25쪽 이하 참조.

60 세 번째 단계에서는 결과의 형평성을 확인한다. 잠정경계선 또는 관련 상황을 고려하여 조정된 경계선이 각국의 해안선 길이의 비율과 경계획정선에 따른 각국의 관련해양수역 간의 비율 간의 '현저한 불비례(great disproportionality)'로 인하여 형평에 맞지 아니하는 결과를 초래하는지 검증한다.

61 김임향, 「유엔해양법협약상 해양경계획정방법의 구체화에 관한 연구」, 『해사법연구』 제31권 제2호, 한국해사법학회, 2019.07, 230쪽; 이기범, 「해양경계획정에 적용할 수 있는 '3단계 방법론'에 대한 비판적 소고」, 『국제법학회논총』 제65권 제2호(통권 제157호), 대한국제법학회, 2020.06, 153~154쪽

62 Maritime Delimitation in the Black Sea (Romania v. Ukraine), Judgment, I.C.J. Reports 2009, para.116; Territorial and Maritime Dispute between Nicaragua and Colombia (Nicaragua v. Colombia), Judgment, I.C.J. Reports 2012, para.184.

및 헌법재판소법상의 권한쟁의심판제도를 통해 헌법재판소가 경계획정을 할 수도 있다.

우선, 경계에 관한 분쟁도 지방자치단체 상호간의 분쟁의 하나이다. 따라서 지방자치단체의 관할구역의 해상경계가 불분명하여 인접 지방자치단체와 분쟁이 발생한 경우 지방자치법 제148조에 따른 지방자치단체 사이의 분쟁조정제도를 활용하여 해결할 수 있을 것이다.

지방자치단체 사이에 경계에 관한 분쟁이 발생하면 행정안전부장관이나 시·도지사가 조정할 수 있다(법 제148조 제1항). 시·도 간 또는 시·도를 달리하는 시·군·자치구 간의 경계에 관한 분쟁은 지방자치단체중앙분쟁조정위원회[63]의 의결에 따라 행정안전부장관이 조정하고, 동일 시·도 내의 시·군·자치구 간의 분쟁은 지방자치단체지방분쟁조정위원회의 의결에 따라 시·도지사가 조정한다(법 제148조 제1항; 제149조 제2항 및 제3항).

분쟁조정절차는 당사자의 신청에 의해 개시되는 것이 원칙이지만, 분쟁이 공익을 현저히 저해해 조속한 조정의 필요성이 인정되면 당사자 신청이 없어도 직권[64]으로 조정할 수 있다(법 제148조 제1항 단서). 분쟁조정의 신청은 분쟁 당사자의 쌍방 또는 일방이 서면으로 행정안전부장관이나 시·도지사에게 신청하여야 하고, 분쟁 당사자의 일방이 분쟁의 조정 신청을 하였을 때에는 행정안전부장관이나 시·도지사는 다른 당사자에게 알려야 한다(지방자치법 시행령 제85조 제1항).

행정안전부장관이나 시·도지사는 분쟁조정에 대하여 결정을 하면 즉시 관계 지방자치단체의 장에게 서면으로 통보해야 하며, 통보받은 지방자치단체의 장은 조정결정사항을 이행해야 한다(법 제148조 제4항). 만약 조

---

63 행정안전부의 보도자료에 따르면, 중앙분쟁조정위원회는 2000년 4월부터 2019년 7월까지 일반분쟁 24건과 매립지 등 귀속 지자체 결정 264건 등 총 288건을 처리했다(행정안전부 보도자료, 2019. 8. 29.).

64 이 경우 그 취지를 당사자에게 미리 알려야 한다(지방자치법 제148조 제2항 참조).

정결정사항이 성실히 이행되지 않으면 행정안전부장관이나 시·도지사는 해당 지방자치단체에 대하여 지방자치법 제170조를 준용하여 직무이행명령을 할 수 있다(법 제148조 제7항).

한편, 이와 관련하여, 지방자치법 제148조는 단순히 "지방자치단체의 장은 그 조정결정사항을 이행하여야 한다"거나(제4항) "행정안전부장관이나 시·도지사는 … 제170조를 준용하여 이행하게 할 수 있다"고 규정하여(제7항), 지방자치단체에 대한 조정결정의 구속력만 규정하고 있을 뿐 불복방법에 대해서는 명시적인 언급이 없다. 이에 따라, 행정자치부장관이나 시·도지사의 조정결정에 대한 불복수단으로 소송을 활용할 수 있는지가 문제된다.

생각건대, ⅰ) 일방 당사자에 의한 조정신청과 직권조정이 가능한 상황에서 조정결정에 대한 불복방법을 전혀 마련하지 않는 것은 해당 지방자치단체에게 매우 가혹하다는 점,[65] ⅱ) 지방자치법 제148조 제7항이 준용규정을 '제170조 제1항'이 아닌 '제170조'로 규정하고 있는 점에 비춰 봤을 때, 만약 지방치단체가 이행명령에 이의가 있으면 해당 지방자치단체의 장은 이행명령서를 접수한 날로부터 15일 이내 대법원에 제소할 수 있고,[66] 이 경우 이행명령의 집행을 정지하는 집행정지결정을 신청할 수 있다고 보아야 한다(법 제170조 제3항).

한편, 헌법은 제111조 제1항 제4호에서 "국가기관 상호간, 국가기관과 지방자치단체간 및 지방자치단체 상호간의 권한쟁의에 관한 심판"을 헌법재판소의 관장사항으로 규정하여, 권한쟁의심판제도를 인정하고 있다. 그리고 헌법재판소법은 제61조 제1항에서 "국가기관 상호간,[67] 국가기관과

---

65 이일세, 앞의 논문, 103쪽 참조.

66 우리 대법원도 이를 인정하고 있다. 지방자치법 제148조 제7항 및 제170조의 적용과 관련된 대표적인 판례로는 대법원 2016. 7. 22. 선고 2012추121 판결 참조.

67 헌법재판소법 제62조(권한쟁의심판의 종류) 제1항은 제1호는 '국가기관 상호간의

지방자치단체간[68] 및 지방자치단체 상호간[69]에 권한의 유무 또는 범위에 관하여 다툼이 있을 때에는 해당 국가기관 또는 지방자치단체는 헌법재판소에 권한쟁의심판을 청구할 수 있다."고 규정하고, 제61조 제2항에서는 "제1항의 심판청구는 피청구인의 처분 또는 부작위가 헌법 또는 법률에 의하여 부여받은 청구인의 권한을 침해하였거나 침해할 현저한 위험이 있는 경우에만 할 수 있다."고 규정하여, 헌법상의 권한쟁의심판의 요건을 구체화하고 있다.

그리고 헌법은 제117조 제1항에서 "지방자치단체는 주민의 복리에 관한 사무를 처리하고 재산을 관리하며, 법령의 범위 안에서 자치에 관한 규정을 제정할 수 있다."고 규정하고, 제117조 제2항에서는 "지방자치단체의 종류는 법률로 정한다."고 규정하고, 제118조 제2항에서는 "지방자치단체의 조직과 운영에 관한 사항은 법률로 정한다."고 규정하여, 지방자치제도와 지방자치단체의 자치권을 헌법적 차원에서 보장함과 동시에 구체적인 사항은 법률에 위임하고 있다. 그리고 지방자치법은 제9조 제1항에서 "지방자치단체는 관할 구역의 자치사무와 법령에 따라 지방자치단체에 속하는 사무를 처리한다."고 규정하고, 제9조 제2항에서는 "지방자치단체의 구역, 조직, 행정관리 등에 관한 사무"를 지방자치단체 사무로 예시하여, 헌법상 보장된 지방자치단체의 자치권에 자신의 구역 내에서 자신의

권한쟁의심판'으로 "국회, 정부, 법원 및 중앙선거관리위원회 상호간의 권한쟁의심판"을 예시하고 있다.

68 헌법재판소법 제62조(권한쟁의심판의 종류) 제1항은 제2호는 '국가기관과 지방자치단체간의 권한쟁의심판'으로 "정부와 특별시·광역시·특별자치시·도 또는 특별자치도 간의 권한쟁의심판"과 "정부와 시·군 또는 지방자치단체인 구 간의 권한쟁의심판"을 예시하고 있다.

69 헌법재판소법 제62조(권한쟁의심판의 종류) 제1항은 제3호는 '지방자치단체 상호간의 권한쟁의심판'으로 "특별시·광역시·특별자치시·도 또는 특별자치도 상호간의 권한쟁의심판"과 "시·군 또는 자치구 상호간의 권한쟁의심판" 그리고 "특별시·광역시·특별자치시·도 또는 특별자치도와 시·군 또는 자치구 간의 권한쟁의심판"을 예시하고 있다.

자치권을 행사할 수 있는 권한이 포함됨을 확인하고 있다.

따라서 지방자치단체는 그 관할구역 내에서 헌법 제117조 제1항과 지방자치법 제9조 및 기타 개별 법률들이 부여한 자치권한 내지 관할권한을 가지며, 그 결과, 이러한 권한이 국가기관이나 다른 지방자치단체의 처분이나 부작위에 의해 침해되었거나 침해될 현저한 위험이 있는 경우에 권한쟁의심판을 통해 구제를 받을 수 있다.[70]

한편, 지방자치단체가 권한쟁의심판을 적법하게 청구하려면, i) 당사자능력 및 적격이 있어야 하고,[71] ii) 피청구인의 처분 또는 부작위가 존재해야 하며,[72][73] iii) 이로 인한 권한의 침해 또는 현저한 침해 위험의 가능성이 있어야 하고, iv) 청구기간을 준수해야 하며,[74] v) 심판의 이익이 있어야 한다.

---

70 해상경계에 관한 권한쟁의심판사건으로는, 헌법재판소 2019. 4. 11. 선고 2016헌라8, 2018헌라2 결정; 헌법재판소 2015. 7. 30. 선고 2010헌라2 결정; 헌법재판소 2009. 7. 30. 선고 2005헌라2 결정 등이 있다.

71 해상경계에 관한 권한쟁의심판사건에서 지방자치단체의 장의 당사자능력 문제가 종종 쟁점이 되는바, 지방자치단체의 장은 기관위임사무의 집행권한과 관련된 범위에서 그 사무를 위임한 국가기관의 지위에 서게 되는 경우 이외에는 지방자치단체사무의 집행기관에 불과하므로 지방자치단체 기관의 권한쟁의 심판청구를 허용하고 있지 않은 현행법에서는 당사자능력이 없다고 봐야 할 것이다(헌법재판소 1999. 7. 22. 선고 98헌라4 결정; 헌법재판소 2006. 8. 31. 선고 2003헌라1 결정 참조).

72 해상경계에 관한 권한쟁의심판사건에서 주로 논의된 처분으로는, 공유수면 점용·사용료 부과처분(헌법재판소 2019. 4. 11. 선고 2016헌라8, 2018헌라2 결정), 어업면허처분(헌법재판소 2019. 4. 11. 선고 2016헌라8, 2018헌라2 결정; 헌법재판소 2015. 7. 30. 선고 2010헌라2 결정), 바다골재채취허가처분(헌법재판소 2009. 7. 30. 선고 2005헌라2 결정) 등이 있다.

73 피청구인의 장래처분에 의해서 청구인의 권한침해가 예상되는 경우에 청구인은 원칙적으로 이러한 장래처분이 행사되기를 기다린 이후에 이에 대한 권한쟁의심판청구를 통해서 침해이 권한의 구제를 받을 수 있으므로, 피청구인의 장래처분을 대상으로 하는 심판청구는 원칙적으로 허용되지 아니한다. 그러나 피청구인의 장래처분이 확실하게 예정되어 있고, 피청구인의 장래처분에 의해서 청구인의 권한이 침해될 위험성이 있어서 청구인의 권한을 사전에 보호해 주어야 할 필요성이 매우 큰 예외적인 경우에는 피청구인의 장래처분에 대해서도 헌법재판소법 제61조 제2항에 의거하여 권한쟁의심판을 청구할 수 있다(헌법재판소 2011. 9. 29. 선고 2009헌라5 결정 등 참조).

74 권한쟁의의 심판은 '그 사유가 있음을 안 날'부터 60일 이내에, '그 사유가 있은 날'부터 180일 이내에 청구하여야 한다(헌법재판소법 제63조 제1항 참조). 한편, 피

4. 검토

지방자치단체 사이의 해상경계에 관한 분쟁에서 '종전'에 의한 '확인'이 불가능한 경우에는 헌법재판소 등 분쟁해결기관이 일정한 기준 하에서 해상경계를 새롭게 '획정'할 수밖에 없지만, 현행 법령에는 그 기준이 전혀 마련되어 있지 않다. 그 결과, 분쟁해결기관은 각 사안별로 대응하고 있다. 그러나 지방자치단체 사이의 분쟁을 일정한 법적 기준 없이 각 사안별로 대응하는 방식은 또 다른 분쟁을 야기할 수 있다.[75] 따라서 조속한 법적 기준 마련이 필요하다.

한편, 지방자치단체의 해상경계에 관한 분쟁은 주로 헌법재판소의 권한쟁의심판을 통해 해결되고 있는데, 이러한 헌법재판소에 의한 해결이 과연 바람직한 것인지에 대해서는 재고가 필요하다. 특히 헌법재판소가 '종전의 해상경계의 확인'을 넘어 '임의의 기준'에 따라 '새로운 해상경계를 획정'하는 것은 바람직하지 않다. 지방자치단체 사이에 존재하는 분쟁을 해결할 현실적 필요가 있다고 하더라도, 분쟁해결은 헌법과 법령에 정해진 기준에 따라 이뤄져야 한다. 헌법재판소가 기준을 새롭게 창설하는 방법으로 사실상 입법·행정기능을 수행해서는 안 된다. 바다의 중요성이 부각되면 될수록 이를 둘러싼 지방자치단체 사이의 분쟁이 점점 더 증가할 것은 자명한데, 현재로서는 이를 해결할 법적 기준이 없다. 그렇게 되면 헌법재판소는 모든 분쟁해역에 등거리 중간선을 긋고 여러 사정과 형평을 고려해

청구인의 장래처분에 의한 권한침해 위험성이 발생하는 경우에는 장래처분이 내려지지 않은 상태이므로 청구기간의 제한이 없다(헌법재판소 2011. 9. 29. 선고 2009헌라5 결정 등 참조).

75 경계획정에 관한 명확하고 일관된 기준이 없다고 하더라도, 개별사건에서 구체적 타당성을 확보하는 데는 큰 문제가 없을지도 모른다. 그러나 명확한 획정기준의 부재는 분쟁결과에 대한 예측가능성의 결여를 초래해 분쟁의 사전예방이나 합의에 의한 자율적 분쟁해결을 불가능하게 만든다. 또한 이러한 획정기준의 부재는 쟁송절차에 의한 타율적 해결로 나아갈 수밖에 없게 만들고, 종국에는 그 결과도 수긍하지 못하게 되어 사법 불신과 또 다른 논란을 초래할 수 있다.

서 지방자치단체의 관할구역을 창설하는 행위를 계속할 수밖에 없다. 이는 법해석기관으로서의 헌법재판소의 고유한 기능을 고려할 때, 결코 바람직한 현상은 아니다.

결국, 지방자치단체 사이의 해상경계에 관한 분쟁을 근원적으로 해결하기 위해서는 법령제정을 통해 지방자치단체의 해상경계를 직접 획정하는 것이 최선의 방법이라 판단된다. 하지만 해양의 광범위성과 복잡성, 지방자치단체의 이해관계의 다양성 등으로 인해 지금 당장 법령으로 모든 지방자치단체의 해상경계를 직접 획정하는 것이 현실적으로 쉽지만은 않을 것으로 판단된다. 그렇다면 적어도 획정기준과 원칙, 획정주체와 절차라도 입법을 통해 명확히 설정함으로써, 당장의 분쟁해결에 단서를 제공함과 동시에 장기적인 관점에서 해상경계의 획정을 체계적으로 준비해야 한다.

해상경계 획정의 기준과 원칙과 관련해서, 지방자치단체의 해양 관할구역의 외측범위는 '영해로 한정'하는 것이 바람직하며, 경계획정 시에는 '관계 지방자방자치단체(인접 또는 마주보는 지방자치단체) 사이의 합의를 최우선적으로 고려'하고, 합의가 힘든 경우에는 '등거리중간선'을 기본으로 하면서 해당 해양과 관련된 역사적 사실 및 상황, 자연적 조건, 관련 지방자치단체의 해양 이용실태 및 주민의 사회·경제적 편익 등을 종합적으로 고려하여 '형평의 원칙'이 충족될 수 있도록 하고, 합의가 어렵거나 획정이 곤란한 경우에는 '공동관할구역'의 설정도 고려할 필요가 있다.

해상경계 획정의 절차와 주체에 관련해서, 경계획정을 체계적이고 효율적으로 추진하기 위해 정부(행정자치부)가 '획정계획'을 수립·시행하고, 별도의 독자적이고 전문적인 기구(예컨대, '획정위원회')를 설치하여 획정업무를 전담케 할 필요가 있다.

Ⅴ. 결론

바다를 포함한 지방자치단체의 관할구역은 주민과 자치권과 함께 지방자치단체의 구성요소이고, 자치권 행사의 장소적 범위이다. 따라서 지방자치단체 사이의 분쟁을 예방·해결하고 지방자치제도의 본질을 보장하기 위해서는 지방자치단체 관할구역의 범위가 명확하게 구분되어 있어야 한다.

그러나 지방자치법은 지방자치단체의 구역을 '종전'과 같이 한다고만 규정하고 있을 뿐 구체적인 범위와 기준에 대해서는 침묵하고 있다. 그에 따라 우리는 그 '종전'을 확인하기 위해 해방 후 75년이 더 지난 지금도 일제강점기의 법령과 조우해야 하는 불편한 현실에 서 있다. 그럼에도 우리는 바다를 둘러싼 지방자치단체 사이의 분쟁을 근원적으로 해결할 수 있는 기준을 찾을 수 없다.

지방자치단체의 구역의 중요성(지방자치단체의 구성요소이면서 자치권 행사의 장소적 범위)과 지방자치법 제4조 제1항은 내용(구역 변경은 법률로 하고 구역 경계변경은 대통령령으로 함)에 비춰볼 때, 지방자치단체의 구역은 국민적 합의를 통해 입법적으로 명확히 정해져야 한다. 현실적 이유로 당장 모든 지방자치단체의 경계를 입법적으로 명확히 정할 수 없다면, 경계획정의 기준만이라도 입법적으로 해결해야 한다. 지방자치단체 사이의 분쟁을 일정한 법적 기준 없이 각 사안별로 대응하는 방식은 또 다른 분쟁을 초래할 수 있기 때문이다. 경계획정기준의 입법화는 일회적 분쟁해결을 위한 분쟁해결기관의 무리한 논리구성과 자의적 판단을 방지하고, 지방자치단체 사이의 무분별한 주장이나 경쟁을 방지할 것이며, 무엇보다 헌법재판소가 입법·행정기능이 아닌 본연의 사법기능을 수행하는데 큰 기여를 할 것이다.

바다를 둘러싼 지방자치단체 사이의 갈등과 분쟁은 지방자치의 발전과 바다를 포함한 국토의 효율적 이용이라는 헌법적 가치를 저해한다. 아무쪼록 이러한 갈등과 분쟁을 근원적으로 해결하기 위한 조속한 입법을 촉구한다.[76] 그리고 이러한 입법에서는, 지방자치단체 관할구역의 외측범위를 '영해로 한정'하는 것이 바람직하며, 경계획정 시에 '관계 지방자방자치단체(인접 또는 마주보는 지방자치단체) 사이의 합의를 최우선적으로 고려'하도록 하고, 합의가 힘든 경우에는 '등거리중간선'을 기본으로 하면서 해당 해양과 관련된 역사적 사실 및 상황, 자연적 조건, 관련 지방자치단체의 해양 이용실태 및 주민의 사회·경제적 편익 등을 종합적으로 고려하여 '형평의 원칙'이 충족될 수 있도록 하고, 합의가 어렵거나 획정이 곤란한 경우에는 '공동관할구역'의 설정도 고려할 필요가 있다. 그리고 경계획정을 체계적이고 효율적으로 추진하기 위해 정부(행정자치부)가 '획정계획'을 수립·시행하고, 별도의 독자적이고 전문적인 기구(예컨대, '획정위원회')를 설치하여 획정업무를 전담케 할 필요가 있다.

---

76 입법적 노력이 전혀 없었던 것은 아니다. 19대 국회에서는 이명수의원 등 10인이 지방자치단체의 해양 관할구역 설정의 기준과 원칙 및 절차 등을 규정한 '지방자치단체의 해양 관할구역에 관한 법률안'을 발의했으나(2015.9.30.), 제대로 된 심사도 해보지 못한 채 임기만료로 폐기되었다. 한편, 정부 차원에서는 2003년에 해양수산부가 "해상경계 설정방안 연구"를 한국해양수산개발원과 한국지방행정연구원에 위탁해 수행하면서 관련 법률안을 성안했고, 2008년에는 법제처에서 "신규발생토지에 대한 지방자치단체의 구역 획정 기준 및 절차에 관한 연구"를 (사)한국지방자치법학회에 위탁해 수행하면서 관련 법률안을 성안했지만, 이 역시 입법으로 이어지지는 못했다.

❖ 참고문헌

권영성, 『헌법학원론』, 법문사, 2009.

김철용, 『주석 지방자치법』, 한국사법행정학회, 1997.

김학성, 『헌법학원론』, 피앤씨미디어, 2019.

법제처, 『신규발생토지에 대한 지방자치단체의 구역 획정 기준 및 절차에 관한 연구』, (사)한국지방자치법학회, 2008.

정재황, 『신헌법입문』, 박영사, 2018.

해양수산부, 『해상경계 설정방안 연구』, 한국해양수산개발원·한국지방행정연구원, 2003.

강재규, 「지방자치단체의 구역－바다 및 공유수면매립지의 귀속을 중심으로－」, 『공법연구』 제31집 제1호, 한국공법학회, 2002.

김임향, 「유엔해양법협약상 해양경계획정방법의 구체화에 관한 연구」, 『해사법연구』 제31권 제2호, 한국해사법학회, 2019.

김재광, 「지방자치단체의 구역과 해상경계획정에 관한 소고」, 『토지공법연구』 제18집, 한국토지공법학회, 2003.

노호창, 「행정처분과 형사처벌의 선결문제로서의 지방자치단체 간 해상경계에 관한 법적 검토」, 『법학연구』 제20권 제1호, 한국법학회, 2020.

승이도, 「지방자치단체 사이의 해상경계 획정에 관한 헌법재판소 권한쟁의심판 연구－인접·대향한 지방자치단체 사이에 존재하는 섬의 영향과 해상경계 획정의 새로운 대안 모색을 중심으로」, 『헌법학연구』 제26권 제2호, 한국헌법학회, 2020.

신창훈·이석우, 「지방자치단체 상호간의 해상경계획정 분쟁에 대한 국제법적 제언」, 『국제법평론』 2008－Ⅱ (통권 제28호), 국제법평론회, 2008.

윤영민, 「유엔해양법협약상 관련사정이 해양경계획정에 미치는 영향에 관한 연구」, 『해사법연구』 제28권 제1호, 한국해사법학회, 2016.

이기범, 「해양경계획정에 적용할 수 있는 '3단계 방법론'에 대한 비판적 소고」, 『국제법학회논총』 제65권 제2호(통권 제157호), 대한국제법학회, 2020.

이석용, 「한국과 중국 간 해양경계획정에 있어서 형평원칙과 관련 상황 : 중국의 주장에 대한 분석과 평가」, 『국제법학회논총』 제63권 제2호 (통권 제149호), 대한국제법학회, 2018.

이일세, 「지방자치단체의 관할구역에 관한 법적 고찰-판례를 중심으로」, 『법학연구』 제27권 제3호, 충남대학교 법학연구소, 2016.

조정찬, 「지방자치단체의 구역과 경계분쟁」, 『법제』 제522호, 법제처, 2001.

최우용, 「지방자치단체의 구역 및 경계에 관한 법적 과제」, 『지방자치법 연구』 통권 제31호, 한국지방자치법학회, 2011.

遠藤愛子, "海域における行政界設定の可能性を､「水」「水産」「海洋」政策から考える", 『総合地球環境学研究所』 プレス懇談会, 2014.

43 USC Ch. 29: SUBMERGED LANDS, §1312. Seaward boundaries of States.

Maritime Delimitation in the Black Sea (Romania v. Ukraine), Judgment, I.C.J. Reports 2009.

Territorial and Maritime Dispute between Nicaragua and Colombia (Nicaragua v. Colombia), Judgment, I.C.J. Reports 2012.

국가법령정보센터, https://www.law.go.kr/

국회 의안정보시스템, http://likms.assembly.go.kr/

법원 종합법률정보, https://glaw.scourt.go.kr/

외교부 조약정보, http://www.mofa.go.kr/

헌법재판소 판례검색, https://search.ccourt.go.kr/

제9장

지방자치단체의 매립지분쟁

전상구

Ⅰ. 서론

헌법 제117조 제1항은 “지방자치단체는 주민의 복리에 관한 사무를 처리하고 재산을 관리하며, 법령의 범위 안에서 자치에 관한 규정을 제정할 수 있다.”고 규정하여, 지방자치단체의 자치권을 보장하고 있다. 그리고 지방자치법은 제9조 제1항에서 “지방자치단체는 관할구역의 자치사무와 법령에 따라 지방자치단체에 속하는 사무를 처리한다.”라고 규정하고, 제9조 제2항에서는 지방자치단체의 사무로 “지방자치단체의 구역, 조직, 행정관리 등에 관한 사무”를 예시하여, 지방자치단체의 관할구역을 자치권 행사의 전제조건으로 인정한다. 헌법재판소도 “지방자치단체의 관할구역은 주민·자치권과 함께 지방자치단체의 구성요소이고, 자치권을 행사할 수 있는 장소적 범위를 말하며, 다른 지방자치단체와의 관할범위를 명확하게 구분해 준다.”고 판시하여,[1] 지방자치단체 관할구역의 중요성을 강조하고 있다.

한편, 우리나라는 인구에 비해 상대적으로 국토면적이 협소할 뿐 아니라 산지가 많아 토지자원에 대한 수요가 많다. 다행히 우리나라는 3면이 바다로 둘러싸여 있어 지속적인 공유수면 매립을 통하여 이러한 토지수요에 대응해 왔지만, 이에 수반하여 그 매립지에 대한 관할권을 둘러싼 지방자치단체 간의 분쟁도 빈번히 발생하고 있다.[2] 매립지를 둘러싼 지방자

1 헌법재판소 2019. 4. 11. 선고 2016헌라8, 2018헌라2(병합) 결정 등 참조.

2 2000년 이후, 약 5건의 분쟁이 대법원 판결을 통해 확정되었고(대법원 2013. 11. 14. 선고 2010추73 판결; 2015. 9. 24. 선고 2014추613 판결; 2020. 12. 24. 선고 2016추5025 판결; 2021. 1. 14. 선고 2015추566 판결; 2021. 2. 4. 선고 2015추528 판결), 약 10건의 분쟁이 헌법재판소 결정을 통해 해결되었다(헌법재판소 2004. 9. 23. 선고 2000헌라2 결정; 2006. 8. 31. 선고 2003헌라1 결정; 2010. 6. 24. 선고 2005헌라9, 2007헌라1·2(병합) 결정; 2011. 9. 29. 선고 2009헌라3 결정; 2011. 9. 29. 선고 2009헌라4 결정; 2011. 9. 29. 선고 2009헌라5 결정; 2019. 4. 11. 선고 2015헌라2 결정; 2020. 7. 16. 선고 2015헌라3 결정; 2020. 9.

치단체 간의 관할권 분쟁과 관련하여, 종전의 지방자치법[3] 제4조 제1항은 "지방자치단체의 명칭과 구역은 종전과 같이 하고, 명칭과 구역을 바꾸거나 지방자치단체를 폐지하거나 설치하거나 나누거나 합칠 때에는 법률로 정하되, 시·군 및 자치구의 관할 구역 경계변경은 대통령령으로 정한다." 고 규정하였을 뿐, 매립지가 귀속될 지방자치단체의 결정에 대한 구체적인 기준이나 절차를 규정하고 있지 않았다. 그에 따라 공유수면 매립지의 경계획정이 문제된 경우에는 주로 헌법재판소가 위 '종전'이 무엇인지 살펴본 후, 이미 사라진 '공유수면 해상경계선'을 기준으로 매립지가 속할 지방자치단체를 결정하여 왔다.[4]

그러나 이러한 해결방식에는 매립목적을 달성하기 어렵다는 문제점과 동일한 토지이용계획 구역이 둘 이상의 지방자치단체 관할구역으로 나눠진다는 문제점이 발생했고,[5] 이에, 이를 조정·해결하기 위해 2009. 4. 1. 법률 제9577호로 지방자치법을 개정했다. 개정된 지방자치법에 따르면, 매립지의 관할구역 결정은 행정안전부장관이 준공검사 전에 지방자치단체중앙분쟁조정위원회(이하 "중앙분쟁조정위원회"라 한다)의 심의·의결을 거쳐 결정하고, 동 결정에 대해 이의가 있는 지방자치단체의 장은 대법원에 소송을 제기할 수 있으며, 대법원의 인용결정이 있을 경우 그 취지에 따라 다시 결정하도록 하고 있다(법 제4조 제3항 내지 제9항 참조). 이에 따라 지방자치법 개정 후부터는 주로 대법원에 의해 매립지 귀속분쟁이 해결되고 있다.[6]

---

24. 선고 2016헌라1 결정; 2020. 9. 24. 선고 2016헌라4, 2016헌라6(병합) 결정).

3 2009. 4. 1. 법률 제9577호로 개정되기 전의 것.

4 헌법재판소 2011. 9. 29. 선고 2009헌라5 결정 등 참조. 한편, 이러한 취지는 2019년에 변경되었다(헌법재판소 2019. 4. 11. 선고 2015헌라2 결정).

5 행정안전위원회 수석전문위원, 「지방자치법 일부개정법률안 검토보고」, 1-44, 2009, 8쪽 참조.

6 대법원 2021. 2. 4. 선고 2015추528 판결 등 참조.

이와 같은 지방자치법 개정에 따라, 지방자치단체 간의 매립지 분쟁과 관련된 법적 문제가 모두 해결된 것처럼 보이지만, 실상은 그렇지 않다. 특히 재판 관할권과 관련하여 헌법재판소의 권한쟁의심판권이 배제되는지, 행정안전부장관의 매립지 관할 결정에 관해 실체법적 기준 내지 원칙을 설정하지 않은 것이 지방자치제도의 본질을 훼손한 것인지 등에 대해서는 여전히 논란이 있다.[7] 다원적 민주주의 사회에서 갈등과 분쟁의 발생은 피할 수 없는 현실이다. 그러나 바다와 매립지에 대한 지방자치단체 사이의 분쟁과 갈등은 지방자치의 발전을 저해할 뿐 아니라 국토의 효율적 이용을 저해한다. 따라서 갈등과 분쟁을 예방하고 해결하기 위한 보다 근본적인 원인분석과 개선방안을 모색할 필요가 있다.

---

7 지방자치법 개정 이후의 이러한 논란과 관련한 선행연구로는, 김상태, 「공유수면 매립지의 관할구역 결정과 사법적(司法的) 분쟁해결제도」, 『행정법연구』 제30권, 행정법이론실무학회, 2011.08, 133~157쪽; 김희곤, 「당진·평택 공유수면 매립지 관련 2015헌라3 결정과 지방자치법적 과제」, 『지방자치법연구』 제20권 제3호, 한구지방자치법학회, 2020.09, 69~116쪽; 남복현, 「지방자치법 제4조와 권한쟁의심판」, 『국가법연구』 제13권 제1호, 한국국가법학회, 2017.02, 121~145쪽; 박진영, 「공유수면 매립지의 행정구역 귀속과 관련한 권한쟁의심판청구의 적법성 고찰」, 『헌법학연구』 제24권 제4호, 한국헌법학회, 2018.12, 189~231쪽; 박현정, 「법원과 헌법재판소의 관할 비교」, 『공법연구』 제42권 제1호, 한국공법학회, 2013.10, 1~30쪽; 윤수정, 「공유수면 매립지의 경계획정에 관한 공법적 고찰」, 『지방자치법연구』 제6권 제4호, 한국지방자치법학회, 2016.12, 319~344쪽; 장태종·양지마첸드아요시, 「매립지귀속 지방자치단체결정 취소소송과 대법원 판결에 대한 소고」, 『법학연구』 제49호, 전북대학교 부설법학연구소, 2016.08, 361~386쪽; 정남철, 「공유수면 매립지 분쟁의 관할권 및 심사범위에 관한 법적 쟁점」, 『행정판례연구』 제26권 제1호, 한국행정판례연구회, 2021.06, 165~200쪽; 조재현, 「법률의 개정과 권한쟁의심판 결정의 기속력」, 『헌법재판연구』 제3권 제1호, 헌법재판연구원, 2016.06, 27~55쪽 등이 있다. 한편, 매립지 귀속에 관한 외국의 제도에 대한 비교법적 선행연구로는, 강재규, 「공유수면매립지의 귀속문제」, 『공법학연구』 제4권 제1호, 한국비교공법학회, 2002.11, 133~158쪽; 최환용, 「지방자치단체의 구역 및 경계변경에 관한 법적 쟁점」, 『분쟁해결연구』, 제6권 제2호, 단국대학교 분쟁해결연구센터, 2008.12, 55~81쪽; 한국지방행정연구원, 「지방자치단체 관할구역 경계설정 개선방안 연구」, 1-42, 2008 등이 있다. 한편, 행정학적 관점에서의 선행연구로는, 김봉준, 「정책네트워크 분석을 활용한 공유수면매립지 분쟁연구」, 『분쟁해결연구』 제9권 제1호, 분쟁해결연구센터, 2011.04, 159~179쪽; 양광식·이양재·계기석·한승준, 「신생매립지의 행정구역경계 설정에 관한 연구」, 『도시행정학보』 제21권 제3호, 한국도시행정학회 , 2008.12, 223~237쪽 등이 있다. 그러나 이런 선행연구의 대부분은 최근에 변경된 판례에 대한 소개 및 분석을 하지 못하는 등의 일정한 한계를 내포하고 있다.

이하에서는 공유수면 매립지의 귀속과 경계를 둘러싼 지방자치단체 사이의 분쟁에 대한 법적 판단의 과정에서 쟁점이 되었던 내용들을 중심으로 논의를 하고자 한다. 이를 위해, 매립지 귀속 분쟁의 재판관할권(Ⅱ), 매립지 귀속 결정의 성격과 권한쟁의심판의 적법요건(Ⅲ), 매립지 귀속 결정의 실체적 기준 부재의 위헌성(Ⅳ), 매립지 귀속 결정의 실체적 기준의 적정성(Ⅴ) 순으로 고찰한다.

Ⅱ. 매립지 귀속 분쟁의 재판관할권

1. 문제 제기

개정 지방자치법에 의하면, 행정안전부장관은 공유수면 매립지가 속할 지방자치단체를 결정하고(법 제4조 제3항), 관계 지방자치단체의 장이 위와 같은 장관의 결정에 이의가 있으면 그 결과를 통보받은 날로부터 15일 이내 소송을 대법원에 제기할 수 있다(법 제4조 제8항). 이에 따라, 공유수면 매립지의 경계는, 과거에는 주로 헌법재판소가 권한쟁의심판을 통해 획정하였으나,[8] 지방자치법이 2009. 4. 1. 개정된 후로는 주로 행정안전부장관의 결정과 그에 대한 대법원의 판결로 확정되고 있다.[9] 이런 사정 때문에 개정 지방자치법이 헌법재판소의 권한쟁의심판 관할권을 배제하는지가 문제된다.[10]

---

8 헌법재판소 2011. 9. 29. 선고 2009헌라5 결정 등 참조.

9 대법원 2021. 2. 4. 선고 2015추528 판결 등 참조.

10 박진영은 지방자치법 개정으로 인해 헌법재판소의 권한쟁의심판권이 배제된다고 보며(박진영, 앞의 논문, 189~231쪽 참조), 조재현은 개정 지방자치법에는 절차적 규정만 존재하고 경계구분에 관한 실체적 기준이 없기 때문에, 매립지의 귀속에 관한 분쟁에 대해서는 여전히 헌법재판소가 관할권을 가진다고 본다(조재현, 앞의 논문, 27~55쪽 참조). 한편, 정남철은 지방자치법 제4조의 소송과 권한쟁의심판

2. 문제 검토

개정 지방자치법 제4조 제8항은 지방자치단체의 기관인 지방자치단체의 장이 국가기관인 행정안전부장관의 처분에 대해 제소하도록 하는 형식을 취하고 있으나, 지방자치단체의 장은 지방자치단체의 대표로서 지방자치단체의 이익을 위하여 다투는 것이므로, 위 소송이 지방자치단체와 국가기관 사이의 권한분쟁의 성격을 가지고 있음은 분명하다. 이로부터 지방자치법 제4조 제8항의 소송과 공유수면 매립지 상의 경계확정을 위한 권한쟁의심판의 관할권에 관한 논쟁이 비롯된다.

지방자치법상 소송은 공유수면 매립지가 속할 지방자치단체를 결정할 수 있는 행정안전부장관의 우월적 지위의 존재를 전제로, 행정청의 공권력 행사에 의하여 생긴 행정법상의 위법한 상태를 제거하여 지방자치단체의 권한을 보호하는 것을 목적으로 하며, 종국적으로는 행정안전부장관의 결정의 취소 여부를 판단하는 것이라는 점에서 특수한 유형의 항고소송에 해당한다.[11] 개정 지방자치법 제4조 제9항에 따르면, 대법원의 인용결정이 있으면 행정안전부장관은 그 인용결정의 취지에 따라 다시 결정하도록 규정하고 있는데, 이 점 역시 항고소송의 취소판결의 기속력의 특성에 의한 것이다.

공유수면 매립지 상의 경계 확정에 관한 헌법재판소의 권한쟁의심판과 지방자치법 제4조 제8항의 소송은 권한분쟁으로서의 유사성이 있고, 행정안전부장관의 결정의 위법 여부를 판단할 수 있다는 공통점이 있다. 그러나 개정 지방자치법 제4조 제8항의 소송은 행정안전부장관의 결정의 위법

은 유사한 점이 있지만, 심사대상, 심사범위, 제소기간, 당사자, 집행정지, 주문내용 등에 차이가 있기 때문에, 양 기관의 관할권이 병존한다고 본다(정남철, 앞의 논문, 165~200쪽 참조).

11 문상덕, 앞의 논문, 34쪽; 박진영, 앞의 논문, 208쪽; 박현정, 앞의 논문, 3~4쪽; 정남철, 앞의 논문, 179쪽 참조.

여부에 따라 결정을 취소할 수 있을 뿐임에 비하여, 헌법재판소의 권한쟁의심판은 결정의 취소 외에 매립지에 대한 지방자치단체의 관할권의 존부 및 범위에 관하여 포괄적으로 판단할 수 있다는 점에서 소송물이 다르다.

기속력에 있어서도 차이가 있다. 대법원의 판결은 개정 지방자치법 제4조 제8항에 의한 행정안전부 장관의 재결정 의무가 인정되는 것 외에 취소판결의 일반적 기속력으로서 당사자인 행정청과 그 밖의 관계 행정청에 대한 기속력이 인정된다(행정소송법 제30조 제1항). 그런데, 헌법재판소의 권한쟁의심판의 결정은 결정의 주문에 관계없이 모든 국가기관과 지방자치단체를 기속한다는 점(헌법재판소법 제67조 제1항)에서 큰 차이가 있다.

생각건대, 개정 지방자치법 제4조의 입법과정에서 위와 같은 소송제도를 마련한 것은, 상대적으로 짧은 제소기간을 두고 행정안전부장관의 결정의 위법 여부를 판단함으로써, 공유수면을 매립하여 조성한 토지 등의 관할권에 대한 지방자치단체 사이의 분쟁의 신속한 종결을 도모하려 한 것으로 보인다. 그러나 위와 같이 권한쟁의심판과의 소송물 및 기속력의 차이가 존재하고, 개정 지방자치법 제4조 제8항의 소송만으로는 지방자치단체의 권한의 유무와 범위가 종국적으로 확정되지 않는 점을 고려할 때, 명문의 규정 없이 위 조항에 의해 헌법재판소의 권한쟁의심판권이 당연히 배제된다고 볼 수는 없다. 다만, 헌법재판소와 대법원에 관할권이 병존함으로 인하여 동일한 분쟁 관계에서 서로 다른 결론이 내려질 가능성을 배제할 수 없고, 한정적인 사법자원의 합리적이고 효율적인 분배와 분쟁의 신속한 해결을 저해할 수 있는 문제가 생길 수 있다는 점에 충분히 공감한다. 그러나 이러한 문제는 헌법이나 관련 법률의 개정을 통해 입법적으로 해결되어야 하는 성질의 것이다. 현재와 같은 규범체계 하에서는 유사한 쟁송에 관하여 헌법재판소와 법원의 판단이 모두 가능함에 따라 발생할

수 있는 문제는 헌법재판소의 결정과 법원의 판결의 기속력에 의하여 해결해야 한다.[12]

Ⅲ. 매립지 귀속 결정의 성격과 권한쟁의심판의 적법요건

1. 문제 제기

매립지 귀속 분쟁에 있어서 또 다른 중요한 쟁점 중의 하나는 행정안전부장관이 한 매립지 귀속 결정이 확인적 성격을 갖는지, 형성적 성격을 갖는지 여부이다.[13] 이는 권한쟁의심판의 적법요건 판단에 있어서 중요한 작용을 하기 때문이다. 만약 형성적 성격을 갖는다면, 행정안전부장관의 결정이 있기 전에는 그 매립지에 관한 관할권 자체가 존재하지 않기 때문에, 권한침해의 문제가 발생할 여지가 없고, 그 결과, 권한쟁의심판의 적법요건은 충족하지 않게 된다.[14]

---

12 예컨대, 헌법재판소가 먼저 행정안전부장관의 결정에 대한 권한쟁의심판의 결정을 하는 경우에 법원은 이를 존중하여야 한다. 헌법재판소의 인용결정은 물론 기각결정과 권한의 침해가능성이 없음을 이유로 하는 각하결정에도 기속력이 있기 때문이다. 행정안전부장관의 결정에 대한 권한쟁의심판 도중에 법원의 취소판결에 의해 행정안전부장관의 결정이 취소되면, 권한쟁의심판의 청구는 심판의 이익을 상실했기 때문에 각하되어야 한다. 그리고 법원이 먼저 청구를 기각하는 경우나 법원의 취소판결에 따른 행정안전부장관의 재결정에 관한 권한쟁의심판 청구가 있는 경우에 헌법재판소는 독자적으로 결정을 내릴 수 있다. 개정 지방자치법 제4조 제8항의 소송과 헌법재판소의 권한쟁의심판은 소송물이 다를 뿐 아니라 법원과 헌법재판소의 관계상 헌법재판소가 법원 판결의 기판력에 구속을 받지 않기 때문이다.

13 박진영은 행정안전부장관의 결정을 형성적 성격을 갖는 것으로 본다(박진영, 앞의 논문, 189~231쪽 참조). 반면에 정남철은 행정안전부장관의 결정을 확인적 성격을 갖는 것으로 이해한다(정남철, 앞의 논문, 165~200쪽 참조).

14 한편, 행정안전부장관의 귀속 결정의 성격이 무엇인가에 따라 행정안전부장관의 재량에도 차이가 발생할 수 있다. 확인적 성격으로 이해한다면 그것이 준사법적 성질을 갖기 때문에는 재량이 없거나 축소될 것이며, 형성적 성격으로 이해한다면 형

2. 문제 검토

헌법재판소는, 공유수면에 매립지가 조성되면 기존의 공유수면에 대한 지방자치단체의 자치권은 소멸되고, 개정 지방자치법 제4조 제3항의 행정안전부장관의 결정 전까지는 공유수면 매립지가 어떤 지방자치단체의 관할구역에도 속하지 않은 채 자치권이 없는 진공상태에 있다가, 행정안전부장관의 결정을 통해서 비로소 지방자치단체의 관할구역이 정해지는 것으로 파악한다. 즉, 공유수면 매립지에 대한 지방자치단체의 자치권이 행정안전부장관의 결정에 의하여 비로소 창설된다고 본다.[15]

그러나 이러한 해석은 공유수면 매립의 현실과 지방자치법 제4조 제4항, 제7항, 제8항과의 규범조화적 해석에 비춰 부당하다.

우선, 헌법재판소의 해석은 공유수면 매립지가 지방자치단체의 관할권이 인정되는 기존의 공유수면이 존재하던 바로 그 공간에 조성된 것이라는 점을 도외시한 것이다. 공유수면 매립이라는 사실적 행위로 인해 특정한 공간에 이미 존재했던 지방자치단체의 자치권이 당연히 소멸한다고 볼 어떠한 근거도 찾을 수 없다. 공유수면 매립사업은 매립부터 준공까지 장기간에 걸쳐 일련의 과정이 연속되는데, 지방자치단체의 자치권이 소멸한다

성의 자유(재량)가 폭넓게 인정될 여지가 있다.

15 헌법재판소 2020. 7. 16. 선고 2015헌라3 결정 참조. 한편, 대법원은 행정안전부장관의 매립지 관할 결정의 법적 성격과 관련하여, "2009. 4. 1. 법률 제9577호로 지방자치법이 개정되기 전까지 종래 매립지 등 관할 결정의 준칙으로 적용되어 온 지형도상 해상경계선 기준이 가지던 관습법적 효력은 위 지방자치법의 개정에 의하여 변경 내지 제한되었다고 보는 것이 타당하고, 안전행정부장관은 매립지가 속할 지방자치단체를 정할 때에 상당한 형성의 자유를 가지게 되었다. 다만 그 관할 결정은 계획재량적 성격을 지니는 점에 비추어 위와 같은 형성의 자유는 무제한의 재량이 허용되는 것이 아니라 여러 가지 공익과 사익 및 관련 지방자치단체의 이익을 종합적으로 고려하여 비교·교량해야 하는 제한이 있다."라고 판시하여(대법원 2013. 11. 14. 선고 2010추73 판결), 계획재량적 성격을 갖는 것으로 보고 있다. 대법원은 그 후에도 같은 입장을 유지하고 있다(대법원 2021. 2. 4. 선고 2015추528 판결 등). 이러한 대법원의 입장은 행정안전부장관의 귀속 결정의 성격을 형성적 성격으로 이해하고 있는 것으로 보인다.

고 하면 어느 시점, 어느 단계에 소멸하는 것인지도 알 수 없다.

더구나 공유수면 매립 시작부터 행정안전부장관의 결정 전까지 장기간에 걸쳐서 지방자치단체의 자치권이 소멸한 진공상태에 놓인 공간을 인정하는 것은 그 기간 동안 그 공간에 연접한 지방자치단체들의 관할구역에 경계가 없는 부분이 존재한다고 보는 것인데, 이러한 입장이 헌법 제117조가 보장하는 지방자치제도의 본질에 부합하는지도 의문이다. 종래 헌법재판소는 "주민, 구역과 자치권을 구성요소로 하는 지방자치단체의 본질에 비추어 지방자치단체의 관할구역에 경계가 없는 부분이 있다는 것은 상정할 수 없다."는 점을 분명히 하고 있는데,[16] 지방자치단체의 자치권이 소멸한 진공상태의 공간을 인정하는 헌법재판소의 새로운 입장은 위와 같은 헌법재판소의 기존 입장과 상충한다.

생각건대, 바다에서 육지로 물리적인 상태가 변한다고 해서, 같은 공간에 존재했던 지방자치단체의 관할구역 경계가 당연히 소멸된다고 볼 수 없다. 다만, 공유수면 상태에서의 관할구역 경계선의 목적이나 기능과 공유수면 매립지 상태에서의 관할구역 경계선의 목적이나 기능이 상이하여 서로 부합하지 않을 수 있다. 따라서 새로 조성된 공유수면 매립지에는 관할구역의 경계선이 존재하지 않는 것이 아니라, 매립지의 목적이나 기능까지 고려한 경계선으로 '확인되기를 기다리는 상태'로 관할구역 경계선이 존재하고 있는 것으로 보아야 한다.

한편, 개정 지방자치법 제4조는, 관계 지방자치단체의 장에게 해당 지역이 속할 지방자치단체에 관한 행정안전부장관의 결정을 신청할 권한을 부여하고(제4항), 중앙분쟁조정위원회의 위원장이 관계 지방자치단체의 장에게 의견을 진술할 기회를 주도록 하며(제7항), 관계 지방자치단체의

---

16 헌법재판소 2019. 4. 11. 선고 2015헌라2 결정 등 참조.

장은 행정안전부장관의 귀속 결정에 이의가 있으면 대법원에 소를 제기할 수 있도록 하고 있다(제8항).

그런데, 만약 헌법재판소의 의견처럼 개정 지방자치법 제4조 제3항 소정의 행정안전부장관의 결정에 의하여 관할 지방자치단체가 정해지기 전까지는 해당 매립지가 어느 지방자치단체에도 속하지 않는다고 본다면, 개정 지방자치법에 위와 같은 절차적 규정, 특히 행정안전부장관의 결정에 대한 불복 절차를 둘 이유가 없다. 관계 지방자치단체는 행정안전부장관의 매립지 귀속 결정으로 인하여 법적 지위에 전혀 영향을 받지 않는 제3자에 불과하기 때문이다. 따라서 공유수면 매립지는 확인을 기다리는 불분명한 상태이고, 행정안전부장관의 결정은 불분명한 상태의 매립지 관할을 분명하게 확인하는 결정으로 해석되어야 한다.

다른 한편, 헌법재판소는, 매립지의 매립 전 공유수면에 관할권을 가졌던 지방자치단체는 그 후 새롭게 형성된 매립지에 대해서도 어떠한 권한을 보유한다고 볼 수는 없으므로, 행정안전부장관의 매립지 귀속 결정으로 해당 지방자치단체의 권한이 침해된다거나 침해될 현저한 위험이 발생한다고 보기 어렵고, 그 결과, 해당 지방자치단체의 권한쟁의심판의 청구는 부적법하다고 한다.[17] 그러나 다음과 같은 이유로 이에 동의할 수 없다.

헌법재판소법 제61조 제2항에 따라 권한쟁의심판을 청구하려면, 피청구인의 처분 또는 부작위로 인해 청구인의 권한이 침해되었거나 현저한 침해의 위험이 존재하여야 한다. 여기서 '권한의 침해'란 "피청구인의 처분 또는 부작위로 인한 청구인의 권한침해가 과거에 발생하였거나 현재까지 지속되는 경우"를 의미하며, '현저한 침해의 위험'이란 "아직 침해라고는 할 수 없으나 침해될 개연성이 상당히 높은 상황"을 의미한다.[18] 즉, 권

17 헌법재판소 2020. 7. 16. 선고 2015헌라3 결정 참조.
18 헌법재판소 2006. 5. 25. 선고 2005헌라4 결정 참조.

한쟁의심판청구의 적법요건 심사단계에서의 권한침해의 요건은, 청구인의 권한이 구체적으로 관련되어 있어 이에 대한 침해의 가능성이 존재할 경우에는 충족된다. 따라서 공유수면 매립지의 관할권과 관련된 권한쟁의심판이 청구된 경우에는, 그 공유수면 매립지가 어느 지방자치단체의 관할구역에 속하는지 여부는 본안판단 심사단계에서 확정될 것이므로, 적법요건 심사단계에서는 그 매립지에 대한 자치권이 어느 일방 지방자치단체에 부여될 수 있는 가능성이 존재하기만 한다면 자치권이 침해되거나 침해될 현저한 위험을 인정할 수 있다.[19]

그런데, 매립 이전에 공유수면을 관할하던 지방자치단체나 매립공사를 시행한 지방자치단체 등 매립지에 인접한 일정 범위 내의 지방자치단체로서는, 새로운 관할 획정으로 인해 기존의 공유수면에 대한 자치권을 상실하면서도 공유수면에 형성된 매립지에 대한 자치권은 얻지 못하게 되거나, 기존의 공유수면에 자치권을 갖지 못하였더라도 그 매립지에 대해서는 자치권을 얻게 될 가능성이 있다. 특히, 매립 이전에 공유수면의 일정 부분에 대하여 자치권을 가지고 있다가 매립 후 관할 획정에 의하여 매립지에 대한 자치권을 얻지 못할 경우에는, 매립 이전과 비교하여 그 자치권이 미치는 공간적 범위가 축소될 가능성이 있으므로, 해당 지방자치단체의 자치권이 침해되거나 침해될 현저한 위험이 발생하였다고 평가해야 한다.

19 헌법재판소 2010. 6. 24. 선고 2005헌라9등 결정 참조.

Ⅳ. 매립지 귀속 결정의 실체적 기준 부재의 위헌성

1. 문제 제기

개정 지방자치법 제4조 제3항부터 제7항은 중앙분쟁조정위원회와 행정안전부장관이 매립지 관할의 귀속에 관한 의결 및 결정을 할 때 준수하여야 할 절차를 규정하고 있을 뿐, 그 의결 및 결정의 실체적인 기준이나 고려요소는 구체적으로 규정하지 않고 있다. 따라서 이에 대해서는, 아무런 기준 없이 행정안전부장관이 지방자치단체의 관할구역을 자의적으로 결정할 수 있도록 한 것이기 때문에, 헌법이 보장한 지방자치제도의 본질을 침해하고, 명확성의 원칙과 법률유보원칙에도 위반될 수 있다는 비판이 있을 수 있다.[20]

2. 문제 검토

헌법 제118조 제2항은 "지방자치단체의 조직과 운영에 관한 사항"을 법률로 정하도록 하고 있는데, 이에는 지방자치단체의 관할구역이 포함되고, 이러한 사항에는 구역의 확정, 구역과 관련된 분쟁의 해결 기준 및 절차 등도 포함된다고 할 것이다. 개정 지방자치법은 이러한 헌법의 취지에 따라 공유수면 매립지가 속할 지방자치단체의 결정 주체, 절차 및 그로 인한 분쟁의 해결방법 등을 규정하고 있다. 따라서 개정 지방자치법이 행정안전부장관에게 일정한 의견청취 절차를 거친 후 신중하게 관할 귀속의 결정을 할 수 있도록 권한을 위임한 것 자체는 큰 문제가 되지 않는 것으로

---

20 남복현은 위헌이라는 입장이고(남복현, 앞의 논문, 137~141쪽 참조), 박진영은 합헌이라는 입장이다(박진영, 앞의 논문, 222~227쪽 참조).

판단된다.

한편, 국가는 공유수면 매립지의 관할 지방자치단체를 결정할 때에는 관련 지방자치단체나 주민들의 이해관계를 고려해야 하고, 그 외에 균형 있는 국토의 개발과 이용(헌법 제120조 제2항), 효율적이고 균형 있는 국토의 이용·개발과 보전(헌법 제122조), 지역 간의 균형발전(헌법 제123조 제2항) 등 헌법적 요청까지도 고려하여 비교·형량해야 하는데, 이와 같은 고려요소나 실체적 기준을 법률에 아주 구체적으로 규정하는 것은 입법기술적으로 곤란한 측면이 있다. 따라서 지방자치법 제4조 제3항부터 제7항이, 중앙분쟁조정위원회와 행정안전부장관의 매립지 관할의 귀속에 관한 의결 및 결정의 실체적 기준이나 고려요소를 보다 구체적으로 규정하고 있지 않다고 하더라도, 헌법이 보장한 지방자치제도의 본질을 침해했다거나 명확성원칙과 법률유보원칙에 위반된다고 볼 수 없다.

다만, 법률에서 공유수면 관할결정의 실체적인 기준이나 고려요소를 직접 제시하지 않고 행정기관에게 전면적으로 위임하는 것은 바람직한 방법은 아니다. 규율대상이 복잡하고 이해관계가 아주 첨예하게 대립하면 할수록 일정한 원칙과 기준을 법률에서 직접 제시하는 것이 바람직하기 때문이다. 그리고 재량권 행사의 하자(일탈·남용)에 대한 적절한 사법적 통제를 위해서도 적정한 재량권 행사에 대한 명확한 기준을 규정하는 것이 바람직하다. 입법기술상 구체적으로 정하기가 불가능하더라도 최소한 그 대강(大綱)과 원칙적 기준 만큼은 법률로 정할 필요가 있다. 예컨대, 다음 장에서 언급되고 있는 주요 기준들을 참고하여, '매립 목적, 국토의 효율적 이용, 지형학적 연관성, 주민 편익 등을 종합하여 형평의 원칙에 따라 경계를 획정해야 한다'는 내용을 법률에 분명히 규정할 필요가 있다.

V. 매립지 귀속 결정의 실체적 기준의 적정성

1. 문제 제기

지방자치단체의 관할구역은 주민 및 자치권과 더불어 지방자치단체의 필수적 구성요소이며, 자치권을 행사의 장소적 범위이다. 따라서 공유수면 매립으로 새로운 육지가 만들어지는 경우에 그 관할권을 두고 인근 지방자치단체들 사이에 이해관계가 첨예하게 대립하여 분쟁이 빈빈히 발생하고 있다.

지방자치단체의 관할구역의 중요성을 고려하면 신생 매립지의 관할결정의 기준을 법률로 명확히 규율할 필요가 있지만, 현행 지방자치법은 침묵하고 있다. 그 결과, 매립지의 관할결정과 관련하여, 중앙분쟁조정위원회와 행정안전부장관이 상당한 형성의 자유(재량)를 갖고 의결·결정하고, 그 결정에 대해 대법원이 자신만의 일정한 기준에 따라 위법 여부(재량권 행사의 일탈·남용)를 심사하거나 헌법재판소가 자신만의 일정한 기준에 따라 권한침해 여부를 심사하고 있다.

이하에서는 이러한 각각의 기준이 무엇이며, 적정한 기준은 무엇인지에 대해 검토한다.

2. 문제 검토

종래 대법원은 매립지가 속할 지방자치단체를 정함에 있어 고려하여야 할 관련 이익의 범위와 관련하여, "① 매립지 내 각 지역의 세부 토지이용계획 및 인접 지역과의 유기적 이용관계 등을 고려하여 관할구역을 결정함으로써 효율적인 신규토지의 이용이 가능하도록 하여야 한다. ② 공유수면이 매립에 의하여 육지화된 이상 더는 해상경계선만을 기준으로 관할 결정을 할 것은 아니고, 매립지와 인근 지방자치단체 관할구역의 연결 형상, 연접관계 및 거리, 관할의 경계로 쉽게 인식될 수 있는 도로, 하천, 운하 등 자연지형 및 인공구조물의 위치 등을 고려하여 매립지가 토지로 이용되는 상황을 전제로 합리적인 관할구역 경계를 설정하여야 한다. ③ 매립지와 인근 지방자치단체의 연접관계 및 거리, 도로, 항만, 전기, 수도, 통신 등 기반시설의 설치·관리, 행정서비스의 신속한 제공, 긴급상황 시 대처능력 등 여러 요소를 고려하여 행정의 효율성이 현저히 저해되지 않아야 한다. ④ 매립지와 인근 지방자치단체의 교통관계, 외부로부터의 접근성 등을 고려하여 매립지 거주 주민들의 입장에서 어느 지방자치단체의 관할구역에 편입되는 것이 주거생활 및 생업에 편리할 것인지를 고려하여야 한다. ⑤ 매립으로 인하여 인근 지방자치단체들 및 그 주민들은 그 인접 공유수면을 상실하게 되므로 이로 인하여 잃게 되는 지방자치단체들의 해양접근성에 대한 연혁적·현실적 이익 및 그 주민들의 생활기반 내지 경제적 이익을 감안하여야 한다."고 판시한 이래,[21] 그 후에도 같은 입장을 유지하고 있다.[22]

한편, 종래 헌법재판소는 공유수면 매립지에 대한 지방자치단체의 관할구역 경계 및 그 기준과 관련하여, "공유수면에 대한 지방자치단체의 자치권한이 존재하기 때문에, 해역에 관한 관할구역과 그 해역 위에 매립된 토지에 관한 관할구역이 일치하여야 하므로, 지방자치단체가 관할하는 공유수면에 매립된 토지에 대한 관할권한은 당연히 당해 공유수면을 관할하는 지방자치단체에 귀속된다."고 하면서,[23] '국토지리정보원(국립지리원)이

---

21 대법원 2013. 11. 14. 선고 2010추73 판결 참조.

22 대법원 2021. 2. 4. 선고 2015추528 판결 등 참조.

23 헌법재판소 2004. 9. 23. 선고 2000헌라2 결정 참조. 이런 취지는 후속 결정에서도 유지되었다(헌법재판소 2011. 9. 29. 선고 2009헌라5 결정 등 참조).

간행한 국가기본도(지형도)상의 해상경계선'을 매립지 경계획정의 중요한 기준으로 인정했다.[24]

그러나 최근 헌법재판소는 "대규모 공유수면의 매립은 막대한 사업비와 장기간의 시간 등이 투입될 뿐 아니라 해당 해안지역의 갯벌 등 가치 있는 자연자원의 상실 내지 환경의 파괴를 동반하는 등 국가 전체적으로 중대한 영향을 미치는 사업이다. 그러한 사업으로 새로이 확보된 매립지는 본래 사업목적에 적합하도록 최선의 활용계획을 세워 잘 이용될 수 있도록 하여야 할 것이어서, 매립지의 귀속 주체 내지 행정관할 등을 획정함에 있어서도 사업목적의 효과적 달성이 우선적으로 고려되어야 한다. 매립 전 공유수면을 청구인이 관할하였다 하여 매립지에 대한 관할권한을 인정하여야 한다고 볼 수는 없고, 공유수면의 매립 목적, 그 사업목적의 효과적 달성, 매립지와 인근 지방자치단체의 교통관계나 외부로부터의 접근성 등 지리상의 조건, 행정권한의 행사 내용, 사무 처리의 실상, 매립 전 공유수면에 대한 행정권한의 행사 연혁이나 주민들의 사회적·경제적 편익 등을 모두 종합하여 형평의 원칙에 따라 합리적이고 공평하게 그 경계를 획정할 수밖에 없다."고 하면서, 이미 소멸되어 사라진 종전의 공유수면 해상경계선을 매립지의 관할경계선으로 인정해 온 종전의 헌법재판소 결정들을 변

---

24 헌법재판소 2011. 9. 29. 선고 2009헌라5 결정 등 참조. 최근 헌법재판소는 "국가기본도상의 해상경계선은 국토지리정보원이 국가기본도상 도서 등의 소속을 명시할 필요가 있는 경우 해당 행정구역과 관련하여 표시한 선으로서, 여러 도서 사이의 적당한 위치에 각 소속이 인지될 수 있도록 실지측량 없이 표시한 것에 불과하므로, 이 해상경계선을 공유수면에 대한 불문법상 행정구역에 경계로 인정해 온 종전의 결정은 이 결정의 견해와 저촉되는 범위 내에서 이를 변경하기로 한다."라고 판시하여(헌법재판소 2015. 7. 30. 선고 2010헌라2 결정), 국가기본도상 해상경계선에 대한 규범적 효력을 부인했다. 생각건대, 국토지리정보원이 해상경계를 획정할 법적인 권한을 가지고 있지 않다는 점, 국가기본도상 해상경계선은 작성한 시기에 따라 내용이 서로 달라 어느 시기의 해상경계선을 그 기준으로 사용해야 하는지 불분명하다는 점 등을 고려하면, 국가기본도상의 해상경계선에 법적 의미를 부인한 최근의 헌법재판소 결정은 타당하다(전상구, 「지방자치단체의 해상경계에 관한 연구」, 『해사법연구』 제33권 제1호, 한국해사법학회, 2021.03, 189쪽 참조).

경했다.[25] 그러면서 구체적으로는 ⅰ) "공유수면의 매립 목적", "사업목적의 효과적 달성", "매립 목적에 부합하는 신규토지의 효율적인 이용가능성", ⅱ) "지리상의 조건", "외부로부터의 접근성", "매립지와 인근 지방자치단체의 교통관계", ⅲ) "행정권한의 행사 내용", "사무처리의 실상", "매립지 내 각 구획과 인접 지역과의 연접관계", "기반시설의 설치 관리", "행정서비스의 제공", "행정의 효율성", ⅳ) "매립 전 공유수면에 대한 행정권한의 행사 연혁", "주민들의 편익" 등을 고려요소로 언급하고 있다.[26]

다른 한편, 중앙분쟁조정위원회는,[27] ⅰ) '새만금방조제 일부구간 귀속 지방자치단체 결정 취소'사건(제1사건)과 관련해서 "주민 편의", "국토의 효율적 이용", "행정의 효율성", "역사성", "관계기관 의견" 등을 종합적으로 고려하여 매립지가 속할 지방자치단체를 군산시로 정하는 내용의 의결을 하였고,[28] ⅱ) '인천송도10공구 매립지 일부구간 귀속 지방자치단체 결정 취소'사건과 관련해서는 "국토의 효율적 이용", "주민정서 및 편의", "지리적 연접성", "경계구분의 명확성", "행정 효율성" 등을 종합적으로 고려하여 매립지의 관할을 연수구로 결정하는 것이 타당하다는 내용의 의결을 했다.[29] 그리고 ⅲ) '새만금방조제 일부구간 귀속 지방자치단체 결정 취소'사건(제2사건)과 관련해서는 "국토의 효율적 이용", "주민 편의", "행정의 효율성", "역사성", "경계구분의 명확성과 용이성" 등을 종합적으로 고

---

25 헌법재판소 2019. 4. 11. 선고 2015헌라2 결정 참조.

26 헌법재판소 2019. 4. 11. 선고 2015헌라2 결정 참조.

27 아래에서 검토하는 중앙분쟁조정위원회의 기준은 중앙분쟁조정위원회의 심의·의결서를 직접 분석한 것은 아니고, 관련 사건의 대법원 판결문 또는 헌법재판소 결정문에 수록된 요지를 분석한 것이다.

28 중앙분쟁조정위원회 2010. 10. 27. 의결; 대법원 2013. 11. 14. 선고 2010추73 판결 참조.

29 중앙분쟁조정위원회 2015. 12. 21. 의결; 헌법재판소 2020. 9. 24. 선고 2016헌라4, 2016헌라6(병합) 결정; 대법원 2020. 12. 24. 선고 2016추5025 판결 참조.

려했고,[30] ⅳ) ‘평택당진항 매립지 일부구간 귀속 지방자치단체 결정 취소’ 사건과 관련해서는 “지리적 연접관계”, “주민 편의성”, “국토의 효율적 이용”, “행정 효율성”, “경계구분의 명확성과 용이성” 등을 종합적으로 고려하여 매립지 관할 지방자치단체를 결정했다.[31]

생각건대, 대법원과 헌법재판소 그리고 중앙분쟁조정위원회의 기준은 대동소이한 것으로 보이며, 그러한 기준이 불합리해 보이지도 않는다. 다만, 한 가지 아쉬운 점은 종전 공유수면에 대해 관할권을 가지고 있던 지방자치단체에 대한 배려가 부족하다는 점이다. 공유수면 매립지에 대한 관할권 귀속 결정은 관할권이 전혀 정해지지 않은 진공상태의 무관할지에 대해 처음으로 관할권을 창설하여 정하는 것이 아니라, 이미 매립지의 관할권이 사실상 정해져 있지만, 여러 사정에 의해 불분명하거나 다툼이 있는 부분에 한하여 그 관할권을 명확하게 확인하는 것이라는 점을 고려하면, 매립 이전의 공유수면과의 지형학적 연관성 내지 그 공유수면에 관할권을 갖고 있던 지방자치단체와의 지형학적 연관성이 가장 우선적으로 고려될 필요가 있다.[32]

---

30 중앙분쟁조정위원회 2015. 10. 26. 의결; 헌법재판소 2020. 9. 24. 선고 2016헌라1 결정; 대법원 2021. 1. 14. 선고 2015추566 판결 참조.

31 중앙분쟁조정위원회 2015. 4. 13. 의결; 헌법재판소 2020. 7. 16. 선고 2015헌라3 결정; 대법원 2021. 2. 4. 선고 2015추528 판결 참조.

32 한편, 양광식·이양재·계기석·한승준은 매립지 귀속과 관련한 이론적 고찰과 선행연구의 검토를 통해 신생매립지 경계설정을 위한 평가기준을 도출하고(형평성(면적배분, 자치권존중), 효율성(토지이용 및 시설관리, 경계획정의 용이성), 역사성 및 지형여건(역사성, 지형여건)), 전문가 그룹의 설문조사와 계층분석과정을 통해 경계설정 기준의 우선순위를 분석했는데, 토지이용 및 시설관리 → 지형여건 → 자치권존중 → 면적배분 → 역사성 → 경계획정의 용이성 순으로 결과가 도출됐다(양광식·이양재·계기석·한승준, 앞의 논문, 233~234쪽 참조).

Ⅵ. 결론

지금까지 지방자치단체 간의 매립지 분쟁에 관한 여러 법적 논란에 검토했는데, 그 결과를 요약하면 다음과 같다.

첫째, 매립지 귀속 분쟁의 재판관할권과 관련하여, 개정 지방자치법 제4조 제8항의 소송과 헌법재판소의 권한쟁의심판은 소송물 및 기속력에 차이가 존재하고, 개정 지방자치법 제4조 제8항의 소송만으로는 지방자치단체의 권한의 유무와 범위가 종국적으로 확정되지 않는 점을 고려할 때, 명문의 규정 없이 위 조항에 의해 헌법재판소의 권한쟁의심판권이 당연히 배제된다고 볼 수는 없다. 다만, 관할권 병존으로 인하여 동일한 분쟁 관계에서 서로 다른 결론이 내려질 가능성을 배제할 수 없고, 한정적인 사법자원의 합리적이고 효율적인 분배와 분쟁의 신속한 해결을 저해할 수 있는 문제가 생길 수 있는데, 이러한 문제는 헌법이나 관련 법률의 개정을 통해 입법적으로 해결하는 것이 바람직하고, 만약 입법적으로 해결되지 않으면 헌법재판소의 결정과 법원의 판결의 기속력에 의하여 해결해야 한다.

둘째, 매립지 귀속 결정의 성격과 권한쟁의심판 적법요건과 관련하여, 공유수면 매립지는 확인을 기다리는 불분명한 상태이고, 행정안전부장관의 매립지 귀속 결정은 불분명한 상태의 매립지 관할을 분명하게 확인하는 결정으로 해석되어야 한다. 그리고 공유수면 매립지의 관할권과 관련된 권한쟁의심판이 청구된 경우에는, 그 공유수면 매립지가 어느 지방자치단체의 관할구역에 속하는지 여부는 본안판단 심사단계에서 확정될 것이므로, 적법요건 심사단계에서는 그 공유수면 매립지에 대한 자치권이 어느 일방 지방자치단체에 부여될 수 있는 가능성이 존재하기만 한다면 자치권이 침해되거나 침해될 현저한 위험을 인정할 수 있다.

셋째, 매립지 귀속 결정의 실체적 기준 부재의 위헌성과 관련하여, 헌법

제118조 제2항은 "지방자치단체의 조직과 운영에 관한 사항"을 법률로 정하도록 하고 있기 때문에, 개정 지방자치법이 행정안전부장관에게 일정한 의견청취 절차를 거친 후 신중하게 관할 귀속의 결정을 할 수 있도록 권한을 위임한 것 자체는 큰 문제가 되지 않는 것으로 판단된다. 그리고 관할 결정의 모든 고려요소나 실체적 결정기준을 법률에 구체적으로 규정하는 것은 입법기술적 측면에서도 곤란한 면이 있다. 따라서 지방자치법 제4조 제3항부터 제7항이 중앙분쟁조정위원회와 행정안전부장관의 매립지 관할의 귀속에 관한 의결 및 결정의 실체적 기준이나 고려요소를 보다 구체적으로 규정하고 있지 않다고 하더라도, 헌법이 보장한 지방자치제도의 본질을 침해했다거나 명확성원칙과 법률유보원칙에 위반된다고 볼 수 없다. 다만, 입법기술상 구체적으로 정하기가 불가능하더라도 최소한 그 대강(大綱)과 원칙적 기준 만큼은 법률로 정할 필요가 있다.

넷째, 매립지 귀속 결정의 실체적 기준의 적정성과 관련하여, 대법원과 헌법재판소 그리고 중앙분쟁조정위원회의 기준은 대동소이한 것으로 보이며, 그러한 기준이 불합리해 보이지도 않는다. 다만, 한 가지 아쉬운 점은 종전 공유수면에 대해 관할권을 가지고 있던 지방자치단체에 대한 배려가 부족하다는 점이다. 공유수면 매립지에 대한 관할권 귀속 결정은 관할권이 전혀 정해지지 않은 진공상태의 무관할지에 대해 처음으로 관할권을 창설하여 정하는 것이 아니라, 이미 매립지의 관할권이 사실상 정해져 있지만, 여러 사정에 의해 불분명하거나 다툼이 있는 부분에 한하여 그 관할권을 명확하게 확인하는 것이라는 점을 고려하면, 매립 이전의 공유수면과의 지형학적 연관성 내지 그 공유수면에 관할권을 갖고 있던 지방자치단체와의 지형학적 연관성이 가장 우선적으로 고려될 필요가 있다.

아무쪼록 본 연구가 지방자치단체 사이의 매립지 귀속 분쟁의 해결에 작으나마 도움이 되길 기대한다.

❖ 참고문헌

강재규, 「공유수면매립지의 귀속문제」, 『공법학연구』 제4권 제1호, 한국비교공법학회, 2002.

김봉준, 「정책네트워크 분석을 활용한 공유수면매립지 분쟁연구」, 『분쟁해결연구』 제9권 제1호, 분쟁해결연구센터, 2011.

김상태, 「공유수면 매립지의 관할구역 결정과 사법적(司法的) 분쟁해결제도」, 『행정법연구』 제30권, 행정법이론실무학회, 2011.

김희곤, 「당진·평택 공유수면 매립지 관련 2015헌라3 결정과 지방자치법적 과제」, 『지방자치법연구』 제20권 제3호, 한구지방자치법학회, 2020.

남복현, 「지방자치법 제4조와 권한쟁의심판」, 『국가법연구』 제13권 제1호, 한국국가법학회, 2017.

문상덕, 「지방자치쟁송과 민주주의」, 『지방자치법연구』 제10권 제2호, 한국지방자치법학회, 2010.

박진영, 「공유수면 매립지의 행정구역 귀속과 관련한 권한쟁의심판청구의 적법성 고찰」, 『헌법학연구』 제24권 제4호, 한국헌법학회, 2018.

박현정, 「법원과 헌법재판소의 관할 비교」, 『공법연구』 제42권 제1호, 한국공법학회, 2013.

양광식·이양재·계기석·한승준, 「신생매립지의 행정구역경계 설정에 관한 연구」, 『도시행정학보』 제21권 제3호, 한국도시행정학회, 2008.

윤수정, 「공유수면 매립지의 경계획정에 관한 공법적 고찰」, 『지방자치법연구』 제6권 제4호, 한국지방자치법학회, 2016.

장태종·양지마첸드아요시, 「매립지귀속 지방자치단체결정 취소소송과 대법원 판결에 대한 소고」, 『법학연구』 제49호, 전북대학교 부설법학연구소, 2016.

전상구, 「지방자치단체의 해상경계에 관한 연구」, 『해사법연구』 제33권 제1호, 한국해사법학회, 2021.

정남철, 「공유수면 매립지 분쟁의 관할권 및 심사범위에 관한 법적 쟁점」, 『행정판례연구』 제26권 제1호, 한국행정판례연구회, 2021.

조재현, 「법률의 개정과 권한쟁의심판 결정의 기속력」, 『헌법재판연구』 제3권 제1호, 헌법재판연구원, 2016.

최환용, 「지방자치단체의 구역 및 경계변경에 관한 법적 쟁점」, 『분쟁해결연구』, 제6권 제2호, 단국대학교 분쟁해결연구센터, 2008.

한국지방행정연구원, 「지방자치단체 관할구역 경계설정 개선방안 연구」, 1-42, 2008.

행정안전위원회 수석전문위원, 「지방자치법 일부개정법률안 검토보고」, 1-44, 2009.

제10장
해양의 헌법적 의미

전상구

Ⅰ. 서론

지구 표면의 약 70.8%를 차지하는 바다는 지구 생명의 원천이며 자원의 보고이다. 특히 과학기술의 발달로 바다 그 자체가 거대한 공간자원으로 가치를 인정받고 있다. 이에 따라 세계 각국은 해양에서의 지배력을 높이기 위해 치열한 경쟁을 벌이고 있다.[1] 특히 「유엔해양법협약」[2]이 발효된 이후부터는 자국의 헌법에 관련 내용을 반영하고 있는 추세에 있다.[3]

3면이 바다로 둘러싸인 우리나라에서 바다의 중요성은 자명하다.[4] 그에 따라 국내법 차원에서 「해양수산발전 기본법」 등을 통해 해양 및 해양수산자원을 합리적으로 관리·보전 및 개발·이용하기 위한 노력을 하고 있다.[5] 그러나 헌법적 차원의 규율은 매우 미흡하다. 우리 헌법에는 '해양'이나 '바

---

1 해양에서의 관할권 확장의 역사에 대해서는, Tullio Treves, "Historical Development of the Law of the Sea", Donald Rothwell et al(ed.), *The Oxford Handbook of the Law of the Sea,* Oxford: Oxford University Press (2015), pp.4~6.

2 「유엔해양법협약(United Nations Convention on the Law of the Sea)」은 1982년 12월 10일에 작성되었고, 우리나라에서는 1996년 1월 26일에 비준을 거쳐 같은 해 2월 28일에 발효되었다. 「유엔해양법협약」의 성립과정에 대해서는, Robin R Churchill, "The 1982 United Nations Convention on the Law of the Sea", Donald Rothwell et al(ed.), *op. cit.*, pp.25~27; 김영구, 『현대해양법론』, 도서출판 아세아, 1988, 11쪽 이하 참조.

3 해양에 관한 외국헌법의 동향에 관해서는, 고문현 외 6인, 「새 헌법에 해양수산의 가치 반영되어야」, 『KMI 동향분석』 통권 제58호, 한국해양수산개발원, 2017.11, 7~10쪽 참조; 고문현·박찬호·최용전, 「해양수산 환경 변화에 따른 기본법제의 개선 연구」, 해양수산부, 2017, 9~23쪽; 한병호, 「아시아 지역 국가의 헌법과 바다–해양관할권을 중심으로」, 『해사법연구』 제31권 제1호, 한국해사법학회, 2019.03, 105~138쪽 참조; 한병호, 「유럽 지역 국가의 헌법상 해양관할권 규정에 관한 연구」, 『해사법연구』 제32권 제2호, 한국해사법학회, 2020.07, 1~33쪽 참조.

4 국민의 27%가 연안에 거주하고, 전국 지역내총생산(GRDP)의 34%와 전체 고용의 28%를 담당하고, 연간 1억 명의 국민이 해변을 방문하고, 연간 3천만 명이 여객선을 이용하고, 해양생태계의 가치는 42조 원에 달한다고 한다(고문현 외 6인, 앞의 논문, 4~5쪽 참조).

5 해양과 관련된 법률의 정확한 숫자는 확인할 수 없지만, '해양수산부'를 소관부처로 하고 있는 현행 법률은 총 72건이다(국가법령정보센터(www.law.go.kr) 검색결과(검색일: 2021. 3. 1.)).

다'라는 단어 자체가 없다. 일부 조항에서 '수산자원', '어업', '어촌', '농수산물', '어민', '우호통상항해조약'을 단편적으로 언급하고 있을 뿐이다. 해양의 중요성과 최근 국제적 추세를 고려하면, 이제 우리도 해양에 대한 헌법적 논의를 서둘러야 한다.[6]

이에, 이러한 논의를 위한 기초연구의 일환으로 해양의 헌법적 의미에 대해 살펴보고자 한다. 이를 위해, 우선, 해양의 규범적 의미와 범위에 대해 검토한 후(Ⅱ), 그것의 헌법적 의미를 검토한다(Ⅲ). 헌법적 의미의 분석에서는, 우리나라 역대 헌법의 해양에 대한 태도를 검토한 후(Ⅲ-1), 국가론적 관점(Ⅲ-2)과 기본권적 관점(Ⅲ-3)에서 각각 해양의 헌법적 의미를 조명해 보고자 한다.

Ⅱ. 해양의 개념과 범위

1. 해양의 법적 개념과 성격

우리는 일상적 용법에서 '해양'과 '바다'를 거의 구분 없이 사용한다.[7] 그러나 사전적 정의는 조금 다르다. '해양'은 "넓고 큰 바다"로 정의되고, '바다'는 "지구 위에서 육지를 제외한 부분으로 짠물이 괴어 하나로 이어진

6 이에 대한 최근의 논의로는, 한병호, 「헌법과 바다」, 『바다를 둘러싼 법적 쟁점과 과제』, 피앤씨미디어, 2017, 5~30쪽; 신봉기·최용전, 「해양의 헌법적 의미」, 『토지공법연구』 제85집, 한국토지공법학회, 2019.02, 389~411쪽; 홍선기·강문찬, 「해양수산의 헌법적 가치에 관한 연구」, 『법제』 통권 677호, 법제처, 2017.06, 83~102쪽 참조.

7 '바다'와 '해양'의 영어표현인 'sea'와 'ocean'도 같은 의미로 사용된다. Collins Cobuild Advanced Learner's English Dictionary에 따르면, 'sea'와 'ocean'은 각각 "The sea is the salty water that covers about three-quarters of the earth's surface. (=ocean)" 및 "The ocean is the sea."로 정의되어 있다.

넓고 큰 부분"로 정의된다.[8] 그렇다면, 법적 규율에서는 어떨까? 이하에서는 실정법 규정의 확인을 통해 '바다'와 '해양'의 개념이 어떻게 사용되는가를 살펴본다.

1) 법령상의 '바다'

'바다'를 직접 법령명으로 사용한 법령은 없다.[9] 조문제목에 '바다'라는 단어가 들어간 법령은 총 8건이며(법률 3, 시행령 3, 시행규칙 3),[10] 조문내용에 '바다'라는 단어가 들어간 법령은 총 82건(법률 41, 시행령 23, 시행규칙 18)이다.[11]

이 중에서 '바다'를 직접적으로 개념정의하고 있는 법률은 「공유수면 관리 및 매립에 관한 법률」, 「연안관리법」, 「환경범죄 등의 단속 및 가중처벌에 관한 법률」이 있다.

「공유수면 관리 및 매립에 관한 법률」은 '공유수면'을 '바다', '바닷가',[12]

---

8 국립국어원 표준국어대사전 검색결과(stdict.korean.go.kr).

9 이하의 법령명, 조문제목, 조문내용의 검색결과는 국회법률정보시스템(http://likms.assembly.go.kr/law)에 '바다'와 '해양'을 키워드로 하여 검색한 결과이다(검색일: 2021. 03. 02.).

10 「수산자원관리법」, 「어촌어항법」, 「공간정보의 구축 및 관리 등에 관한 법률」이 각각 1개씩 조문제목에 '바다'가 포함된 조문을 두고 있다.

11 이 중에서 대표적인 법률은 「수산자원관리법」(6개 조문), 「산업입지 및 개발에 관한 법률」(4개 조문), 「공간정보의 구축 및 관리 등에 관한 법률」(4개 조문), 「낚시 관리 및 육성법」(4개 조문), 「해양생태계의 보전 및 관리에 관한 법률」(3개 조문), 「해양환경관리법」(3개 조문), 「환경범죄 등의 단속 및 가중처벌에 관한 법률」(2개 조문), 「해양조사와 해양정보 활용에 관한 법률」(2개 조문), 「연안관리법」(2개 조문), 「수산업법」(2개 조문) 등이다.

12 한편, '바닷가'의 정의와 관련해서는 "「해양조사와 해양정보 활용에 관한 법률」 제8조 제1항 제3호에 따른 해안선으로부터 지적공부(지적공부)에 등록된 지역까지의 사이"로 정의하거나(갯벌 및 그 주변지역의 지속가능한 관리와 복원에 관한 법률 제2조 제2호; 「공유수면 관리 및 매립에 관한 법률」 제2조 제1호 나목; 「연안관리법」 제2조 제2호 가목) "만조수위선과 지적공부에 등록된 토지의 바다 쪽 경계선 사이"로 정의하고 있다(「수산업법」 제2조 제18호; 「양식산업발전법」 제2조 제5호). 「해양조사와 해양정보 활용에 관한 법률」 제8조 제1항 제3호에 따른 해안선은 "해수면이 약최고고조면(일정기간 조석을 관측하여 산출한 결과 가장 높은 해수면)에

'하천·호소·구거, 그 밖에 공공용으로 사용되는 수면 또는 수류로서 국유인 것'으로 구분하면서, '바다'를 "「해양조사와 해양정보 활용에 관한 법률」 제8조 제1항 제3호에 따른 해안선으로부터「배타적 경제수역 및 대륙붕에 관한 법률」에 따른 배타적 경제수역 외측한계까지의 사이"로 정의하고 있다.[13]「연안관리법」은 '연안해역'을 '바닷가'와 '바다'로 구분하면서, '바다'를 "「해양조사와 해양정보 활용에 관한 법률」 제8조 제1항 제3호에 따른 해안선으로부터 영해의 외측한계까지의 사이"로 정하고 있다.[14]「환경범죄 등의 단속 및 가중처벌에 관한 법률」은 행정처분의 적용지역을 정하면서, '바다'를 "「해양조사와 해양정보 활용에 관한 법률」 제8조 제1항 제3호에 따른 해안선 바깥지역"으로 정하고 있다.[15]

한편, '바다'를 간접적으로 개념정의하고 있는 법률은「수상레저안전법」,「양식산업발전법」 등이 있다.

「수상레저안전법」은 '수상'을 "'해수면'과 '내수면'"으로 구분하면서, '해

이르렀을 때의 육지와 해수면과의 경계"를 뜻하므로, 결국 위의 2개 개념정의는 같은 것이다.

13 「공유수면 관리 및 매립에 관한 법률」 제2조 제1호 나목.

14 「연안관리법」 제2조 제2호 나목.「연안관리법」상의 '바다'와「공유수면 관리 및 매립에 관한 법률」상의 '바다'의 외측한계가 다른 것은「연안관리법」이 '연안'의 수역 내지 해역만을 규율대상으로 하기 때문이다.「해양경비법」에 따르면, 대한민국의 법령과 국제법에 따라 대한민국의 권리가 미치는 수역(경비수역)은 그 거리에 따라 '연안수역', '근해수역' 및 '원해수역'으로 구분되는데, 여기서 '연안수역'은 "「영해 및 접속수역법」 제1조 및 제3조에 따른 영해 및 내수(「내수면어업법」 제2조 제1호에 따른 내수면은 제외)"를 의미하며, '근해수역'은 "「영해 및 접속수역법」 제3조의2에 따른 접속수역"을 말하며, '원해수역'은 "「해양수산발전 기본법」 제3조 제1호에 따른 해양 중 연안수역과 근해수역을 제외한 수역"을 의미한다. 따라서「연안관리법」이 '바다'의 범위를 "해안선으로부터 영해의 외측한계까지의 사이"로 정한 것은「해양경비법」상의 구분용례에 비춰봤을 때, 당연한 귀결이다.

15 「환경범죄 등의 단속 및 가중처벌에 관한 법률」상의 '바다'는 행정처분을 할 수 있는 불법배출시설의 위치를 정하는 과정에서, "하천(「하천법」 제2조제1호에 따른 하천과「소하천정비법」 제2조 제1호에 따른 소하천을 말한다), 호소(「물환경보전법」 제2조 제14호에 따른 호소를 말한다), 바다(「해양조사와 해양정보 활용에 관한 법률」 제8조 제1항 제3호에 따른 해안선 바깥지역을 말한다) 및 그 경계로부터 직선거리 500미터 이내인 지역"의 일부로 규정된 것이다. 따라서「환경범죄 등의 단속 및 가중처벌에 관한 법률」상의 '바다'의 범위는 '해안선에서 500미터까지'로 해석된다.

수면'은 "바다의 수류나 수면"으로, '내수면'은 "하천, 댐, 호수, 늪, 저수지, 그 밖에 인공으로 조성된 담수나 기수(汽水)의 수류 또는 수면"로 규정하고 있다.[16] 즉, '바다'를 '해수' 또는 '해수면'과 같은 의미로 사용하고 있다. 「양식산업발전법」은 '해수면'을 "바다, 바닷가 및 인공적으로 해수로 조성한 육상의 수면"으로 정하고 있다. 즉, '바다'를 '해수면'의 일부로 규정하고 있다.[17]

2) 법령상의 '해양'

'해양'을 직접 법령명으로 사용한 법령은 총 93건이다(법률 26, 시행령 32, 시행규칙 35). 조문제목에 '해양'이라는 단어가 들어간 법령은 총 112건이며(법률 38, 시행령 45, 시행규칙 29),[18] 조문내용에 '해양'이라는 단어가 들어간 법령은 총 913건(법률 262, 시행령 408, 시행규칙 243)이다.[19]

이 중에서 '해양'을 직접적으로 개념정의하고 있는 법률은 「해양수산발전 기본법」과 「해양수산과학기술 육성법」이 있다.

---

16 「수상레저안전법」 제2조 제5호 내지 제7호. 「수상에서의 수색·구조 등에 관한 법률」도 같은 방식으로 규정하고 있다(법 제2조 제1호 내지 제3호).

17 한편, 「양식산업발전법」은 '내수면'을 "하천·댐·호수·늪·저수지와 그 밖에 인공적으로 조성된 담수(淡水)나 기수(汽水, 바닷물과 민물이 섞인 물)의 물흐름 또는 수면"으로 정하고 있다(법 제2조 제7호).

18 이 중에서 대표적인 법률은 「해양생태계의 보전 및 관리에 관한 법률」(44개 조문), 「해양조사와 해양정보 활용에 관한 법률」(41개 조문), 「해양환경관리법」(30개 조문), 「해양환경보전 및 활용에 관한 법률」(18개 조문), 「해양수산발전 기본법」(17개 조문), 「해양치유자원의 관리 및 활용에 관한 법률」(15개 조문), 「해양수산생명자원의 확보·관리 및 이용 등에 관한 법률」(13개 조문), 「해양교육 및 해양문화의 활성화에 관한 법률」(12개 조문), 「해양수산과학기술육성법」(12개 조문), 「해양폐기물 및 해양오염퇴적물관리법」(11개 조문) 등이다.

19 이 중에서 대표적인 법률은 「해양환경관리법」(132개 조문), 선원법(103개 조문), 「항만법」(77개 조문), 「해사안전법」(77개 조문), 「해운법(68개 조문), 「해양생태계의 보전 및 관리에 관한 법률」(67개 조문), 「해양조사와 해양정보 활용에 관한 법률」(65개 조문), 「해양사고의 조사 및 심판에 관한 법률」(64개 조문), 「선박안전법」(62개 조문), 「농수산물 품질관리법」(61개 조문) 등이다.

「해양수산발전 기본법」은 ‘해양’을 “대한민국의 내수·영해·배타적경제수역·대륙붕 등 대한민국의 주권·주권적권리 또는 관할권이 미치는 해역과 헌법에 의하여 체결·공포된 조약 또는 일반적으로 승인된 국제법규에 의하여 대한민국의 정부 또는 국민이 개발·이용·보전에 참여할 수 있는 해역”로 정의하고 있고,[20] 「해양수산과학기술 육성법」도 「해양수산발전 기본법」의 정의를 그대로 따르고 있다.[21]

3) ‘해양’의 법적 개념과 성격

국내법상의 정의에 따르면, ‘바다’는 “‘해안선’부터 ‘영해’ 또는 ‘배타적 경제수역’의 외측한계까지의 수역”을 포함하는 개념이고, ‘해양’은 “‘내수’·‘영해’·‘배타적 경제수역’·‘대륙붕’ 등 대한민국의 ‘주권·주권적 권리 또는 관할권이 미치는 해역’”과 “헌법에 의하여 체결·공포된 조약 또는 일반적으로 승인된 국제법규에 의하여 ‘대한민국의 정부 또는 국민이 개발·이용·보전에 참여할 수 있는 해역’(기타 해역)”을 포함하는 개념이다. 따라서 엄밀한 의미에서 국내법상 ‘바다’와 ‘해양’은 구분되며,[22] ‘바다’보다는

---

20 「해양수산발전 기본법」 제3조 제1호.

21 「해양수산과학기술 육성법」 제2조 제1호. 한편, 「해양공간계획 및 관리에 관한 법률」은 ‘해양공간’을 “「영해 및 접속수역법」에 따른 내수·영해, 「배타적 경제수역 및 대륙붕에 관한 법률」에 따른 배타적 경제수역·대륙붕 및 「해양조사와 해양정보 활용에 관한 법률」 제8조 제1항 제3호에 따른 해안선으로부터 지적공부에 등록된 지역까지의 사이를 포함한 것”으로 정하고 있는데(법 제2조 제1호 참조), 이러한 ‘해양공간’의 개념은, 「해양수산발전 기본법」상의 ‘해양’ 개념에서 “헌법에 의하여 체결·공포된 조약 또는 일반적으로 승인된 국제법규에 의하여 대한민국의 정부 또는 국민이 개발·이용·보전에 참여할 수 있는 해역”은 제외하고 “「해양조사와 해양정보 활용에 관한 법률」 제8조 제1항 제3호에 따른 해안선으로부터 지적공부에 등록된 지역까지의 사이(바닷가)”는 포함시키는 방식이다.

22 ‘엄밀한 의미’에 구분된다는 것이지, 본질적인 차이가 없다는 해석도 가능하다. 즉, 법률에서 ‘해양’과 ‘바다’의 개념을 혼용하는 것과 관련하여, 법률의 입법목적을 고려하고 법의 흠결이나 충돌을 방지하기 위해, 법률에 따라 그 적용범위를 확장하거나 축소하여 ‘바다’ 또는 ‘해양’의 개념을 정의하여 사용하고 있을 뿐이므로, 본질적 차이가 없다는 해석도 가능하다(한병호, 앞의 논문, 2017, 8쪽 참조).

'해양'이 더 넓은 공간을 포섭하는 것으로 해석된다.

한편, '바다'는 개별 법률의 입법목적에 따라 '공유수면', '연안해역', '수상', '해수면'의 일부를 구성한다. 따라서 '바다'보다 더 넓은 공간을 포섭하는 '해양'도 '바다'와 중첩되는 범위 내에서는 '바다'의 이러한 성격을 동시에 갖는다.

〈그림 1〉 국내법상 바다와 해양의 범위

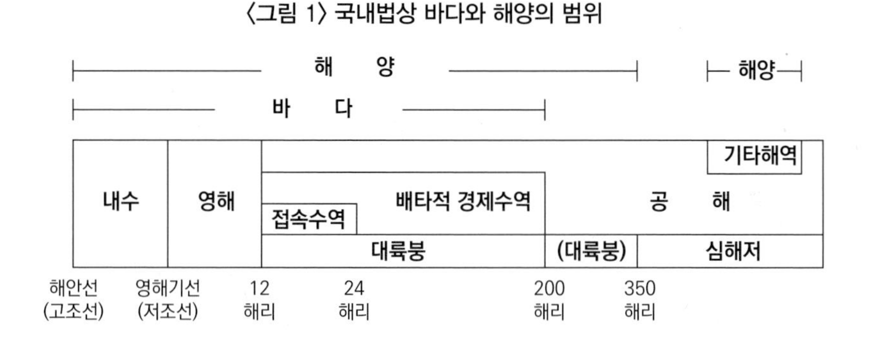

2. 해양의 범위

'해양'은 "'내수'·'영해'·'배타적 경제수역'·'대륙붕' 등 대한민국의 '주권·주권적 권리 또는 관할권이 미치는 해역'"과 "헌법에 의하여 체결·공포된 조약 또는 일반적으로 승인된 국제법규에 의하여 '대한민국의 정부 또는 국민이 개발·이용·보전에 참여할 수 있는 해역'(기타 해역)"을 포함한다. 따라서 이하에서는 '해양'을 구성하는 각각의 개념과 그 인접개념의 구체적 의미를 고찰해서 '해양'의 공간적 범위를 검토하고자 한다.

1) 해안선

「공유수면 관리 및 매립에 관한 법률」과 「연안관리법」은 '바다'를 '해안선에서 영해 외측한계까지의 사이' 또는 '해안선에서 배타적 경제수역 외측한계까지의 사이'로 정하고 있다. 따라서 '해안선'은 '바다'의 외측한계의 출발점이면서 내측한계가 된다.

바다와 육지가 맞닿은 선인 '해안선'은 해수면이 끊임없이 오르내리기 때문에 가변적이다. 따라서 '해안선'을 명확히 하기 위해서는 일정한 기준이 필요하다. 「공유수면 관리 및 매립에 관한 법률」과 「연안관리법」은 「해양조사와 해양정보 활용에 관한 법률」 제8조 제1항 제3호에 따른 '해안선'을 기준으로 하고 있다. 「해양조사와 해양정보 활용에 관한 법률」 제8조 제1항 제3호에 따르면, '해안선'은 "해수면이 약최고고조면(일정기간 조석을 관측하여 산출한 결과 가장 높은 해수면)에 이르렀을 때의 육지와 해수면과의 경계"로 표시된다.[23] 따라서 해안선은 소위 '만조수위선'을 의미한다.[24]

해안선이 결정된다 해도 바다의 내측한계가 완전히 정해지는 것은 아니다. 하천·호소 등과 같이 그 대부분이 육지로 둘러싸여 있는 수면인 '내수면(Inland Waters)'과 '바다' 사이의 경계가 문제될 수 있기 때문이다.

일반적으로 현행 법률상 '내수면'은 "하천, 댐, 호수, 늪, 저수지와 그 밖에 인공적으로 조성된 민물이나 기수(汽水: 바닷물과 민물이 섞인 물)의 물흐름 또는 수면"으로 정의된다.[25] 이 중에서 댐, 호수, 늪, 저수지와

---

23 「해양조사와 해양정보 활용에 관한 법률」은 '약최고고조면' 외에 '평균해수면'과 '기본수준면'도 규정하고 있다. 어떤 위치의 높이는 '평균해수면'을 기준으로 하고(법 제8조 제1항 제1호), 수심과 간조노출지의 높이는 '기본수준면'을 기준으로 측량하는데, 이 때의 '기본수준면'은 "일정 기간 조석을 관측하여 산출한 결과 가장 낮은 해수면"을 말한다(법 제8조 제1항 제2호 참조).

24 「공유수면 관리 및 매립에 관한 법률」(제2조 제3호)상의 '간석지(만조수위선과 간조수위선 사이)'나 「무인도서의 보전 및 관리에 관한 법률」(제2조 제3호)과 「해양조사와 해양정보 활용에 관한 법률」(제8조 제1항 제2호)상의 '간조노출지(간조 시에는 해수면 위로 드러나고 만조 시에는 해수면 아래로 잠기는 자연적으로 형성된 땅)'는 '바다'에 해당한다.

25 「내수면어업법」 제2조 제1호. 「양식산업발전법」도 '내수면'을 "하천·댐·호수·늪·저수지와 그 밖에 인공적으로 조성된 담수(淡水)나 기수(汽水, 바닷물과 민물이 섞인 물)의 물흐름 또는 수면"으로 정의하고 있고(법 제2조 제7호), 「수상레저안전법」도

그 밖에 인공적으로 조성된 민물의 경우에는 그 경계가 비교적 명확해서 큰 문제가 되지 않는다. 그러나 하천의 하구나 기수지역의 경우에는 '내수면'과 '바다'의 자연적 경계가 불분명해서 문제가 될 수 있다. 생각건대, 이 경우에는 '하구'의 영해기선 설정을 규정한 「유엔해양법협약」 제9조를 원용하여 해결하는 것도 한 방법이라 생각된다. 즉, 「유엔해양법협약」 제9조(하구)는 "강이 직접 바다로 유입하는 경우, 기선은 양쪽 강둑의 저조선상의 지점을 하구를 가로 질러 연결한 직선으로 한다."고 규정하고 있으므로, 하구나 기수지역에서의 '내수면'과 '바다'의 경계는 '양쪽 강둑의 일정한 지점을 연결한 직선'으로 설정할 수 있다. 다만, 국내법은 '바다'의 내측 경계인 '해안선'을 '약최고고조면(만조수위선)'을 기준으로 정하고 있으므로, 「유엔해양법협약」상의 '저조선'이 아니라 '약최고고조면(만조수위선)'을 기준으로 '내수면'과 '바다'의 경계를 구분해야 할 것이다.[26]

2) 내수와 영해기선

「해양수산발전 기본법」상의 '해양'은 '내수(Internal Waters)'부터 시작된다. 따라서 '내수'의 내측한계가 '해양'의 내측한계가 된다.

'내수'는 "영해의 폭을 측정하기 위한 기선으로부터 육지 쪽에 있는 수역"을 의미한다.[27] 영해기선은 공인된 대축척해도에 표시된 해안의 '저조

'내수면'을 "하천, 댐, 호수, 늪, 저수지, 그 밖에 인공으로 조성된 담수나 기수(汽水)의 수류 또는 수면"으로 정의하고 있다(법 제2조 제7호). 한편, 앞의 두 법률은 '내수면'에 대응하는 '해수면'의 개념을 정의하고 있는데, '내수면'과는 달리 두 법률에서의 '해수면'의 개념은 서로 다르다. 「양식산업발전법」은 '해수면'을 "바다, 바닷가[만조수위선과 지적공부에 등록된 토지의 바다 쪽 경계선 사이를 말한다] 및 인공적으로 해수로 조성한 육상의 수면"으로 정의하지만(법 제2조 제5호), 「수상레저안전법」은 '해수면'을 "바다의 수류나 수면"으로 정하고 있다. 즉, 「양식산업발전법」상의 '해수면'이 「수상레저안전법」상의 '해수면'보다 더 넓다. 이는 '수상'레저활동이 '바닷가'에서는 불가능하기 때문인 것으로 해석된다.

26 한병호, 앞의 논문, 2017, 11~12쪽.

27 「영해 및 접속수역법」 제3조 참조. 「유엔해양법협약」도 "영해기선의 육지 쪽 수역"

선'으로 하는 것이 원칙이고(통상기선), 지리적 특수사정이 있는 경우에는 '특정 기점을 연결하는 직선'을 기선으로 할 수 있다(직선기선).[28] 따라서 '영해기선'이 '통상기선'인 경우에는 '저조선'과 '고조선(약최고고조면, 만조수위선, 해안선)' 사이의 수역이 '내수'가 되며,[29] 영해기선이 '직선기선'인 경우에는 '직선기선'과 '고조선(약최고고조면, 만조수위선, 해안선)' 사이의 수역이 '내수'가 된다.

한편, 국내법에는 '내수'라는 개념 외에 '내수면'이라는 개념도 존재한다.[30] 따라서 '내수'와 '내수면'의 관계가 문제된다. 「해양수산생명자원의 확보·관리 및 이용 등에 관한 법률」과 「항로표지법」은 「내수면어업법」에 따른 '내수면'과 「영해 및 접속수역법」에 따른 '내수'를 병렬적으로 열거하고 있다.[31] 이 경우는 '내수'와 '내수면'은 서로 중첩되지 않는 별개의 개념으로 해석할 수 있다. 반면에 「해양경비법」과 「수상에서의 수색·구조 등에 관한 법률」은 그 적용범위와 관련하여, "「영해 및 접속수역법」 제1조 및 제3조에 따른 영해 및 내수(「내수면어업법」 제2조 제1호에 따른 내수면은 제외한다)"를 규정하고 있다.[32] 이 경우는 원래 '내수'에는 '내수면'이 포함되지만

을 내수로 규정하고 있다(협약 제8조(내수) 제1항).

28 「영해 및 접속수역법」 제2조 참조. 「유엔해양법협약」에 따르면, "해안선이 깊게 굴곡이 지거나 잘려들어간 지역, 또는 해안을 따라 아주 가까이 섬이 흩어져 있는 지역"에서 직선기선의 방법이 사용될 수 있다(제7조 제1항 참조). 대한민국의 경우에 동쪽의 영일만의 달만갑(제1기점)부터 서쪽 서해안의 소령도(제23기점)까지 직선기선을 설정하고 있다(「영해 및 접속수역법 시행령」 [별표 1] 참조).

29 「공유수면 관리 및 매립에 관한 법률」(제2조 제3호)상의 '간석지(만조수위선과 간조수위선 사이'나 「무인도서의 보전 및 관리에 관한 법률」(제2조 제3호)과 「해양조사와 해양정보 활용에 관한 법률」(제8조 제1항 제2호)상의 '간조노출지(간조 시에는 해수면 위로 드러나고 만조 시에는 해수면 아래로 잠기는 자연적으로 형성된 땅)'는 '내수'에 해당한다.

30 일반적으로 '내수면'은 "하천, 댐, 호수, 늪, 저수지와 그 밖에 인공적으로 조성된 민물이나 기수의 물흐름 또는 수면"으로 정의된다(「내수면어업법」 제2조 제1호; 「양식산업발전법」 제2조 제7호; 「수상레저안전법」 제2조 제7호 참조).

31 「해양수산생명자원의 확보·관리 및 이용 등에 관한 법률」 제2조 제5호; 「항로표지법」 제4조 참조.

32 「해양경비법」 제2조 제3호; 「수상에서의 수색·구조 등에 관한 법률」 제10조 참조.

입법적 필요에 따라 '내수면'의 적용을 배제한 것으로 해석할 수 있다. 결과적으로 국내법의 적용과 관련해서는 사실상 '내수'와 '내수면'이 구별되며, '바다'만 '내수'에 포함되는 것으로 해석된다.

그러나 국제법상으로 '내수'는 국가의 '영토'와 동일하게 취급되며, 염수구역뿐 아니라 강이나 호수와 같은 담수구역도 포함한다. 따라서 국제법상의 '내수' 개념은 국내법상의 '내수면'을 포함한 넓은 개념이다. '내수'가 '영토'와 동일하게 취급되기 때문에, 국가는 그 내수(상공, 해저, 하층토 포함)에서 국가가 그 영토에서 갖는 것과 동일한 완전한 주권을 가지고 있으며,[33] 영해와 군도수역에서와 같은 외국선박의 무해통항권을 인정할 의무를 지지 않는다.[34]

3) 영해와 접속수역

'영해(Territorial Sea)'는 연안국의 주권이 미치는 일정 범위의 해역을 의미한다.[35] 「영해 및 접속수역법」에 의하면, 대한민국의 영해는 원칙적으로 영해기선으로부터 바깥쪽 12해리까지의 수역으로 하며,[36] 예외적으로 일정수역의 경우에는 12해리 이내에서 따로 정할 수 있다.[37] 이에 따라 대한해협의 영해의 범위는 3해리로 축소되어 있다.[38]

영해는 연안국의 주권이 미치는 해역이기 때문에, 외국선박은 연안국

---

33 「유엔해양법협약」 제2조 참조.

34 그러나 직선기선의 설정에 의해 종래 '내수'라고 인정되지 않았던 수역이 '내수'로서 둘러싸이게 된 경우에는 무해통항권은 존속한다(유엔해양법혁약 제8조 2항 참조).

35 「유엔해양법협약」 제1조 제1항.

36 이는 「유엔해양법협약」을 반영한 것이다. 동협약 제3조(영해의 폭)는 "모든 국가는 이 협약에 따라 결정된 기선으로부터 12해리를 넘지 아니하는 범위에서 영해의 폭을 설정할 권리를 가진다."라고 규정하고 있다.

37 「영해 및 접속수역법」 제1조.

38 「영해 및 접속수역법 시행령」 제3조 참조.

의 평화·공공질서 또는 안전보장을 해치지 아니하는 범위에서 연안국의 영해를 통항할 수 있다.[39] 따라서 만약 대한민국 영해 내에서의 외국선박의 통항이 대한민국의 평화·공공질서 또는 안전보장을 해치는 경우에는 위반자를 형사처벌 할 수 있으며,[40] 이를 위하여 관계당국은 외국선박의 정선·검색·나포 기타 필요한 명령이나 조치를 할 수 있다.[41]

'접속수역(Contiguous Zone)'은 영해에 접속해 있는 일정범위의 수역으로서, 연안국의 영토나 영해에서의 범죄방지와 단속 등을 위해 설정한 수역을 의미한다. 「영해 및 접속수역법」은 영해기선으로부터 바깥쪽 24해리까지(영해 제외)를 접속수역으로 설정하고 있다.[42]

대한민국 관계당국은 접속수역에서 "대한민국의 영토 또는 영해에서 관세·재정·출입국관리 또는 보건·위생에 관한 대한민국의 법규를 위반하는 행위의 방지"와 "대한민국의 영토 또는 영해에서 관세·재정·출입국관리 또는 보건·위생에 관한 대한민국의 법규를 위반한 행위의 제재"를 위해, 필요한 범위에서 그 권한을 행사할 수 있다.[43]

4) 배타적 경제수역과 대륙붕

'배타적 경제수역(Exclusive Economic Zones)'은 유엔해양협약에 따

---

39 특히 외국의 군함 또는 비상업용 정부선박이 영해를 통항하려는 경우에는 대통령령으로 정하는 바에 따라 관계 당국에 미리 알려야 한다(법 제5조 제1항 제2문 참조).

40 「영해 및 접속수역법」 제7조.

41 「영해 및 접속수역법」 제6조.

42 「영해 및 접속수역법」 제3조의2 참조.

43 「영해 및 접속수역법」 제6조의2 참조. 「유엔해양법협약」 제33조(접속수역)는 "1. 연안국은 영해에 접속해 있는 수역으로서 접속수역이라고 불리는 수역에서 다음을 위하여 필요한 통제를 할 수 있다. (a)연안국의 영토나 영해에서의 관세·재정·출입국관리 또는 위생에 관한 법령의 위반방지. (b)연안국의 영토나 영해에서 발생한 위의 법령 위반에 대한 처벌. 2.접속수역은 영해기선으로부터 24해리 밖으로 확장할 수 없다."고 규정하고 있다.

라 법제화된 수역으로, 연안국에게 그 수역에 대한 천연자원의 탐사·개발 및 보존 등을 위한 주권적 권리와 해양환경의 보존과 과학적 조사활동 등을 위한 관할권이 인정되는 수역을 의미한다.

대한민국의 배타적 경제수역의 범위는 영해기선으로부터 바깥쪽 200해리까지에 이르는 수역(영해 제외)까지이다.[44]

대한민국은 배타적 경제수역에서 ⅰ) "해저의 상부 수역, 해저 및 그 하층토에 있는 생물이나 무생물 등 천연자원의 탐사·개발·보존 및 관리를 목적으로 하는 주권적 권리와 해수, 해류 및 해풍을 이용한 에너지 생산 등 경제적 개발 및 탐사를 위한 그 밖의 활동에 관한 주권적 권리"와 ⅱ) "인공섬·시설 및 구조물의 설치·사용, 해양과학 조사, 해양환경의 보호 및 보전에 관한 관할권", ⅲ) "협약에 규정된 그 밖의 권리"를 가진다.[45]

배타적 경제수역에서는 원칙적으로 대한민국의 법령이 적용되며,[46] 대한민국의 권리를 침해하거나 대한민국의 법령을 위반한 혐의가 인정되는 자에게 추적권 행사, 정선·승선·나포 등 필요한 조치를 할 수 있다.[47] 다만, 배타적 경제수역에서의 대한민국의 권리는 관계국(대한민국과 마주 보고 있거나 인접하고 있는 국가) 간에 별도의 합의가 없는 경우 대한민국과 관계국의 중간선 바깥쪽 수역에서는 행사하지 아니한다.[48] 외국 또는 외국인은 협약의 관련 규정에 따를 것을 조건으로 대한민국의 배타적 경제수역과 대륙붕에서 항행 또는 상공 비행의 자유, 해저 전선 또는 관선 부설의 자유 및 그 자유와 관련되는 것으로서 국제적으로 적법한 그 밖의 해양 이

---

44 「배타적 경제수역 및 대륙붕에 관한 법률」 제2조 제1항 참조.
45 「배타적 경제수역 및 대륙붕에 관한 법률」 제3조 제1항 참조.
46 「배타적 경제수역 및 대륙붕에 관한 법률」 제5조 제1항 참조.
47 「배타적 경제수역 및 대륙붕에 관한 법률」 제5조 제3항 참조.
48 「배타적 경제수역 및 대륙붕에 관한 법률」 제5조 제2항 참조.

용에 관한 자유를 누린다.[49]

'대륙붕(Continental Shelf)'은 영해 밖으로 영토의 자연적 연장에 따라 대륙변계의 바깥끝 까지의 해저지역의 해저와 하층토로, 연안국에게 그 탐사 및 개발을 위한 권리가 인정되는 지형을 의미한다.

대한민국의 대륙붕은 "영토의 자연적 연장에 따른 대륙변계의 바깥 끝까지 또는 대륙변계의 바깥 끝이 200해리에 미치지 아니하는 경우에는 기선으로부터 200해리까지의 해저지역의 해저와 그 하층토"로 이루어진다. 다만, 대륙변계가 기선으로부터 200해리 밖까지 확장되는 경우에는 협약에 따라 정한다.[50]

대한민국은 대륙붕에서 ⅰ) "대륙붕의 탐사를 위한 주권적 권리", ⅱ) "해저와 하층토의 광물, 그 밖의 무생물자원 및 정착성 어종에 속하는 생물체의 개발을 위한 주권적 권리", ⅲ) "협약에 규정된 그 밖의 권리"를 가진다. 그 밖에 외국 또는 외국인의 권리 및 의무와 대한민국의 권리 행사 등은 배타적 경계수역과 같다.[51]

5) 기타 해역

「해양수산발전 기본법」에 따르면, '내수', '영해', '배타적 경제수역', '대륙붕' 외에도 "헌법에 의하여 체결·공포된 조약 또는 일반적으로 승인된 국제법규에 의하여 대한민국의 정부 또는 국민이 개발·이용·보전에 참여할 수 있는 해역"도 '해양'에 포함된다.[52] 구체적으로 어떤 해역이 여기에

---

49 「배타적 경제수역 및 대륙붕에 관한 법률」 제4조 제1항 참조.

50 「배타적 경제수역 및 대륙붕에 관한 법률」 제2조 제2항 참조. 「유엔해양법협약」에 따르면 영해기선으로부터 최대 350해리까지 확장이 가능하다(제76조 제5항, 제6항 참조).

51 「배타적 경제수역 및 대륙붕에 관한 법률」 제4조 및 제5조 참조.

52 「해양수산발전 기본법」 제3조 제1호.

포함되는지는 조약이나 국제법규를 모두 확인해 봐야 알겠지만, 대표적으로 '남극지역'의 바다가 여기에 해당할 것으로 판단된다.[53]

한편, 국제법상 모든 국가는 '공해(High Seas)'에서 '공해의 자유'를 향유한다. 따라서 '항행의 자유', '상공비행의 자유', '해저전선과 관선 부설의 자유', '국제법상 허용되는 인공섬과 그 밖의 시설 건설의 자유', '어로의 자유', '과학조사의 자유'를 누리는 한도 내에서 '공해'도 「해양수산발전 기본법」상의 '해양'의 범주에 포함된다.[54]

Ⅲ. 해양의 헌법적 의미

1. 헌법상의 해양 규정

우리나라의 역대 헌법에서 '해양'을 직접 언급한 조항은 없었고, 일부 조항에서 '해양'과 관련된 '수산자원', '어업', '어촌', '농수산물', '어민', '어업조약', '우호통상항해조약' 등의 용어가 단편적으로 등장했다.

우선, 1948년 헌법 제85조는 "광물 기타 중요한 지하자원, 수산자원, 수력과 경제상 이용할 수 있는 자연력은 국유로 한다. 공공필요에 의하여 일정한 기간 그 개발 또는 이용을 특허하거나 또는 특허를 취소함은 법률의 정하는 바에 의하여 행한다."고 규정하여, '수산자원'의 국유화와 개발·

---

53 우리나라는 1986년 11월 28일에 「남극조약(1959.12.1 채택, 1961.6.23 발효)」에 가입하였고, 이후 「환경보호에 관한 남극조약 의정서(1991.10.4 채택, 1995.12.1 국회비준동의, 1998.1.14 발효)」에 따라, 2004년 3월 22일에 「남극활동 및 환경보호에 관한 법률」을 제정했다. 이 법률에 따르면, '남극지역'은 "남위 60도 이남의 육지·빙붕 및 '수역'과 그 상공"으로, '남극활동'은 "남극지역에서 행하여지는 활동으로서 … 과학조사, 시설물의 설치, 탐험, 관광 그 밖의 활동"으로 규정되어 있다(법 제2조 제1호 및 제3호 참조).

54 「유엔해양법협약」 제87조 참조.

이용의 특허를 명문화했다.[55]

1962년 제5차 개정 헌법 제56조 제1항은 "국회는 상호원조 또는 안전보장에 관한 조약, 국제조직에 관한 조약, 통상조약, 어업조약, 강화조약, 국가나 국민에게 재정적 부담을 지우는 조약, 외국군대의 지위에 관한 조약 또는 입법사항에 관한 조약의 체결·비준에 대한 동의권을 가진다."라고 규정하여, 국회가 동의권을 갖는 조약에 '어업조약'을 포함했으며,[56] 제115조는 "국가는 농민·어민과 중소기업자의 자조를 기반으로 하는 협동조합을 육성하고 그 정치적 중립성을 보장한다."고 규정하여, '어민'의 자조조직인 협동조합의 육성과 정치적 중립성 보장을 명문화했다.[57]

1972년 제7차 개정 헌법 제120조 제1항은 "국가는 농민·어민의 자조를 기반으로 하는 농어촌개발을 위하여 계획을 수립하며, 지역사회의 균형있는 발전을 기한다."고 규정하여, '농어촌'개발을 위한 계획의 수립을 명문화했다.[58]

1987년 현행 헌법 제123조 제4항은 "국가는 농수산물의 수급균형과

---

55 이러한 취지의 규정은 이후 헌법에서도 일부 표현을 달리하면서 계속 존치했으며(제2차 개정 헌법 제85조, 제3차 개정 헌법 제85조, 제4차 개정 헌법 제85조, 제5차 개정 헌법 제112조, 제6차 개정 헌법 제112조, 제7차 개정 헌법 제112조 제1항, 제8차 개정 헌법 제121조 제1항), 현행 헌법 제120조 제1항도 "광물 기타 중요한 지하자원·수산자원·수력과 경제상 이용할 수 있는 자연력은 법률이 정하는 바에 의하여 일정한 기간 그 채취·개발 또는 이용을 특허할 수 있다."고 규정하고 있다.

56 국회의 동의대상인 '어업조약'은 이후 1969년 제6차 개정 헌법(제56조 제1항)과 1972년 제7차 개정 헌법(제95조 제1항)까지 유지되다가, 1980년 제8차 개정 헌법(제96조 제1항)에서 '우호통상항해조약'으로 변경되었고, 현행 헌법(제60조 제1항)도 같은 용어를 사용하고 있다.

57 이러한 취지의 규정은 이후 헌법에서도 일부 표현을 달리하면서 계속 존치했으며(제6차 개정 헌법 제115조, 제7차 개정 헌법 제120조 제2항, 제8차 개정 헌법 제121조 제3항), 현행 헌법 제123조 제5항도 "국가는 농·어민과 중소기업의 자조조직을 육성하여야 하며, 그 자율적 활동과 발전을 보장한다."고 규정하고 있다.

58 이러한 취지의 규정은 이후 헌법에서도 일부 표현을 달리하면서 계속 존치했으며(제8차 개정 헌법 제124조 제1항), 현행 헌법 제123조 제1항도 "국가는 농업 및 어업을 보호·육성하기 위하여 농·어촌종합개발과 그 지원 등 필요한 계획을 수립·시행하여야 한다."고 규정하고 있다.

유통구조의 개선에 노력하여 가격안정을 도모함으로써 농·어민의 이익을 보호한다."고 규정하여, '농수산물'의 가격안정과 '농·어민'의 이익보호를 추가로 규정하고 있다.

2. 국가론 측면의 해양

1) 국가의 구성요소

헌법은 국민의 기본권을 보장하고 국가의 기본적 사항을 규율하는 한 국가의 최고·기본법이다. 따라서 헌법은 국가의 존립을 전제로 한다. 전통적 견해에 따르면, 국가는 '국민', '영역', '국가권력(주권과 통치권)'으로 구성된다.[59] 이러한 국가의 구성요소 중에서 '해양'은 '영역'과 관련된 것이다.

'영역'은 다시 '영토', '영해', '영공'으로 구분된다. '영토'는 육지와 내수를 포함한 영역인데, 대한민국의 '영토'는 "한반도와 그 부속도서"이다.[60] '영해'는 영토에 인접한 일정 범위의 해역인데, 대한민국의 '영해'는 영해기선으로부터 바깥쪽 12해리(대한해협은 3해리)까지의 수역이다.[61] '영공'은 '영토'와 '영해'의 수직상공을 의미한다.[62] 이러한 '영역'의 구성요소 중에서 '해양'은 '영토(내수)' 및 '영해'와 관련된 것이다.

---

59 권영성, 『헌법학원론』, 법문사, 2010, 112쪽; 김학성, 『헌법학원론』, 피앤씨미디어, 2019, 3쪽.

60 헌법 제3조.

61 「영해 및 접속수역법」 제1조 및 「영해 및 접속수역법 시행령」 제3조 참조.

62 '영공'의 범위를 직접 규정한 국내법으로는 「항공안전법」이 있다. 이 법은 '영공'을 "대한민국의 영토와 「영해 및 접속수역법」에 따른 내수 및 영해의 상공"으로 정하고 있다(법 제2조 제18호).

2) 주권행사의 공간적 범위

국가는 자신의 영역을 자유롭게 사용·수익·처분하고 영역 내의 사람과 물건을 독점적·배타적으로 지배할 수 있다. 즉, 국가의 영역은 국가주권이 미치는 공간적 범위이다.[63] 따라서 '해양'과 관련하여 '영해주권'[64]이나 '해양주권'[65] 등의 관념이 성립될 수 있다.

그러나 이러한 '영해주권'이나 '해양주권'은 국가가 육상의 영토에 대해 갖는 '영토주권'과는 달리 그 내용과 효력이 불완전하다. 일반적으로 '해양'은 내수, 영해, 접속수역, 배타적 경제수역, 대륙붕 및 기타 해역 등으로 구분되는데, 「유엔해양법협약」과 이를 수용한 국내법은 이들 각각에 대한 국가의 관할권을 서로 다르게 인정하고 있기 때문이다.

우선, '내수'는 기본적으로 영토의 일부로 취급된다. 따라서 '내수'에서는 연안국의 주권이 원칙적으로 조건 없이 행사된다. 즉, 연안국은 내수에서 외국선박의 '무해통항권'을 인정할 의무가 없다. 그러나 '직선기선'을 설정함으로써 종전에 내수가 아니었던 수역이 내수에 포함되는 경우에는 '무해통항권'이 계속 인정된다.[66] '영해'의 경우, 연안국의 주권은 당연히 영해

---

63 이러한 국가의 지배권에 대해 학자들은 국가권력, 국가주권, 주권적 지배권, 영토주권, 영역권, 영역고권, 영토고권 등 다양한 용어를 사용하고 있다. 엄밀한 의미에서 국가권력, 주권, 통치권 등은 서로 구분된다. 그러나 주권은 국가권력의 기초가 되는 동시에 그 범위에도 포함되므로, 국가영역에 대한 국가의 지배권을 국가주권으로 칭해도 무방하다고 판단되며, 국가영역의 내용에 따라 영토주권, 영해주권, 영공주권 등으로 구분할 수 있다.

64 '영해주권'이라는 용어가 언급된 예로는 '대한민국과 일본국 간의 어업에 관한 협정 위헌소원' 사건의 재판관 조대현과 김종대의 반대의견 참조(헌법재판소 2009. 2. 26. 선고 2007헌바35 결정).

65 표준국어사전은 '해양주권'을 "해양에 대한 국가의 주권. 영해의 관할은 물론, 연안 해역·해상·해저의 자원을 지배하는 권리도 포함한다."라고 정의하고 있다. '해양주권'의 헌법적 의미 등에 대해서는, 김승대, 「한반도 해양주권과 헌법-배타적 경제수역의 범위 확정 문제를 중심으로」, 『저스티스』 통권 제157호, 한국법학원, 2016.12, 34쪽 이하 참조.

66 「유엔해양법협약」 제8조 제2항 참조.

에도 미친다.[67] 따라서 국가는 영해에 대한 배타적 지배권을 행사할 수 있다. 그러나 모든 국가의 선박은 연안국의 영해에서 '무해통항권'을 향유한다.[68] 따라서 연안국의 '영해주권'은 외국선박의 '무해통항권'에 의해 제약된다.[69] '접속수역'의 경우, 원칙적으로 연안국의 주권이 미치지 않는다. 다만, 한정된 범위 안에서 관계당국이 직무권한을 행사할 수 있을 뿐이다.[70] '배타적 경제수역'과 '대륙붕'의 경우, 연안국은 일정한 범위 내에서 '주권적 권리(sovereign rights)'와 '권할권(jurisdiction)'을 행사할 수 있을 뿐 '주권(sovereignty)'을 전면적으로 행사할 수는 없다. 이처럼 '영해주권' 내지 '해양주권'은 '영토주권'에 비해 불완전한 국가의 지배권이다. 따라서 '영해주권' 내지 '해양주권'을 '영토주권'과 동일한 수준에서 논의할 수는 없다.

그러나 '배타적 경제수역'과 '대륙붕'에서 인정되는 '주권적 권리'의 효력이 사실상 '주권'과 거의 같다는 점을 간과해서는 안 된다.

「유엔해양법협약」과 이를 수용한 「영해 및 접속수역법」은 연안국의 권리와 관련해서 '주권', '주권적 권리', '관할권' 등 다양하게 규정하면서도 별도의 정의를 하고 있지 않아서 그 의미가 불분명하다. 그러나 '주권'은 영토, 내수, 영해에 인정되는 연안국의 독점적·배타적·포괄적 지배권을 의미하고(영해의 경우 외국선박의 무해통항권 인정이라는 제한이 있음), '관할권'은 「유엔해양법협약」에 의해 인정되는 연안국의 일반적 권리를 의

---

67 「유엔해양법협약」 제2조 제1항 참조.

68 「유엔해양법협약」 제2조 제1항, 「영해 및 접속수역법」 제5조 참조.

69 연안국의 영해를 통항중인 외국선박에 대해서는 연안국의 형사관할권과 민사관할권도 일부 제약된다(「유엔해양법협약」 제27조 및 제28조 참조).

70 「영해 및 접속수역법」에 따르면, 대한민국 관계당국은 "대한민국의 영토 또는 영해에서 관세·재정·출입국관리 또는 보건·위생에 관한 대한민국의 법규를 위반하는 행위의 방지"와 "대한민국의 영토 또는 영해에서 관세·재정·출입국관리 또는 보건·위생에 관한 대한민국의 법규를 위반한 행위의 제재"를 위해 필요한 범위에서 그 직무권한을 행사할 수 있다(법 제6조의2 참조). 「유엔해양법협약」 제33조도 같은 내용을 규정하고 있다.

미하는 것으로 이해된다. 그리고 '주권적 권리'는 '특정영역에 국한해서 인정되는 배타적 권리'로서 '주권에 매우 근접한 권리'를 의미한다고 볼 수 있다. 즉, '주권적 권리'는, '배타적 경제수역'이라는 공간에서 '천연자원의 탐사·개발·보존·관리'와 '경제적 개발 및 탐사'를 위해 인정되며,[71] '대륙붕'이라는 공간에서는 '대륙붕의 탐사'와 '해저와 하층토의 광물, 무생물자원 및 정착성 어종에 속하는 생물체의 개발'을 위해 인정된다.[72] 연안국이 '주권적 권리'를 갖게 되면, 연안국은 그 권리의 실효적 행사를 위해 추적권의 행사, 정선·승선·검색·나포 및 사법절차를 포함하여 필요한 조치를 할 수 있고,[73] 다른 국가는 연안국의 명시적인 동의 없이는 대륙붕 탐사나 천연자원을 개발할 수 없으며,[74] 연안국은 분쟁해결과 관련한 강제절차의 적용을 배제시킬 수 있다.[75] 이러한 의미에서 '배타적 경제수역'과 '대륙붕'에서의 '주권적 권리'는 '주권에 준하는 배타적 권리'이다. 이는 국가주권의 확대를 의미하며, 동시에 국민의 활동영역의 확대, 국가의 기본권보호영역의 확대를 의미한다.

한편, 소위 '영해주권'이나 '해양주권'과 관련하여, 독도 등을 중간수역으로 정한 「한일어업협정」[76]이 헌법상 영토조항을 위반했는지가 문제가 된 바 있다.[77]

이와 관련하여, 헌법재판소는 "이 사건 협정은 배타적 경제수역을 직접 규정한 것이 아닐 뿐만 아니라 배타적 경제수역이 설정된다 하더라도 영해

71 「유엔해양법협약」 제56조 제1항; 「영해 및 접속수역법」 제3조 제1항 참조.
72 「유엔해양법협약」 제77조 제1항; 「영해 및 접속수역법」 제3조 제2항 참조.
73 「유엔해양법협약」 제73조 제1항; 「영해 및 접속수역법」 제5조 제3항 참조.
74 「유엔해양법협약」 제77조 제2항 참조.
75 「유엔해양법협약」 제297조 제3항 및 제298조 제1항 참조.
76 1998. 11. 28. 조약 제1447호 체결되고, 1999. 1. 22. 발효된 「대한민국과 일본국간의 어업에 관한 협정」을 의미한다.
77 헌법재판소 2001. 3. 21. 선고 99헌마139등 결정; 헌법재판소 2009. 2. 26. 선고 2007헌바35 결정.

를 제외한 수역을 의미하며, … 독도가 중간수역에 속해 있다 할지라도 독도의 영유권문제나 영해문제와는 직접적인 관련을 가지지 아니한 것임은 명백하다 할 것이다. … 이 사건 협정은 '어업에 관한' 협정이라는 점이다. 따라서 배타적 경제수역의 경계획정문제와는 직접적인 관련을 가지지 아니(한다)."고 판시했다.[78] 즉, 「한일어업협정」의 중간수역 설정은 '어업'에 국한된 것이기 때문에 '배타적 경제수역'과는 직접적인 관련이 없으며, '배타적 경계수역'과 관련된 것이라 하더라도 '영해'와는 직접적인 관련이 없다고 한다.

생각건대, 「한일어업협정」의 어떠한 규정도 어업에 관한 사항 외의 국제법상 문제에 관한 각 체약국의 입장을 해하는 것으로 간주되지 않는다는 점[79]과 「유엔해양법협약」도 어업협정과 같은 잠정협정의 체결가능성과 그 잠정협정이 최종적인 경계확정에 영향을 미치지 않음을 규정하고 있다는 점[80] 등을 고려하면, 우리나라가 이러한 잠정적인 어업협정을 맺은 것 자체가 헌법에 위반된다고 단정할 수는 없다. 그러나 헌법재판소가, 만약 독도를 고유한 배타적 경제수역을 가질 수 있는 섬으로 전제로 하면서도,[81] 독

78 헌법재판소 2009. 2. 26. 선고 2007헌바35 결정 참조. 이에 대해서는, "독도는 독도와 그 자체의 영해뿐만 아니고 그 자체의 접속수역과 배타적 경제수역을 가질 수 있고 대한민국의 영토적 권한범위는 여기에까지 미친다. 어업 자원의 관리 등 자원에 대한 포괄적인 지배권의 행사는 영토주권의 배타적 성격에 본질적으로 결부되는 주권의 핵심 영역이므로 어업권도 영토에 대한 배타적 지배와 분리하기 힘든 주권적 내용에 당연히 포함되어야 한다. 따라서 독도와 그 인근수역을 중간수역에 들어가게 함으로써, 대한민국 영토의 일부를 보전하는 데 있어서 불리한 상황을 초래한 이 사건 협정조항은 헌법상 영토조항에 위반된다."는 반대의견이 있다(재판관 조대현, 김종대 반대의견 참조). 반대의견과 비슷한 비판론으로는, 박진완, 「독도의 헌법적 지위」, 『공법학연구』 제9권 제4호, 한국비교공법학회, 2008.11, 11~15쪽 참조.

79 「한일어업협정」 제15조 참조.

80 「유엔해양법협약」 제74조(대향국간 또는 인접국간의 배타적 경제수역의 경계획정) 제3항은 "제1항에 규정된 합의에 이르는 동안, 관련국은 이해와 상호협력의 정신으로 실질적인 잠정약정을 체결할 수 있도록 모든 노력을 다하며, 과도적인 기간동안 최종 합의에 이르는 것을 위태롭게 하거나 방해하지 아니한다. 이러한 약정은 최종적인 경계획정에 영향을 미치지 아니한다."고 규정하고 있다.

81 헌법재판소가 이를 전제로 판단했는지 여부는 불분명하다. 다만, 「한일어업협정」의

도를 둘러싼 해역에 배타적 경제수역을 전혀 인정하지 않는 중간수역의 설정을 수용한 것은 배타적 경제수역에 대한 국가의 주권적 권리의 본질을 훼손하는 것으로 볼 수 있다.[82]

결국, 「한일어업협정」의 중간수역설정과 배타적 경제수역의 침해 문제는 배타적 경제수역과 관련된 독도의 지위에 따라 달라질 수 있다. 그리고 이러한 독도의 지위는 궁극적으로 국제법상 기준에 따라 판단된다. 「유엔해양법협약」은 섬이 배타적 경제수역을 가질 수 있는 있는 자격과 관련하여, '밀물일 때에도 수면 위에 있는 자연적으로 형성된 육지지역'일 것과, '인간이 거주할 수 있을 것'과 '인간이 독자적인 경제생활을 유지할 수 있을 것'을 요구하고 있다.[83] 이 중에서 첫 번째 요건은 과학적 측정에 의해 판단이 가능하기 때문에 해석상 큰 문제가 발생하지 않는다. 그러나 두 번째와 세 번째 요건인 '인간의 거주'나 '독자적 경제생활 유지'는 불확정 개념이기 때문에 그 해석에 이견이 있을 수 있다. 독도의 경우에도 두 번째와 세 번째 요건의 충족 여부가 주요 쟁점이 될 수밖에 없다. 생각건대, 위 요건을 엄격하게 해석하는 최근의 국제적 입장에 비춰 봤을 때,[84] 독도가 위 요건

협상과정에서 한국과 일본 양측 모두 '독도'를 기점으로 '영해'와 '배타적 경제수역'을 주장했다는 점을 고려하면, 헌법재판소도 그와 같은 전제를 한 것으로 짐작된다. 한편, 반대의견을 개진한 재판관들은 "독도는 독도와 그 자체의 영해뿐만 아니고 그 자체의 접속수역과 배타적 경제수역을 가질 수 있고 대한민국의 영토적 권한 범위는 여기에까지 미친다."라고 판시하여(헌법재판소 2009. 2. 26. 선고 2007헌바35 결정, 재판관 조대현, 김종대 반대의견 참조), 이를 분명히 하고 있다.

82 같은 취지로는, 김승대, 앞의 논문, 32쪽 참조.

83 「유엔해양법협약」 제121조(섬 제도)는 "1. 섬이라 함은 바닷물로 둘러싸여 있으며, 밀물일 때에도 수면위에 있는, 자연적으로 형성된 육지지역을 말한다. 2. 제3항에 규정된 경우를 제외하고는 섬의 영해, 접속수역, 배타적경제수역 및 대륙붕은 다른 영토에 적용가능한 이 협약의 규정에 따라 결정한다. 3. 인간이 거주할 수 없거나 독자적인 경제활동을 유지할 수 없는 암석은 배타적 경제수역이나 대륙붕을 가지지 아니한다."라고 규정하고 있다.

84 The South China Sea Arbitration (12 July 2016), PCA Case No. 2013-19. 이 중재판정의 내용에 대한 자세한 설명은, 김원희, 「남중국해 중재판정과 독도의 법적 지위에 대한 함의」, 『해양정책연구』 제31권 제2호, 한국해양수산개발원, 2016.12, 55~100쪽 참조.

을 충족한다고 단정할 수는 없다.[85] 상황이 이렇다면, 「한일어업협정」상의 중간수역 설정이 대한민국의 해양주권을 침해한다고 볼 수는 없다.

3) 국가의 보호·관리 대상

어떤 공간에 대해 국가주권이 미친다는 것은 그 공간에 대한 국가적 보호와 관리가 필요하다는 것을 의미한다.

현행 헌법 제120조 제2항은 "국토와 자원은 국가의 보호를 받으며, 국가는 그 균형있는 개발과 이용을 위하여 필요한 계획을 수립한다."고 규정하고, 헌법 제122조는 "국가는 국민 모두의 생산 및 생활의 기반이 되는 국토의 효율적이고 균형있는 이용·개발과 보전을 위하여 법률이 정하는 바에 의하여 그에 관한 필요한 제한과 의무를 과할 수 있다."고 규정하고 있다. 이들 조항의 '국토'는 토지인 '영토'만을 의미하는 것이 아니라 국가적 지배권이 미치는 '해양'을 포함하는 개념으로 해석된다. 따라서 '해양'이라는 공간도 국가의 보호대상이며, 균형있는 개발과 이용을 위한 국가계

---

85 독도가 지위와 관련하여, 종래에는 독도를 '섬'으로 해석하는 입장이 다수였다(김태운, 「해양법협약상 한·일간 EEZ 경계획정의 기점으로서 독도」, 『해사법연구』 제19권 제1호, 한국해사법학회, 2007.03, 38쪽; 박찬호, 「국제해양법상 독도의 지위에 관한 소고」, 『법학연구』 제56권 제4호, 부산대학교 법학연구소, 2015.11, 232~237쪽; 백봉흠, 「독도와 배타적 경제수역」, 『국제법학회논총』 제42권 제1호, 대한국제법학회, 1997, 154쪽; 신용하, 『한국과 일본의 독도영유권 논쟁』, 한양대학교 출판부, 2003, 282쪽; 이석용, 『국제법상 도서제도와 독도』, 세창출판사, 2014, 218~223쪽; 이용호, 「독도의 섬으로서의 법적 지위 공고화 방안」, 『영남법학』 제30호, 영남대학교 법학연구소, 2010.04, 454쪽; 이환규, 「UN해양법협약상 섬의 법적 지위와 독도」, 『동아법학』 제43호, 동아대학교 법학연구소, 2009.02, 444~445쪽 등 참조). 그러나 상설중재재판소의 남중국해 중재판정 이후에는 이에 대한 회의적인 입장(남중국해 중재판정의 취지를 그대로 적용할 경우 '섬'이 아닌 '암석'으로 해석될 수 있다는 입장)이 나타나고 있다(김승대, 앞의 논문, 28~30쪽; 김원희, 앞의 논문, 95쪽; 이석용, 「남중국해 중재판정의 국제해양법상 도서제도에 대한 영향」, 『영토해양연구』 Vol.12, 동북아역사재단, 2016.12, 136쪽; 박영길, 「남중국해 중재판정의 주요 내용과 함의」, 『KIMS PERISCOPE』 제50호, 한국해양전략연구소, 2016, 4쪽 등).

획의 수립대상이다.[86] 그리고 효율적이고 균형있는 이용·개발과 보전을 위해 필요한 제한과 의무가 부과되는 대상이 된다. 이 제한과 의무의 부과에 있어서, '해양'은 '공유재'라는 점에서 '사유재'로서의 '토지'보다 더 큰 제한과 의무의 부과도 정당화될 수 있다.[87]

3. 기본권 측면의 해양

국민은 국가의 통치권이 미치는 영역 내에서 자신의 기본권을 실현할 수 있다. 따라서 국민은 소위 '해양주권'이 미치는 영역인 '해양'에서 기본권을 실현할 수 있다.

그러나 '해양주권'은 국가가 육상의 영토에 대해 갖는 '영토주권'에 비해 그 내용과 효력이 불완전하다. '해양'의 공간을 구성하는 '내수', '영해', '접속수역', '배타적 경제수역', '대륙붕' 등에 대해 「유엔해양법협약」과 이를 수용한 국내법이 국가의 관할권을 서로 다르게 인정하고 있기 때문이다. 따라서 '해양'에서의 국민의 기본권 실현도 이에 상응하는 한계 속에 놓여 있다.

'해양'이라는 공간 중에서 '내수'나 '영해'에서는 '영토'에서와 같이 정치·경제·사회·문화의 모든 영역과 분야에서 기본권을 온전히 실현할 수 있다. 그러나 '배타적 경제수역'이나 '대륙붕'에서는 사실상 자원의 탐사 및 개발, 경제적 개발 및 탐사, 해양과학조사, 해양환경보호 등과 관련된 영역에 국한해서 기본권을 실현할 수 있다. 물론, 이 경우에도 불합리한 차

86 현재 "해양공간의 지속가능한 이용·개발 및 보전에 관한 계획의 수립 및 집행 등에 필요한 사항을 정하여 공공복리를 증진시키고 해양을 풍요로운 삶의 터전으로 조성하는 것을 목적"으로 「해양공간계획 및 관리에 관한 법률」이 시행되고 있다([법률 제15607호, 2018. 4. 17., 제정] [시행 2019. 4. 18.]).

87 「공유수면 관리 및 매립에 관한 법률」은 '바다'와 '바닷가'를 공유수면으로 규정하고 있다(법 제2조 참조)

별을 받지 아니할 권리인 평등권은 당연히 보장되며, 나아가 해양에서의 각종 활동에 부수하여 발생하는 제3자에 의한 기본권 침해에 대해서도 당연히 국가의 보호를 받을 수 있다.

한편, '해양'은 '자원의 보고'이며 '생활의 터전'이기 때문에, '해양'과 관련된 기본권 논의에 있어 '경제적 기본권'과 '환경권'에 주목할 필요가 있다.

우선, 경제적 기본권과 관련하여 보면, 헌법 제23조 제1항 전문은 "모든 국민의 재산권은 보장된다."고 하여, 국민에게 재산권을 보장하고 있다. 여기서의 재산권은 "경제적 가치가 있는 모든 공법상·사법상의 권리"를 뜻한다.[88] 따라서 비록 해양과 해양자원 그 자체는 공유재로서 개인의 소유권이 인정되지 않더라도, 해양이나 해양자원을 개발·이용할 수 있는 권리는 헌법상 보장된 재산권의 범주에 포함된다.[89] 그리고 헌법 제15조는 "모든 국민은 직업선택의 자유를 가진다."라고 하여, 직업의 자유를 보장하고 있다. 이러한 직업의 자유는 직업선택의 자유, 직업수행의 자유, 기업의 자유, 경쟁의 자유를 포함한다.[90] 따라서 해양을 무대로 하는 각종 산업은 헌법상 직업의 자유로 보장된다.[91]

---

88 이러한 재산권의 범위에는 "동산·부동산에 대한 모든 종류의 물권은 물론, 재산가치 있는 모든 사법상의 채권과 특별법상의 권리 및 재산가치 있는 공법상의 권리 등이 포함되나, 단순한 기대이익·반사적 이익 또는 경제적인 기회 등은 재산권에 속하지 않는다."고 보아야 한다(헌법재판소 1998. 7. 16. 선고 96헌마246 결정; 헌법재판소 2000. 6. 1. 선고 98헌바34 결정 참조).

89 공유수면 매립권, 공유수면 점·사용권, 어업권 등.

90 헌법재판소 1996. 12. 26. 선고 96헌가18 결정; 헌법재판소 2015. 9. 24. 선고 2013헌바393 결정 등.

91 해양수산발전 기본법은 '해양수산업'을 "해양 및 해양수산자원의 관리·보전·개발·이용에 관련된 산업"으로 정의하면서, "수산자원의 채취·포획·양식·가공·유통과 관련된 산업", "해운업, 항만건설·운영업 등 해양물류 및 해상교통과 관련된 산업", "해저 또는 해수(해양심층수를 포함한다. 이하 같다)로부터 해양광물(「해저광물자원 개발법」 제2조 제1호에 따른 해저광물은 제외한다)을 탐사·채집·추출·제련(製鍊)·생산하거나 이를 위한 시설·장비의 개발·운영과 관련된 산업", "해양에너지의 개발·이용과 관련된 산업", "해양시설물 및 해양공간을 건설·설치·조성하거나 이를 위한 시설·장비의 개발·운영과 관련된 산업", "해양환경 및 해양생태계의 보전·복원과 관련된 산업", "어촌·해양관광, 해양레저스포츠 등 해양관광·레저

한편, 헌법 제23조 제1항 후문은 "그 내용과 한계는 법률로 정한다."고 하여, 법률로 재산권을 규제할 수 있음을 분명히 하고 있다. 그리고 헌법 제37조 제2항은 "국민의 모든 자유와 권리는 국가안전보장·질서유지 또는 공공복리를 위하여 필요한 경우에 한하여 법률로써 제한할 수 있으며, 제한하는 경우에도 자유와 권리의 본질적인 내용을 침해할 수 없다."라고 하여, 모든 기본권에 대한 제한가능성을 분명히 하고 있다.

재산권에 대한 제한의 허용정도는 그 객체가 가지는 사회적 연관성과 사회적 기능에 따라 달라진다. 재산의 이용이나 처분이 소유자 개인의 생활영역에 머무르지 않고 일반국민 다수의 일상생활에 큰 영향을 미치는 경우에는 공동체의 이익을 위한 폭넓은 제한이 정당화된다.[92] 직업의 자유와 관련해서도 그 직업활동이 사회전반에 대해 가지는 의미에 따라 제한의 허용정도가 달라진다.[93]

그런데, '해양'과 '해양자원'은 사회적 연관성과 사회적 기능의 관점에서 그와 관련된 기본권의 제한의 가능성을 높여준다. '해양'과 '해양자원'은 자체가 '공유재'로서 사회적 연관성과 사회적 기능이 매우 크며, '해양'과 '해양자원'의 개발·이용은 그 과정에서 해양환경에 대한 부정적 영향 내지 위해를 미친다는 특성이 있어 높은 사회적 관련성이 인정된다. 따라서 '해양'과 '해양자원'과 관련된 재산권이나 직업의 자유는 다른 영역의 재산권이나 직업의 자유보다 그 제한의 가능성이 클 수밖에 없다.

다음, 환경권과 관련하여 보면, 헌법 제35조 제1항은 "모든 국민은 건

와 관련된 산업", "해수를 직접 또는 정제·가공하여 이용하거나 소금을 제조하는 것과 관련된 산업", "그 밖에 해양 및 해양수산자원과 관련된 산업으로서 대통령령으로 정하는 산업"으로 구분하고 있다(법 제3조 제3호 참조).

92 헌법재판소 1998. 12. 24. 선고 89헌마214등 결정; 헌법재판소 2001. 1. 18. 선고 99헌바63 결정; 헌법재판소 2009. 5. 28. 선고 2008헌바18등 결정; 헌법재판소 2014. 10. 30. 선고 2011헌바129등 결정; 헌법재판소 2015. 12. 23. 선고 2013헌바117 결정 등 참조.

93 헌법재판소 2002. 10. 31. 선고 99헌바76 결정 등.

강하고 쾌적한 환경에서 생활할 권리를 가지며, 국가와 국민은 환경보전을 위하여 노력하여야 한다."고 규정하여, 환경권과 환경보전의무를 동시에 규정하고 있다.[94] 여기서의 '환경'은 자연환경과 생활환경을 의미하며,[95] 자연환경에는 당연히 해양환경도 포함된다.[96] 따라서 국민은 소위 '해양환경권'을 갖는다.[97]

해양과 관련된 환경권 논의가 중요한 이유는 기본권의 대사인적 효력의 관점에서 헌법상 환경권의 법적 성격을 구체적 기본권으로 강화시키는 계기를 부여할 수도 있기 때문이다.

환경권의 법적 성격과 관련하여, 대법원은 환경권의 구체적 권리성을 부정하고 있다. 즉, 사인의 환경침해행위에 대해 사법규정(민법의 소유권이나 점유권 규정)의 매개를 통해서만 배제청구나 손해배상청구를 허용하

---

94 헌법재판소는 "환경권은 건강하고 쾌적한 생활을 유지하는 조건으로서 양호한 환경을 향유할 권리이고, 생명·신체의 자유를 보호하는 토대를 이루며, 궁극적으로 '삶의 질' 확보를 목표로 하는 권리이다. 국민은 국가로부터 건강하고 쾌적한 환경을 향유할 수 있는 자유를 침해당하지 않을 권리를 행사할 수 있고, 일정한 경우 국가에 대하여 건강하고 쾌적한 환경에서 생활할 수 있도록 요구할 수 있는 권리가 인정되기도 한다."고 판시했다(헌법재판소 2008. 7. 31. 선고 2006헌마711 결정; 헌법재판소 2014. 6. 26. 선고 2011헌마150 결정).

95 「환경정책기본법」 제3조 제1호 참조. 헌법재판소도 "'건강하고 쾌적한 환경에서 생활할 권리'를 보장하는 환경권의 보호대상이 되는 환경에는 자연 환경뿐만 아니라 인공적 환경과 같은 생활환경도 포함된다. 일상생활에서 소음을 제거·방지하여 정온한 환경에서 생활할 권리는 환경권의 한 내용을 구성한다."고 판시했다(헌법재판소 2008. 7. 31. 선고 2006헌마711 결정; 헌법재판소 2014. 6. 26. 선고 2011헌마150 결정).

96 「환경정책기본법」은 '자연환경'을 "지하·지표(해양을 포함한다) 및 지상의 모든 생물과 이들을 둘러싸고 있는 비생물적인 것을 포함한 자연의 상태(생태계 및 자연경관을 포함한다)"로 정하고 있다(법 제3조 제3호). 「해양환경 보전 및 활용에 관한 법률」은 '해양환경'을 "해양에 서식하는 생물체와 이를 둘러싸고 있는 해양수(海洋水), 해양지(海洋地), 해양대기(海洋大氣) 등 비생물적 환경 및 해양에서의 인간의 행동양식을 포함하는 것으로서 해양의 자연 및 생활상태"로 정의하고 있다(법 제2조 제1호).

97 '해양환경권'에 관한 논의 전반에 대해서는, 김승대, 「해양환경권의 보호와 해양환경보전의 국가목표에 관한 헌법적 고찰-해양오염방제 제조개선을 위한 헌법적 기준 제시를 중심으로」, 『공법학연구』 제19권 제4호, 한국비교공법학회, 2018.11, 237~269쪽 참조.

고 있다.[98] 그러나 '해양'은 '공유재'로서 개인의 소유권이 인정되지 않기 때문에, 법원이 사인에 의한 환경권 침해에 대한 판단에서 사법규정으로 도피하는 것을 어렵게 한다. 즉, 환경권의 직접적용을 촉진하는 효과를 강화시킬 수 있다.

Ⅳ. 결론

지금까지 해양의 헌법적 의미를 살펴보았는데, 그 결과를 요약하면 다음과 같다.

첫째, 생활 속의 일반적 용례상 '해양'과 '바다'는 거의 구분 없이 사용되지만, 실정법은 서로 조금씩 다르게 정의하고 있다. 통상적으로 '바다'는 '해안선'부터 '영해' 및 '배타적 경제수역'을 포함하는 개념이고, '해양'은 '내수'부터 '영해' 및 '배타적 경제수역'을 넘어 '대륙붕'과 '기타 해역'을 포함하는 개념으로 정의된다. '내수'는 '해안선'부터 '영해기선'까지로 이해되므로, '바다'와 '해양'의 내측한계는 같다고 볼 수 있으며, 단지 '해양'의 외측한계가 '바다'보다 넓다고 볼 수 있다. 그리고 국내법상 '바다'는 '공유수면', '연안역', '수상', '해수면'의 일부를 구성하므로, '해양'도 '바다'를 포함하는 범위 내에서는 이와 같은 성격을 갖는다.

98 대법원은 "환경권은 명문의 법률규정이나 관계 법령의 규정 취지 및 조리에 비추어 권리의 주체, 대상, 내용, 행사 방법 등이 구체적으로 정립될 수 있어야만 인정되는 것이므로, 사법상의 권리로서의 환경권을 인정하는 명문의 규정이 없는데도 환경권에 기하여 직접 방해배제청구권을 인정할 수 없다. … 인접 대지에 어떤 건물을 신축함으로써 그와 같은 생활이익이 침해되고 그 침해가 사회통념상 일반적으로 수인할 정도를 넘어선다고 인정되는 경우에는 … 소유자는 그 소유권에 기하여 그 방해의 제거나 예방을 위하여 필요한 청구를 할 수 있다 할 것"이라고 판시했다(대법원 1997. 7. 22. 선고 96다56153 판결). 같은 취지의 판례로는, 대법원 1995. 9. 15. 선고 95다23378 판결; 대법원 2006. 6. 2. 자 2004마1148,1149 결정 참조.

둘째, 해양에 대한 우리 헌법의 태도는 매우 소극적이다. 우리나라의 역대 헌법에서 '해양'을 직접 언급한 조항은 없었고, 일부 조항에서 '해양'과 관련된 '수산자원', '어업', '어촌', '농수산물', '어민', '어업조약', '우호통상항해조약' 등의 용어가 단편적으로 등장했다. 해양의 중요성을 고려하면 가슴 아픈 현실이 아닐 수 없다.

셋째, 국가론적 측면에서 봤을 때, 해양은 국가의 구성요소인 '영역'의 일부이며, 국가주권이 미치는 공간적 범위이며, 국가의 보호 및 관리의 대상이다. 특히, 오늘날에는 기존의 '내수'와 '영해'를 넘어 '배타적 경제수역'과 '대륙붕'까지 국가주권의 범위가 확장되었지만, 여전히 '영토'에 대한 국가주권보다는 그 내용과 효력이 불완전하다.

넷째, 국민의 기본권 측면에 봤을 때, 해양은 기본권 실현의 장소이고, 해양의 자원은 기본권의 내용과 객체를 구성한다. 따라서 해양에 대한 국가주권의 확대에 따라 국민의 기본권 보장도 확대·강화된다. 그러나 이러한 기본권 보장은 해양에 대한 국가주권의 불완전성에 상응하는 한계점을 갖고 있으며, 해양과 해양자원의 높은 수준의 공공성으로 인해 제약가능성이 크다는 특징이 있다.

오늘날 해양은 자원의 보고이며 생활의 터전으로서 국가경제와 국민생활에 지대한 영향을 미치고 있다. 이에 따라 세계 각국은 해양에서의 지배력을 높이기 위해 치열한 경쟁을 벌이고 있다. 특히 「유엔해양법협약」이 발효된 이후부터는 자국의 헌법에 관련 내용을 반영하여 해양의 지배력을 강화하는 추세에 있다. 그러나 우리나라의 헌법적 차원의 규율은 매우 미흡하다. 해양의 중요성과 최근 국제적 추세를 고려하면, 이제 우리도 해양에 대한 헌법적 논의를 서둘러야 한다. 아무쪼록 이 연구가 해양에 대한 헌법적 논의에 미력하나마 작은 보탬이 되길 기대한다.

❖ 참고문헌

권영성, 『헌법학원론』, 법문사, 2010.

고문현·박찬호·최용전, 『해양수산 환경 변화에 따른 기본법제의 개선 연구』, 해양수산부, 2017.

김영구, 『현대해양법론』, 도서출판 아세아, 1988.

김학성, 『헌법학원론』, 피앤씨미디어, 2019.

신용하, 『한국과 일본의 독도영유권 논쟁』, 한양대학교 출판부, 2003.

이석용, 『국제법상 도서제도와 독도』, 세창출판사, 2014.

김승대, 「한반도 해양주권과 헌법-배타적 경제수역의 범위 확정 문제를 중심으로」, 『저스티스』 통권 제157호, 한국법학원, 2016.

김승대, 「해양환경권의 보호와 해양환경보전의 국가목표에 관한 헌법적 고찰-해양오염방제 제조개선을 위한 헌법적 기준 제시를 중심으로」, 『공법학연구』 제19권 제4호, 한국비교공법학회, 2018.

김원희, 「남중국해 중재판정과 독도의 법적 지위에 대한 함의」, 『해양정책연구』 제31권 제2호, 한국해양수산개발원, 2016.

김태운, 「해양법협약상 한·일간 EEZ 경계획정의 기점으로서 독도」, 『해사법연구』 제19권 제1호, 한국해사법학회, 2007.

박영길, 「남중국해 중재판정의 주요 내용과 함의」, 『KIMS PERISCOPE』 제50호, 한국해양전략연구소, 2016.

박진완, 「독도의 헌법적 지위」, 『공법학연구』 제9권 제4호, 한국비교공법학회, 2008.

박찬호, 「국제해양법상 독도의 지위에 관한 소고」, 『법학연구』 제56권·제4호, 부산대학교 법학연구소, 2015.

백봉흠, 「독도와 배타적 경제수역」, 『국제법학회논총』 제42권 제1호, 대한국제법학회, 1997.

신봉기·최용전, 「해양의 헌법적 의미」, 『토지공법연구』 제85집, 한국토지공법학회, 2019.

이석용, 「남중국해 중재판정의 국제해양법상 도서제도에 대한 영향」, 『영토해양연구』 Vol.12, 동북아역사재단, 2016.

이용호, 「독도의 섬으로서의 법적 지위 공고화 방안」, 『영남법학』 제30호, 영남대학교 법학연구소, 2010.

이환규, 「"UN해양법협약상 섬의 법적 지위와 독도」, 『동아법학』 제43호, 동아대학교 법학연구소, 2009.

한병호, 「아시아 지역 국가의 헌법과 바다-해양관할권을 중심으로」, 『해사법연구』 제31권 제1호, 한국해사법학회, 2019.

한병호, 「유럽 지역 국가의 헌법상 해양관할권 규정에 관한 연구」, 『해사법연구』 제32권 제2호, 한국해사법학회, 2020.

한병호, 「헌법과 바다」, 『바다를 둘러싼 법적 쟁점과 과제』, 피앤씨미디어, 2017.

홍선기·강문찬, 「해양수산의 헌법적 가치에 관한 연구」, 『법제』 통권 677호, 법제처, 2017.

Tullio Treves, "Historical Development of the Law of the Sea", Donald Rothwell et al(ed.), *The Oxford Handbook of the Law of the Sea*, Oxford University Press, 2015.

Robin R Churchill, "The 1982 United Nations Convention on the Law of the Sea", Donald Rothwell et al(ed.), *The Oxford Handbook of the Law of the Sea*, Oxford University Press, 2015.

제11장

해양수도 부산의 글로벌 위상

최성두

Ⅰ. 서론

부산이 도시발전 목표로 해양수도라는 명칭을 사용한 것은 1990년대 중반부터 현재까지 약 20여년이 넘었다.[1] 해양수도라 함은 일반적으로 해양산업이 가장 종합적으로 발달하여 해양경제 중추기능이 집적된 세계수준의 중심도시를 말한다. 하지만 해양수도는 실제 우리나라에서 아직 명확한 객관적 실체 파악과 사회적 합의에까지 이르진 못한 논쟁적 개념이다. 해양수도 부산의 슬로건은 해양항만이 강점인 부산의 정체성과 위상을 말해 주는 확고한 부산의 도시발전 비전으로, 공고한 서울수도권 일극체제와 중앙집권에도 불구하고 국가 균형발전과 국가 경쟁력 차원에서 크게 기여할 수 있다는 긍정적 주장과 함께, 해양수도 부산의 구체적 정책 로드맵이 없어서 실현가능성이 적고 자치분권 법제적 근거도 없다는 부정적 주장이 혼재하고 있다.

이러한 해양수도 부산의 개념적 실체와 특징은 무엇인가? 왜 부산은 '해양수도 부산'을 도시의 비전·목표로 추구해야 하는가? 세계 해양수도들과 비교해 볼 때, '해양수도 부산'의 글로벌 위상은 현재 어느 수준이고 향후 어떤 방향으로 발전해 나가야 하는가? 이러한 연구 질문들에 대한 해답을 체계적이고 종합적으로 모색해 보는 데 본 연구의 목적이 있다.

이를 위한 연구방법론으로 선행연구 및 국내·외 문헌 검토, OECD 통계자료 분석, 정부기관 정책심의자료 검토와 인터넷(SNS) 키워드 내용분석, 그리고 글로벌 해양산업 컨설팅기관인 노르웨이 메논 이코노믹스

---

1 부산 도시목표로서 '해양수도 부산'의 사용 시초는 1995년 「부산도시기본계획(1996~2011)」과 1996년「SMART 부산 21 종합발전계획(1997~2011)」에서였고, 2002년 「해양수도 21 기본계획」과 2004년 「해양수도 21(항만관련분야) 추진 세부계획 수립 연구」에서 구체화되었다.

(Menon Economics)의 세계 해양수도 평가 자료들을 특히 광범위하게 활용하였다.

Ⅱ. '해양수도 부산'의 개념과 특성

부산광역시는 '해양수도 부산'을 도시비전 목표로 설정하여 지속적으로 추진하고 있지만, '해양수도 부산'에 대해 지역적으로나 국가적으로 합의된 개념은 없다. 즉, 해양수도 부산에 대한 명확한 개념 정립과 부산의 해양수도 역할과 기능에 대해 객관적인 사회적 합의에 이르지 못한 논쟁적 수준에 있다. 이러한 '해양수도 부산' 개념에 대한 논쟁적 특성을 나타내는 대표적 주장들을 정리하면 다음과 같다.[2]

첫째 '해양수도 부산'은 부산의 정체성과 위상을 말해 주는 개념이자 확고한 도시 비전으로 누가 뭐라 해도 부산은 동북아시대 해양수도이다.

둘째, '해양수도 부산'은 서울 예속에서 벗어나 부산이 스스로 성장·도약하겠다는 의도가 반영된 것이지만 아직 구체적 로드맵이 보이지 않아 실현가능성이 낮다.

셋째, 부산은 해양수도를 위한 환경적·물적 인프라는 좋은 편이지만 정책적·인적 인프라가 제대로 구축되어 있지 않았으며, 그럼에도 불구하고 해양수도는 부산이 나아갈 길임은 누구도 부인하지 않는다.

넷째, 부산의 강점이 해양과 항만인 점에 비추어 볼 때, 부산은 대한민국 정치·경제·문화의 수도 서울에 대비한 개념이 해양수도이다.

---

2 Naver, Google 등 SNS을 이용하여 '해양수도 부산' 키워드의 내용분석(빅데이터분석)으로 확인된 자료들에서'해양수도 부산'에 대한 논쟁적 주장들을 분류·정리한 것이다.

다섯째, 우리나라는 서울 이외에 수도란 개념을 선뜻 내주거나 허용할 준비가 되어 있지 않은 나라이자 공고한 서울 일극체제와 중앙집권 국가로서, 부산이 해양수도 개념을 고집하는 것은 국가균형과 경쟁력, 그리고 미래 비전을 이끌어내기 위함이다.

여섯째, 해양수도라는 말은 흔들릴 수 없는 부산의 구호 또는 슬로건으로서, 해양에 관한 한 부산이 모든 것의 중심이라는 뜻이다. 중국 상하이, 미국 뉴욕, 호주 시드니, 이탈리아 밀라노는 수도가 아니지만 수도 못지않은 기능과 역할을 하고 있듯이, 해양수도 부산 역시 수도 서울의 역할과 기능을 분산시켜 국가경쟁력에 기여하려는 개념이자 도시비전이다.

일곱째, 노무현 정부 시절 국가균형발전 차원에서 지방도시의 수도화 논의를 한 바 있는데, 수도권을 경제수도로 충청권을 행정수도로 부산을 해양수도로 호남권을 문화수도로 각각 추진하였고, 실제 서울은 본래 경제수도이고 충청권과 호남권은 행정중심복합도시 세종특별자치시와 아시아 문화중심도시 광주시로 각각 발전하였지만 부산만 해양수도로의 변화 로드맵을 이끌어내지 못했다.

요컨대, '해양수도 부산' 개념은 한편으로 '해양산업·경제의 수위기능이나 또는 도시발전의 비전·목표·기능 측면에서 긍정적으로 평가'되고 있지만, 다른 한편으로 '부산의 정치행정과 자치분권의 위상측면이나 또는 관련 법률 근거 부재 측면에서 부정적이라는 평가'가 공존하고 있는 논쟁적 상태의 개념이다.

'해양수도 부산'에 대한 개념의 정의와 관련하여, 정부기관 문헌상으로 '해양수도'라는 용어가 최초 등장하는 부산도시기본계획(1996~2011)과 「SMART 부산 21(1997~2011)」에서 해양수도란 '21세기 환태평양 해양수도의 건설로 인간과 바다가 함께하는 21세기 세계첨단 해양도시'라 정의됐다. 또한, 부산시의 해양수도 비전을 제시한 「해양수도 21 기본계획」

(2001)에서 해양수도란 '해양경제활동이 세계에서 가장 종합적으로 육성·발달한 도시'로 정의됐고, 이를 달성하기 위한 법률로서 「부산해양특별시 연구」(2004)와 관련 법률 발의(2005)를 추진한 바 있었다.

학술적으로 '해양수도 부산' 개념을 가장 심층적으로 연구했던 2007년 부산발전연구원 연구보고서 「해양수도 부산의 잠재력분석과 추진전략 연구」에서, 해양수도란 '해양과 관련되는 경제적 중추기능과 제도적 중추기능이 집적되어 있고, 해양 분야의 모든 기능을 선도적으로 수행하는 도시'로 정의됐다. 일반적으로 수도는 국가의 통치기구가 소재하는 도시로 규정하지만, 광의적 의미로는 특정분야에서 세계적으로 뛰어난 인지도(brand power)가 있는 도시를 의미한다는 측면에서, '해양수도를 해양 분야에서 이루어지는 생산·재생산, 집적, 확산, 네트워크의 중추관리기능을 수행하는 도시'라는 의미로 정의한 것이다. 이런 맥락에서 해양수도 개념은 해양이라는 외연적 범위와 수도라는 내포적 기능이 복합적으로 결합된 것이라고 할 수 있다.

한편, 법제적 측면에서 해양수도 개념을 최초로 규정한 것은, 2016년 부산광역시 「해양산업 육성 조례」 제2조1항이었고, 동조례에서 해양수도 개념은 '해양을 기반으로 경제·사회·문화· 활동 등이 활발하고 해양산업이 종합적으로 발달한 도시로 해양산업에 있어 가장 선진적이고 중심이 되는 도시'라 정의되었다.

최근 격년으로 세계해양수도 평가보고서를 발표하는 노르웨이 해양산업 컨설팅기관인 메논 이코노믹스에서 해양수도 개념은 '개별 도시의 해양산업을 해운, 항만물류, 해사기술, 해양금융법률, 도시매력역량 등 5가지 분야 지표들로 평가하여 그 종합적 점수가 높고 세계 선도 수준인 해양산업 도시'를 해양수도(maritime capital)라 하였다.

Ⅲ. '해양수도 부산' 도시목표 추진의 필요성 논거 -해양항만과 부산 도시발전 간 상호관련성-

해양항만 가치가 부산의 도시발전과 상호 관련성이 있는가? 아직도 많은 부산 시민들은 의문을 가지고 있다. 오랜 동안 도시공간과 격리된 항만에 대한 부정적 인식 때문에, 시민들은 해양항만이 부산 도시발전에 어떤 긍정적 영향을 끼치고 있는지 정확하게 알지 못하기 때문이다. 일반시민들에게 바다는 그저 정서적이고 심미적 영감과 활력을 주고 해수욕하고 바다낚시 즐기는 해양관광레저의 대상일 뿐이다. 거대한 부산항의 항만물류산업이 부산지역경제에 얼마나 영향을 주는지에 대하여 구체적인 내용을 잘 모르고 있다.

그러나, 해양항만 가치와 부산 도시발전 간에는 엄연히 상호 관련성이 많이 존재하고 있고, 이를 통하여 부산의 도시발전을 추진함이 타당하다는 논거들이 존재하고 있다. 과거에도, 현재에도, 그리고 미래에도 해양항만 가치는 부산 도시발전의 주요 원동력이고, 부산에서 해양항만과 도시발전은 상생 조화의 발전의 관계라 할 수 있다.

1. 부산광역시 도시발전 목표로서 공식 확정·추진 중인 '글로벌 해양수도'

현재 부산광역시가 공식적으로 확정하고 추진 중인 도시발전 목표에 '글로벌 해양수도'가 포함되어 있다. 부산시 도시발전 목표와 지표는 공식적으로 5대 목표 80개 지표로서, 5대 목표에는 글로벌 해양수도를 포함해서 일자리 중심도시, 생활안전도시, 균형발전도시, 문화복지도시가 있다〈표 1〉. 부산광역시는 전략적으로 해양항만산업을 육성하고 글로벌 해양수도를 도시발전의 목표와 정책수단으로 공식 설정하고 추진하는 도시정부라는 것이다.

해양항만와 관련된 부산시의 도시발전 목표 명칭은 그동안 많은 변화를 보였다. 1970년대까지 '항구도시'라는 명칭이 1980년대에는 '항만도시'로, 1990년대에는 '항만물류도시'로 변화되었다. 2010년대 와서 '해양물류중심도시'로, 근래에는 '글로벌 해양도시' 또는 '동북아 해양수도'로 변화했다가 2016년 공식적으로 '글로벌 해양수도'로 도시발전 목표로 확정된 것이다.

〈표 1〉 부산광역시 도시발전 목표와 지표체계

도시목표	핵심과제	지 표 (총 80개)
일자리 중심도시	좋은 일 자리 창출	좋은 일 자리 창출수
	경제체질 개선	유치기업 일 자리수, 창업기업종사자수, R&D투자비중
	미래전략산업 육성	조선해양플랜트,ICT융합메카트로닉스,수산식품,에너지,영상콘텐츠, 의료산업 기업종사자수
글로벌 해양수도	글로벌 네트워크 중심	김해공항 해외취항노선 수(이용객수), MICE개최 건수, 민간국제교류도시 수
	항만인프라 구축	항만물동량(증감율)
	신항 고부가 배후사업 추진	신항배후단지 입주기업 종사자수
	해양레저관광 활성화	국제크루즈관광객수, 마리나항만 접안규모
	해운산업 육성	해운항만기업 매출액
생활안전 도시	안전도시 구현	지역안전지수 관련 하루 사망자수
	환경 업그레이드	낙동강 하구둑 개방, 도심하천(동천) 수질
	안정적 대체원수 확보	대체원수 확보량
균형발전 도시	서민경제 활성화	전통시장 종사자수, 창업소상공인 3년 생존율
	서부산권 개발	서부산권 인구증감율, 서부산권 문화교육시설수
문화복지 도시	도시재생으로 부산재창조	마을기지사무소 이용건수, 복합문화센터 조성수
	골고루 즐기는 문화도시	생활문화센터이용객수, 문화예산비중
	촘촘한 복지	비수급빈곤층지원, 동주민센터복지기능강화, 국가필수예방접종률, 장애인직업재활시설이용수
	포용적 사회복지망	국공립어린이집 확충, 노인장기요양 수혜율

출처: http://www.busan.go.kr/cityindex

2. 세계 컨테이너 처리량 6위의 메가포트 부산항 입지 도시

부산은 2019년 말 현재 컨테이너 처리량 세계 6위인 부산항을 보유하고 있는 세계적인 항만 도시이다. 〈표 2〉에서와 같이, 2019년 말 현재 세계 컨테이너 처리량 1위은 상하이(4,330만 TEU), 2위 싱가포르(3,720만), 3위 닝보-저우산 (2,753만), 4위 선전(2,577만), 5위 광저우(2,283만), 6위 부산(2,191만), 7위 칭다오(2,101만), 8위 홍콩(1,836만), 9위 텐진(1,730만), 10위 로테르담(1,481만)의 순이다.[3] 또한, 2016년부터 환적화물 처리량에서 부산항은 세계 순위 2위를 차지하면서 동북아지역 중심항만으로 부상했고, 2017년에는 환적화물 1,034만TEU 처리로 초대형 항만 즉 메가포트(Mega Port)로 진입하였다. 그리고 부산항은 정기 컨테이너 서비스 노선에서 동북아지역 항만 중 가장 많은 2017년 기준 531개 노선을 확보하고 있는 항만이기도 하다.

우종균(2016)의 연구에 의하면, 부산항의 연간 부가가치액은 약 6조억 원으로서 지역적으로나 국가적으로 산업경제적 기여도가 매우 높다. 다만, 부산항은 부가가치 창출에서 하역과 보관 등 항만지원서비스 부분이 높고 항만관련산업과 해운지원서비스 비중이 낮은 것이 문제점으로 지적되고 있다.[4]

---

3 참고로 2018년 말 기준으로 컨테이너 처리량 순위는 1위 상해항 4,201만TEU, 2위 싱가포르항 3,660만, 3위 닝보-저우산항 2,635만, 4위 선전항 2,574만, 5위 광저우항 2,192만, 6위 부산항 2,166만, 7위 홍콩항 1,960만, 8위 칭다오항 1,932만 TEU였다.

4 부산항 보다 물동량이 적은 네델란드 로테르담항의 부가가치액과 비교했을 때, 부산항은 43%에 불과함. 그래서, 최근 부산 항만배후의 부가가치 산업 육성을 위하여 부산항만공사(BPA)와 부산시가 공동으로 '항만수산산업진흥원' 설립을 추진 중에 있다.

〈표 2〉 2019년 말 현재 세계 10대 컨테이너 처리량 실적

(단위: 천TEU)

순위*	항만	2019년 말	2018년 말	증감
1(1)	상하이항	43,303	42,010	3.1%
2(2)	싱가포르항	37,195	36,599	1.6%
3(3)	닝보-저우신항	27,530	26,351	4.6%
4(4)	선전항	25,770	25,740	0.1%
5(5)	광저우항	22,830	21,922	5.7%
6(6)	부산항	21,910	21,663	1.1%
7(8)	칭다오항	21,010	19,315	8.8%
8(7)	홍콩항	18,364	19,596	-6.3%
9(9)	텐진항	17,300	15,972	8.1%
10(11)	로테르담항	14,810	14,512	2.1%
합계		250,022	243,680	2.6%

*순위는 2019년 말 기준이고, 괄호( ) 안은 2018년 순위
출처: www.ksg.co.kr; Korea Shipping Gazette (2020. 2. 20.)

3. 국내 제1위의 해양수산 산업 도시

부산은 국내 제1위의 해양수산 산업도시이다. 전국 해양수산업에서 부산이 차지하는 비율이 어느 정도인지에 대한 통계자료를 살펴보면, 첫째 부산은 국내 제1위의 항만·수산세력을 보유하고 있는데, 전국의 컨테이너 화물 85%, 어선세력 56%, 선원 61%가 부산에 있다. 둘째, 부산은 국내 수산업 전진기지로서, 전국의 대형어선 86%, 원양어선 92%, 수입수산물 76%, 수출수산물 75%, 냉장·냉동 보관시설 70%, 수산가공품 22%이 부산에 있다. 셋째, 부산은 국내 제1의 수출입 해상관문으로서, 전국의 수출화물 63.4%, 수입화물 68.2%, 환적화물 94.1%이 부산에서 처리되고 있다. 넷째, 부산은 국내 제1의 조선기자재 산업이 입지해 있고, 전국 선박관리산업의 사업체 66%, 매출액 87%, 인력 50%, 선박용 전자통신장비 100%가 부산에서 이루어진다. 다섯째, 부산은 국내 제1의 해양산업 최대

집적지로서, 전국의 해양산업 사업체수 18,159개 가운데 부산이 5,496개로 전국의 30.4% 차지하고 있다.

한편, 부산지역 산업경제 가운데 해양수산업이 차지하는 비율을 살펴보면, 첫째, 부산지역 산업체 26,776개소 가운데 해운항만물류업체 3,615개소 (13.5%), 수산업체는 6,193개소 (23.1%), 해양관광업체는 12,999개소 (48.5%)가 있다. 둘째, 해양산업종사자 기준으로 지역 종사자 156,344명 가운데 해운항만물류 종사자 48,785명 (31.2%), 수산 종사자 25,381명 (16.2%), 해양관광 종사자 45,166명 (28.9%)가 있다. 셋째, 해양산업 매출액 기준으로 지역매출액 359,780억 원 가운데 해운항만물류 매출액 127,730억 원 (35.5%), 수산 매출액 114,680억 원 (31.9%), 조선 매출액 72,810억 원 (20.2%)의 높은 비율을 차지하고 있다.

4. 세계 수준의 해양연구·교육기관 집적 도시

부산은 세계수준의 해양관련 연구기관, 해양교육훈련기관, 기타 해양연계기관이 20여 개 이상 집적된 해양연구개발·교육 클러스터 도시이다. 주요 해양연구기관으로 동삼혁신지구에 한국해양과학기술원(KIOST), 한국해양수산개발원(KMI), 국립수산물품질관리원, 국립해양조사원, 부산테크노파크(해양생물산업육성센터)이, 기장지역에 국립수산과학원, 한국수산자원관리공단이, 강서지역에 부산시 수산자원연구소이 있다. 주요 해양교육훈련기관으로 해양수산인재개발원(해양수산부), 부산시인재개발원(부산광역시), 해양수산연수원, 해양환경공단 해양환경교육원, 한국해양수산개발원 해양아카데미, 한국해양대학교, 부경대학교, 부산대학교 조선공학과 등이 있다. 기타 해양연계기관으로 국립해양박물관, 부산해양자연사박물관, 남해해양경찰청, 부산항만공사 등이 있다. 이러한 부산 입지 해양연구·교육기관 간 네트워크 즉 '해양연구·교육기관 거버넌스'를 부산이 지속적으로 잘 운영해 나간다면, 향후에도 부산은 해양기술(maritime technology) 분야 즉 조선 및 해양연구·교육분야의 세계 선도 해양수도를 지속 유지할 것으로 예상된다.[5]

5. 역사적으로 조선 해양경제특구 부산포에서 발달한 부산 원도심 도시공간구조

역사적으로 오늘날 부산의 원도심 도시공간구조 원형은 전통적 중심지인 동래(동래부)를 기반으로 발달한 도시가 아니라, 동래에서 멀리 떨어져 일개 포구에 지나지 않았던 조·일 해양무역 중심지 '부산포(초량왜관)'을 중심으로 도시공간기반이 발달한 도시이다. 일찍이 태종7년(1407) 조선에 도항하는 일본인에 대한 평화적 통제책의 일환으로 부산포(부산)와 내이포(제포/진해) 두 곳에 '왜관'[6]이 설치됐고, 세종8년(1426)에 부산포, 내이포(제포)에 더하여 염포(울산)가 개항되어 삼포왜관 체제가 등장했으며 1509년 삼포왜란까지 삼포왜관체계가 지속됐다. 임진왜란 이후에 도쿠가와 이에야스 막부의 조선과의 국교재개 교섭과정에서 임진왜란으로 폐쇄되었던 왜관을 선조34년(1601) 부산 절영도(영도구 대평동 2가 일대)에 1개 설립했는데 이것이 '절영도 왜관'이다. 이러한 단일 왜관체제는 선조34년(1601)부터 고종13년(1876)까지 약 180년간 지속됐는데, 절영도왜관 설치 7년 뒤 선조40년(1607)에 왜관을 육지지역인 두모포(부산동구청 부근)로 이전 설치되어 약 70년 '두모포 왜관체제'가 유지됐고, 지속적 무

---

5 노르웨이 컨설팅기관 Meno Economics 의 세계 선두 해양수도 평가에서, 해양기술 분야에서 부산은 2017년 3위와 2019년 4위를 각각 차지함으로써 해양연구교육과 조선분야에서 세계 최고의 해양과학기술 도시임이 입증되었다.

6 왜관은 일본선박이 입항하는 곳이며 이곳에서 일본사절을 접대하고 일본상인들과 무역이 이루어지는 장소였다.

역량 확대로 숙종4년(1678)에 두모포 왜관의 약 10배 규모로[7] 초량왜관[8]이 설립되어, 고종13년(1876) 강화도조약으로 왜관폐쇄 전까지[9] 약 180년 동안 조선 중후기 조·일무역의 중심지, 즉 '조선의 해양경제특구'로서의 역할을 수행했다. 특히 초량왜관에서의 개시무역[10] 확대로 현재 부산 원도심 공간구조의 기틀이 거의 형성되었다. 17~18세기 동안 부산 초량왜관은 우리나라 해상무역 중심지였고 현재의 부산 원도심 도시구조의 원형과 기틀을 형성하는 영향을 주었다.

Ⅳ. 세계 해양수도들과 비교를 통한 부산의 글로벌 위상 평가

1. 2016년 동남지방통계청의 세계 주요 항구도시와 부산 간 OECD통계 비교

2016년 3월 통계청 산하 동남지방통계청은 「부산과 세계 주요 항구도시별 비교통계」를 작성하여 발표했다. 이 보고서 자료는 OECD에서 제공하는 자료로서 '지역과 도시'(2005~2014)를 인용했으며, 비교조사 목적

---

7 약 10만 평, 일본 나가사키 데지마(出島)의 15배 규모, 당시 세계 최대 경제특구 중 하나였다.

8 초량왜관 중앙인 용두산 기슭에는 관수가(왜관총괄관수의 관저)을, 용두산을 중심으로 동관에는 외교교섭관가·개시대청을, 서관에는 일본사절의 동대청·중대청·서대청을 두었다.

9 1876년 대마도–초량왜관 교린체제 붕괴, 메이지 정부 직접 관할의 '부산구일본전관거류지'로 전환되었다.

10 개시무역은 일본과 조선 상인 간의 사(私)무역으로 관청허가를 받은 민간의 순수 무역이다. 개시무역은 초량왜관에 있는 개시대청(부산 중구 대청동 소재)에서 이루어졌기 때문에 '개시무역'이라고 명명되었다. 초량왜관에서 대일무역에 종사하기 위해 관청 행장을 받은 특권상인으로 조선측 상인을 통칭해서'동래상인'이라고 불렀다.

은 부산 해양관광정책 활성화를 위한 정책정보 수집에 있었다. 부산의 비교 연구 대상으로 선정된 세계 지역별 7개 주요 항구도시에는 오사카(일본), 벤쿠버(캐나다), 시애틀(미국), 나폴리(이태리), 스톡홀름(스웨덴), 헬싱키(핀란드), 시드니(호주)이다. 비교 기준은 인구, 면적, 고용율, 지역내총생산(GRDP), 1인당 지역내총생산, 인구 백만당 녹지비율, 대기오염도였다.

〈표 3〉에서 보는 바와 같이, 세계 주요 항구도시 가운데 부산은 인구 4위, 면적 8위로서 인구통계 및 지정학적 측면은 외생변수로서 불가피한 측면이 있어서 수용할 수 있고, 또한 고용 5위, 지역내총생산 6위, 1인당 지역내총생산 4위 같은 경제산업적 측면 역시 OECD 국가 간 비교이므로 수용가능하다. 그러나, 시민생활의 질과 관련된 환경 지표에서 도시인구 백만명당 녹지면적 8위, 공기오염정도 1위를 차지한 것은 해양수도로서 부산의 부끄러운 모습이고 세계 항구도시 가운데 도시매력 경쟁력이 매우 낮은 수준임을 명백하게 보여주는 것이다.[11]

---

11 이와 관련하여, 2016년 2월 영국의 세계적 과학학술지 『네이쳐(Nature)』 530호의 논문((Zheng Wan et al, 「친환경해운산업의 세 단계(Three steps to a green shipping industry」)은 부산에 큰 충격을 주었다. 즉, 부산항은 중국의 대형 컨테이너 항만인 천진, 청도, 영파(닝보), 상하이, 선전, 광주, 홍콩, 그리고 싱가포르, 두바이와 함께 '더티 텐(The Dirty Ten)'의 세계적 해양환경오염 항구도시로 지적된 것이다.
『네이처(Nature)』 논문에서 중국 상해해사대학 왕 교수 등과 캘리포니아대학 스펄링 교수는 국제해사기구(IMO)가 이미 발틱해, 북해, 미국 카리브해, 미국과 캐나다 연안 등 4개 지역에 설정한 대기오염통제지역(emission-control areas)에서 황산화물과 질소산화물 통제를 잘 작동하고 있지만, 반면 아시아의 세계 10대 컨테이너 항구인 상해, 선전, 홍콩 등 중국 항만과 부산 등에서는 전세계 오염 방출 추정 20%를 방출하는 '터티 텐'의 항구도시라는 것이다. 이들 '더티 텐 지역'에서 미세먼지(PM25)의 발생원인은 주로 저질 선박 연료유로서 주요 해운 간선항로를 중심으로 대기오염을 일으키고 있고, 전세계 질소산화물과 황산화물의 약 20%를 차지하고 있다.

〈표 3〉 세계 주요 항구도시와 부산 간 OECD통계 비교

＼	인 구 (만명)	면 적 (㎢)	고용률 (%)	지역내 총생산 (US$)	1인당 지역내 총생산 (US$)	인구백만당 녹지비율 (%)	공기 오염도 (㎍/㎥)
부산	343(4)	725(8)	55.7(5)	800억(6)	22,937(4)	9.1%(8)	16.4(1)
오사카	1,734(1)	7,004(4)	56.9(4)	5,969(1)	38,327(3)	10.9(7)	13.1(3)
벤쿠버	238(6)	5,064(6)	54.2(6)	932(5)	-	98.6(3)	6.0(6)
시애틀	278(5)	11,173(2)	-	2,315(2)	-	991.(2)	3.7(7)
나폴리	357(3)	1,559(7)	30.1(7)	777(7)	22,331(5)	12.9(6)	15.7(2)
스톡홀름	202(7)	7,107(3)	70.5(1)	1,244(4)	58,984(1)	114.7(1)	6.5(5)
시드니	484(2)	12,229(1)	61.8(3)	2,000(3)	-	46.5(5)	3.0(8)
헬싱키	150(8)	6,351(5)	65.0(2)	760(8)	50,030(2)	77.4(4)	7.9(4)

*표주: ( )은 8대 세계 도시 가운데 순위
출처: 동남지방동계청(2016)

2. 2017년 부산연구원의 세계 10대 항만도시와 부산 간 비교 연구

2017년 부산연구원은 부산이 벤치마킹해야 할 세계 10대 항만도시로서 싱가포르,[12] 로테르담, 홍콩, 상하이, 런던 등으로 선정하고 부산과 비교 연구를 수행했다. 비교 평가기준으로 항만인프라, 물류인프라, 항만도시 거버넌스 중추기능, 언어 다국적 지수, 환적화물, 도시매력, 해운네트워크, 금융, 산업경쟁력, 비즈니스, 컨테이너 처리량 등을 선정했고, 각 지표의 평균을 100으로 기준 삼아 부산의 글로벌 위상을 평가했다.

12 부산이 해양수도로 발전하기 위하여 가장 벤치마킹해야 하는 세계 최고의 해양수도로 많은 전문가들은 싱가포르를 꼽고 있음. 그 이유는 싱가포르가 인구 3백5십만의 도시국가로서, 다민족국가의 이점으로 인해 영어 등 외국어능력이 우수하고, 부패 없고 깨끗하고 투명한 정부를 유지해 왔고 정부규제가 거의 없어 세계 기업들이 가장 사업하기 좋은 나라로 평가받기 때문임. 또한, 말라카 해협의 길목에 입지해 있는 천혜의 지정학적 입지조건을 바탕으로 세계와 아시아 최고 물류강국으로 성공한 나라이기 때문임.

〈표 4〉 세계 10대 항만도시와 부산 간 도시경쟁력 비교

평가기준	비교 대상 세계 항만도시	부산	평가의견
항만 인프라	로테르담 120.4	92.0	우수
물류 인프라	로테르담 106.5	93.7	우수
항만도시 거버넌스 중추기능	런던 188.5	32.8	미흡
언어 다국적 지수	홍콩·상하이·싱가포르· 로테르담117.1	58.5	다소 미흡
환적화물	싱가포르 266.7	99.9	우수
도시매력	런던 225.0	15.9	미흡
해운네트워크	상하이 146.6	101.2	우수
금융	런던·홍콩 135.5	45.1	미흡
산업경쟁력	런던 203.5	41.7	미흡
비즈니스	싱가포르 109.2	107.9	우수
컨테이너 처리량	상하이 193.7	103.2	우수

출처: 부산연구원(2017)

〈표 4〉에서와 같이, 첫째 항만인프라 기준에서 부산은 92로서 평균 100에 가까운 우수한 수준이지만 네델란드 로테르담의 120.4에 못 미치는 수준이다. 둘째, 물류인프라 기준에서 부산은 93.7로 로테르담 106.5와 거의 동등한 우수한 수준이다. 셋째, 항만거버넌스 중추기능 기준에서 부산은 32.8로서 평균 100에 한참 못 미치는 하위 수준이고, 런던의 188.5에 비하면 도시와 항만 간 통합성이 매우 부족한 상태이다. 넷째, 언어 다국적 지수 기준에서 부산은 58.5로서 평균 100에 미흡한 수준이고, 홍콩, 상하이, 싱가포르, 로테르담 등의 언어 다국적 지수 117.1에 비교하면 상당히 열악한 상태이다. 다섯째, 환적화물 기준에서 부산은 99.9로서 우수한 수준이지만, 세계 최고수준인 싱가포르의 266.7에는 한참 미흡한 상태이다. 여섯째, 도시매력 기준에서 부산은 15.7으로 최하위 수준이고, 런던의 225에 비교하면 항만도시 기능으로 레저관광, 금융, 법률, 비즈니스, 주거에서 한참 세계적 수준에 뒤쳐 있는 상태이다. 일곱째, 해운네트워크 기준에서 부산은 101.2로 우수한 수준이지만, 아시아 최대 경쟁 항

만인 상하이의 146.6에 비하면 상당한 격차가 벌어진 상태이다. 여덟째, 금융 기준에서 부산은 45.1로서 평균 100보다 상당히 미흡한 수준이고, 런던과 홍콩의 135.5와 비교하면 항만도시의 금융기능이 매우 열악한 상태이다. 아홉째, 산업경쟁력 기준에서 부산은 41.7으로 평균 100보다 상당히 미흡한 수준이고, 런던의 203.5와 비교하면 항만도시 산업경쟁력이 상당히 미약한 상태이다. 열 번째, 비즈니스 기준에서 부산은 107.9로서 평균 100을 상회하는 우수한 수준으로, 세계 최고의 항만도시 싱가포르의 109.2와 동등한 수준이다. 열한 번째, 컨테이너 처리량 기준에서도 부산은 103.2로서 평균 100을 상회하는 우수한 수준이지만, 세계 최고의 컨테이너 항만 상하이의 193.7에 비하면 상당한 격차가 벌어진 상태이다.

요컨대, 부산은 항만인프라, 물류인프라, 환적화물, 해운네트워크, 비즈니스, 컨테이너 처리량에서 부산은 세계 10대 항만도시와 대등한 수준이지만, 반면에 항만도시 거버넌스 중추기능, 언어 다국적지수, 도시매력, 금융, 산업경쟁력에서 세계 10대 항만도시에 비해 미흡한 수준이라는 것이다.

3. 메논 이코노믹스(Menon Economics) 컨설팅의 세계 선도 해양수도 평가

노르웨이 컨설팅기관 메논 이코노믹스(Menon Economics)는 세계 선도 해양수도에 대한 평가보고서(Menon's leading maritime capitals of the world report: Menon Report)를 발표하고 있다. 2012년 최초 발표 이래 2015년과 2017년과 2019년에 격년 단위로 발표했고, 또한 2018년에는 최초로 국가단위의 세계 해양국가 평가보고서를 발간[13]하기도 했다.

13 2018년 메논 이코노믹스는 도시차원에서만 평가할 수 없는 국가수준의 평가지표들을 포함하여 최초로 제1차 세계 해양국가 평가보고서를 발간하였다. 평가부문은 해운, 해양금융법률, 해사기술, 항만물류 등 4개 부문이고, 세계 30개 해양국가를 대상으로 평가했다. 그 결과 종합순위에서 중국(홍콩 포함)이 세계 1위, 미국 2위,

평가부문은 2012년 해운(shipping), 금융·법률(finance & law), 해사기술(maritime technology), 항만물류(ports & logistics) 네 가지였지만, 2015년부터 도시매력역량(attractiveness & competitiveness) 부문이 포함되어 다섯 가지가 되었다. 다섯 가지 부문의 객관적 정량지표들과 전 대륙 전문가들 대상 정성적 응답조사를 통하여 종합순위 및 다섯 가지 부문의 세계 해양수도 순위를 발표하고 있다.

2012년, 2015년, 2017년, 2019년 매년 구체적인 지표 내용이 달라지고 있지만 대표적인 정량지표들을 다섯 개 부문별로 살펴보면, 첫째, 해운부문에는 도시가 관리하는 선단규모, 도시에 등록된 선주의 선단규모, 도시에 등록된 선단가치, 해운기업 본사수가 있다. 둘째, 해양금융·법률부문에는 해양법률 전문가수, 도시의 보험료 수준, 해양융자 수준, 해운 포트폴리오, 해양기업수, 해양기업의 시장가치가 있다. 셋째, 항만물류부문에는 항만처리 컨테이너량, 전체 화물처리량, 항만운영 규모, 항만의 질, 크루즈 방문수, 항만연계성지수, 물류성과지수가 있다. 넷째, 해사기술부문에는 조선소 처리 선단규모, 해사인력수, 조선소의 시장가치, 디지털서비스 수준, 첨단연구개발기술 및 교육센터 수준 , 환경친화적 기술수준, 글로벌 혁신지수, 정보통신기술지수, 연구개발지수가 있다. 다섯째, 도시매력역량부문에는 비즈니스 수행 용이성, 투명성(부패) 지수, 이용자의 세관절차 효율성 인식지수, 도시내 주택가격, 도시내 기업 간 협력 수준과 정

일본 3위, 독일·노르웨이·한국이 공동 4위, 그리스 7위, 영국 8위, 싱가포르 9위, 프랑스·이태리 공동 10위 순위를 차지했다. 개별 부분별로 보면, ① 해운부문에서 중국 1위, 그리스 2위, 일본 3위, 미국 4위, 독일 5위였고 한국은 8위를, ② 해양금융법률부문에서 미국 1위, 노르웨이 2위, 영국 3위, 중국 4위, 일본 5위였고 한국은 10위를, ③ 해사기술 부문에서 한국 1위, 일본 2위, 중국 3위, 독일 4위, 미국 5위 순위였고, ④ 항만물류부문에서 중국 1위, 미국 2위, 싱가포르 3위, UAE 4위, 독일 5위였고, 한국은 8위를 각각 차지했다. 메논은 한국이 종합 공동 4위 국가로 선정된 이유에 대하여 기술혁신과 공학 중심형 조선생태계의 연구개발 투자에서 우수한 점이 핵심적 위상 강화요인이라고 보았다.

보공유·개방성·신뢰수준, 글로벌 기업가의 혁신정신, 정부의 산업지원, 정부의 세금·보조금·규제가 있다.

1) 2012년 세계 선도 해양수도 평가

2012년 최초의 제1차 메논 이코노믹스 평가보고서는 12개 벤치마킹 세계 선도 해양수도 항만도시들을 선정했는데, 코펜하겐, 함부르크, 홍콩, 런던, 뉴욕, 오슬로, 아테네, 리오(브라질), 로테르담, 상하이, 싱가포르, 도쿄 등이 포함됐고, 부산은 이에 포함되지 않았다. 평가부문은 해운(shipping), 해양금융(maritime finance), 해사법률과 보험(maritime laws and insurance), 해사기술과 역량(maritime techoology and competence) 등 4개 부문에서 정량지표와 전문가 대상 정성지표를 각각 50%로 하여 종합 평가했다.[14] 〈표 5〉에서와 같이, 종합평가 순위는 싱가포르 1위, 오슬로 2위, 런던 3위, 함부르크 4위, 홍콩 5위의 순이었다. 해운부문 순위는 오슬로 1위, 싱가포르 2위, 아테네 3위, 도쿄 4위, 홍콩 5위의 순이었고, 해양금융부문 순위는 오슬로 1위, 뉴욕 2위, 런던 3위, 싱가포르 4위, 홍콩 5위의 순이었고, 해사법률보험부문 순위는 런던 1위, 뉴욕 2위, 싱가포르 3위,

---

14 메논 1차 보고서(2012)에서 활용한 세계 선도 해양수도에 대한 해양산업 평가 지표체계는 정량지표 11개와 정성지표 4대로서 총 15개였고 4대 부문별 구체적 평가지표는 다음과 같다. 첫째, 해운부문의 평가지표는 정량지표 3개와 정성지표 1개로서, 정량지표는 ① 등록 해운기업수, ② 등록 해운기업의 시장규모, ③ 전세계 해운에서 차지하는 비중이고, 정성지표는 ④ 세계 선두의 해운센터인지에 대한 질문응답이다. 둘째, 해양금융부문에서 평가지표는 정량지표 4개와 정성지표 1개로서, 정량지표는 ⑤ leading bookmakers/MLA, ⑥ Total lending portfolio, ⑦ 주식시장의 해운기업수, ⑧ 주식시장의 해운기업 시장규모이고, 정성지표는 ⑨ 세계 선두 해양금융센터인지에 대한 질문응답이다. 셋째, 해양법률·보험부문에서 평가지표는 정량지표 2개와 정성지표 1개로서, 정량지표는 ⑩ 1급-3급 수준의 해양법률기업들, ⑪ P&I insured tonnage share of global market이고, 정량지표는 ⑫ 선계 선두 해양법률·중재센터인지에 대한 질문응답이다. 넷째, 해사기술역량부문에서 평가지표는 정량지표 2개 정성지표 1개로서, 정량지표는 ⑬ Classification share of global tonnage, ⑭ Port operators이고, 정성지표는 ⑮ 세계 선두 해사기술역량인지에 대한 질문응답이다.

홍콩 4위, 오슬로 5위의 순이었고, 해사기술역량부문 순위는 싱가포르 1위, 함부르크 2위, 상하이 3위, 오슬로 4위, 도쿄 5위의 순이었다.

〈표 5〉 2012년 제1차 메논 이코노믹스의 세계 해양수도 평가 순위

＼	해운	해양금융	해사 법률보험	해사 기술역량	종합순위
1위	오슬로	오슬로	런던	싱가포르	싱가포르
2위	싱가포르	뉴욕	뉴욕	함부르크	오슬로
3위	아테네	런던	싱가포르	상하이	런던
4위	동경	싱가포르	홍콩	오슬로	함부르크
5위	홍콩	홍콩	오슬로	동경	홍콩

출처: Menon Economics (2012), Leading Maritime Capitals of the World (2012)

2) 2015년 세계 선도 해양수도 평가

2015년 제2차 메논 이코노믹스 평가보고서는 세계 선도 해양수도의 선정기준으로 해운, 금융과 법률, 해사기술, 항만물류의 4부문에 더하여 해양기업들에게 주는 도시매력역량 부문을 평가지표로 추가하여 5개 평가지표체계로 새로 구성했다.[15] 또한, 세계적으로 벤치마킹 대상 해양도시를 2013년

15 메논 2차 보고서(2015)에서 활용한 글로벌 해양수도들의 해양산업 평가지표는 정량지표 11개와 정성지표 11개로서 총 22개였고 5대 부문별 구체적 평가지표는 다음과 같다. 첫째, 해운부문의 평가지표는 정량지표 3개와 정성지표 1개로서, 정량지표는 ① 도시등록 선주의 선단규모, ② 선단의 가치, ③ 관리되는 선단이고, 정성지표는 ④ 세계 5대 선두 해운센터 입지 도시에 대한 질문응답이다. 둘째, 해양금융·법률부문에서 평가지표는 정량지표 4개와 정성지표 1개로서, 정량지표는 ⑥ 법률(도시내 해양법률 전문가수), ⑦ 보험(national collected insurance premium for P&I, hull and cargo), ⑧ Mandated loans(value of maritime mandated loans issued from a bank in the city), ⑨ Market capitalization of listed stocks(market capitalization of listed maritime companies on the city's stock exchange이고, 정량지표는 ⑩ Brokering(세계수준의 maritime brokering services가 도시에서 제공되는지)에 대한 질문응답이다. 셋째, 항만물류부문에서 평가지표는 정량지표 2개와 정성지표 2개로서, 정량지표는 ⑪ 항만규모(2013년 도시내 항만이 처리한 TEU 규모), ⑫ Port operators(2013년 도시내 본부 가진 항만운영자가 처리한 TEU 규모)이고, 정성지표는 ⑬ Leading centers(도시가 port sand logistics의 세계 5대 선두 센터인지)에 대한 질문응답, ⑭ Logistics services(도시가 전문화된 물류서비스의 최고 공급처인지)에 대한 질문응답이다.

12개에서 15개로 확대 선정하였는데, 최초로 부산이 이에 포함됐다.[16]

〈표 6〉 2015년 제2차 메논 이코노믹스의 세계 선도 해양수도 평가 순위

＼	해운	해사 금융·법률	항만·물류	해사기술	도시매력역량	종합순위
1위	아테네	런던	싱가포르	오슬로	싱가포르	싱가포르
2위	싱가포르	오슬로	홍콩	함부르크	함부르크/오슬로	함부르크
3위	함부르크	뉴욕	로테르담	동경	–	오슬로
4위	동경	싱가포르	상하이	부산	런던	홍콩
5위	홍콩	상하이	두바이	싱가포르	상하이/홍콩	상하이
부산 순위	12위	12위	7위	4위	10위	11위

출처: Menon Economics (2015), Leading Maritime Capitals of the World (2015)

〈표 6〉에서와 같이, 종합평가 순위는 싱가포르 1위[17], 함부르크 2위, 오슬로 3위, 홍콩 4위, 상하이 5위의 순이었다.[18] 부산의 종합순위는 15개

넷째, 해사기술부문에서 평가지표는 정량지표 2개와 정성지표 4개로서, 정량지표는 ⑮조선소(Shipyard)(value of ships delivered in 2014 from nation), ⑯Classification(numbers of ships by a class society with headquarters in the city)이고, 정성지표는 ⑰Leading centers(도시가 전세계 해사기술의 5위내 인지)에 대한 질문응답, ⑱R&D education(도시내 세계적 해양 연구개발 및 교육센터가 존재하는지)에 대한 질문응답, ⑲IT services(도시가 월드클래스 정보통신 서비스와 IT기반 제품을 생산하는 기업이 존재하는지)에 대한 질문응답, ⑳Maritime equipment(도시가 전문화된 물류서비스의 최고 공급처인지)에 대한 질문응답임. 다섯째, 2015년 새로 도입된 도시매력역량부문에서 평가지표는 정성지표 2개로서 ㉑비지니스 환경(해양 비즈니스 활동을 위해 가장 매력적인 입지 도시인지)에 대한 질문응답, ㉒Completedness of cluster(도시가 해사 클러스트 완성체를 구성하고 있는지)에 대한 질문응답이다.

16 2012년 12개 해양도시와 비교해서, 2015년에는 부산, 두바이(UAE), 뭄바이(인도) 등 3개 도시가 세계 선도 해양수도로 추가 선정된 것이다.

17 3년전 2012년와 마찬가지로 싱가포르가 2015년 평가에서 또다시 세계 1위를 차지한 이유에 대하여 전문가들은 싱가포르가 비즈니스 친화적 국가정책(business friendly policies)을 시행하고 있는 점과 전략적으로 유럽과 아시아의 무역루트에 입지 때문이라고 평가했다.

18 2015년 메논보고서의 주요 세계 해양수도 평가를 보면, ① 노르웨이 오슬로는 해양금융과 기술 부문에 강하고, ② 영국 런던은 세계 최고의 해양금융법률도시로서 국제해사기구(IMO)와 발틱해운거래소가 입지해 있고 세계 유수의 해상로펌(로이드) 근거지로서 세계 해상법의 중심지라고 평가했고, ③ 네델란드 로테르담은 항만

세계 해양수도 가운데 11위를 차지했고, 평가부문별로 부산은 해운 12위, 해양금융·법률 12위, 해사기술 4위, 항만물류 7위, 도시매력역량 10위를 각각 차지했다.

3) 2017년 세계 선도 해양수도 평가

2017년 메논 이코노믹스 평가보고서는 2015년과 같이 세계 선도 벤치마킹 해양수도 15개를 선정했다. 2015년과 비교해서 세계 선두 15개 해양수도 가운데 인도 뭄바이와 브라질 리오가 빠지고 그 대신에 미국 휴스톤과 중국 광저우가 선정되었다. 46개 정량·정성지표로 15개 세계 해양수도들을 평가했고.[19] 평가부문 역시 2015년과 같이 해운, 금융·법률, 항만·물류, 해사기술, 도시매력역량 등 5개 부문이었다.[20] 〈표 7〉에서와 같이, 종합평가 순위에서 싱가포르 1위(정량1위/ 정성1위), 독일 함부르크 2위(4/2), 노르웨이 오슬로 3위(3/3), 중국 상하이 4위(5/4), 영국 런던 5위(7/5), 네델란드 로테르담 6위(6/7), 중국 홍콩 7위(8/6), 일본 도쿄 8위(2/12), 덴마크 코펜하겐 9위 (11/8), UAE 두바이 10위(10/10), 뉴욕 11위(9/11), 그리스 아테네 12위(12/9), 한국 부산 13위(13/13), 미국 휴스톤 14위(14/14), 중국 광저우 15위(15/15)의 순이었다.

물류서비스 세계 최고 도시이고, ④ UAE 두바이는 중동의 글로벌 해양수도로 급부상중인 점에 주목했다. 또한, ⑤ 중국은 세계 최대 무역국가로 상하이와 홍콩 등 5대 도시에서 해양산업 비중이 증가했고 세계 최대 규모 10대 항만 가운데 6개가 중국에 입지해 있으며 세계 최대 조선해양산업 국가라고 했다.

19 객관적 정량지표 24개와 전문가 대상 주관식 설문응답 정성지표 22개로 총 46개 평가지표로 구성되었음. 배점은 객관적 정량지표 50%와 전문가 설문응답 정성지표 50%로 했다. 전 대륙 50개 도시에서 온 260명 이상 선주, 경영주, 교수, 언론인 등 전문가들이 참여하여 정성평가를 실시했고, 객관적 정성지표는 해양산업 분야에 널리 사용되는 알려진 정성 데이터 자료들(data source)이 활용됨으로써, 개별 도시별로 매년 포뮬러(formula) 방식으로 세계 해양수도 정량지표 순위를 예측할 수 있게 되었다. 향후 부산시 차원에서 「세계 해양수도 연구센터」를 설립하여 매년 지표별 데이터 관리와 해석을 전담하는 연구기관을 설립 운영하는 것이 바람직할 것이다.

20 메논 제3차 보고서(2017)에서 활용한 글로벌 해양수도들의 해양산업 평가지표는

정량지표 24와 정성지표 22개로서 총 46개였고 5대 부문별 구체적 지표와 데어터 원천(Data sources)(*지표별 괄호( )내 표시)는 다음과 같다.
첫째, 해운부문에서 평가지표는 정량지표 5개와 정성지표 3개로서, 정량지표는 ① 도시 관리 선단의 CGT 규모(*지표자료원천: :Clarksons), ② 도시 등록 선주 통제 선단의 CGT 규모(Clarksons), ③도시 등록 선단의 가치(Clarksons기반 Menon 추정), ④도시내 해운기업 본사수(ORBIS), ⑤도시내 본부 있는 해운기업들의 시장가치(ORBIS)이고, 정성지표는 ⑥Leading shipping city(도시가 세계 5대 선두 해운센터인지)에 대한 질문응답, ⑦Relocation HQ(선주 입장에서 해운기업 본사를 재입지할 때 가장 매력적인 도시인지)에 대한 질문응답, ⑧Relocation operations(도시가 operational units의 재배치에서 가장 매력인지)에 대한 질문응답이다.
둘째, 해양금융법률부문에서 평가지표는 정량지표 6개와 정성지표 3개로서, 정량지표는 ⑨도시내 법률전문가수(*Who's Who legal & chambers and partners), ⑩Insurance premiums(collected insurance premiums by organizations in the city)(*The International Union of Marine Insurance), ⑪Maritime syndicate loan arranger/bookrunner(value of the loans are allocated to banks who function as the lead arrangr or bookrunner. The value is allocated to cities based on banks' functional maritime headquarter)(*Dealogic), ⑫Shipping portfolio(existing shipping portfolio of top 40 shipping banks)(*Petrofin Research), ⑬도시 주식시장에 등록된 해양기업수(*ORBIS), ⑭도시 주식시장에 등록된 해양기업들의 시장자본가치(*ORBIS)이고, 정성지표는 ⑮Leading financial center(도시가 해양금융의 세계 선두 센터인지)에 대한 질문응답, ⑯Brokering services(도시가 월드클래스 brokering services를 제공한지)에 대한 질문응답, ⑰Specialized maritime competence(은행과 금융권이 고도의 전문화된 서비스 제공 역량이 있는지)에 대한 질문응답이다.
셋째, 해사기술부분에서 평가지표는 정량지표 4개와 정성지표 6개로서, 정량지표는 ⑱shipyards(CGT delivered from shipyards in the city-region)(*Clarksons), ⑲Employees in classification society(number of maritime oriented personnel working in the leading classification societies in the city)(*Menon), ⑳Classified fleet(size of fleet classified by classification society. Allocated to cities based on HQ of class societies)(*Clarksons), ㉑Market value of shipyards, technological sevices and equipment producers(market value of shipyards and technical services of companies with headquarters in the city)(*Bureau van Dijk)이고, 정성지표는 ㉒Leading technology center(도시가 세계 해양기술의 선두 센터인지)에 대한 질문응답, ㉓IT서비스와 제픔(도시내 세계수준의 IT서비스와 제픔 생산회사가 있는지)에 대한 질문응답, ㉔해양R&D와 교육센터(도시에 세계 선두 해사연구개발 및 교육센터가 있는지)에 대한 질문응답, ㉕해양R&D와 교육센터(해사연구기관이 세계 최고중 하나인지)에 대한 질문응답, ㉖해양R&D와 교육센터(교육기관이 세계 최고중 하나인지)에 대한 질문응답, ㉗Maritime equipment(도시에 월드클래스 전문화된 해사설비를 생산하는 회사가 있는지)에 대한 질문응답이다.
넷째, 항만물류부분에서 평가지표는 정량지표 4개와 정성지표 2개로서, 정량지표는 ㉘Port handing TEU(도시지역 항만의 TEU 처리규모)(*Lloyd's 100 ports(2015), Copenhagen Malme Port annual report(2015), Baltic Transport journal(2015,2016), ㉙Total cargo handed(도시지역 항만의 총화물처리규모)(*American associated of Porty Authorities), ㉚Size of Port operators(volume TEU throughput handed by port operators with HQ in

〈표 7〉 2017년 제3차 메논 이코노믹스의 세계 선도 해양수도 평가 순위

＼	해운	금융·법률	해사기술	항만·물류	도시매력역량	종합 순위
1위	싱가포르	런던	오슬로	싱가포르	싱가포르	싱가포르
2위	함부르크	오슬로	싱가포르	상하이	오슬로	함부르크
3위	아테네	뉴욕	부산	로테르담	코펜하겐	오슬로
4위	런던	싱가포르	동경	홍콩	함부르크	상하이
5위	홍콩	상하이	상하이	함부르크	두바이	런던
부산순위 (2015 대비 2017년)	14위 (▼2)	15위 (▼3)	3위 (▲1)	7위 (유지)	14위 (▼4)	13위 (▼2)

출처: Menon Economics (2017), Leading Maritime Capitals of the World (2017)

부산의 종합평가 순위는 2015년과 비교하여 세계 15개 해양수도 가운데 13위로 2단계 추락했는데, 이는 한진해운 파산 등 해운기업의 위기가 반영된 결과였다. 평가부문별로 부산은 해운 14위(정량13위/ 정성15위), 금융·법률 15위(14위/14위), 해사기술 3위(1위/8위), 항만·물류 7위(7위/7위), 도시매력역량 14위(13위/13위)를 각각 차지하였는데, 여기에서

city)(*Drewry), ㉛ Port cruise calls(항만에 크루즈 방문수)(*DNV GL, Lloyd's List)이고, 정성지표는 ㉜ Port and logistics(도시가 항만물류에 대한 세계 선두인지)에 대한 질문응답, ㉝ Port related services(도시가 항만관련 물류의 최고 공급처인지)에 대한 질문이다.
다섯째, 도시매력역량부문에서 평가지표는 정량지표 5개와 정성지표 8개로서, 정량지표는 ㉞ 사업수행 용이성(Ease of doing business. The ease of doing business index is an aggregate figure that includes different parameters which define the ease of doing business in a country)(*World Bank), ㉟ Transparency and corruption(공공영역의 부패인식지수)(*Transparency International), ㊱ 기업가정신(다양한 글로벌 혁신지수)(*Connel University, INSEAD, and World Intellectual Property Organization), ㊲ 도시의 평균주택가격(*Global Property Guide and Numbeo), ㊳ 세관절차부담(The burden of customs procedure Index measures business executives'perceptions of their country's efficiency of customs procedure)(*World Bank)이고, 정성지표는 ㊴ Availability of world-class competence(talents), ㊵ Policy framework(세금, 보조금, 규제 등 전반적 정책프레임 평가), ㊶ Government industry support(정부부문의 해양산업 지원), ㊷ 도시지역내 해양기업 간 협력, ㊸ 해사 클러스터 기업 간 신뢰감, ㊹ 해사 클러스터내 기업 간 관계의 개방성과 정보공유, ㊺ Relocation of R&D activities, HQ or operational center(회사본부, 연구개발, 운영단위 재입지시 가장 매력인 도시인지)에 대한 질문응답, ㊻ Most innovative and entrepreneurial(해사활동에 가장 혁신적이고 기업가적 센터인지)에 대한 질문응답이다.

부산이 선도적 글로벌 해양수도들과 비교해서 상대적으로 최하위 수준 분야는 해양금융법률, 도시매력역량, 해운 분야임을 명백하게 알 수 있다.

2017년 평가보고서에 나타난 세계 해양수도에 대한 개별 도시의 평가를 살펴보면, 싱가포르는 2012년과 2015년에 이어 3번 연속 1위 차지했고 평가부문별로 해운, 항만물류, 도시매력경쟁력 분야에서 1위이고, 해사기술 2위와 금융법률 4위였다. 전문가 정성응답조사 10명 가운데 7명이 싱가포르로 해운기업 본사를 이전하고 싶은 '세계최고의 매력적 항만도시'로 평가했다. 싱가포르와 함께 유럽의 세계 해양수도는 불변했는데, 즉 독일 함부르크 2위와 노르웨이 오슬로 3위는 2012년, 2015년, 2017년 3번 연속 변화가 없었다. 독일 함부르크는 유럽2위 항만으로 런던, 로테르담과 함께 유럽의 해양수도라 평가했다. 영국 런던은 부동의 해양금융법률 분야의 세계 최고 도시이고, 네델란드 로테르담 역시 세계 최고의 항만물류서비스 도시라 평가했다. 2015년 보고서와 마찬가지로, 2017년 메논보고서에서도 중국의 중요성에 대하여 주목했다. 상하이는 2015년 5위에서 4위로 부상했고, 중국은 세계 최대 조선산업 국가이자 세계 최대항만 10개 가운데 7개를 보유하고 있기 때문이다. 항만도시의 디지털화(digitalization) 즉 스마트항만의 중요성이 강조되었는데, 싱가포르, 코펜하겐, 런던, 오슬로 등이 디지털화 준비가 잘된 세계 해양도시라 평가했다.

미래 5년 뒤 2022년 전망에 대하여, 전문가들은 싱가포르가 여전히 1위를 유지할 것이고, 상하이가 2위로 부상할 것으로 예상했다. 유럽은 함부르크, 오슬로, 로테르담, 런던이 유럽지역 순위 경쟁을 다툴 것으로 예상했고, 중동의 두바이가 2017년 10위에서 2022년 6위 해양수도로 부상할 것으로 예상했다.

4) 2019년 세계 선도 해양수도 평가

2019년 메논 이코노믹스는 15개 벤치마킹 세계 선도 해양수도의 선정 방법을 바꾸었다. 세계 해양도시 모두를 대상으로 객관적 정성평가지표 자료에 따라 1차적으로 50개 해양도시를 선정한 다음에 2차적으로 객관적 정량지표와 전문가 정성평가를 종합하여 벤치마칭 세계 해양도시 15개를 선정하는 방식으로 바꾼 것이다. 1차 선정된 50개 세계 해양도시 순위를 보면, 1위 싱가포르, 2위 로테르담, 3위 함부르크, 4위 도쿄, 5위 런던, 6위 상하이, 7위 홍콩, 8위 부산, 9위 두바이, 10위 오슬로, 11위 뉴욕, 12위 코펜하겐, 13위 휴스톤, 14위 벨기에 안트워프, 15위 아테네, 16위 뭄바이, 17위 광저우, 18위 서울(인천), 19위 헬싱키, 20위 쿠알라 룸푸의 순이었고, 21~50위 권 도시에는 이스탄불, 베르겐, 마이애미, 달리안, 뉴올리언스, 이마바리, 자카르타, 로스엔젤레스, 시애틀, 벤쿠버, 파리, 칭다오, 그래스고우, 겐다(호주), 베이징, 고베, 마르세이레, 워싱턴D.C., 애버딘, 텐진, 닝보, 파나마시티, 시드니, 리마솔, 호치민, 스톡홀름, 마닐라, 상테페테르부르크, 두란, 바레타 등의 순위로 선정됐다. 2019년 최종 선정된 15개 세계 해양수도에는 2017년 선정된 세계 해양수도 가운데 중국 광저우가 탈락되었고, 벨기에 안트워프가 새롭게 선정되었다.

한편, 평가부문은 해운, 해양금융·법률, 해사기술, 항만· 물류, 도시매력역량 등 5개 부문이 유지되었지만 구체적으로 평가지표체계 내용에 변화가 있었다.[21] 객관적 정량지표에 대한 데이터 자료원천을 보완하여 평가

---

21 메논 제4차 보고서(2019)에서 활용한 글로벌 해양수도들의 해양산업 평가지표는 정량지표 25개와 정성지표 15개로서 총 45개였고 5대 부문별 구체적 지표와 및 데이터원천(Data sources)(*지표별 괄호( )내 표시)는 다음과 같다.
첫째, 해운부문에서 평가지표는 정량지표 4개와 정성지표 3개로서, 정량지표는 ① 도시에서 관리하는 선단 CGT 규모(*Clarkson), ② 도시 등록 선주가 통제하는 선단의 CGT 규모(*Clarkson), ③ 도시의 선단 가치(*Clarkson & WFM), ④ 5척 이상 선박 가진 도시내 해운기업수(*Clarkson)이고, 정성지표는 ⑤ leading

shipping center(세계 5대 선두 해운센터가 있는 도시인지)에 대한 질문응답, ⑥ Attractiveness for headquarter(도시가 해운기업 본사 재입지에 가장 매력적인지)에 대한 질문응답, ⑦ Attractiveness for operational units(도시가 해운기업 운영업체를 두기에 가장 매력적인지)에 대한 질문응답이다.
둘째, 해양금융법률부문에서 평가지표는 정량지표 8개와 정성지표 1개로서, 정량지표는 ⑧ Legal expertice by Who's Who(Who's Who legal에서 평가되는 도시의 법률전문가수)(*Who's Who legal), ⑨ 도시의 해사법률가수(*Work shipping register), ⑩ 보험료율(national collected insurance premium for P&I, hull, cargo, offshore. Allocated to cities after economic activity and number of marine insurance companies)(*IUMI, ORBIS), ⑪ Mandated loans(value of maritime syndicate mandated loans issued frombookrunner/MLA allocated to cities following the location of the bank's headquarters(*Dealogic data top 10 Bookrunner/MLA for 2018), ⑫ Shipping banks portfolio(top 40 shipping portfolios by banks across the world)(*Petrolin Bank research), ⑬ 도시 주식시장에 등록된 해양기업 소유자 그룹수(*ORBIS), ⑭ 도시 주식시장에 등록된 해양기업의 시장규모(*ORBIS), ⑮ IPO/Bonds/Follow ons(trading volume of bonds, IPO and follow onsfor 2017-2019 years in the maritime sector)(*Clarson)이고, 정성지표는 ⑯ Leading finacial center(도시가 세계 선두 해사금융(banking, law, insurance, brokers, analysis/consultants)인지)에 대한 질문응답이다.
셋째, 해사기술부문에서 평가지표는 정량지표 5개와 정성지표 4개로서, 정량지표는 ⑰ Shipyards(size of fleet CGT by active shipyards as of current fleet and orderbook)(*Clarkson), ⑱ Classified fleet(fleet size CGT classification society with headquarter in each city))(*Clarkson), ⑲ Market value of ships built at shipyards(prrchasing price of ships built at shipyards, sold in the years 2017, 2018 & 2019)(*Clarkson & ORBIS), ⑳ 해운기업의 고객수(*ORBIS), ㉑ 도시의 해사교육기관수(*World Shipping Register)이고, 정성지표는 ㉒ Leading technology center(도시가 해사기술, 즉 연구개발, 교육, 조선 및 해사설비 기술의 세계적 선두인지)에 대한 질문응답, ㉓ 디지털 서비스(도시에 월드클래스 디지털 서비스와 해사IT제품 기업이 있는지)에 대한 질문응답, ㉔ Leading R&D & educational center(도시에 세계 선두 해사 연구개발 및 교육센터가 있는지)에 대한 질문응답, ㉕ 환경적으로 지속가능한 기술(도시가 환경적으로 지속가능한 해양기술과 해결책의 선두인지)에 대한 질문응답이다.
넷째, 항만물류부문에서 평가지표는 정량지표 4개와 정성지표 1개로서, 정량지표는 ㉖ 도시 항만의 처리 TEU 규모(*Lloyd's Top 100 Ports 2018), ㉗ 도시 항만의 총화물량(*American Association of Port Authorities), ㉘ 항만운영자 처리 TEU 규모(*Drewry), ㉙ 항만 인프라의 질(*Megabond World Bank)이고, 정성지표는 ㉚ 항만 관련 물류서비스(도시가 항만물류서비스 최고 공급처인지)에 대한 질문응답이다.
다섯째, 도시매력역량부문에서 평가지표는 정량지표 4개와 정성지표 6개로서, 정량지표는 ㉛ 사업수행용이성(*World Bank's index of business regulations), ㉜ 공공부패지수(*Transparency International), ㉝ 기업가정신(*Global entrepreneurship index), ㉞ 세관절차부담(*Megabond World Bank's the burden of custons procedures indicators on a country level)이고, 정성지표는 ㉟ Attractiveness for headquarter(도시가 기업본사 입지로 최고인지)에 대한 질문응답, ㊱ Attractiveness for operation units(도시가 기업운영본부 입지에 최고인지)에 대한 질문응답, ㊲ Attractiveness for R&D units(도시가 기업의 연구개발

의 신뢰성을 제고했고, 주관적 정성지표 평가를 위한 전문가 집단을 200여명으로 확대하여 유럽 40%, 아시아 30%, 나머지 아메리카·중동·아프리카 30%로 구성함으로써 전문가응답 표본설계의 신뢰성을 강화했다.

〈표 8〉 2019년 제4차 메논 이코노믹스의 세계 선도 해양수도 평가 순위

＼	해운	금융·법률	해사기술	항만·물류	도시매력역량	종합순위
1위	싱가포르	런던	오슬로	싱가포르	싱가포르	싱가포르
2위	아테네	뉴욕	런던	로테르담	코펜하겐	함부르크
3위	함부르크	오슬로	함부르크	홍콩	런던	로테르담
4위	홍콩	홍콩	부산	상하이	로테르담	홍콩
5위	상하이	싱가포르	동경	함부르크	함부르크	런던
부산 순위 (2017 대비 2019년)	13위 (▲1)	13위 (▲2)	4위 (▼1)	7위 (유지)	14위 (유지)	10위 (▲3)

출처: Menon Economics (2019), Leading Maritime Capitals of the World (2019)

〈표 8〉에서와 같이, 종합평가 순위에서 싱가포르는 2012년, 2015년, 2017년에 이어 2019년에도 네 번 연속 1위를 유지했다. 모든 평가 부분에서 강했지만, 특히 해운, 항만물류, 도시매력역량에서 탁월성이 유지되었다. 부산(3계단 상승)과 두바이가 약진했고, 로테르담과 홍콩도 약진했다. 부산은 강점인 해사기술부문과 항만물류에서 각각 4위와 7위의 우수성을 유지했고, 해운부문에서 2017년 14위에서 13위로 해양금융·법률부문에서 2017년 15위에서 13위로 각각 1~2계단 상승했다. 그러나 도시매력역량부문은 여전히 세계 14위의 최하위 수준에 머물고 있는 문제점이 있다.

본부 입지에 최고인지)에 대한 질문응답, ㊳ Most complete maritime cluster(도시지역이 국제해운, 설비, 조선, 법률, 기술서비스의 원스톱 서비스가 제공되는 해사서비스 완성체인지)에 대한 질문응답, ㊴ Most innovative and entrepreneurial(도시가 해사활동들이 혁신적이고 기업가적 센터인지)에 대한 질문응답, ㊵Strongest capabilities and positional for digital transformation(도시가 해사산업의 디지털 전환에 최강 역량과 최고 포지션인지)에 대한 질문응답이다.

미래 5년 뒤 2024년 전망과 관련하여, 전문가들은 싱가포르가 여전히 제1위 해양수도 지위를 유지할 것이고, 상하이가 제2위 세계 해양수도로 그 지위와 중요성을 차지할 것으로 봤다. 유럽에서는 오슬로, 런던, 함부르크, 아테네, 로테르담 간 유럽지역 경합이 치열할 것으로 전망했고, 중동의 UAE 두바이의 중요성이 급부상하여 2024년에는 세계 5위권으로 성장할 것으로 예상했다.

V. 향후 해양수도 부산의 글로벌 위상 강화를 위한 도시발전 방향 모색

세계 해양수도들과 비교를 통해 부산의 장점이 무엇이고 단점이 무엇인지를 객관적으로 파악하는 일은 해양수도 부산이 명확한 자기 실상과 세계 위상 평가를 토대로 미래 도시발전 방향과 세계 해양수도로서의 위상과 역량 강화방안을 모색하는 데 큰 의미가 있다.

향후 '해양수도 부산'의 도시발전 방향은 메논 이코노믹스의 세계 해양수도 평가요소들이 종합적으로 반영되는 해양항만도시를 발전시키는 방향으로 추진하는 것이 바람직할 것이다. 과거 대형 항만개발과 컨테이너처리량 경쟁에 올인 했던 청년기 부산의 모습을 극복하고, 하역과 보관 중심의 항만에서 탈피해서 항만관련 산업과 해운물류 지원서비스 비중이 높은 부가가치형 글로벌 메가허브 포트(Mega-hub Port)로 전환해야 한다. 이와 함께 해양금융보험, 해사법률소송, 세금과 정부규제, 공공부문 투명성, 기업 간 신뢰, 해사기술과 연구개발, 해사인력교육 등에서 비즈니스 친화적이고 매력적인 도시역량을 골고루 구비한 성숙한 중년기 '해양수도 부산'의

미래 도시발전상을 만들어 나가야 할 것이다.

메논 이코노믹스의 평가보고서에서 2015년과 2017년, 그리고 2019년 세 차례에 걸쳐 부산이 세계 15대 해양수도로 선정된 성과는 대단한 일이다. 2015년 세계 11위, 2017년 세계 13위, 2019년 세계 10위를 차지함으로써, 싱가포르, 함부르크, 오슬로, 상하이, 런던, 로테르담, 홍콩, 도쿄, 코펜하겐, 뉴욕, 아테네, 리오, 두바이, 뭄바이, 휴스톤, 광저우 등 월드클래스 해양도시와 부산이 어깨를 나란히 한 것이다. 특히, 해사기술 부문에서 대단하게도 부산은 2017년 세계 3위와 2019년 세계 4위를 차지했다. 본래 부산에는 세계수준의 해양교육연구기관인 한국해양대, 국립부경대, 해양수산연수원, 수산과학원 등이 입지해 있고, 2016년 해양 공공기관 이전 완료로 한국해양과학기술원, 한국해양수산개발원, 국립해양조사원 등 세계수준의 해양연구개발 기관들이 입지한 점이 좋은 영향을 미친 것이다. 향후 지역균형발전과 국가경쟁력 차원에서 추가적 공공기관 이전으로 서울 소재 해양환경공단과 해양수산과학기술평가원 등이 부산에 이전된다면 더 좋은 성과가 기대된다.

항만물류 부문 역시 전통적으로 부산이 강한 면모를 보여 왔는데, 2015년 세계 7위에 이어 2017년과 2019년에도 세계 7위 순위를 유지했다. 부산은 컨테이너 처리량 세계 6위, 환적화물 처리량 세계 2위의 항만이다. 하지만 항만물류서비스 수준과 크루즈 방문 수에서 부족한 부분을 향후 보완해야 한다. 또한, 해운 부문에서 한진해운 사태로 2015년 세계 12위에서 2017년 세계 14위로 추락했고 2019년 세계 13위로 겨우 회복 중에 있다. 만회를 위한 해운기업 본사의 부산 유치 및 국가차원의 해운기업 육성 노력이 더 필요하다.

무엇보다도 해양수도 부산의 가장 큰 당면 과제는 해양금융·법률 부문과 도시매력역량 부문이다. 해양금융·법률 부문은 부끄럽게도 2017년 꼴찌 세계 15위를 했고, 2018년 해양진흥공사 출범으로 2019년 세계 13위로 두 계단 올랐다. 향후 해사법원의 부산 유치 노력이 성공한다면 훨씬 높은 순위를 기대해 볼 수 있을 것이다. 또한, 도시매력역량 부문에서 2017년과 2019년에 연속 최하위권인 세계 14위를 차지했다. 복잡한 규제 완화, 세제와 보조금 등 정부지원 강화, 투명하고 깨끗한 정부 유지, 기업친화 비즈니스 정책, 주거 및 레저관광 인프라 등 국가 및 지방정부 차원에서 도시매력역량 강화를 위한 진지한 고민과 다양한 대책 강구가 필요하다.

한편, 동남지방통계청(2016)의 OECD 8대 해양관광도시 통계자료 비교와 세계적 학술지 네이처에서 지적된 부산과 부산항의 심각한 대기환경오염 실태와 '터티 텐'오염 항만도시라는 오명을 하루 속히 벗어나야 하는 일도 향후 해양수도 부산의 글로벌 위상 강화와 도시발전 과제이다. 이에 더하여 해양자치분권 차원에서 국가사무 지방이양과 해양자치권 확보 추진을 통하여, 세계 해양수도로의 도약·발전과정에서 부산광역시가 그 역할을 잘 수행할 수 있도록 법·행정적 차원의 해양자치권이 충분히 보장되도록 해야 할 것이다.

Ⅵ. 결론

해양수도는 통상 해양산업이 종합적으로 발달한 세계수준의 해양경제 중심도시를 의미하지만 아직 사회적 합의가 결여된 논쟁적 개념이다. 부산에서 해양과 도시발전 간의 관계는 상호 관련성이 매우 높기 때문에, 세계 컨테이너 처리량 6위 메가포트 부산항, 국내 1위 해양수산 산업도시, 세계

수준의 해양연구·교육기관 집적도시인 부산은 도시발전 목표로서 '해양수도 부산'을 지속적으로 추진해야 한다.

부산에서 해양항만 가치와 도시발전 간의 관계는 '상생 조화와 발전의 관계'이다. 역사적으로 항만의 기능은 국방, 운송, 물류, 무역, 관광, 친수레저 등으로 그 기능적 가치를 확대해 왔는데, 개발도상국 항만은 도시공간과 격리된 폐쇄공간이지만 선진국 해양항만도시에서 항만과 도시공간은 시민친화적인 개방적 도시공간이다. 과거 개발기 동안 거대 자본투자 필요성과 전국적 교통물류계획의 일환으로 항만을 국가가 직접 관리했던 개발도상국형 항만관리 패러다임을 이젠 극복하고, 유럽과 미국 등 선진국 해양항만도시에서처럼 항만을 도시와 시민의 행복한 정주공간·휴식공간·레저관광공간으로 인식하고 발전시키는 선진국형 항만관리 패러다임으로 전환해야 할 것이다.[22] 미국 볼티모어 항구 주변의 재개발사업, 호주 시드니 달링 하버의 재개발사업, 영국 런던 도크랜드의 재개발사업, 일본 요코하마의 미나토미라이21 사업, 독일 하펜시티의 항만재개발사업 등 선진국 항만도시들의 성공사례를 타산지석으로 삼아 한국형 항만재개발사업과 주변지역 연계개발 사업을 성공시켜 나가야 할 것이다.

현재 부산에서 추진 중인 「부산항 북항 재개발 사업」은 시민 중심적 항만재개발사업으로 바로 항만과 도시 간에 공간적·기능적 조화를 통한 '시민이 행복한 해양수도 부산'을 구축하는 의미가 담긴 사업이다. 노무현 정부에서 시작된 「부산항 북항 1단계 재개발사업(2008~2022)」은 2008년

22 미래 항만도시의 목표로서 펜타포트(penta port)는 항만과 도시 간 상생발전을 위하여 항만(seaport), 공항(airport), 정보통신(스마트/인공지능/디지털) 포트(communication/smart/AI/digital port), 비즈니스 포트(business port), 레저포트(leisure port) 등 다섯 가지가 상호 종합적으로 발전되어야 함을 함축하는 의미의 용어이다. 반면에 최근 부산과 인천 등 우리나라 해양항만 도시정부가 지역해양정책으로 추진 중인 트라이포트(Tri-port)는 항만(seaport), 공항(airport), 철도(railroad)를 포함하는 복합운송체계(intermodalism) 또는 공급망 관리(supply chain management) 관점의 교통물류적 용어이다.

당초 재원조달의 한계 극복방안으로 일부 주거지구를 승인한 것 때문에 공공성이 크게 훼손되는 현상이 발생하고 있지만, 그 후 2013년 '시민의견(라운드테이블) 반영 북항 재개발 사업계획 변경' 및 2019년 '1부두 피난수도 문화유산 원형보존 결정' 등으로 시민 중심의 재개발사업으로 그 추진 방식이 완전히 탈바꿈되었다. 또한, 문재인 정부의 국정과제로서[23] 2020년 시작된「부산항 북항 2단계 사업(2020~2030)」역시 시민 의견을 반영하는 계획 수립으로 노후화된 항만과 주변지역을 금융, 비즈니스, R&D로 특화하고 부산 원도심과 상생하는 혁신성장 거점으로 개발할 수 있을 것이다.

따라서, 향후 부산 도시정부는 부산항 발전을 위하여 도시의 항만지원 기능을 더욱 확대할 필요성이 있다. 즉, 글로벌 메가포트로 성장하는 부산항의 발전에 부산시가 도움이 되도록 도시기능 가운데 특히 항만과 관련된 해양금융서비스, 해양법률서비스, 보험서비스, 연구개발, 레저관광, 비즈니스 등 해양항만 지원서비스들을 세계적 기능 수준으로 도시 내 구축하도록 그 여건을 마련해 주어야 한다. "해양항만은 도시에게, 거꾸로 도시는 해양항만에게" 상호 간 긍정적 기여를 하고 상생 조화·발전하면서, 향후 '동북아 해양수도 부산'을 '세계 해양수도 부산'으로 도약·발전시켜 나가도록 해야 할 것이다.

23 북항 재개발사업은 문재인 정부의 국정 100대 과제 중 제80-4번인「해양산업 집적을 통한 항만경제력 제고」과제에 포함되어 있다.

❖ 참고문헌

김원배,『부산이 가야 할 길은 어딘가』, 부산연구원, 2019.

김춘선 외,『항만과 도시』, 블루앤 노트, 2013.

이근우·이영·김동철,『전근대 한일관계사』, KNOU Press, 2017.

이종필 외,『글로벌 해양시대를 선도하는 항만지역 선진화 방안 연구』, 한국해양수산개발원, 2014.

최성두,『해양과 행정』, 도서출판 전망, 2004.

최성두 외,『해양문화와 해양거버넌스』, 도서출판 선인, 2013.

김인현,「해사법원 설치에 대하여」,『해양한국』 제526호, 한국해사문제연구소, 2017.

문유석,「도시지표 추이 분석을 통한 부산의 도시관리 현황진단과 과제」,『지방정부연구』 제22권 4호, 한국지방정부학회, 2019.

신승식,「성공적인 항만재개발을 위한 정부의 역할」,『항만물류연구』 제6권, 한국해양수산개발원, 2010.

임영태·임윤택,「항만지역 도시재생 추진방향」,『국토정책』 433호, 발행기관명 없음, 2013.

정분도·홍금우,「항만관련사업이 지역경제에 미치는 영향」,『한국항만경제학회지』 제25권 3호, 한국항만경제학회, 2009.

최석윤,「해사법원의 설립과 형사관할권」,『해사법연구』 제30권 2호, 한국해사법학회, 2018.

최성두,「해양수도 부산의 항만경쟁력 강화를 위한 해양행정체계 모색」,『지방정부연구』 제10권, 한국지방정부학회, 2007.

최성두,「해양행정 지방분권화의 문제점과 발전방향 모색」,『2017년 지방정부학회 동계학술대회 발표 자료집』, 지방정부학회, 2018.

최성두,「해양수산 분야 중앙권한의 지방이양 방향」,『해양자치권 확보 정책토론회 자료집』, 해양자치권추진협의회, 2019.

허윤수,「해양수도 부산, 어떻게 만들 것인가」, 포럼부산 비전 2013년 정책세미나, 2013.

허윤수·최성두 외, 「해양산업 발전을 위한 중앙권한 지방이양에 관한 연구」, 부산발전연구원, 2018.

홍현표, 「해양수산 공공부문 인재육성 정책방향」, 한국해양수산개발원, 2017.

동남지방통계청, 「부산과 세계 주요항구 도시별 비교통계」, 2016.

관계부처합동, 「해양개발기본계획: 해양한국(OCEAN KOREA) 21」, 2000.

국회입법조사처 외, 「항만재개발사업과 주변지역의 연계개발 방안 모색 -부산북항재개발사업을 중심으로-」, 2013.

국토해양부, 「항만재개발 및 마리나 항만 개발사업의 재원조달 방안」, 2011.

부산발전연구원, 「해양수도 부산의 잠재력분석과 추진전략연구」, 2007.

부산광역시, 「해양수도 21 기본계획(Ocean Capital 21)」, 2002.

부산광역시, 「해양특별시 설치 타당성 연구」, 2004.

부산시 해양농수산국, 「2019년도 주요업무계획」, 2019.

해양수산부, 「부산항 미항개발 중장기 발전 연구」, 2008.

해양수산부 부산항북항통합개발추진단, 「부산 북항의 현황과 비전」, 2020.

Biliana Cicin-Sain and Robert W. Knecht, *The Future of U.S. Ocean Policy: Choices for the New Century*, Island Press, 2000.

Huang, W.C., Chen C .H., Kao. S. K., Chen. K. Y., "The Concept of Diverse Developments in Port Cities", *Ocean and Coastal Management* 54(5), 2011.

Zheng Wan et al., "Three Steps to a Green Shipping Industry", *Nature* 530, 2016.

Nottleboom. T., *The Relationship between Seaports and Intermodal Hinterland in light of Global Supply Chains*, OECD, 2009.

Menon Economics, *Menon's Leading Maritime Capitals of the World Report*, 2012.

Menon Economics, *Menon's Leading Maritime Capitals of the World Report*, 2015.

Menon Economics, *Menon's Leading Maritime Capitals of the World Report*, 2017.

Menon Economics, *Menon's Leading Maritime Nations of the World Repor*t, 2018.

Menon Economics, *Menon's Leading Maritime Capitals of the World Report*, 2019.

Merk, Olaf ed., *The Competiveness of Global Port Ciities: Synthesis Report*, ECD, 2013.

Stratton Commission, *Our Nation and the Sea: A Plan for National Action*, U.S. Government Printing office, 1969.

U. S. Commission on Ocean Policy, *An Ocean Blueprint for the 21Century*, University Press of the Pacific: Honolulu, Hawaii, 2004.

제12장
부산항과 부산의 관계 재정립

최진이

Ⅰ. 서론

해상운송은 전 세계 교역량의 80~90% 이상을 담당할 정도로 국제교역에서 절대적인 비중을 차지하고 있다. 여러 가지 이유가 있겠지만, 육상운송이나 항공운송 등 다른 운송수단과는 비교할 수 없는 효율적인 운송수단인 선박이 있기 때문이다. 선박과 함께 해상운송의 필수설비가 바로 항만(港灣)[1]이다.

항만은 단순히 화물을 처리하는 공간적 기능에서부터 하역·보관·운송·유통·전시·통관·보안·물류정보제공 등 다양한 서비스가 동시에 이루어지는 종합물류기지로써의 역할이 우선적으로 강조되어 왔다. 그 결과 항만은 해상운송과 육상운송의 교점(node)으로서 국내 운송망의 핵심적인 부분을 구성하고 있는 동시에, 세계 여러 나라의 운송망과 교차됨으로써 글로벌 종합물류터미널로서 중요한 역할을 수행하고 있다. 또한, 경제적으로 항만은 물자유통을 원활히 함으로써 생산과 소비의 공간적·시간적 간격을 효과적으로 극복하게 함으로써 재화의 생산력을 증대시키는 동시에 시장을 확대하여 지역경제를 성장시키는 한 축으로 그 기능을 충실히 수행해왔다. 무엇보다 항만의 터미널 기능과 관련된 무역, 상거래, 공업, 정보, 금융 등의 산업기반을 강화하는 역할을 수행함으로써 항만은 주변지역의 도시화를 증진시켰다.

그러나 국민의 경제수준 향상으로 삶의 질에 대한 요구가 증가하면서 시민과 친근한 항만조성을 위하여 항만 내 또는 항만과 인접한 곳에 여가와 문화를 즐길 수 있는 친수공간의 조성 등 도시와 항만의 기능적 일체화

---

1 "항만"이란 선박의 출입, 사람의 승선·하선, 화물의 하역·보관 및 처리, 해양친수활동 등을 위한 시설과 화물의 조립·가공·포장·제조 등 부가가치 창출을 위한 시설이 갖추어진 곳을 말한다(항만법 제2조 제1호).

가 요구되고 있다.[2] 그 결과 산업적 기능에 집중된 항만에 대한 시민의 부정적 인식은 크게 증가하게 되었다. 그동안 항만은 기능적·공간적 요소로서 도시의 경제 및 산업구조와 밀접한 관계를 가지면서 도시의 형성과 발달에 커다란 영향을 미쳤고, 항만의 기능은 공간적 실체로서 도시기능과 연계되면서 도시의 내부구조에 투영되어 왔다. 그러나 도시 교통 및 환경 등 시민의 삶의 질에 관한 이슈가 중요한 정책의제로 다루어지면서 항만과 도시의 관계성에 변화가 생기고 있다.

무엇보다 부산항은 국가경제를 위하여 대단히 중요한 국가적 기반시설임에도 불구하고, 부산항이 도시에 미치는 부정적 영향이 집중 부각됨으로써 부산시민의 입장에서는 득(得)보다 실(失)이 많은 시설로 인식되기도 한다. 따라서 오늘날 부산항이 부산에 미치는 영향의 내용과 특성을 분석하여 부산항에 대한 시민의 인식을 제고하고, 부산항과 부산의 관계를 재정립하는 것은 매우 중요한 정책적 이슈라 할 것이다. 그러한 측면에서 이 논문은 항만과 도시의 관계를 살펴보고, 부산항과 부산의 관계를 살펴본 다음, 부산항이 부산에 미치는 영향을 분석하고 항만과 도시의 관계 재정립을 통한 부산항과 부산의 연계성 강화를 모색하고자 하였다.

Ⅱ. 항만과 도시의 관계

1. 항만과 도시의 연계성

항만은 세계의 많은 국가를 대표하는 도시의 형성과 도시의 발전에 커다란 영향을 끼쳤다. 세계의 주요 20대 도시 가운데 13개 도시가 항만에

2 하명신·류동근·박경희·최홍엽, 『항만물류론』, 다솜출판사, 2005, 7~9쪽.

크게 의존하는 항만도시라는 데서 알 수 있듯이, 국가를 대표하는 도시들은 항만과 함께 성장하고 발전해 왔음을 알 수 있다.[3] 항만과 도시의 관계를 들여다보기 전에 항만이라는 기능적 공간이 무엇 때문에 도시와 공존할 수밖에 없었는지 그 공간적 특징을 살펴보면 다음과 같다.

첫째, 항만은 지리적으로 육상활동과 해상활동을 연결하는 결절지(結節地)로써 육상운송이 끝나는 공간이면서 동시에 해상운송이 시작되는 공간이다.

둘째, 항만은 해상운송의 기점(起點)이자 종점(終點)으로 해상육상 연결지점이며, 항공·철도·수로 등 교통수단을 이용하여 각 항만, 도시, 공장 등과 화물의 흐름을 연결해 주는 교점(交點, node)이다.

셋째, 항만은 산업과 상업의 중추적인 가교(架橋) 역할과 동시에 재화와 서비스를 생산하는 공간으로서의 기능을 가지며 사람과 자본이 집중하고 문화적 교류가 이루어지는 공간이다.

넷째, 항만은 경제적으로 국가의 국제교역의 중요한 관문(關門)이기도 하지만, 인문·사회적으로는 하나의 국가 또는 지역 안에서 내국(內國)과 외국(外國)의 사회·문화가 공존하는 혼종(混種)의 장소로 도시라는 인간의 공간과 결합하여 해항도시(海港都市)라는 특유한 사회·문화적 현상을 발원(發源)하는 공간이다.

이처럼 육상운송과 해상운송을 연결하는 결절지이자 국내외적 교류의 공간성을 갖는 항만은 인문·사회·문화·경제 등 다양한 분야의 활동들이 활발하게 전개되는 기능적 종합공간이었기 때문에 항만을 중심으로 자본과 인구가 유입되었고 항만 주변 또는 그와 인접한 배후지역에는 항만을 기반으로 하는 도시들이 생성되고, 이들 도시는 항만과 함께 성장하였다.

---

3 김춘선, 「항만성장에 따른 인천시 항만물류산업 입지 및 도시공간구조 변화에 관한 연구」, 가천대학교 박사학위논문, 2012, 20쪽.

많은 국가들에서 항만을 기반으로 수많은 도시들이 형성되었고, 그 중 상당수의 대도시들은 상업중심의 국제적 도시로 성장하였다.

항만의 도시에의 기여정도는 도시의 형성단계와 도시발전의 초기단계에서 그 효과가 더욱 크게 나타나는 경향이 있다. 즉 도시가 제조업을 중심으로 산업화(industrialization)와 고도화를 거치는 과정에서 대량의 원자재 조달에서부터 대량의 완제품을 제조·생산하기까지, 재화를 생산하는 일련의 과정들이 원활하게 작동하기 위해서는 해상운송에의 절대적 의존은 불가피하였다. 도시발전의 기반이 되는 재화생산이 해상운송에의 의존도가 증가함에 따라 항만이 갖는 물류기반시설로써의 기능은 도시발전의 핵심동력으로 작용하게 되었다. 이와 같이 초기에는 항만이 도시의 형성과 산업화를 지원함으로써 도시발전에 크게 이바지하기도 하였지만, 시간이 경과함에 따라 항만의 지원에 힘입어 발달한 도시가 발전하여 거꾸로 항만에 대한 지원을 이끌어 냄으로써 항만의 발달에 도시가 기여하는 공생관계가 만들어지게 되었다. 즉 도시의 발전으로 새로운 산업영역이 출현하고, 항만물류서비스에 대한 새로운 수요가 유발되는 등 도시가 항만이 성장하고 발전할 수 있는 기회를 제공하기도 하였다. 또한, 초기 항만산업 및 항만관련산업분야는 항만시설의 기계화 내지 자동화 설비가 갖추어지지 않았기 때문에 매우 노동집약성이 높은 산업영역이었으며, 대규모 인력수요 및 부가가치를 창출하였다. 이에 따라 항만은 도시의 산업·경제활동을 지원하는 동시에 그 자체적으로 많은 도시의 경제적 편익을 창출함으로써 도시발전의 원동력이 되었다.

〈표 1〉 항만과 도시의 상호발전 과정

구분	발전과정
1단계	항만과 도시가 공간적, 기능적으로 밀착되는 '초기항만도시(Primitive City port)' 단계
2단계	상공업의 성장으로 항만개발 수요 증가에 따라 '항만도시가 확장(Expanding City port)'하는 단계
3단계	독립적인 항만공간에 대한 수요증가로 항만과 도시가 분리되는 '현대적 산업 항만도시(Modern Industrial City port)'로 전환하는 단계
4단계	항만과 도시의 분리에 따라 기존 항만이 도심 속 공간으로 남으면서 '수변지역에서 격리(Retreat from the Waterfront)' 되는 단계
5단계	구 항만지역은 재개발을 통해 다시 도시기능용지로 환원되는 '친수공간재개발 (Redevelopment of the Waterfront)' 단계

출처: 이종필 외, 「글로벌 해양시대를 선도하는 항만지역 선진화 방안 연구」, 한국해양수산개발원(2014)

2. 항만과 도시의 관계 변화

항만의 발달연혁을 보면, 1900년대 초반까지만 하더라도, 전통적으로 항만이 갖는 가장 본질적인 기능은 선박이 안전하게 정박을 할 수 있는 공간이면서 동시에 물류의 집결지로 모여드는 물품과 인력 등이 교류할 수 있는 공간을 제공하는 역할이었다. 이러한 물류의 집결기능과 교류기능은 인구집중과 도시형성의 기반이 되었으며, 항만을 기반으로 하는 도시가 발전하는 원동력이 되었다. 항만물동량과 배후도시의 인구집중은 항만을 기반으로 하는 각종 항만 관련 산업을 발달시켰다.

그러나 1900년대 중반 이후부터는 항만이 도시에 미치는 부정적인 영향들이 부각되기 시작하면서 선진국의 항만도시를 중심으로 항만을 기반으로 성장한 도시들로부터 항만을 분리하려는 현상이 나타나기 시작하였다. 특히 항공운송의 일반대중화와 다양한 육상운송수단의 발달은 항만의 여객수요 비중이 급감시키는 등 항만의 기능변화에 중요한 시발점이 되었다. 이로 인해 항만이 사람의 관심에서 멀어지게 되었으며, 항만기능이 화물물동량 처리에 집중하는 경향을 보이게 되었다. 이러한 변화와 함께 1970년대 컨테이너 등 화물운송기술의 표준화 및 선박의 대형화 등 기술적 요인에 의한 외생적 효과는 화물물동량처리 효율을 가지고 오게 되었으며, 항만에 더욱 화물처리를 위한 물동량이 집적되는 경향을 보이게 되었다. 이러한 경향은 항만과 배후지를 연결하는 화물운송으로 인한 도심의 대기오염, 소음 등의 문제를 발생시켰고 거주민들에게 항만에 대한 부정적인 영향을 인식하도록 만들었다. 그 결과 항만의 주변 도시환경은 낙후해졌을 뿐만 아니라, 거주민에게는 심리적으로 항만을 더욱 멀어지게 하는 결과를 초래하였다.

2000년대를 전후하여 주요 항만간의 물동량 유치경쟁이 심화되는 등 항만경쟁력 확보를 위하여 항만 자동화와 더불어 선박의 대형화 추세가 지속되었다. 그 결과 대형선박이 입출항 할 수 있는 부산신항이 건설되고, 항만을 기반으로 하던 도시시설들이 다른 지역으로 이전하는 등 부산항을 기반으로 발달해온 도시의 성장도 변화하고 있다.

부산항의 경우도 산업화시대와 탈산업화시대를 거치면서 그 기능에 커다란 변화를 겪게 된다. 부산항이 종합물류공간으로 성장함에 따라 부산도 함께 성장하였고, 보다 많은 사람들이 부산항 주변으로 모여들면서 부산항을 중심으로 거대한 도심이 형성되었다. 그러나 역설적이게도 부산항의 성장은 항만의 성장으로 생긴 도시문제들로 인해 부산항을 점점 도시 바깥으로 밀어 내고 있다.[4]

4 김춘선 외, 『항만과 도시』, 블루&노트, 2013, 32~35쪽.

Ⅲ. 부산항이 해항도시 부산에 미치는 영향

1. 부산항이 해항도시 부산에 미치는 사회적 순기능

항만이 물류(物流)와 문류(文流)가 교류하고 소통의 종합적인 기능공간이라는 특성상 부산항이 부산에 미치는 영향은 인문, 사회, 문화, 경제 등 다양한 분야에서 다양하겠으나, 여기서는 경제적인 면을 중심으로 살펴본다.

첫째, 국제교역의 확대와 그로 인한 영향을 들 수 있다. 부산항은 주요 물류기반시설의 하나로서 물류의 효율화 및 비용절감에 크게 기여하고 있다. 세계 무역의 운송에 있어 해상운송이 차지하는 비중은 물동량 기준 약 80%, 금액 기준 약 70%에 달하는 것으로 추정하고 있다.[5] 특히 국가경제의 대외무역의존도(70.4%, 2018년 기준)가 높은 우리나라의 경우 수출입화물의 99.7%가 항만을 거쳐 운송되기 때문에 컨테이너 집중도가 높은 부산항은 국가의 수출입산업을 지원하는 기간시설로서 그 중요성을 인정받고 있다.[6]

둘째, 해상운송에 따른 물류비 감소에 따른 경제적 효과를 들 수 있다. 물동량 단위당 해상운송 비용은 품목, 교역규모, 운송거리 등에 따라 큰 편차를 보이고 있다.

해상운송 비용은 대량의 화물이 이동하는 대규모 항만 사이의 운송에 대해서는 규모의 경제(economies of scale) 효과로 인하여 낮아지는 반면, 물동량과 항만규모가 상대적으로 작은 경우 규모의 경제효과를 달성하지 못함으로써 높아지는 경향이 있다. 뿐만 아니라, 무역 및 물류시장의 규모가 상대적으로 작은 항로의 경우 연계운송의 지체 현상 등으로 인하여 시간도 많이 소요된다.

---

5 UNCTAD, *Review of Maritime Transport 2018*, 2018.

6 해양수산부, 「제3차 전국 항만기본계획 수정계획(2016~2020)」, 해양수산부 고시 제2016-122호, 2016, 11쪽.

〈그림 1〉 운송수단별 수출입 점유율 현황

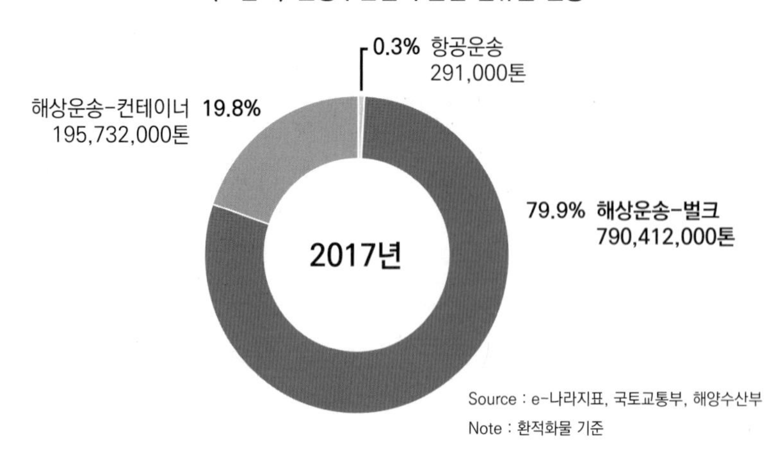

Source : e-나라지표, 국토교통부, 해양수산부
Note : 환적화물 기준

해상운송비의 변화는 국제교역에 큰 영향을 미치게 되는데, 국제운송비를 결정하는 주요 요인 가운데 하나로 항만의 효율성을 들 수 있으며, 항만의 효율성은 물동량의 증가를 가져온다. 항만의 효율성이 2배로 향상되는 경우 물동량은 약 32% 증가하게 된다는 연구결과도 있다.[7] 항만의 특성 가운데 해운비용에 영향을 미치는 요인으로는 효율성 이외에도 기반시설, 연계항로, 체증 등을 들 수 있다. 더구나 운송비용의 증가로 인한 교역량의 감소는 해당 국가들의 국민총생산(GDP)에도 부정적인 영향을 미친다. 국제무역은 자원배분의 효율성 향상, 시장 확대에 따른 규모의 경제 실현, 경쟁의 심화, 기술 이전 등의 효과로 인하여 부가가치 창출에 기여하는데, 해상운송비 상승으로 인한 국제무역의 위축은 국제무역의 경제성장 효과를 감소시키기 때문이다. 운송비 증가가 해당 국가의 경제발전에 부정적인 영향을 미친다는 점은 등에 의하여 확인된 바 있다.[8]

---

7 Blonigen, B. and W. Wilson, “Port Efficiency and Trade Flows”, *Review of International Economics,* Vol.16(1), 2008, pp.21~36.

8 Markusen, J. and A. Venables, “Interacting factor endowments and trade costs: A multi-counrty: multi-good approach to trade theory”, *Journal of*

셋째, 부산항과 연계된 항만 및 항만 관련 산업을 통한 부가가치 창출이 부산경제에 미치는 영향을 들 수 있다. 항만 및 관련 산업의 부가가치 창출은 직접효과(direct effect), 간접효과(indirect effect), 촉매효과(catalytic effect) 및 유발효과(induced effect)로 구분 가능하다.[9] 그 중에서 (1)직접효과는 항만의 건설 및 운영으로 인한 경제활동의 결과 발생하는 가치의 창출을 의미하고, (2)간접효과는 항만의 건설 및 운영을 위한 원자재 확보 및 항만서비스를 이용하여 생산활동을 영위하는 타 부문의 부가가치 창출효과가 된다. 이와 같은 직접효과와 간접효과는 산업연관분석에 의하여 산출 가능하다. 그리고 (3)항만의 촉매효과는 항만으로 인하여 생산성이 향상됨으로써 항만 인근 지역에 새로운 기업들이 집중되는 효과를 말한다.[10] 그 이외에도 (4)유발효과를 추가로 고려할 수 있을 것인데, 이는 직접효과와 간접효과에 의하여 창출된 고용의 결과 이들 종업원들의 소득이 소비되는 과정에서 새로운 부가가치 생산이 파급되어 나타나는 효과를 말한다. 부산항 인근 배후단지에 물류센터(logistics center)를 설치·운영함으로써 부가가치물류(value added logistics) 활동의 활성화를 도모하고 있고, 항만구역 및 임항구역에 설치되는 항만물류센터에는 항만 지원시설과 친수시설이 집단적으로 배치된다.

다섯째, 항만의 건설 및 운영 과정에서 지역 내 고용을 창출한다. 항만에 직접 고용된 인력 이외에 간접 고용된 인력을 포함하여 물동량 1백만 톤당 평균 약 800명의 고용이 창출된다.[11] 다만, 오늘날 운송의 컨테이너

International Economics, Vol.73(2), 2007, pp.333~354.

9 Merk, O., "The Competitiveness of Global Port-Cities: Synthesis Report", *ed. OECD working paper,* 2013/13, 2013.

10 Ferrari C., O. Merk, A. Bottaso and A. Tei, "Ports and Regional Development: A European Perspective", *OECD Regional Development Working Paper,* Paris, 2012.

11 2019년 항만별 화물처리실적은 부산항 4억 6,876만 톤(1.6% 증가), 광양항 3억 971만 톤(2.6% 증가), 울산항 2억 238만 톤(0.2% 감소)을 처리하여 주요 항만의

화, 기계화, 자동화, 규모의 경제(economies of scale) 추구 등으로 세계적으로도 비교적 규모가 큰 항만들도 직접 고용된 인력은 수천 명을 넘지 않는 경우가 상당하다.[12] 이러한 추세에 따라 오늘날 부산항의 고용창출 기여정도가 약화된 것은 사실이다. 그럼에도 불구하고 항만산업 및 항만 관련 산업은 여전히 노동집약적 산업분야이기 때문에 부산항은 지역 내 고용창출 효과가 매우 크다.

2. 부산항이 해항도시 부산에 미치는 사회적 역기능

부산항이 부산에 미치는 부정적인 영향 중 가장 두드러지는 분야는 대기 및 수질오염, 소음공해 등 환경문제이다. 대기오염은 각종 호흡기 질환을 유발하고, 수질오염은 태풍에 의한 해수 입자의 육상 유입 등을 통하여 피부질환 등을 유발한다. 그리고 항만과의 연계운송에 따른 교통소음은 각종 스트레스성 질환을 발생시키기도 한다. 부산항이 부산에 미치는 부정적인 영향을 도시환경을 중심으로 살펴보면 다음과 같다.

첫째, 선박의 입출항·정박(접안), 하역작업, 항만과 내륙사이의 연계운송 등과 관련하여 대기오염 물질을 배출한다. 특히 이산화탄소, 질소산화물, 메탄가스 등은 온실가스(green house gas, GHG)로서 지구온난화의 주범이 되며, 질소산화물, 황산화물 등은 산성비의 원인이 됨으로써 지구 생태계를 위협하고, 분진(粉塵)은 낮은 구름의 물리적 특성을 변화시켜 연무(煙霧)를 유발한다.[13] 그러나 해상운송은 운송수단 중 가장 효율성이

화물처리실적이 증가했으나, 인천항 1억 5,745만 톤을 처리하여 3.8% 감소했다(SP-IDC: 해운항만물류정보센터).

12 Merk, *op. cit.*, 2013/13.

13 Schreier, M. et al., “Impact of ship emissions on the microphysical, optical and radiative properties of marine stratus: a case study”, *Atmos. Chem. Phys.*, Vol. 6-12, 2006, pp.4925~4942. Miola A. et al., ‘External Costs of

높기 때문에 대부분의 국가들이 국제교역에서 차지하는 비중이 높은 운송 방법이다. 그럼에도 불구하고, 종래 선박 연료유는 점성이 높고 다량의 황(S) 성분을 포함하고 있어 다량의 유해물질을 배출한다.[14] 특히 운송경로의 주요 결절점인 항만은 선박 및 하역장비 등을 통해 대기오염물질의 배출이 집중됨으로써 지역적으로 심각한 대기오염을 발생시킬 뿐만 아니라, 그 영향은 지구적으로 확산된다. 국제적으로 선박 배출가스 기준을 강화하고 있는 추세와 함께 선박의 친환경기술 적용요구가 증가하고 있으며, 많은 국가들이 배출규제지역(Emission Control Area, ECA)[15]을 확대하는 등 친환경선박의 운항 요구가 증가하고 있다.[16]

국제해사기구(IMO)는 해양환경보호위원회(Marine Environment Protection Committee) 제74차 회의에서 황산화물에 대한 규제 연장을 인정할 필요성이 없다고 판단하고, 2020년 1월 1일부터 선박 연료유의 황(S)

Transportation. Case Study: Maritime Transport. European Commission', *Joint Research Centre*, Institute for Environment and Sustainability, 2009, pp.1~109.

14 선박 배출가스로 인한 초미세먼지(PM2.5) 및 오존(O3)이 호흡기 질환, 심혈관 질환 및 폐암 등을 야기하여 동아시아 지역에서 약 14,500~37,500명의 조기 사망을 유발했다는 사실을 알 수 있다(Liu 외, "Health and climate impacts of ocean-going vessels in East Asia", *Nature Climate Change*, 6, 2016, pp.1037~1041).

15 배출규제지역(ECA)는 IMO가 선박에서 배출되는 SOx, NOx, PM 등의 대기오염물질을 보다 강력하게 규제하기 위해 마련된 제도로 MARPOL협약에 근거하고 있다. MARPOL 부속서 VI의 신청절차와 기준 등에 따라 희망하는 국가들은 ECA를 신청할 수 있으며 신청서에 대한 평가를 거쳐서 최종적으로 ECA를 지정한다. ECA로 지정된 해역 내에서는 선박에서 배출되는 대기오염물질에 대한 배출기준을 다른 해역보다 높게 설정하고 있고 이에 대한 단속과 처벌은 ECA를 관리하는 국가에서 수행한다(이호춘 외, 『우리나라 선박 배출 대기오염물질의 체계적 관리방안』, 한국해양수산개발원, 2016.12, 12쪽).

16 실제 선박의 배기가스 규제는 연안지역의 거주민 건강에 큰 영향을 끼치는 민감한 이슈이며, 이에 따라 주요 국가의 규제 참여 의지가 매우 강력하여 배출통제해역(ECA, Emission Control Area)은 IMO의 선박배출가스 규제 기준보다 높은 규제 기준을 부여하는 등 점차 확대되고 있는 추세에 있다(삼정KPMG 경제연구원, 「IMO 2020 황산화물 환경 규제, 규제를 기회로 삼다」, 『Issue Monitor』 111, 2019.7, 3쪽).

함유량을 0.5% 이하로 규제하기로 확정한 바 있다.[17] 이러한 추세에 따라 우리나라에서도 노후선을 친환경선박으로 전환해야 하는 것에 대한 압력이 커지고 있다.[18] 항만도시의 경우 도시에서 배출되는 질소산화물(NOx), 이산화황(SO2), 이산화탄소(CO2) 등 배기가스의 50%이상이 선박과 각종 항만하역장비 등 항만과 관련된 시설이나 장비들에서 배출되고 있다.[19]

부산의 경우 부산지역 전체 질소산화물 발생량에서 비도로이동오염원이 차지하는 비중이 전체의 약 57%로 전국 평균인 21%보다 2.7배 높게 나타났다.[20] 이는 질소산화물에만 한정되지 않으며, 황산화물 배출량의 경우에는 비도로이동오염원의 비중이 62%를 차지하는 것으로 나타났다. 이처럼 다른 도시에 비하여 비도로이동오염원의 비중이 높게 나타나는 것은 도시와 그 배후에 부산북항, 감천항, 부산신항 등 대규모 항만들이 다수 위치하고 있다는 점이 큰 영향을 미친 것으로 추정할 수 있다. 그리고 미

---

17 국제해사기구(IMO)본부가 있는 영국 런던에서 2016년 10월 24일부터 28일까지 총 5일간 개최된 70차 해양환경보호위원회(MEPC)에서는 2020년 1월 1일부터 황함유량 0.5% 이하의 선박연료 사용 강제화, 질소산화물(NOx) Tier Ⅲ 적용 구역을 발틱해, 북해로까지 확대, 선박평형수처리장치 설치시기를 2019년 9월 8일 이후로 2년 연장하는 사항 등을 의결한 바가 있다(이호춘·류희영, 「IMO 배출가스 규제 강화에 대비한 국내 해운산업 대응 전략」, 『현안연구』 2018-30, 한국해양수산개발원, 2019.6, 1쪽).

18 김태일, 「친환경선박 전환 정책 동향과 향후 과제」, 『에너지포커스』 2018 봄호(15-1 통권 67), 2018, 59쪽; 선박배기가스 저감장치협회(EGCSA)의 조사결과를 보면, IMO의 환경규제 시행이 1년 반 정도 남은 시점(2018.7기준)에서 스크러버(선박배기가스 저감장치)를 장착한 선박이 1,000척을 돌파한 것으로 나타났다(이호춘·류희영, 위의 보고서, 12쪽).

19 「대기환경보전법」은 선박의 디젤기관에서 배출되는 대기오염물질(질소산화물)의 배출허용기준을 정하고 있으나(제76조·동법 시행령 제60조·동법 시행규칙 제124조), 이는 질소산화물(NOx)에 국한하고 있으며, 그 외 선박의 주요 배출 대기오염물질인 황산화물(SOx), 휘발성 유기화합물(VOCs), 오존층 파괴물질(ODS, Ozone Depleting Substances) 등을 관리·규제하는 규정은 두지 않고 있다.

20 2012년 기준 국내에서 발생하는 질소산화물 총 1,075만 207톤 가운데 도로이동오염원(대부분 경유차)에서 발생하는 것이 32%로 가장 많았으며, 비도로이동오염원 21%, 제조업체(주로 공장 등)에서 16%, 에너지산업(주로 발전소 등)에서 16%, 나머지 비산업·생산공정·폐기물처리·기타에서 15%가 각각 배출되었다(환경부, 『2015 환경통계연감』, 2016).

〈그림 2〉 국제해사기구(IMO)의 주요 선박 환경규제(2013~2022)

규제물질	규제	지역	기간 '13 '14 '15 '16 '17 '18 '19 '20 '21 '22	내용
NOx	MARPOL Annex VI Regulation 13	ECA	Tier II → Tier III	신조 발주되는 모든 선박에 해당
		Global	Tier II	
SOx	MARPOL Annex VI Regulation 14	ECA	1.0%S → 0.1%S	신조 발주 및 기존 모든 선박에 적용
		Global	3.5%S → ✔ 0.5%S	
BWTS	Phase2 (USCG)/ BWM convention (IMO)	ECA	Phase 1 → Phase 2	· Phase 1: (신조) '13.12.1부터 (기존) '13.12.1부터 첫 Dry-docking 시 · Phase 2: IMO 배출 기준 대비 1,000배 강화
		Global	법안 발표 : '19.9	2024년 9월까지 전 선박 장착 의무

IMO; USCG(United States Coast Guard)
출처: 삼정KPMG 경제연구원(2019.7)

세먼지(PM)의 비도로이동오염원이 차지하는 비중은 제조업 다음으로 많은 12%를 차지하는데, 항만을 배후에 두고 있는 부산(16%), 인천(4%), 경기(14%), 전남(14%) 등의 지역에서 발생하고 있다는 점에서 미루어볼 때, 비도로이동오염원이 만들어내는 미세먼지의 상당 부분이 선박 등 항만에서 발생하는 대기오염 원인이 큰 영향을 미친다고 추정할 수 있다.[21]

둘째, 터미널 운영, 유류 적·양하, 선저폐수(bilge water)[22]의 배출, 유출사고 등으로 인한 유류오염 문제이다. 항만의 유류오염이 쟁점이 되는

21 이호춘·류희영, 앞의 보고서, 56~57쪽; 국립환경과학원 조사에 의하면, 부산지역의 PM2.5의 경우 선박 등에 의한 비도로오염원의 비중이 전체의 56%를 차지하고 있는 것으로 조사되었다(『국제신문』 2015.2.8일 자).

22 선저폐수(bilge water)는 선박의 밑바닥에 고인 액상유성혼합물을 말하는데, 선박의 바닥에 고인 연료기름과 윤활유 등이 포함된 오염된 물, 선창의 청소에 사용된 물의 잔수, 선창 내의 수증기가 액화된 것 또는 하역설비, 용구 등으로부터 배출된 오염된 물 등이 이에 해당한다. 해상에서 처리하는 경우에는 「해양환경관리법」에 따라 처리하여야 하고(제22조 및 「선박에서의 오염방지에 관한 규칙」 제10조), 육지에서 처리하는 경우에는 폐기물(폐유)로 「폐기물관리법」에 따라 처리하여야 한다(제13조 및 동법 시행령 제7조).

것은 해양에 대한 기름유출의 대부분(약 80%)이 항만수역에서 발생하기 때문이다.[23] 또한, 국제항해 선박이 배출하는 평형수(ballast water)에서 함께 배출되는 유해한 수중미생물이 해양생태계에 미치는 영향도 심각하다.[24] 그리고 선저(船底)에 도장(塗裝)하는 방오(防汚)페인트 역시 해양오염의 원인이 된다. 그 이외에도 대형선박이 안전하게 입출항할 수 있도록 부산항 진입수로의 수심을 유지하기 위하여 준설을 하게 되는데, 준설시 오염된 침전물질이 주변수역으로 확산됨으로써 수질오염을 발생시킨다.

셋째, 항만운영과 관련하여 선박, 하역장비, 화물차, 철도, 산업활동(부가가치물류 활동) 등으로 인한 소음이 발생한다. 세계 최대의 항만도시 상하이를 비롯하여 항만도시에 거주하는 시민들은 대기오염도 항만도시가 안고 있는 문제로 인식하지만, 소음으로 인한 고통을 훨씬 더 심각하게 인식하고 있다. 이러한 소음은 주거 밀집지역과의 거리에 따라서 영향의 정도가 달라진다. 따라서 육상 연계운송 도로 또는 철도가 주거지역과 인접한 경우 이들 운송수단으로 인한 소음공해가 대기오염과 함께 부산항이 해결해야할 과제로 인식된다.

넷째, 부산항과 인접배후지 사이의 화물운송은 주로 화물차에 의하여 이루어지게 되는데, 이는 도시의 교통체증을 유발하는 것은 물론, 도로,

---

23 Miola A. et al., *op. cit.*, pp.1~109.

24 선박평형수 및 그 침전물에 포함된 유해수중생물이 선박과 함께 이동하여 특정 수역의 수중생태계를 교란하거나 파괴하는 등 해양생태계의 다양성에 큰 위협이 되고 있어 이를 방지하기 위하여 국제해사기구(IMO)가 2004년 2월 「선박평형수 관리협약」을 채택하였으며, 발효요건인 30개국·선복량 35% 이상을 충족한 후 1년이 경과한 시점인 2019년 9월 8일 발효가 예정되어 있었으나, IMO 제71차 해양환경보호위원회(MEPC, Marine Environment Protection Committee)는 선사들의 유예요청이 받아들여져 그 시행이 2021년으로 2년간 유예되었다. 우리나라는 이 협약의 주요내용을 국내법에 수용하여 선박으로부터의 무분별한 선박평형수 배출을 제한하고, 선박에 선박평형수관리를 위한 설비를 설치하도록 함으로써 선박평형수 및 침전물을 따라 유해수중생물이 관할수역으로 유입되는 것을 방지하고 해양생태계의 파괴를 예방하기 위하여 「선박평형수관리법」을 제정(2007.12.21)·시행(2014.9.25)하고 있다.

철도 등 교통시설 노후화를 가속시킨다. 세계의 주요 대도시들은 예외 없이 교통체증의 문제가 도시의 핵심이슈로 다뤄지고 있다. 부산항으로의 물동량이 증가하면 연계운송망의 교통체증을 유발하게 되고, 이로 인한 교통체증은 물류의 흐름을 지연시켜 물류비용을 증가시키는 악순환을 발생시킨다. 이로 인한 부산항과 배후지역 사이의 연계운송지연은 화주(선사)들에게 물류비용을 증가시킨다. 이는 선박 기항지를 다른 인근 항만(경쟁항만)으로 변경하는 주요 원인이 되기 때문에 결과적으로 부산항과 부산의 상생에 장애요인이 된다.

3. 부산항이 부산에 미치는 영향의 범위

부산항이 부산에 미치는 영향의 범위는 그 영향의 성격이 순기능인지 또는 역기능인지에 따라 크게 달라진다.

먼저, 부산항의 경제적 측면의 순기능은 부산뿐만 아니라, 전국적 또는 국제적으로 확대되는 경향이 있다. 부산항이 부산에 미치는 경제적 효과를 직접효과와 간접효과로 구분할 때, 직접효과는 대부분 도시 내에서 발생한다. 즉 부산은 부산항을 중심으로 형성된 항만물류클러스터로 인한 경제적 혜택을 입고, 부산항 인근지역에 자원집약적 산업의 집적효과를 향유하게 된다. 자원집약적 산업의 경우 원자재 조달과 관련된 물류비 절감이 경쟁력 확보의 주요 관건이 되기 때문이다. 한편, 간접효과는 대부분 부산 이외의 지역에서 발생하는 경향이 있다. 부산 외부에 입지한 기업의 경우도 항만으로 인한 물류비 절감 및 수출촉진 효과를 향유할 수 있기 때문이다. 즉 부산항을 근거로 하는 항만산업의 전후방 연관효과의 영향 범위는 비교적 넓으며, 흔히 해당 국가 전체 또는 다른 국가에까지 미치게 된다.

반면, 환경문제, 교통문제 등 항만의 부정적인 영향들은 대부분 항만이 위치한 해당 도시의 관내에 집중적으로 나타나는 경향이 있다. 즉 부산항에서 파생하는 항만의 역기능 현상들은 부산 도심에 보다 직접적이고 집중적으로 나타난다. 물론, 부산 이외의 다른 지역에도 부정적인 영향은 나타날 수는 있겠으나, 그 영향의 크기는 부산항과의 물리적 거리에 비례하여 현저하게 희석되거나 경감된다. 이처럼 부산항이 도시에 미치는 부정적 영향은 부산항이 국가경제와 부산의 지역경제에 대단히 중요한 산업시설임에도 불구하고, 시민의 입장에서는 득(得)보다 실(失)이 많은 시설로 인식되어질 수 있다. 따라서 오늘날 부산항이 부산에 미치는 영향의 내용과 특성을 분석하여 부산항에 대한 시민의 인식을 제고하고, 부산항과 부산의 관계를 재정립하는 것은 매우 중요한 정책적 과제라 할 것이다.

Ⅳ. 부산과 부산항의 문류(文流)와 물류(物流) 연계성 강화방안

1. 항만과 도시의 관계 변화와 관계 재정립

1) 항만과 도시의 관계 변화

운송기술의 발달, 화물의 고부가가치화, 항만산업의 기계화·자동화 등은 항만과 도시의 관계에 커다란 영향을 미치고 있다.

먼저, 운송기술의 발달은 운송의 효율성 증대 및 비용 절감을 가능하게 함으로써 운송의 물리적인 거리장벽을 완화 내지 해소하는데 기여하고 있다. 과거에는 물류관리의 어려움 및 물류비에 대한 부담 때문에 기업들은 항만과 인접한 지역을 중심으로 경제활동을 하려는 경향이 있었지만, 운송기술의 발달로 물류비에 대한 부담이 줄어듦에 따라 지리적 장애요인이 상당부분 극복되었다. 특히 운송물의 컨테이너화[25]는 운송의 효율화 및 비용절감에 크게 기여한 대표적인 운송기술의 발달형태이다. 이러한 운송기술의 발달은 지역경제의 경쟁력 결정요인에서 항만과의 지리적 거리가 차지하는 비중을 크게 낮추었다.

둘째, 산업구조의 고도화[26]에 따른 고부가가치, 고기술산업(high technology industry)으로의 이행으로 화물 단위당 가액이 크게 증가했다는 점도 항만과 지역경제의 관계를 약화시킨 또 하나의 요인이 되었다. 즉 화물의 단위당 가액이 상승함으로써 해당 화물의 운임부담이 증가하게 되어 운송거리에 따른 운임의 차이가 해당 화물의 경쟁력을 결정하는데 미치는 영향력을 감소시켰다. 요컨대, 오늘날 도시와 항만과의 물리적 격차는 해당 도시의 산업경쟁력에 결정적인 영향을 미치는 주요 변수가 되지 못하게 되었다는 것을 의미한다.

셋째, 종래에는 주로 인력에 의존하던 항만하역작업이 점차 기계화·자동화 설비로 대체되어 감에 따라 항만산업의 생산구조가 노동집약적 산업에서 자본집약적 산업으로 변화해갔다는 점도 항만이 지역경제에 미치는 영향을 약화시키는 주요한 요인이 되었다. 과거 노동집약적인 생산구조에서는 항만의 고용창출 효과가 비교적 컸으나, 자본집약적인 생산구조로 변화함에 따라 항만산업의 고용창출 효과를 크게 감소시켰다.

---

25 최초로 컨테이너를 창안한 사람은 말콤 맥린(Malcom McLean, 1913~2001)이라는 미국의 사업가이며(아틀라스뉴스, http://www.atlasnews.co.kr), 1956년 4월 뉴욕-휴스턴 항로에 처음으로 컨테이너 운송을 시작하였다(신형식, 「콘테이너 운송체계에 관한 기초적 연구」, 성균관대학교 석사학위논문, 1976. 12, 8쪽; 中尾朔郎·三浦節, 『海上コンテナ輸送實務指針』, 海文堂, 1970, 2쪽).

26 산업구조의 고도화란 국내외 시장에서의 경쟁심화에 직면하여 지속적인 혁신을 통해 경제 전체의 생산성 향상과 성장에 도움이 되는 산업구조로 개편하는 것을 말한다. 산업구조 고도화에 있어서는 고부가가치 산업으로의 이행, 즉 고기술산업(high-technology industry)으로의 전환, 주력산업의 혁신 및 산업의 구조조정이 수반된다.

이와 같이 항만산업의 도시경제 기여도는 줄어든 반면, 도심에 인접해 발달한 항만은 시민의 친수활동 제한, 공해문제, 교통체증, 도심지 공간이용의 제약 등 시민생활에 불편을 유발함으로써 항만과 도시의 관계에 중대한 변화가 초래되었다. 도시 구성원의 소득수준 향상으로 삶의 질에 대한 요구수준이 높아짐에 따라 항만의 부정적 측면이 부각되고 있다. 항만의 도시에 기여도 변화와 시민의 삶의 질에 대한 의식의 변화는 항만과 도시의 관계에 커다란 영향을 미치고 있다.

2) 항만과 도시의 관계 재정립

항만과 도시는 초기에는 상호 상승작용을 하면서 발전해 나가지만 시간의 흐름에 따라 산업화시대의 비약적인 성장을 해온 항만은 도시의 기능과 갈등을 겪게 되면서 항만과 도시의 보완적인 상호작용 효과는 점차 쇠퇴하는 반면, 상충효과는 증가하는 경향이 나타나게 되었다. 즉 항만이 성장함에 따라 불가피하게 발생하는 소음, 대기오염, 교통체증 등으로 인해 항만 인근 도시 및 배후도시에 거주하는 거주민들에게 많은 불편을 초래하는 것은 물론, 이로 인한 많은 사회·경제적 비용과 갈등을 유발한다. 이는 항만이 먼저 입지한 다음, 항만을 중심으로 주변지역에 도심이 형성된 것에도 원인이 있겠으나[27], 항만개발계획이나 관리·운영계획을 수립하는데 있어 지나치게 항만관련 주체들의 경제성 논리에 치우쳐 항만이

27 항만의 배후도시 성장과 관련된 이론으로 성장거점이론과 산업부분성장이론으로 설명기도 하는데, 먼저, 성장거점이론(Growth Pole Theory)은 성장 잠재력이 있는 성장거점을 중심으로 집중 투자함으로써 집적의 경제를 통해 투자효과를 높이고 그 성장효과가 점차 주변지역에 파급하도록 하여 지역전체가 함께 발전하도록 하는 이론이다. 반면, 산업부문성장이론은 도시의 경제성장은 산업구조의 변화를 수반하고 산업구조의 변화는 경제성장을 가져오는 등 경제성장과 산업구조의 변화로 상호작용의 관계를 가진다는 이론이다(이정호·최병태, 「항만입지특성이 항만도시성장에 미치는 영향에 관한 연구-평택항과 광양항을 중심으로-」, 『한국항만경제학회지』 제30권 제3호, 2014. 163~185쪽).

입지하는 배후도시와의 연계성 및 조화의 문제를 간과함으로써 항만개발 계획과 주변지역의 도시계획과 연계 없는 항만개발이나 배후도시계획이 수립·추진되는 등 사회적 문제가 발생하기도 한다. 이러한 문제들로 인해 근대 개항기부터 우리나라의 산업화를 이끌어 온 항만도시들이 최근 항만기능을 도시의 외곽으로 밀어내는 결과를 초래하였고, 항만도시의 초기 성장을 이끌었던 많은 항만배후산업들은 쇠퇴하거나 도시 외곽으로 이전하였다. 결국 산업화시대에 전통적인 유통과 생산도시의 역할을 수행하였던 기존의 항만도시들은 탈산업화시대로 넘어가면서 기존 공장의 이전으로 기능의 공동화와 함께 황폐화된 항만 등으로 부정적 이미지가 부각될 우려도 있다.

따라서 최근에는 항만도시의 초기 성장을 이끌었던 항만과 그 주변 원도심을 개발하여 시민들이 친근하게 접근할 수 있도록 항만 내 또는 항만 인근에 친수 수변시설을 조성하는 등 도시기능과 항만 기능의 일체화 노력이 이루어지고 있다. 항만도시는 바다와 인접한 수변공간이라는 지리적 입지와 구도심(원도심) 인접으로 도시로의 정체성 등 자연환경적·인문적·경제적 자산을 보유하고 있다.[28] 과거와 달리 항만의 기능에 대한 수요가 다양해지고 광범위해진 오늘날 항만재개발과 항만지역 원도심 재생사업 등을 통해 항만도시의 정체성을 유지하면서 항만과 도시가 기능적으로 함께 성장해 갈 수 있는 방안을 모색하여야 한다.

---

28 오늘날 항만은 도시나 문화의 형성, 도시재개발, 시민생활에의 기여, 친수공간 제공 등 많은 사회적 순기능을 가지고 있으며 지역주민의 복지나 생활문화의 향상을 도모하는 기능이 크게 요구되고 있다(김우호, 『항만의 경쟁력 평가모형 구축과 활용방안에 관한 연구』, 2008.12, 13~14쪽).

2. 부산과 부산항의 연계성 약화요인 및 강화방안

국가경제가 성숙단계를 거쳐 고도화 되어 대량소비단계로 접어들고[29] 점차 제조업 중심의 국가 산업구조가 서비스산업 중심으로 재편되면서 탈산업화(deindustrialization)가 급속하게 진행되었다. 이에 따라 도시 역시 제조업 중심에서 서비스산업 중심으로 그 산업기반이 변화하였다. 이처럼 도시의 형성과 발전에 기반이 되어 주었던 제조업이 산업의 중심에서 밀려나고 도시의 주력산업이 서비스산업을 중심으로 재편됨에 따라 도시의 제조활동은 도시 외곽으로 밀려나거나 산업단지로 집적되었고, 도시의 생산활동에 대한 항만의 지원기능 역시 점차 위축될 수밖에 없다. 이는 결국 항만과 도시의 연계성 약화를 초래하게 된다.

부산항은 하역, 보관, 배송 등 전통적 물류기능 뿐만 아니라, 지역 내 부가가치물류 활동의 기반을 제공함으로써 지역 내 고용창출 및 부가가치를 창출하는 공간으로 기능하고, 부산은 배후산업을 통해 부산항으로의 물동량 창출과 항만노무인력을 공급하는 등 부산항과 부산의 연계성은 항만과 도시가 함께 발전해 가는데 있어 대단히 중요하다. 그렇기 때문에 부산항의 항만기능과 부산의 도시기능이 시너지를 극대화하기 위해서는 양자의 연계성을 강화시키는 것은 부산의 도시경제를 활성화하는데 있어 대단히 중요하다.

부산은 산업화 과정에서 많은 산업기반시설들이 부산항을 중심으로 자리 잡으면서 그 입지적 조건 때문에 물류산업도시로 비약적인 발전을 할 수 있었다. 그러나 부산의 산업구조가 전통제조업에서 서비스업 중심으로

29 Rostow에 의하면, 경제발전은 전통적 사회(traditional society), 도약준비단계(preconditions of take-off), 도약단계(take-off), 성숙단계(drive to maturity) 및 고도 대중소비단계(age of high mass consumption) 등 5 단계를 거치게 된다고 한다(Rostow.W.W., *The Stages of Economic Growth*, Cambridge University Press, 1962, pp.2~38).

전환되기 시작하면서 부산의 성장을 주도했던 부산항은 기존의 도시공간 속에서 수용의 한계를 보이게 되었다. 무엇보다 오늘날 부산항에서 파생되는 여러 가지 도시문제들은 부산항이 오히려 부산경제의 고도화를 방해하는 원인으로 비춰질 수도 있다는 것이다. 따라서 기존의 부두와 공업시설 중심의 항만지역을 변화된 도시수요에 맞추어 주거, 상업, 업무, 여가 등을 위한 복합공간으로의 전환이 적극 모색되어야 한다. 그러한 차원에서 부산항 북항재개발 역시 과거의 산업공간이었던 항만을 활용하여 시민을 위한 도심 속 수변공간(water front) 확보를 통한 도시의 성장을 지향하고 있다. 이와 더불어 오늘날 부산항과 항만도시 부산의 연계성을 약화시키는 요인들에 대한 적극적인 개선노력이 필요하다.

부산항과 부산의 연계성을 약화시키는 대표적인 요인으로는, 첫째, 부산항과 부산의 상호간에 미치는 영향범위의 불균형을 꼽을 수 있다. 즉 항만과 도시의 긍정적인 연관관계는 지역적으로 광역화되는 반면, 부정적인 연관관계는 일정 지역으로 집중되는 경향이 있는데, 부산항과 부산의 상호 긍정적인 연관관계는 부가가치, 고용, 교역 등 주로 경제적인 영역에서 발생한다. 이들 경제적 효과는 부산에 한정되기보다 전국으로 확산된다. 부산항의 경제적 영향의 범위 확대는 운송기술의 발전, 공급사슬관리의 확산 등에 따라 부산항의 물류서비스 제공영역, 즉 배후지역의 범위가 확장된 결과라 할 것이다. 이처럼 부산항의 경제적 영향 범위가 광역화 내지 전국적으로 분산됨으로써 부산의 도시경제에 대한 직접적인 기여는 과거보다 약화되었다. 반면, 부산항이 부산에 직접적으로 미치는 부정적 영향은 환경, 교통, 토지 이용 등의 측면에서 나타나게 되는데, 이들 영향은 그 범위가 부산항이 위치한 부산에 한정되어 집중적으로 나타난다. 문제는 도시민들의 소득수준 향상 등 삶의 질 추구에 대한 욕구가 증가하면서 부산항에 대한 부정적인 영향들에 대해 시민의 거부감이 높아지고 있다는 점이다. 이러한 부산항과 부산의 영향범위의 불균형은 부산항과 부산의 연계성을 약화시키는 주요 원인이라 할 수 있다. 따라서 부산항과 부산의 연계성을 강화하기 위해서는 부산항에서 유발되는 경제적 효과가 부산의 지역 내에 집중될 수 있도록 하는 정책이 요구된다.

또 다른 원인으로는, 항만이 도시경제에 미치는 기여도의 상대적 약화를 들 수 있다. 즉 다른 항만도시에 비하여 부산 경제의 부산항 의존도는 여전히 높지만, 탈산업화와 산업구조의 고도화를 지향하는 도시의 산업구조 변화와 그에 따른 물류수요의 정체 내지 감소, 항만운영의 기계화 내지 자동화로 인한 고용 창출효과의 감소 등으로 인해 부산항에 대한 의존도가 줄어들고 있다. 이러한 현상은 항만에서 발생하는 여러 가지 문제들과 더불어 항만과 도시의 연계성을 약화시키는 요인으로 작용하고 있다. 이로 인해 부산항이 부산의 도시 발전에 미치는 긍정적 기능에 대한 인식은 약화시키는 반면, 부정적 영향에 대한 인식이 증가함으로써 부산항과 부산의 연계성을 약화시키게 된다. 따라서 부산항과 부산의 연계성을 강화시키기 위해서는 친환경선박개발, 하역장비 현대화 지원, 항만배출가스규제, 친환경항만산업의 육성 등 항만산업의 고도화를 지원함으로써 새로운 항만부가가치 산업을 발굴하고 육성하는 정책들이 필요하다.

Ⅴ. 결론

이상으로 시간의 흐름에 따른 항만과 도시의 상린관계(相隣關係)의 변화과정에 대한 관찰을 통해 부산항이 부산에 미치는 영향을 살펴보고, 항만과 도시의 연계성 약화요인을 분석하고 해항도시 부산과 부산항의 연계성 강화방안을 모색해 보았다.

경제적인 측면에서는 항만의 도시경제 활동에 대한 물류 지원기능의 강화와 함께 지역 내 부가가치 및 고용창출 기능을 강화하는 방안이 강구되어야 한다. 다만, 상술한 바와 같이 항만의 경제적 기여효과는 도시 외부지역으로 분산되는 경향이 있다. 따라서 부산항과 부산의 연계성을 강화하기 위해서는 부산항에서 유발되는 경제적 효과가 부산의 지역 내에 집중될 수 있도록 하는 정책이 요구된다. 이는 항만배후단지의 개발 및 이의 운영 활성화를 통한 부가가치물류 증대를 통하여 효과적으로 대응할 수 있을 것이다. 항만과 인접한 지역에 조성된 배후단지에서 다양한 부가가치물류 활동이 수행될 경우 해당 도시에 대한 부가가치뿐만 아니라, 고용의 창출 등 직접적인 경제적 효과를 결과할 수 있기 때문이다. 또한, 항만배후단지에서 수행되는 제조 및 물류 관련 부가가치 활동은 물동량의 창출 및 화물흐름의 집중을 결과함으로써 항만물류 수요의 증대에도 기여할 수 있다. 이와 같이 부산항 인접지역에 조성된 배후단지는 해당 항만과 배타적으로 연계된 배후지(hinterland)로서의 기능을 수행하게 된다. 따라서 부산항과 연계된 배후단지의 개발 및 운영의 활성화는 부산항과 부산의 경제적 연계성 강화를 위한 가장 기본적이고 중요한 정책이 될 수 있다.

환경적인 측면에서 부산항의 항만 시설규모의 대형화, 물동량의 집중 등으로 인해 항만 인근지역의 환경문제는 심화되고 있으며, 이러한 환경문제에 대한 시민의 인식도 강화되고 있다. 더구나 그 효과가 부산 이외의 지역으로 분산되는 경제적 효과와는 달리 환경문제는 부산의 내부로 집중된다는 점에 문제의 심각성이 있다. 부산항과 부산이 연계성을 강화하고 상생발전 하기 위해서는 항만운영상의 환경문제를 완화 내지 해소할 수 있는 정책과 더불어 실천적 로드맵을 마련하는 것이 필요하다. 환경문제에 대한 효과적인 대응 없이는 부산항과 부산의 상생은 불가능에 가깝다할 것이기 때문에 이와 관련된 항만정책은 그 중요성에서 최우선 순위에 놓여야 할 것이다.

세계 주요 항만국들은 항만도시의 경제활동에 대한 지원기능의 강화와 더불어 항만의 도시환경에 대한 부정적인 영향을 줄이기 위한 정책을 적극적으로 실행하고 있다. 지역적으로 우리나라와 같은 경제권역에 속하면서 전적으로 국제무역에 의존하는 경제구조를 유지해온 싱가포르, 홍콩, 대만 등 항만이 발날한 도시국가들은 지리적으로 항만괴 도시가 같은 공간에 입지해 있지만, 항만과 도시가 공존하면서 지속적으로 발전해가고 있다. 세계 주요 도시들에서 다수의 기존 항만들이 항만의 본래적 기능을 상실하고 재개발되는 현실에 비추어볼 때, 싱가포르, 홍콩 등의 사례는 항만과 도시의 관계를 어떻게 정립되어야 하는지를 잘 보여주고 있다. 즉 항만과 도시의 기능상충 문제가 양자의 발전을 저해하는 주요한 원인이라고 한다면, 싱가포르나 홍콩도 항만과 도시가 한 공간에 공존하면서 함께 발전하는 것은 불가능하였을 것이다.

부산항은 부산의 도시 형성에서부터 도시산업의 발전, 인구의 집중, 지식 및 정보의 집중, 문화적 다양성의 제공 등 도시성장과 발전에 크게 기여해 왔다. 그러나 오늘날 운송기술, 경제구조, 주민의 삶의 질 향상 욕구의 증대 등 항만물류 환경의 변화에 따라 부산항과 부산의 연계성은 점점 약화되고 있다. 이러한 항만물류 여건의 변화에 부응하여 부산항과 부산의 관계를 재정립하고 부산항과 부산의 지속 가능한 상생발전 체제 구축을 위해 양자의 연계성을 보다 강화할 필요가 있다. 홍콩이나 싱가포르 등 항만과 도시가 한 공간에 병존하면서 끊임없는 상호 작용하고 연계성을 강화해 가는 국가들은 부산항과 부산의 관계를 긍정적으로 재정립하고 부산항과 부산의 연계성을 강화시키는데 중요한 정책적 참고사례가 될 수 있을 것이다.

❖ 참고문헌

김춘선 외, 『항만과 도시』, 블루&노트, 2013.

최진이, 『물류법규』, 다솜출판사, 2018.

하명신·류동근·박경희·최홍엽, 『항만물류론』, 다솜출판사, 2005.

김만홍·최진이, 「중국의 선원법체계와 해기인력양성의 문제점 및 개선논의에 관한 연구」, 『해항도시문화교섭학』 제22호, 2020.

김우호, 「항만의 경쟁력 평가모형 구축과 활용방안에 관한 연구」, 한국해양수산개발원, 2008.

김춘선, 「항만성장에 따른 인천시 항만물류산업 입지 및 도시공간구조 변화에 관한 연구」, 가천대학교 박사학위논문, 2012.

김태일, 「친환경선박 전환 정책 동향과 향후 과제」, 『에너지포커스』 2018 봄호(15-1 통권 67), 2018.

삼정KPMG 경제연구원, 「IMO 2020 황산화물 환경 규제, 규제를 기회로 삼다」, 『Issue Monitor』 111, 2019.

이정호·최병태, 「항만입지특성이 항만도시성장에 미치는 영향에 관한 연구 -평택항과 광양항을 중심으로」, 『한국항만경제학회지』 제30권 제3호, 2014.

이호춘·류희영, 「IMO 배출가스 규제 강화에 대비한 국내 해운산업 대응 전략」, 『현안연구』 2018-30, 한국해양수산개발원, 2019.

이호춘 외, 「우리나라 선박 배출 대기오염물질의 체계적 관리방안」, 한국해양수산개발원, 2016.

정분도·홍금우, 「항만관련산업이 지역경제에 미치는 영향」, 『한국항만경제학회지』 제25권 제3호, 2009.

최진이, 「항만과 도시의 관계에 관한 연구」, 『인문사회21』 제11권 제2호, 2020.

최진이, 「컨테이너 터미널 하역요금 인가제가 항만운송시장에 미치는 영향 연구」, 『지방정부연구』 제19권 제4호, 2016.

최진이·최성두, 「한국해상근로복지공단의 설립 필요성과 조직 구상」, 『해항도시문화교섭학』 제21호, 2019.

환경부, 「2015 환경통계연감」, 2016.

해양수산부, 「제3차 전국 항만기본계획 수정계획(2016~2020)」, 해양수산부 고시 제2016-122호, 2016.

Blonigen, B. and W. Wilson, "Port Efficiency and Trade Flows", *Review of International Economics,* Vol.16(1), 2008.

Ferrari C., O. Merk, A. Bottaso and A. Tei, "Ports and Regional Development: A European Perspective", *OECD Regional Development Working Paper*, Paris, 2012.

Liu et al., "Health and climate impacts of ocean-going vessels in East Asia", *Nature Climate Change*, Vol.6, 2016.

Markusen, J. and A. Venables, "Interacting factor endowments and trade costs: A multi-counrty: multi-good approach to trade theory", *Journal of International Economics*, Vol.73(2), 2007.

Merk, O., "The Competitiveness of Global Port-Cities: Synthesis Report", *ed. OECD working paper*, 2013/13, 2013.

Miola A. et al., "External Costs of Transportation. Case Study: Maritime Transport. European Commission", *Joint Research Centre*, Institute for Environment and Sustainability, 2009.

Saz-Salazar, S. del, L. Garcíia-Menéendez and M. Feo-Valero, "Meeting the environmental challenge of port growth: A critical appraisal of the contingent valuation method and an application to Valencia Port, Spain", *Ocean & Coastal Management*, Vol.59, 2012.

Schreier, M., "Impact of ship emissions on the microphysical, optical and radiative properties of marine stratus: a case study", Vol.6-12, 2006.

Zhai, G. and T. Suzuki, "Public willingness to pay for environmental management, risk reduction and economic development: Evidence from Tianjin, China", *China Economic Review*, Vol.19, 2008.

UNCTAD, *Review of Maritime Transport 2018*, 2018.

제13장
항만과 도시의 관계

최진이

Ⅰ. 서론

초기의 항만산업은 많은 노동력을 필요로 하는 노동집약적 산업으로 대규모의 고용과 부가가치를 창출함으로써 도시발달의 원동력이 되었던 제조업을 지원하는 주요 물류기반시설로 기능하면서 도시 번성을 이끌었다. 항만 역시 도시의 제조업을 통해 창출되는 물류수요를 독점하면서 급속하게 발달할 수 있었다.

그러나 경제가 성숙단계를 거쳐 고도의 대량소비단계로 접어들면서[1] 탈산업화가 진행되었고 도시의 산업구조가 변화하였다. 도시의 탈산업화는 제조업을 도시 외곽으로 밀어내거나 산업단지로 집적시킴으로써 도시의 산업구조가 서비스산업 중심으로 재편되었다. 이로 인해 항만이 도시의 생산활동을 지원하던 기능은 점차 약화되고 있다. 이외에도 운송기술의 발달, 화물의 고부가가치화, 항만산업의 기계화·자동화 등은 항만과 도시의 연계성을 약화시키는 요인이 되고 있다.

국내의 항만들은 모두 물류의 효율성이라는 항만의 본래적 기능에 초점을 두고 항만시설을 개발하였고 그 주변의 도시 역시 이를 지원하는 기능을 중심으로 형성되고 발달하였다. 따라서 도시에 거주하는 시민들의 삶의 질에 대한 부분은 크게 고려되지 않은 채 항만과 도시가 성장해왔다. 개발 초기에는 항만과 도시가 큰 갈등 없이 함께 성장할 수 있었지만, 시간의 흐름에 따라 항만의 성장은 곧 도시소음, 대기오염, 교통체증, 해양환경오염 등과 같은 도시문제의 주요원인으로 인식되어졌다. 그로 인해 항

---

1 경제발전은 전통적 사회(traditional society), 도약준비단계(preconditions of take-off), 도약단계(take-off), 성숙단계(drive to maturity) 및 고도 대중소비단계(age of high mass consumption) 등 5 단계를 거친다고 한다(Rostow, W.W., *The Stages of Economic Growth*, Cambridge University Press, 1962 pp.38~59).

만과 도시의 연계성은 더더욱 느슨해질 수밖에 없었다.

그동안 항만이 지역경제에 미치는 영향에 관한 연구는 다수 있지만, 항만과 도시의 상호 관계성을 대상으로 하는 연구는 찾아보기 어렵다. 최근 항만의 기능변화와 항만과 연계된 원도심재개발 등 항만과 도시의 상생을 위한 상호 관계성에 대한 연구가 매우 필요하다.

이 논문에서는 항만의 국가적 위상을 간단하게 살펴본 후, 국내 주요 항만과 항만도시의 관계를 살펴본다. 그리고 항만과 도시의 연계성 약화원인을 분석하고 항만과 도시의 연계성 강화를 통한 상생방안을 모색한다.

Ⅱ. 항만의 국가 경제적인 위상

항만은 국가간 교역에 없어서는 안되는 필수기반시설이다. 대외무역의 존도가 높은 개방형 경제구조를 가진 국가들에게는 특히나 중요한 국가기반시설이다. 국가에 있어 항만은 경제성장의 선행조건과 같은 시설이라 할 수 있고, 국제교역을 원활하게 하는 것은 물론, 연관 산업에도 큰 영향을 미치는 핵심적인 산업시설이다.

우리나라는 경제개발 초기부터 수출주도형 경제성장정책을 추진한 결과, 수출이 급속하게 증가하였고, 이와 함께 수출품을 생산하기 위한 원자재와 자본재의 수입도 급속히 확대되었다. 이처럼 대외의존도가 높은 경제구조[2] 때문에 산업단지 등 국가 경제를 견인하는 주요 생산기반들은 원

2 GDP 대비 수출입 비율은 1990년 53.0%에서 2018년 82.6%로 늘어났으며, GDP 대비 수출입 비율은 다른 나라들에 비해 상대적으로 높은 편이다. OECD 자료에 따르면 2017년 기준 우리나라의 GNI 대비 수출입 비율은 84.0%로 미국의 35.1%, 프랑스의 73.4%, 영국의 82.2%에 비해 높다(국가지표체계, https://www.index.go.kr/unify/idx-info.do?idxCd=4207&clasCd=7, 2020.3.18 방문).

자재의 수입과 완제품의 수출이 용이한 항만과 그 인접지역을 중심으로 개발·배치될 수밖에 없었다. 항만은 주요 산업단지에 공급되는 원자재와 중간재 등을 수입하고, 이를 가공하여 완성한 제품을 수출하는 물류의 관문으로 국가 및 지역경제의 중요한 산업기반이 되었다. 오늘날 우리나라를 대표하는 광양·포항(철강), 여천·울산(석유화학), 창원(기계), 거제(조선) 등의 산업도시들은 1970년대 이후 정책적으로 항만 인접 도시를 중심으로 중화학공업 육성정책을 추진한 결과물이라 할 수 있다. 이들 산업도시들은 대규모의 수출입 물류수요를 발생시키기 때문에 정책적으로 효율적인 물류처리가 가능한 항만 또는 그 인접지역에 산업단지를 입지토록 하였다. 국가의 중화학공업 육성·지원정책들로 인해 항만의 국가 및 지역경제에 대한 기여도는 한층 증가하였다. 주요 산업단지 개발과 병행하여 항만개발이 이루어졌으며, 이들 항만 인근에 생산활동이 집중되었다. 그 결과 주요 산업시설을 중심으로 인구가 더욱 집중되고 도시가 발달함으로써 항만과 도시는 연계성을 가지면서 함께 성장해갈 수 있었다.

1980년대 이후 국가의 경제성장의 중심에 있던 산업분야가 제조업에서 반도체, 디스플레이, 정보통신, 전기전자 등 고부가가치산업으로 대체되면서 해상운송과 함께 항공운송의 비중이 증가하는 추세에 있다. 과거에 비해 해상운송이 차지하는 비중의 증가율이 다소 둔화되고는 있지만, 해상운송은 여전히 전체 수출입 물동량에서 압도적인 비중을 차지하고 있기 때문에 항만은 여전히 국가경제에서 차지하는 위상은 과거나 현재나 크게 다르지는 않아 보인다.[3]

---

3 항만은 수출입 물동량의 90% 이상을 처리하는데, 2019년 상반기 전국 무역항에서 처리한 항만물동량이 총 8억 101만 톤(수출입화물 6억 9,984만 톤, 연안화물 1억 118만 톤)으로, 전년 동기(7억 9,507만 톤) 대비 0.7% 증가하였다. 부산항과 광양항의 물동량은 전년 동기 대비 각각 4.3%, 4.4% 증가하였으나, 인천항과 평택·당진항은 각각 5.7%, 3.3% 감소하였다(해양수산부, 2019년 상반기 전국 항만 8억 101만 톤 물동량처리, 보도자료, 2019.8.5).

〈그림 1〉 전국 항만물동량 현황

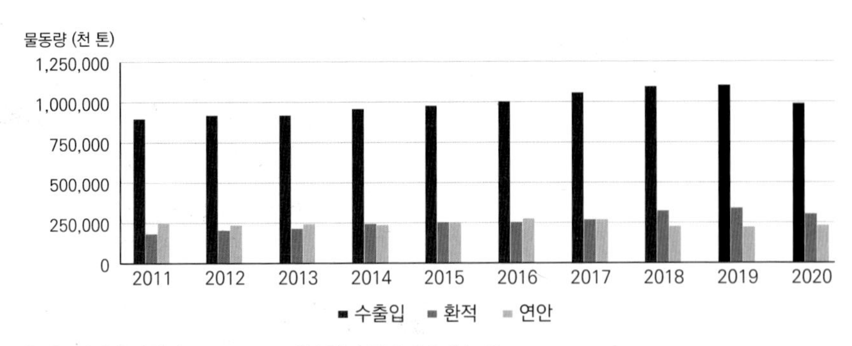

출처: 해양수산부 (Port-MIS: 해운항만물류정보시스템)

오늘날 해상운송에서 가장 중요한 부분을 차지하는 컨테이너화물의 경우 1998년에는 6,682천TEU에 불과하였으나 2020년에는 29,101천TEU로 4배 이상 증가하였다. 특히 환적화물의 경우 1998년에는 1,214천TEU로 전체 물동량의 약 1.8%에 불과하였으나, 2020년에는 12,020천TEU로 전체 물동량의 약 41.3%까지 증가하였다.[4] 이와 같이 환적화물의 비중이 크게 증가하였다는 것은 동북아시아지역 내에서 우리나라가 물류중심 국가로서의 위상이 한층 강화되었다는 것을 의미하는 것으로 볼 수 있다. 즉 우리나라가 동북아시아 경제권의 중심에 위치한 역내 물류중심국가로 자리매김하고 있음을 보여주는 지표라 할 것이다. 우리나라 항만이 국내 수출입 화물뿐만 아니라, 동북아시아 지역 내의 환적화물을 통한 부가가치물류 활동 거점으로 기능할 수 있는 가능성을 보여주는 것이다.

4 해양수산부(Port-MIS: 해운항만물류정보시스템); e-나라지표, https://www.index.go.kr/potal/main/EachDtlPageDetail.do?idx_cd=1267 참조, 2022.3.18 방문.

〈그림 2〉 항만별 컨테이너 화물처리 실적

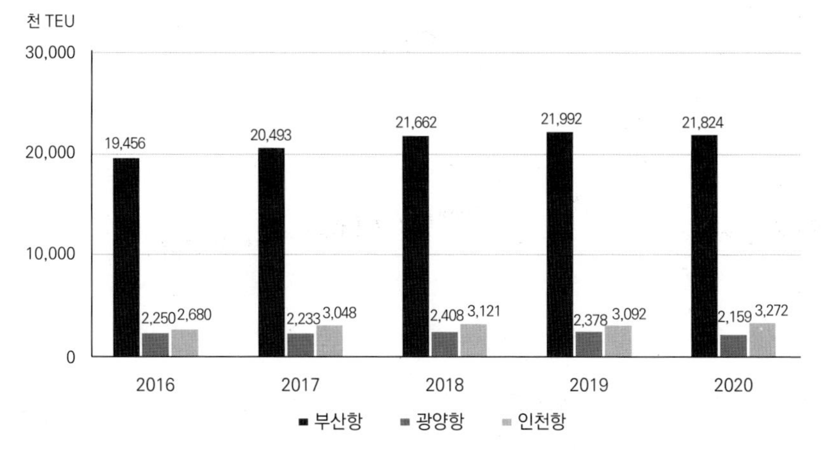

출처: 해양수산부 (Port-MIS: 해운항만물류정보시스템)

그럼에도 물구하고, 국내 항만은 중국 등 역내 국가들로부터 강력한 도전을 받고 있어 항만물동량의 증가가 정체되어 있을 뿐만 아니라, 연안해운 항만물동량 처리실적이 부진을 면하지 못하고 있다.

〈표 1〉 전국 항만 컨테이너 화물 처리실적

(단위 : 천TEU, %)

구분	2013	2014	2015	2016	2017	2018	2019	2020
	처리량	처리량	처리량	처리량	처리량	처리량	처리량	처리량
계	23,469	24,798	25,681	26,005	27,468	28,970	29,226	29,101
전년대비	4.10	5.70	3.56	1.30	5.60	5.50	0.90	-0.40
수출입	13,948	14,601	14,701	15,414	16,311	16,636	16,736	16,429
수출입전년대비	2.10	4.70	0.69	4.90	5.80	2.00	0.60	-1.80
환적	9,321	9,990	10,719	10,329	10,710	12,063	12,283	12,487
환적 전년대비	9.70	7.20	7.30	-3.60	3.70	12.60	1.80	1.30
연안화물	200	207	260	262	447	271	206	185

출처: 국가통계포털(KOSIS), 해양수산부(Port-MIS: 해운항만물류정보시스템)

Ⅲ. 주요 항만과 도시의 연계성 변화

대외의존도가 높은 경제구조인 우리나라에서 그동안 항만이 국가경제에 대단히 큰 기여를 하였음에도 불구하고, 오늘날 항만의 위상은 도시의 지역경제 차원에서 보면 그 위상이 크게 달라진다. 이는 국가의 산업구조 개편으로 탈산업화가 진전됨에 따라 일부 산업도시를 제외하면 도시의 산업구조가 대량의 물류수요를 발생시키는 제조업에서 물류수요 발생이 적은 서비스업의 비중이 크게 증가하였고, 도시에 잔류하는 제조업들도 전통적인 노동집약적 산업에서 첨단 기술을 필요로 하는 고부가가치영역으로 산업이 고도화됨으로써 물류수요가 급속하게 감소하였기 때문이다.

이하에서는 우리나라를 대표하는 항만(부산항, 인천항, 울산항)과 이들 항만과 함께 성장해온 도시에서의 항만의 위상을 살펴본다.

1. 부산항과 부산

우리나라의 대표적인 항만도시인 부산은 1960~1970년대에 국내 최대의 무역항이라는 이유 등으로 동남부지역의 임해공업의 중추도시로 기능하였다. 무엇보다 섬유와 신발, 고무, 목재(합판) 등과 같은 노동이 집약된 경공업에 바탕을 둔 도시 산업구조가 형성되면서 원자재와 1차 가공된 반제품의 수입, 그리고 완제품의 수출이 활발하게 이루어졌다. 이와 더불어 일부 금속공업이나 기계공업 분야에서 제조·생산활동이 있었기는 하지만, 이들 중공업분야가 성장하는 데는 한계가 있었다. 그 이유는, 중화학공업과 같은 제조업 설비가 들어서기 위해서 넓은 부지를 필요로 하는데, 부산은 이를 위한 부지를 확보하는데 어려움이 있어 중화학공업을 위한 시설

투자가 제대로 이루어지지 못하였다. 뿐만 아니라, 당시 정부가 추진한 대도시의 성장억제정책으로 오히려 부산에 지역기반을 두고 있던 산업시설마저 다른 지역으로 이전하는 현상이 나타났다. 그 결과 부산의 제조업은 1970년대 후반부터 그 한계를 보이면서 성장이 둔화되었고, 전국 대비 제조업 비중이 크게 감소하였다.[5]

이러한 산업구조 변화에 따라 부산과 부산항의 경제적 연결고리도 크게 변하였다. 산업화(1960~70년대) 초기에는 항만의존성이 강하게 작용하면서 커다란 시너지효과를 발휘하였다. 그러나 이후로는 점점 각종 지표들에서 부산은 항만의 장점을 충분히 활용하지 못하면서 항만과의 연계성이 점차 약화되고 있다. 즉 행정구역과 면적의 확대에도 불구하고 인구는 1990년대 중반을 정점으로 감소하고 있으며, 국내총생산(GDP)에서 차지하는 지역내총생산(GRDP) 비중도 1985년 7.9% 수준에서 2010년에는 약 5%(약 66.8조 원/전국 약 1,327조 원), 2018년에는 4.7%(89.7조 원/전국 약 1,900조 원)로 낮아지는 것으로 나타났다. 또한, 1인당 GRDP 역시 2010년 19,223천 원으로 전국 평균(26,788천 원)의 약 71.7%, 2018년 26,390천 원으로 전국 평균(36,817천 원)의 약 71.7%에서 제자리걸음을 하고 있는 것으로 나타나고 있다.[6]

이처럼 각종 경제지표의 부진에도 불구하고 부산항의 항만기능은 오히려 강화되고 있는 것으로 나타나고 있다.[7] 부산항은 전국 컨테이너 화물의 75%이상이 집중되는 항만으로 2018년에는 약 21,663천TEU를 처리하였다. 환적물동량의 경우 2000년 123만TEU에서 부산신항이 개장한 2010년에는 약 627.6만TEU로 급증하였고, 2018년에는 약 11,429천TEU로

5 통계청, 『2018년 지역소득(잠정)』, 보도자료, 2019.12, 18~51쪽.
6 e-나라지표, http://www.index.go.kr/search/search.jsp, 2022.3.16 방문.
7 2018년 부산항 화물처리실적은 4억 6,146만 톤으로 전년 대비 15% 증가한 것으로 나타났다(국가지표체계, http://www.index.go.kr 2020.3.20 방문).

증가하였다. 이를 볼 때, 1980년대 이후 부산은 제조업의 이탈 및 인구감소 등으로 도시기능은 약화되어 왔지만, 항만의 기능은 강화되어 가는 추세에 있다. 따라서 지난 30여 년간 부산의 항만과 도시의 기능적 연계성은 지속적으로 약화되어 온 것으로 볼 수 있다. 특히 2000년대 들어, 부산항이 동북아시아지역에서의 물류중심기능이 강화됨으로써 환적물동량이 크게 증가하고, 지역경제에서 차지하는 비중도 여전히 크기는 하지만, 항만의 성장에 비하여 부산의 지역경제가 부진에서 벗어나지 못하고 있다는 점에서 부산항이 과거에 비하여 부산의 지역경제에 미치는 영향의 정도가 크게 약화된 것으로 이해할 수 있다.

〈표 2〉 부산항 컨테이너 물동량

(단위: 천TEU)

구분	2014	2015	2016	2017	2018	2019	2020
	처리량	처리량	처리량	처리량	처리량	처리량	처리량
계	18,683	19,469	19,456	20,493	21,662	21,992	21,824
전년대비, %	5.60	4.20	−0.10	5.30	5.70	1.50	−0.80
수출입	9,254	9,363	9,620	10,186	10,233	10,354	9,804
수출입 전년대비, %	3.60	1.18	2.70	5.90	0.50	1.20	−5.30
환적	9,429	10,105	9,836	10,225	11,429	11,638	12,020
환적 전년대비, %	7.80	7.17	−2.70	4.00	11.80	1.80	3.30
연안화물	3	0	0	82	0	0	0

출처: 국가통계포털(KOSIS), 해양수산부(Port-MIS: 해운항만물류정보시스템)

2. 인천항과 인천

인천 역시 도시산업에서 제조업(28.0% → 27.6%) 및 건설업(6.4% → 6.2%)의 비중은 감소하고, 서비스업이 차지하는 비중이 62.5%로 가장 큰 비중을 차지하고 있다.[8] 다만, 인천의 경우는 대부분의 지방도시와는 달

8 통계청, 『2018년 지역소득(잠정)』, 보도자료, 2019.12, 18~51쪽.

리, 수도권과 같은 생활권을 공유함으로써 인구가 꾸준하게 유입되고 있다. 1980년 약 1,080천 명으로 전국 인구(약 37,440천 명)의 약 2.9%를 차지했으나, 2018년에는 약 2,939천 명으로 2배 넘게 증가하여 전국 인구(약 51,607천 명)의 약 5.7%에 달하고 있다. 그러나 인구의 유입으로 도시의 규모가 확대되었음에도 불구하고, 오히려 인천의 GDRP는 상대적으로 낮아지는 추세에 있다. 2010년 GRDP는 약 63.2조 원으로 전국 약 1,327.4조 원의 약 4.8%였고, 2018년 약 88.4조 원(전국 약 1,900조 원의 약 4.6%)로 조금 나아졌으며[9], 전국 대비 1인당 GRDP 수준 역시, 1985년 인천의 1인당 GRDP는 약 2,630천 원으로 전국 평균(2,200천 원)의 119.7%에 달했지만, 2010년에는 약 23,230천 원으로 전국 평균(약 26,790천 원)의 약 86.7%로, 2018년에는 약 30,080천 원으로 전국 평균(36,817천 원)의 약 81.7%로 조금 감소한 것으로 나타나고 있다.[10]

인천항의 항만물동량을 보면, 1980년 약 2,140만 톤으로 전국 항만물동량(약 1억 1,370만 톤)의 약 16.2%이었으나, 2010년에는 약 1억 4,970만 톤으로 전국 항만물동량(약 12억 400만 톤)의 약 12.4%, 2020년에는 약 1억 5,187만 톤으로 전국 항만물동량(약 16억 2,465만 톤)의 약 10%로 그 비중이 낮아지고 있다.

〈표 3〉 인천항 물동량 처리 현황

(단위 : 천 톤(R/T))

구분	2005	2010	2015	2016	2017	2018	2019	2020
합계	123,453	149,785	157,624	161,304	165,521	163,602	157,452	151,871
수출입계	82,492	106,345	122,855	124,757	132,766	136,911	133,899	123,755
–수입	66,614	86,722	98,123	100,448	105,861	107,030	105,156	98,266

9 e–나라지표, http://www.index.go.kr/search/search.jsp, 2022.3.17 방문.
10 국가통계포털, http://kosis.kr, 2020.3.17 방문.

구분	2005	2010	2015	2016	2017	2018	2019	2020
-수출	15,879	19,623	24,732	24,310	26,905	29,881	28,743	25,489
환적계	215	604	670	435	518	524	807	1,464
-환적수입	138	492	384	298	343	321	446	805
-환적수출	77	112	286	137	175	203	361	659
연안	40,746	42,836	34,099	36,112	32,237	26,167	22,746	26,652

출처: 해양수산부(SP-IDC:해운항만물류정보센터)

〈표 4〉 인천항 컨테이너 화물 처리 실적

(단위 : 천TEU)

구분	2012	2013	2014	2015	2016	2017	2018	2019	2020
수출입	1,920	2,108	2,307	2,350	2,655	2,978	3,087	3,052	3,193
환적	16	18	17	17	16	24	26	33	69
연안화물	47	35	11	10	9	45	8	7	9
계	1,982	2,161	2,335	2,377	2,680	3,048	3,121	3,092	3,272

출처: 해양수산부(Port-MIS: 해운항만물류정보시스템)

수도권에 인접한 항만임에도 불구하고, 항만물동량 비중이 줄어들고 있다는 것은 석탄, 광석, 유류, 가스 등과 같은 산적화물의 증가세가 포화 상태에 달했기 때문이라 할 것이다. 수도권 진입억제정책에 따라 인천 및 인근 배후지역에 새로운 제조업이 들어오지 못하고, 기존의 제조업도 외곽으로 이전하는 등 제조업이 한계에 도달했음을 알 수 있다. 이처럼 인천의 인구가 지속적으로 증가하고 있음에도 불구하고, 전반적으로 지역경제와 항만의 여건은 약화되고 있음을 알 수 있다. 특히 지역경제 여건이 호전되지 않았음에도 지방의 도시들과 달리 인구 증가가 있었던 것은 수도권에 인접한 지리적 요인이 큰 것으로 보여 진다.

이를 종합해 보면, 인천도 부산과 마찬가지로 과거만큼 항만이 지역경제 발전에 크게 기여하지 못하고 있음을 알 수 있으며, 마찬가지로 지역의 산업구조 역시 항만의 기능을 충분히 활용하지 못한 측면도 있어 보인다.

3. 울산항과 울산

1997년 광역시로 승격된 우리나라의 대표적인 공업도시 울산은 1990년대 중반 이후 인구비중은 2.2%로 큰 변화를 보이지 않고 있다. 한편, 울산의 GRDP는 전국 GDP에 대하여 2000년 4.8%, 2012년에는 4.6%, 2018년에는 약 4%로 점점 낮아졌으며, 1인당 GRDP는 1985년 2,795만 원으로 전국 평균(1,284만 원)의 약 217.7%로 높게 나타났으며, 2010년에는 1,380만 원으로 전국 평균(1,350만 원)의 약 100.2%, 2018년에는 약 6,550만 원으로 전국 평균(약 3,680만 원)의 약 178%로 다시 높아졌다. 이는 울산의 경우 석유화학, 자동차, 조선 등 전통적 제조업을 중심으로 지역경제가 지속적으로 성장하고 있기 때문으로 보여 진다.

울산항의 항만물동량은 1980년 2,270만 톤으로 전국 항만물동량(1억 3,170만 톤)의 17.2%를 차지했으며, 2010년에는 약 1억 7,166만 톤으로 전국 항만물동량(약 12억 400만 톤)의 약 14.3%, 2020년에는 약 1억 879만 톤으로 전국 항만물동량(약 14억 9,925만 톤)의 약 12.5%로 비중이 점점 낮아지고 있다.

〈표 5〉 울산항 물동량 처리 현황

(단위 : 천 톤(R/T))

구분	2005	2010	2015	2016	2017	2018	2019	2020
합계	162,414	171,664	190,870	197,611	202,346	202,862	202,383	187,941
수출입계	138,402	148,933	168,914	173,563	176,947	179,589	178,803	164,022
-수입	90,927	93,483	102,758	107,998	109,120	109,383	108,389	101,660
-수출	47,475	55,449	66,156	65,565	67,827	70,207	70,414	62,362
환적계	2,169	2,062	1,856	1,801	2,812	2,919	3,243	2,627
-환적수입	1,183	1,127	1,033	1,077	1,606	1,871	2,093	1,610
-환적수출	986	935	823	725	1,206	1,049	1,151	1,017
연안	21,843	20,669	20,099	22,247	22,587	20,353	20,336	21,292

출처: 해양수산부(SP-IDC:해운항만물류정보센터)

이와 같이 울산의 경우 지역경제를 뒷받침 하고 있는 산업의 대부분이 중화학공업 중심의 제조업이다. 이들 제조업 분야 역시 시대적 흐름에 따라 지식·기술집약적 첨단산업으로 전환이 이루어지고 있지만, 여전히 지역경제에 미치는 영향이 큰 것으로 나타나고 있다.

울산항 역시 여전히 지역경제의 중요한 부분이기는 하지만, 컨테이너 전용터미널의 개발에도 불구하고[11] 컨테이너 물동량의 상당부분이 부산항으로 이전되고 있으며, 일반화물이나 벌크화물 등 비컨테이너화물도 그 증가세가 둔화되는 등 과거에 비하여 지역경제 내에서 항만이 갖는 위상은 위축되어 가고 있음을 알 수 있다. 따라서 울산의 경우도 위의 도시들과 마찬가지로 항만기능과 도시기능의 연계성은 점차 약화되어 가고 있는 것으로 볼 수 있다.

〈표 6〉 울산항 컨테이너 화물 처리 실적

(단위 : 천TEU)

구분	2012	2013	2014	2015	2016	2017	2018	2019	2020
수출입	370	380	377	377	412	453	485	517	536
환적	3	6	15	9	11	2	5	510	532
계	373	386	392	385	423	466	490	6	4

출처: 해양수산부(SP-IDC:해운항만물류정보센터)

11 1997년 11월(정일울산컨테이너터미널)과 2009년 7월(울산신항컨테이너터미널)부터 개장하여 운영되고 있다(울산항만공사, https://www.upa.or.kr 2020.3.20 방문).

Ⅳ. 항만과 도시의 연계성 강화방안

1. 연계성 약화원인 분석

전통적으로 항만은 도시발전에 긍정적인 영향을 미치는 것으로 인식되어 왔다. 국가의 산업화(industrialization)와 도시의 발달이 궤(軌)를 같이 해왔기 때문일 것이다. 국가의 경제·산업적 기반이 제조업에 의존함으로써 도시를 통해 대규모 물류수요를 발생시켰으며, 항만은 이러한 물류수요를 효율적으로 처리하기 위한 종합물류시설로서의 기능을 충실히 수행한 결과라고 할 수 있다. 그러나 국가의 산업기반이 제조업 중심에서 서비스업 중심으로 옮겨가는 탈산업화에 따라 도시의 산업구조가 변화하면서 도시로부터의 물류수요가 감소하게 된다. 이와 함께 물류기술의 변화, 시민의 경제적 여유 등으로 삶의 질에 대한 욕구와 도시환경에 대한 요구가 중요한 관심사가 되었다. 그 결과 항만과 도시의 관계에 대하여 전통적인 인식에 커다란 변화가 생겨났으며, 이는 도시와 항만의 상호의존성을 약화시키는 원인으로 작용하였다. 오늘날 항만과 도시의 상호의존성을 약화시키는 현상들이 나타나게 된 주요 원인들로는 다음과 같은 것들을 들 수 있다.[12]

첫째, 도시의 탈산업화를 들 수 있다. 즉 도시의 경제구조가 제조업에서 서비스업 중심으로 재편됨으로써 도시에서 유발되는 물류수요가 크게 감소하였다. 과거부터 도시의 발전을 견인해오던 제조업이 쇠퇴하고 도시외곽으로 이전되거나, 산업단지로 집중되는 반면, 서비스업이 도시의 발전을 주도하는 산업으로 산업교체현상이 나타났기 때문이다. 도시에 잔류한 일부 제조업의 경우에도 첨단기술을 활용한 고부가가치 제조업으로 진화함

---

12 정봉민·신창훈·조경우·최진이, 『항만과 도시의 연계 발전 방안』, 부산; KMI-KMOU 국제물류학연공동연구센터(한국해양대학교), 2014.12.

으로써 물류수요 자체가 총량적으로 감소하였다. 게다가 고부가가치 재화들은 운송수단을 선택하는 데 있어 운송에 직접 투입되는 비용보다는 운송시간, 안전성을 더 중요하게 고려하는 경향이 있다. 그러나 해상운송은 선박의 낮은 운항속도, 복잡한 화물처리 단계 등으로 인하여 운송시간이 상대적으로 많이 소요될 뿐만 아니라, 화물 손상의 위험 등 운송과정상의 안전성도 낮은 편이다. 그 결과 고부가가치 재화들을 운송하는 데는 항공운송과 육상운송 수요가 크게 증가하였다. 특히 해상운송은 운송구간이 항만과 항만(port to port)이기 때문에 원천적으로 문전운송(door to door)이 불가능하다. 따라서 목적지항에 도착하더라도 운송의 자체 완결성이 없고, 화물의 기종점인 항만에서 육로를 통한 연계운송이 필요하기 때문에 화물의 물류단계가 증가하게 된다.[13] 이러한 운송상의 물류처리단계 증가는 단순히 운송시간이 지연되는 것에 그치는 것이 아니라, 화물의 멸실 또는 훼손 가능성 증가는 물론, 물류비용을 증가시킨다. 이와 같은 항만물류 여건의 변화로 도시의 물류수요가 감소함으로써 도시의 항만에 대한 기여도가 낮아지게 되고 결국 항만의 도시에 대한 기여도 역시 낮아지게 되었다.

둘째, 운송기술의 발달을 들 수 있다. 즉 운송기술의 발달은 운송시간 단축에 따른 운송비 절감과 국제교역의 증가로 항만물동량을 증가시킴으로써 항만의 도시에 대한 기여도를 증가시킨다. 그러나 다른 한편으로는, 운송기술의 발달은 물류비용 감소로 항만물동량이 증가를 가져오기는 하지만, 항만과 연계된 배후지역(hinterland)의 범위가 광범위하게 확대되는 효과가 있었다. 경우에 따라서는 항만의 배후지역의 범위가 국경을 초

---

13 육로운송의 경우에는 화물의 물류처리단계가 최소 3단계(화물차 적재 → 도로운송 → 화물차 하차 – 인도) 정도의 물류과정을 거치면 운송과정이 최종 종료될 수 있다. 그러나 해상운송(연안해운)의 경우는 최소 10단계 이상(화물차 적재 → 도로운송 → 화물차 하차 → 터미널 장치 → 선적 → 해상운송 → 양하 → 터미널 장치 → 화물차 적재 → 도로운송 → 화물차 하차 – 인도)의 물류처리과정을 거쳐야 한다.

월하는 경우도 있다.[14] 배후지역의 확대는 곧 항만과 도시의 연계성을 약화시키는 원인이 되었다. 즉 입지가 다른 수개의 항만배후지역이 중첩됨으로써 도시에서 발생하는 물류를 독점적으로 처리하던 항만의 물류수요 독점은 더 이상 불가능하게 되었다. 항만의 입지는 다르지만, 확대된 배후지역을 거점으로 하는 항만들 사이에 집하(集荷) 경쟁이 전개될 수밖에 없는 상황이 초래된 것이다.[15] 도시 역시 인접 항만에 절대적으로 의존해오던 물류수요를 다른 항만으로 분산시킬 수 있게 되었다. 또한, 선박의 대형화는 항만시설의 대형화를 필요로 하게 되었는데, 종래 도심에서 발달한 항만은 부지의 확보의 어려움과 진입수로의 협소 및 얕은 수심 등으로 도시의 바깥이나 다른 지역으로 밀려나게 되었다.[16] 뿐만 아니라, 선박의 대형화는 지역 관문항(regional gateway port) 내지 중심항(hub port)과 같은 메가포트의 발달을 촉진시켰고, 이들 대형항만은 그 서비스 범위(배후지역)를 크게 확대 시켰다.[17]

셋째, 공급사슬관리(supply chain management)의 확산 역시 항만과 도시의 관계를 약화시키는 요인으로 작용하였다. 화주들은 공급사슬관리에 의거 원자재의 확보 단계에서부터 완성재의 최종수요 단계에 이르기까지의 전 과정을 체계화·효율화하는 방안을 모색한다. 그리고 항만의 선택을 포함한 물류경로의 선택은 공급사슬 체계 구축의 일환으로 이루어지게

---

14 Haralambides, H., "Competition, excess capacity, and the pricing of port infrastructure". *International Journal of Maritime Economics*, Vol.4, 2002, pp.323~347.

15 Haynes, K. E., Y. M. Hsing, and R. R. Stough, "Regional port dynamics in the global economy: The case of Kaohsiung", *Taiwan. Maritime Policy & Management*, Vol.24, 1997, pp.93~113.

16 Hoyle, B. S., "The Port-City Interface: Trends, Problems and Examples", *Geoforum*, Vol. 20, 1989, pp.429~435.

17 Ducruet, C. and S. W. Lee, "Frontline Soldiers of Globalization: Port-City Evolution and Regional Competition", *Geojournal*, Vol. 67(2), 2006, pp.107~122.

된다. 화주의 공급사슬체계의 구축은 관련 기업과의 파트너십, 물류시설 등 물리적 요인, 원자재 확보, 시장 접근성, 통관을 비롯한 행정 및 제도 등 다양한 요인이 고려된다. 즉 공급사슬에서는 최종 수요자에 대한 보다 많은 가치의 창출에 목표가 설정되며, 여기에는 다양한 물류 및 운송 관련 요인들이 고려되므로 항만은 이러한 공급사슬체계의 한 요인으로 취급될 뿐이다. 따라서 항만과의 지리적 인접성은 공급사슬 체계의 구축에 있어 다양한 고려 요인 중 하나에 불과하며, 지리적 인접성의 의미는 약화될 수밖에 없다. 그 결과 배후도시에서 발생하는 화물일지라도 인근 항만에서 처리된다는 보장이 사라짐으로써 항만과 도시와의 연관성은 그만큼 약화되었다.

넷째, 항만운영의 기계화 내지 자동화로 인하여 항만에서 유발되는 고용창출 기능이 크게 약화되었다는 점도 항만과 도시의 관계 형성에 부정적인 영향을 주었다. 과거에는 항만 하역작업이 주로 인력에 의존하였으며, 그 결과 대규모 고용창출이 이루어짐으로써 지역경제 발전에 기여했으나, 항만운영이 자본집약적으로 변화함으로써 고용창출 효과가 낮아진 것이다.

다섯째, 생산의 글로벌화는 선진국에 있어서 항만과 도시의 관계를 약화시키는 주요 요인으로 작용한 것으로 판단된다. 세계적인 시장개방 추세와 운송비용의 감소로 무역장벽이 완화됨에 따라 원자재의 조달 및 생산이 원가가 저렴한 국가로 분산되었으며, 생산지와 소비지 간의 직접거래가 확대되었다. 그 결과 개발도상국의 산업화는 촉진되는 반면, 선진국은 탈산업화로 인해 수출입 물동량의 증가세가 둔화되거나 감소하는 현상이 나타났다. 특히 해상운송 수요가 대량으로 발생하는 중화학공업의 경우는 상당수가 개발도상국으로 이전됨에 따라 선진국의 관련 해상운송 수요가 크게 감소하고 있다. 이에 따라 선진국 경제에 있어서 항만의 기여도가 상대적으로 낮아지는 현상이 나타나고 있으며, 이는 국가 차원에서 뿐만 아니라, 도시 차원에서도 항만과의 연계성을 약화시키는 요인이 된다.

〈표 7〉 연도별 소속별 하역 종사자 현황

(단위: 명)

연도 \ 소속	합 계	하역업체		항운노조 원	
		인 원 (명)	점 유 율(%)	인 원 (명)	점 유 율(%)
2008	20,783	14,035	67.5	6,748	32.5
2009	19,349	13,067	67.5	6,282	32.5
2010	18,513	12,421	67.1	6,092	32.9
2011	18,773	12,662	67.4	6,111	32.6
2012	18,684	12,573	67.3	6,111	32.7
2013	17,660	11,550	65.4	6,110	34.6
2014	17,714	11,638	65.7	6,076	34.3
2015	17,914	11,812	65.9	6,102	34.1
2016	18,347	12,117	66.0	6,230	34.0
2017	19,681	13,582	69.0	6,099	31.0
2018	19,630	13,641	69.5	5,989	30.5
2019	19,697	13,881	70.5	5,816	29.5
2020	19,303	13,664	70.8	5,639	29.2

출처: 한국항만물류협회, 「2021년 항만하역요람」, 2021

이상에서 본 경제적·기술적 측면 외에 환경적 측면 역시 항만과 도시의 관계를 약화시키는 중요원인이 되고 있다. 즉 대기 및 수질오염, 교통문제, 연안에 대한 접근성 제약 등 항만을 둘러싼 주변 환경에 대한 악영향은 도시의 주거생활 및 산업생산 활동에 부정적인 영향을 미치며, 항만과 도시의 관계를 약화시키는 원인이 되고 있다.

2. 항만과 도시의 연계성 강화방안

오늘날 항만이 도시에 미치는 영향의 내용과 특성을 분석하여 항만에 대한 인식을 재고하고, 항만과 도시의 관계를 재정립하는 것은 매우 중요한 정책적 이슈이다. 그동안 항만도시는 그 형성과 발달이 항만에 의존하였다고 해도 과언이 아닐 정도로 항만이 도시에 미친 영향이 크다. 항만에 노동력을 공급하고 물류수요를 창출하는 것이 항만도시의 주요기능 중에 하나였다. 그러나 오늘날 운송기술의 발달과 항만의 기계화·자동화와 더불어 도시의 산업구조가 서비스업 중심으로 재편되면서 물류수요가 크게 줄어들었다. 또한 거주민의 해양공간에 대한 새로운 욕구와 더불어 항만으로 인한 대기오염, 수질오염 등 환경문제, 항만과 배후지역간 육상운송으로 인한 교통문제, 소음공해 등의 이슈가 사회적으로 부각되면서 항만에 대한 부정적인 인식이 넓게 확산되고 있다. 이로 인해 항만은 국가경제를 위하여 반드시 필요한 기반시설임에도 불구하고, 거주민들에게는 득(得)보다 실(失)이 많은 혐오시설으로 인식되어질 수 있다. 따라서 도시에서 떨어진 곳으로 항만을 이전하거나 도시 외곽에 새로운 항만을 건설하기도 한다. 이처럼 지리적으로 도심지역과 격리된 항만은 도시에 미치는 부정적인 영향을 상당부분 감소될 것으로 생각된다.

그러나 항만산업은 매우 자본집약적 산업이기 때문에 기존에 도심을 중심으로 개발되어진 항만을 도시 외곽으로 옮기거나 신항만을 개발하는 것은 결코 쉬운 문제가 아니며, 더욱이 이처럼 항만과 도시를 물리적으로 격리하는 정책은 항만과 도시의 연계성을 더욱 약화시키게 된다. 따라서 국가경제에 반드시 필요한 기반시설로서의 항만을 단순히 도시와 물리적으로 분리시키는 정책보다는 양자의 기능조정을 통해 연계성을 강화하는 정책이 마련되어야 한다.

다음 세대를 위한 미래형 항만과 도시는 물류(物流)와 함께 인류(人流)의 관점에서 항만의 기능과 도시의 기능이 융합된 종합적인 공간이 되어야 한다. 물론, 기능적인 면에서 도시와 항만은 본래 그 지향하는 바가 반드시 일치하지 않을 수 있다. 그러나 요코하마 MM21, 독일 하펜씨티, 미국 산패드로항 등과 같이 도시와 항만의 사례에서 보여주듯이 상호보완적으로 공존하는 것이 불가능한 것은 아니다. 지향점이 상이한 두 기능을 조화시키며 상생하게 하는 것이 도시와 항만의 연계성을 강화하는 정책의 핵심이 되어야 할 것이다.

Ⅴ. 결론

이상으로 항만이 갖는 국가적 위상과 항만과 도시의 관계변화를 살펴보았다. 이를 통해 항만과 도시의 연계성 약화원인을 진단하고 항만과 도시의 공생방안을 모색해 보았다. 항만과 도시의 지속적인 연계발전을 위해서는 항만과 도시가 경제적인 측면에서 상호 긍정적인 영향을 주고받아야 하며, 항만으로 인한 도시환경에의 부정적인 영향이 도시의 발달에 장애요인으로 작용하지 않도록 하는 방안이 마련되어야 한다.

항만과 도시의 연계발전을 위한 정책 사례들을 종합해 보면, 크게 경제적 측면의 정책과 환경적 측면의 정책으로 구분할 수 있다. 먼저, 경제적 측면의 정책은 항만물류 활동으로 인한 부가가치 및 고용창출의 극대화에 정책목표가 설정되어야 한다. 부가가치 및 고용의 창출은 해당 도시의 소득 증대 및 인구증가를 유발함으로써 도시 발전에 기여한다. 그리고 도시의 발전은 항만물류 및 관련 활동의 영위에 요구되는 노동력의 공급, 물동량 유발 등 물류수요의 창출, 부가가치물류 활동(전시, 유통, 제조, 금융, 통관, 친수활동 등)에 대한 수요의 창출 등을 통하여 항만 발전에 기여하게 된다. 경제적 측면에서 항만과 도시의 연계성을 강화하기 위한 정책방안으로는 ⑴항만배후단지에서 이루어지는 부가가치물류 활동의 활성화 정책, ⑵항만물류클러스터의 구축을 들 수 있다. 항만물류 여건의 변화로 인하여 항만의 인근 도시에 경제적 기여도가 약화되고 있는 가운데 이들 두 가지 정책방안은 항만으로 인한 경제적 유발효과(부가가치, 고용 등)의 증대와 동시에 이러한 경제적 유발효과를 항만 인근지역에 고정시킨다는 점에 의의가 있다.

다음으로, 경제적 측면 이외에 항만과 도시 관계에 문제를 야기하는 주요 요인으로 항만의 도시환경에 대한 부정적인 영향을 들 수 있다. 이미 언급된 바와 같이 항만은 대기 및 수질오염, 폐기물, 교통체증, 소음공해 등 도시환경에 악영향을 미치기 때문에 거주민에게 항만은 혐오시설로 인식됨으로써 항만과 도시와 격리되는 현상이 나타나게 된다. 따라서 항만으로 인한 환경문제에 적절하게 대처함으로써 항만으로 인한 도시환경의 악화 현상을 완화하는 방안을 모색하여야 한다.

항만은 국가경제를 위하여 반드시 필요한 기반시설임에도 불구하고, 항만과 도시간의 연계성이 사라지게 되면 도시에 거주하는 시민에게 항만은 득(得)보다 실(失)이 많은 시설로 비춰질 우려가 있다. 따라서 오늘날 항만이 도시에 미치는 영향의 내용과 특성을 분석하여 항만에 대한 인식을 제고하고, 항만과 도시의 관계를 재정립하는 것은 매우 중요한 정책적 이슈라 할 것이다. 따라서 이 연구는 항만과 도시의 연계성 강화를 위한 기본방향을 모색하였다. 다만, 그 세부적인 시행방안을 제시하는 것에는 다소 미흡한 면이 있기 때문에 이와 관련한 추가적인 연구가 이루어질 필요가 있다.

❖ 참고문헌

국토교통부, 「교통부문수송실적보고」, 2017.

정봉민·신창훈·조경우·최진이, 「항만과 도시의 연계 발전 방안」, KMI-KMOU 국제물류학연공동연구센터(한국해양대학교), 2014.

통계청, 「2018년 지역소득(잠정)」, 보도자료: 18-51, 2019.

한국항만물류협회, 「항만하역요람」, 한국항만물류협회, 2021.

해양수산부, 「2019년 상반기 전국 항만 8억 101만 톤 물동량 처리」, 보도자료: 2019.8.5.

Ducruet, C. and S. W. Lee, "Frontline Soldiers of Globalization: Port-City Evolution and Regional Competition", *Geojournal*, Vol. 67(2), 2006.

Haralambides, H., "Competition, excess capacity, and the pricing of port infrastructure", *International Journal of Maritime Economics*, Vol.4, 2002.

Haynes, K. E., Y. M. Hsing, and R. R. Stough, "Regional port dynamics in the global economy: The case of Kaohsiung", *Taiwan. Maritime Policy & Management*, Vol.24, 1997.

Hoyle, B. S., "The Port-City Interface: Trends, Problems and Examples", *Geoforum*, Vol. 20, 1989.

Rostow, W. W., *The Stages of Economic Growth*, Cambridge University Press, 1962.

국가통계포털, http://kosis.kr

부산항만공사, https://www.busanpa.com

울산항만공사, https://www.upa.or.kr

인천항만공사, https://www.icpa.or.kr

해운항만물류정보시스템, https://new.portmis.go.kr

e-나라지표, http://www.index.go.kr

색인

ㄱ

ㄴ

ㄷ

ㄹ

ㅁ

ㅂ

ㅅ

ㅇ

ㅈ

ㅊ

ㅍ

ㅎ

❖ 출전표기

제1편 바다와 사람 : 선원

제1장 | 한국해상근로복지공단의 설립 구상

최진이·최성두(2019.10), “한국해상근로복지공단의 설립 필요성과 조직구상”, 해항도시문화교섭학 제21호, 341~366쪽.

제2장 | 외국인선원의 최저임금차별

최진이(2021.12), “외국인선원의 최저임금결정 문제점과 개선방안 연구”, 인문사회21, 제12권 제6호, 741~756쪽.

제3장 | 편의치적선과 「선원법」

최진이(2020.6), “편의치적선박의 준거법 지정 논의와 「선원법」 적용 연구”, 기업법연구 제34권 제2호, 205~228쪽.

제4장 | 해기사 양성 교육기관의 남녀구분모집

전상구(2011.03), “해기사 양성 국립대학교의 남녀구분모집에 대한 합헌성 분석”, 해사법연구 제23권 제1호, 153~182쪽.

제2편 바다와 항만 : 항만자치와 지방분권

제5장 | 해양분야 중앙정부 권한의 지방분권화

최성두(2018.2), “해양분야 중앙정부 권한의 지방분권화”, 세계해양발전연구 제27호, 171~196쪽.

제6장 | 항만공사의 독립성과 「항만공사법」 개정

최진이·최성두(2021.9), “항만공사(PA)의 독립성과 자율성 강화를 위한 「항만공사법」 개정 연구”, 기업법연구 제35권 제3호, 291~310쪽.

제7장 | 항만공사의 자율성과 법제도 개선

최진이(2021.11), "부산항만공사의 자율성을 위한 법제도 개선에 관한 항만이해관계자의 인식에 관한 연구", 해사법연구 제33권 제3호, 323~344쪽.

제8장 | 지방자치단체의 해상경계

전상구(2021.03), "지방자치단체의 해상경계에 관한 연구", 해사법연구 제33권 제1호, 173~202쪽.

제9장 | 지방자치단체의 매립지분쟁

전상구(2021.10), "지방자치단체 간 매립지 분쟁에 관한 법적 고찰", 인문사회 21 제12권 제5호, 2465~2480쪽.

제3편 바다와 도시 : 해항도시 부산

제10장 | 해양의 헌법적 의미

전상구(2021.04), "해양의 헌법적 의미", 해항도시문화교섭학 제24호, 165~200쪽.

제11장 | 해양수도 부산의 글로벌 위상

최성두(2020.10), "해양수도 부산의 글로벌 위상과 도시발전 방향 모색 : 메노 이코노믹스 컨설팅의 평가를 중심으로", 해항도시문화교섭학 제23호, 191~228쪽.

제12장 | 부산항과 부산의 관계 재정립

최진이(2021.2), "항만과 도시의 관계 재정립을 통한 부산항과 부산의 연계성 강화 연구", 항도부산 제41권, 501~530쪽.

제13장 | 항만과 도시의 관계

최진이(2020.4), "항만과 도시의 관계에 관한 연구", 인문사회 21, 제11권 제2호, 521~536쪽.

저자소개

최진이 한국해양대학교 국제해양문제연구소 인문한국연구교수, sperospera@kakao.com

저자는 선원/해운/항만/물류 등 해사(海事) 분야를 주요 연구대상으로 하여 교육·학술·연구활동을 해오고 있으며, 연구성과로는『물류법강의』,『현대사회의 여성과 법률(제4판)』,『선박과 법』,『바다와 영토분쟁』등 다수의 저서와 연구논문이 있다. 그 외 부산광역시 성별영향평가위원회와 양성평등자문위원회 등의 활동을 통해 성평등/여성친화도시/성별영향평가/성인지예산 등에 관한 공무원교육과 정책과정에 활발하게 참여해오고 있다.

최성두 한국해양대학교 해양행정학전공 교수, sdchoi@kmou.ac.kr

저자는 해양행정, 자치분권, 정책분석평가를 주요 연구분야로 활동 중에 있으며, 연구성과로「한국의 신해양산업부흥론」,「해양문화와 해양거버넌스」,「부산의 도시혁신과 거버넌스」,「해양과 행정」,「해양경찰학개론」등 다수의 저서와 학술논문이 있다. 그 외 대통령직속 정책기획위원회 자문위원, 국민권익위원회 자문위원, 행정안전부 지방자치단체 합동평가위원, 부산광역시 성과평가위원·규제개혁위원, 부산연구원 비상임이사로 활동해 왔다.

전상구 한국해양대학교 국제해양문제연구소 계약교수, jeon39@kmou.ac.kr

저자는 해양 관련 공법(公法) 분야를 주요 연구대상으로 하는 교육·학술·연구활동을 해오고 있으며, 연구성과로는『적극적 평등실현조치의 합헌성 심사기준』,『유럽연합 사법제도』등의 저서와 "해양의 헌법적 의미", "지방자치단체의 해양경계에 관한 연구", "지방자치단체 간 매립지 분쟁에 관한 법적 고찰", "공익사업시행지구 밖의 어업손실보상에 관한 연구" 등 다수의 연구논문이 있다.